「作者序」

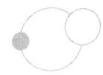

各位好，我是歐陽奇點。

「不加班也能升職」不是一個口號，而是我身為一位走過無數日夜熬戰、交付無數專案的資訊人，對於工作與生活提出的一次根本質疑：在這個 AI 蓬勃發展的時代，我們是否還有必要再用耗盡身心的方式，來換取那遲來的掌聲與肯定？

二十多年來，我在資訊產業深耕耘耘，從政府標案的縝密要求，到百大企業的嚴格交付，無數次地在看似不可能的時限內完成任務。那時的我，相信努力就能創造價值，相信一分耕耘一分收穫。但某一天，這個信念被一場突如其來的技術革命撼動了。

人工智慧的崛起，如同一匹突圍的黑馬，打破了既有的工作節奏，也打亂了職場上的遊戲規則。各類 AI 工具和開源專案如雨後春筍般湧現，在短短幾年內，資訊技術的更新速度，從「一年學一次」變成「一週學一堆」，讓人幾乎無法招架。

我驚覺，自己花了十多年磨練的技能、系統架構的專業，竟然有可能被一行 prompt、一段模型、一個插件迅速取代。這種落差不僅來自技術，更來自於對未來職涯走向的深切焦慮。

於是，我開始反思：我們是否只能疲於奔命地追趕技術？抑或，我們可以主動駕馭這股浪潮，讓 AI 成為我們的夥伴，而不是對手？

這本書，就是我在無數試驗與學習中，給自己的一個答案。

1. AI，不是威脅，而是增幅器

很多人對 AI 懷有恐懼，擔心自己會被取代。的確，當 AI 能寫程式、能寫報告、能開會記錄，甚至能畫圖設計，我們不禁自問：那人還有什麼價值？

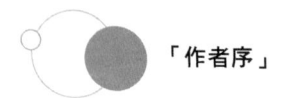「作者序」

但經過這幾年的實戰觀察與深入應用，我有了另一種看法：AI 並不是要取代我們，而是要「補強我們的不足」。我們每個人都有知識的盲點、體力的極限、時間的限制，而 AI 正是一種補強工具，讓我們可以在原本做不到、做不快、做不好的地方，有第二層助力。

例如，一位數據分析師可以透過 AI 迅速清理資料、生成初步報告，再加入自己的判讀與洞察；一位行銷企劃可以運用 AI 測試不同的文案語氣、模擬消費者反應，再用人性補上情感的細節；一位專案經理，甚至可以運用 AI 整理會議紀錄、追蹤進度、生成圖表，讓溝通更有效率。

換句話說，真正的價值不是「AI 會什麼」，而是「你如何與 AI 協作」，並發揮「AI+ 你」這個組合所創造出的 1+1>2 的力量。

2. 這本書的誕生：一場與時間賽跑的修行

很多人問我：「奇點，你為什麼要寫這本『49 天打造你的 AI 工作流』有關的書籍？而且還取了這麼玄的數字？」

我笑著說，這是個現代職場人的『轉世修行』。

49 天，是佛教中靈魂轉化的過程；而我認為，對於被加班綁架、被多工追趕、被效率吞噬的現代上班族來說，要重新找回自我價值、建立一套可以長久依賴的 AI 工作系統，也需要這樣一段扎實的「轉化期」。

在這 49 天裡，我設計了一套結構明確的訓練流程，涵蓋 AI 工具選擇、任務管理、協作溝通、自動化腳本、知識補強等主題。每一個模組，都來自我自己或我指導過的學員們，在真實職場的應用經驗。

這不是一本炫技的工具書，而是一本實戰出發的「職場求生指南」。它的目標不是讓你學會所有 AI 工具，而是讓你知道「如何建立屬於你的 AI 工作流」，並能在各種工作場景中，持續應用與迭代。

3. 加速，不是盲衝，而是聰明的選擇與放手

很多人追求「加速交付」，但事實上，真正能做到高效交付的人，往往不是做得比別人多，而是知道什麼該做、什麼該自動化、什麼該交給 AI 處理。

「作者序」

我們太習慣用蠻力解任務,卻很少思考流程是否可以優化,工作是否能模組化、重複性任務是否能用 AI 腳本處理、甚至你常用的文件格式是否能標準化⋯⋯這些看似瑣碎的小細節,其實才是「不加班」的真正關鍵。

AI 帶來的最大好處,不是讓我們變得萬能,而是讓我們可以「更早完成那些該完成的」,進而把精力放在「人類才擅長的事」上:創意、判斷、情感、策略。

4. 我的名字為什麼叫「歐陽奇點」?

或許你會好奇,「歐陽奇點」這個筆名從何而來?其實它正是我轉型的起點與座標。

「奇點」(Singularity)這個詞,在 AI 與科技領域有著特別的意義——它象徵著一個臨界點,一旦突破,人類文明將以無可逆轉的速度加速進化。而我選擇這個名字,是提醒自己,無論在個人學習還是事業發展上,都必須時刻準備好面對下一個「奇點」。

我不是天才,也不是早就掌握未來的人。我只是和大家一樣,曾經害怕被淘汰,曾經熬夜加班,曾經在會議桌上焦頭爛額,但最終願意嘗試「用 AI 幫自己爭回生活主導權」的一個普通人。

5. 結語:從焦慮到自由,是一場值得的旅程

這本《不加班也能升職!49 天打造你的 AI 工作流:Z 世代數位分身放大絕》,不只是一本工具指南或課程手冊,而是我這幾年來轉型過程的紀錄與濃縮。

我想讓你知道,我們不需要與 AI 對抗,也不必每一次技術更新都感到焦慮。我們需要的,是找到自己的節奏,建立自己的系統,並願意透過學習與實作,讓 AI 成為我們職涯的「神隊友」。

未來的工作,不再是體力的比拚,而是流程的較勁;不是誰更會執行,而是誰更懂設計系統、駕馭工具、善用夥伴。而 AI,正是那個可以與你一同衝鋒陷陣,又默默守護你夜晚不加班的可靠拍檔。

願這本書,能成為你與 AI 共舞的起點,幫助你找到屬於自己的節奏與價值,從「焦慮的跟上」走向「有意識的領航」,一起迎向更自由的未來職場生活。

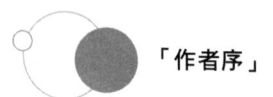「作者序」

祝福你，我們一起出發！

歡迎透過 Email 跟我分享你的學習心得。

Email：airadamgj@gmail.com

歐陽奇點

2025

本書八大類 AI 工具列表：

一、生成式語言模型（LLM）與聊天助理

這類工具專注於文字生成、對話與語意理解，廣泛應用於寫作輔助、問答解答、語意理解等場景。

1. ChatGPT（含免費版）- OpenAI 開發的生成式語言模型，可進行自然對話、創作、問答等。
2. Claude - Anthropic 公司推出的對話型 AI，強調安全與多輪對話的理解。
3. Bard - Google 開發的聊天型 AI 工具，支援網路搜尋整合回答。
4. LLaMA / Llama3（模型）- Meta 發布的開源語言模型，可用於本地部署與自訂應用。
5. Ollama（本機執行語言模型）- 讓使用者在本地電腦執行如 LLaMA 等語言模型，強調隱私與彈性。
6. Gemini Flash 2.0 / Gemini API - Google 最新推出的高效能語言模型與開發介面，整合各種 AI 應用場景。
7. Napkin AI - 幫助整理思緒與建立知識網的筆記型 AI 工具。
8. Cursor AI - 專為程式開發者設計的 AI 編輯器，支援即時生成與除錯建議。
9. notebookLM - Google 提供的個人化 AI 助理，可基於使用者資料回答問題。

二、圖像與多媒體生成工具

此類工具可根據文字指令生成圖片、影片或設計內容，廣泛應用於創意、設計與社群行銷。

1. DALL·E 3 - OpenAI 的圖像生成模型，可根據文字描述創造寫實或想像圖像。

2. Leonardo.Ai - 支援風格化與角色設計的圖像生成平臺，適合遊戲與插畫設計。
3. Canva - 設計平臺，透過 AI 提供排版、圖像生成與簡報輔助。
4. PromeAI - 提供 AI 設計草圖生成與風格轉換功能，適合建築、產品設計。
5. RoomGPT - 透過文字改造室內空間圖片的工具，適合室內設計師。
6. StableDiffusion / StableDiffusion Automatic1111 / StableDiffusion ComfyUI - 開源圖像生成模型與其控制介面，適合進階使用者調控生成效果。

三、語音轉文字 / 字幕與逐字稿工具

這些工具將語音自動轉為文字，適合會議記錄、訪談逐字稿、無障礙字幕等應用。

1. Zoom - 視訊會議平臺，內建即時字幕與錄影轉錄功能。
2. Otter.ai - AI 會議紀錄工具，可自動生成逐字稿並摘要重點。
3. Whisper Jax - OpenAI Whisper 模型的快速執行版本，提升語音辨識效率。
4. 雅婷逐字稿 - 中文語音逐字稿服務，專注於中文口語轉文字。
5. Live Transcribe - Google 開發的即時字幕工具，支援多種語言。
6. Google Docs 語音輸入 - 可直接用語音輸入文字至 Google 檔中。

四、商業分析與資料應用工具

這些工具可將 AI 與資料分析整合，提升決策效率與流程自動化。

1. PowerBI Copilot - 微軟 PowerBI 搭配 Copilot，可自動生成圖表與分析解釋。
2. Perplexity AI - 類搜尋引擎的 AI 工具，提供來源清楚的即時回答與研究輔助。
3. Gamma - 簡報 / 報告自動生成平臺，可依據大綱快速產出視覺化簡報。

本書八大類 AI 工具列表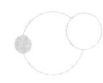

4. IoT 數據應用（在工廠場景中提到）- 將感測器資料結合 AI 模型進行工業監控與預測性維護。

5. Zapier - 自動化流程平臺，可串接多種服務與 AI 工具以提升效率。

五、辦公與職涯輔助工具

針對履歷、文書、求職與日常工作的 AI 應用，能提升效率與個人化體驗。

1. Notion / Notion AI - 整合 AI 功能的筆記與知識管理平臺，支援總結、寫作等功能。

2. Google Docs 語音輸入 - 以語音快速撰寫檔，提高輸入效率。

3. Wordvice AI - 提供英文履歷與求職信 AI 修改與潤稿服務。

4. Yourator AI - 台灣求職平臺的 AI 功能，提供職涯建議與履歷建議。

5. Rezi - 履歷生成平臺，透過 AI 客製化履歷內容。

6. Hiver - 客服信件與 HR 郵件流程自動化管理工具。

7. Whimsical - 心智圖與流程圖設計工具，支援 AI 自動擴寫想法。

8. FlexClip - 影片製作平臺，提供 AI 文字轉語音與影片剪輯功能。

9. Gamma - 簡報內容快速生成與視覺化輔助平臺。

六、音樂與沉浸式媒體創作工具

著重於聲音、音樂與沉浸式媒體內容的創作。

1. Suno AI - AI 音樂生成工具，可自動產出完整歌曲與旋律。

2. FlexClip - 提供多媒體剪輯與 AI 配音功能，適合社群短影片創作。

3. Canva - 除設計功能外，也支援影片、音樂與社群內容生成。

4. VR / AR / MR / XR - 沉浸式媒體技術，結合 AI 提升互動體驗與內容生成。

7

本書八大類 AI 工具列表

七、AI 自動化與多代理應用

聚焦於 AI 多任務處理、自動化流程與混合式模型應用的工具或平臺。

1. AutoGPT - 自主代理型 AI，可根據任務目標自我執行多步驟操作。

2. AgentGPT - 類似 AutoGPT 的平臺化版本，可直接在網頁使用。

3. AI 工具鏈 / AI 工作流 - 泛指將多種 AI 工具串接組成自動化流程。

4. Gemini Flash 2.0 - 除 LLM 外也支援工作流與 API 串接應用。

5. AI 心智圖 - 將想法以 AI 協助視覺化並展開延伸的心智圖工具。

6. AI 黑盒子（Ollama+Llama3 應用形式）- 在地化模型執行與應用組裝的範例架構。

7. Virtual Machine（部署與安裝私有 AI 的基礎）- 用於部署私有化 AI 環境與模型測試。

八、AI 工具平臺與本機執行環境

提供執行 AI 模型的平臺、介面與本機部署支援。

1. Colab（雲端程式運行平臺）- Google 提供的免費雲端 Notebook 環境，適合模型訓練與測試。

2. Cursor AI - 編輯器型 AI 工具，整合 VSCode 功能與 AI 協助開發。

3. StableDiffusion 相關控制台（Automatic1111 / ComfyUI）- 管理與調整圖像生成參數的 UI 工具。

4. Virtual Machine（虛擬環境搭建）- 提供隔離式環境以部署 AI 模型或測試新工具。

5. Ollama（在地化模型平臺）- 本機執行 LLM 的平臺，可快速部署與切換模型版本。

目錄

0 前言

AI 生存指南
哪些工作最容易被取代？如何保住你的飯碗？

1 第 1 週

AI 神奇寶貝孵蛋計畫
要馴養你智能夥伴你必須知道的事

1-1　Day1：AI 能力大揭密：改變世界的智能技術 1-2

1-2　Day2：AI 的誕生｜神奇寶貝圖鑑 1-17
　　　認識 AI 世界的基本概念

1-3　Day3：孵化 AI 夥伴 1-24
　　　如何打造你的專屬 AI？

1-4　Day4：AI 訓練場 1-37
　　　理解 Prompt Engineering，提升 AI 回應品質 /prompt

1-5　Day 5：不再加班 1-45
　　　AI 工具如何幫你輕鬆完成任務成為效率達人
　　　/ChatGPT/ Zapier/ PowerBI Copilot/ Vocol.ai

1-6　Day 6: 恐懼到熟悉 1-58
　　　理解 AI 專有名詞，擁抱智能未來

1-7　Day 7: 未來 AI 百獸圖鑑 1-67
　　　AI 趨勢與職場變革

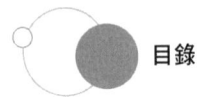

目錄

2 第 2 週

AI 寄生覺醒
數位分身基礎建設

2-1　Day8：《作弊級生存指南》特別進化版...2-9
　　　從開外掛到防沉淪的全套操作手冊

2-2　 Day9: 實戰指南...2-17
　　　用 Notion+ChatGPT 建立職場責任管理系統 /Notion+ChatGPT

2-3　Day10: 運用 AI 提升專業水準..2-26
　　　打造精美作品，強化職場競爭力 / Napkin AI

2-4　Day11: AI 圖像生成工具..2-31
　　　初學者晉升的秘密武器 / DALL-E 3 / Microsoft Bing
　　　/ Microsoft Copilot / Canva

2-5　Day12：會議代打實戰...2-40
　　　Zoom+Otter.ai 自動應答系統 / Zoom+Otter.ai

2-6　Day13: 當 AI 成為你的私人 DJ..2-45
　　　上班氣氛還緊張嗎？/ Suno AI

2-7　Day14:【室內設計師】與 AI 的完美協奏..2-54
　　　AI 如何重塑你的創意 /PromeAI / RoomGPT

3 第 3 週

暗黑軍火庫
AI 工具特種訓練 / 生產力加速器 / 文書處理武器 / 創意與內容生產利器
/ 數據與決策分析 /AI 個人助理 / 程式設計

3-1　Day15: AI 會議小幫手..3-8
　　　介紹【秘書 & 書記】四個會議法寶 /Whisper Jax
　　　/ 雅婷逐字稿 /Live Transcribe /Google Docs 語音輸入

3-2　Day16：AI 智能情報解析 3-24
　　　用 Perplexity 提升決策與內容力 /Perplexity AI

3-3　Day17:AI 簡報工具的潛力 3-34
　　　【主管 & 講師】職場達人的必修課 /ChatGPT /Gamma /

3-4　Day18：個性化 PPT 3-45
　　　Leonardo.Ai 生成「高級簡報」的 5 種參數 /Leonardo.Ai

3-5　Day19: 讓人脫胎換骨的程式工具 3-64
　　　AI 如何激發【工程師 & 產品經理】職場創新 / Cursor AI

3-6　Day20：提升工作效率 3-74
　　　利用 AI 文字轉語音工具實現多任務處理 /FlexClip

3-7　Day21: Ai 即刻救援萬事通 3-83
　　　幫【任何人】提升工作滿意度的關鍵 / ChatGPT

4　第 4 週

寄生工作流
工作流組合技

4-1　Day22：AI 驅動的高效工作術 4-2
　　　用 Notion + AI 打造你的全能助手 (1/2) / Notion AI

4-2　Day23：AI 驅動的高效工作術 4-6
　　　用 Notion + AI 打造你的全能助手 (2/2) / Notion AI

4-3　Day24: 國外旅行必備！ChatGPT 免費版 4-10
　　　「達人級自助攻略」一日情境全解析 (1/2) / ChatGPT 免費版

4-4　Day25: 國外旅行必備！ChatGPT 免費版 4-14
　　　「達人級自助攻略」一日情境全解析 (2/2) /ChatGPT 免費版

4-5　Day26: Google 的尖端人工智慧模型 4-18
　　　Gemini Flash 2.0 /Colab /Gemini API

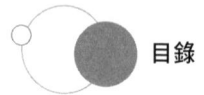

4-6　Day27：業界 AI 工作流推薦 4-25
　　　（AI 工具 + 應用情境）

4-7　Day28：職場戰情室介紹 4-28
　　　AI 工具鏈の超限戰組合技閱兵大典

5 第 5 週

本地端 AI 寄生術

5-1　Day29：初探生成式 AI 與 LLM 5-2
　　　從文本生成到創意應用的全方位探索

5-2　Day30：打造你的「個人 AI 潘朵拉」................................. 5-10
　　　使用 Ollama+Llama3 在本機運行私有語言模型
　　　 / Ollama+Llama3

5-3　Day31：Llama 功能介紹 5-20
　　　探索人工智能語言模型的強大能力

5-4　Day32：大型語言模型（LLM）競品分析 5-37
　　　深入探討當前 AI 語言技術的領先者 / ChatGPT / LLaMA
　　　/ Claude / Bard

5-5　Day33：文字到圖像 5-45
　　　如何利用 StableDiffusion 激發和擴展人類創意
　　　/StableDiffusion

5-6　Day34：安裝 StableDiffusion3 5-50
　　　強大的控制面板 Automatic1111
　　　AI 圖像生成的革命性工具 /StableDiffusion Automatic1111

5-7　Day35：ComfyUI 5-65
　　　StableDiffusion 3 的強大控制面板 /StableDiffusion ComfyUI

目錄

6 第 6 週

你的企業是恐龍還是變形蟲？
從 z 世代到三明治世代的生存法則：啟動「跨物種協作模式」

6-1　Day36: 企業的數位轉型下一步，AI 轉型 6-3

6-2　Day37: 從混亂到清晰 6-12
【職場新人】如何運用「AI 心智圖」快速整理思維
並提升效率？/ Whimsical

6-3　Day38: AI 生成求職信、履歷表與求職資格建議 6-27
【求職者 & 人資】福音，打造你的職業形象 /Wordvice AI
/Yourator AI /Rezi /Hiver /ChatGPT（OpenAI 免費版本）

6-4　Day39: Z 世代，不裝了！直接開掛 6-39
AI 知識管理：創建你的超級第二大腦 /Notion AI

6-5　Day40: 如何找回職場幸福感 6-58
AI 自動化工具讓你告別重複性工作 /Zapier

6-6　Day41: 三明治世代逆襲指南 6-73
從被壓榨到被需要
運用 notebookLM 成為貴人的 AI 養成計畫 /notebookLM

6-7　Day42: 跨世代競合 6-82
你的企業是恐龍還是變形蟲？企業生存戰略計畫

7 第 7 週

AI 數位時代永生計畫：
探索 AI 科技如何重新定義生命延續與知識傳承的新範式

7-1　Day43：AI Agent 來襲！ 7-2
虛擬助理如何取代部分職能？

13

目錄

剖析 AutoGPT、AgentGPT、Microsoft Copilot 等最新 AI Agent

7-2　Day44：AI 與人類協作...7-7
　　　增強而非取代的未來工作模式

7-3　Day45: 工廠裡的腦力擂台賽..7-14
　　　邊緣 AI vs 雲端大腦 誰能稱霸產線？IoT 數據風暴生存指南

7-4　Day46: 企業數位 AI 轉型...7-22
　　　如何保持競爭力？重塑企業文化的新篇章

7-5　Day47：AR 眼鏡才是真同事？..7-31
　　　老闆在我眼前飄！虛擬入侵現實！「沉浸式辦公來了！」
　　　VR、AR、MR 如何翻轉你的工作方式？

7-6　Day48: AI 時代的教育革命..7-39
　　　培養下一代與機器共存的能力 /AR /VR /MR /XR

7-7　Day49：當波士頓機械狗開始送咖啡、方向盤失業潮來襲.................7-45
　　　78% 職業重組實錄｜未來辦公室生存演習

8　AI 情境練習篇

針對實際應用場景的深入探討

8-1　產出不穩：靈感枯竭，想不出好設計？...8-2

8-2　會議生產力核爆..8-6

8-3　重工地獄：每次都從頭做，效率超低？..8-9

8-4　簡報壓力：老闆 5 分鐘要你交出完整簡報？................................8-12

9 職場實務應用篇

用 AI Agent 視野帶隊工作

- 9-1　行政助理：自動化日常任務管理 9-4
- 9-2　行銷專員：社群內容生成與數據分析 9-8
- 9-3　客戶服務：智能問答與工單管理 9-13
- 9-4　內容編輯：智能校稿與文案生成 9-18
- 9-5　設計師：創意圖像生成與樣式自動化 9-23
- 9-6　專案經理：多任務協作與進度追蹤 9-28
- 9-7　業務人員：銷售數據分析與潛在客戶預測 9-33
- 9-8　人資專員：人才篩選與面試管理 9-38
- 9-9　研究人員：資料整理與自動報告撰寫 9-43

10 附錄一：

虛擬機器環境（Virtual Machine）的建置與安裝指南

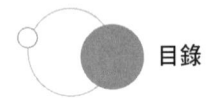

目錄

根據雷達圖來分析這些主題,我們可以用 **「AI 技能應用雷達圖」** 以幾顆星的方式來呈現,衡量每週的重點,考慮以下 **五個評估維度**:

1. **技術深度**(Technical Depth)→ 涉及 AI 理論、技術知識的程度
2. **應用範圍**(Application Scope)→ AI 在職場中的實際應用廣度
3. **職場影響力**(Workplace Impact)→ AI 對職場角色與決策的影響
4. **可執行性**(Practical Execution)→ 是否能直接操作與落地實施
5. **創新性**(Innovation Level)→ AI 在該主題中的前瞻性與獨特性

🔍 個別雷達分析:

📌 第 1 週｜AI 神奇寶貝孵蛋計畫:要馴養你智能夥伴你必須知道的事

- **技術深度**:★★★☆☆(基礎概念為主)
- **應用範圍**:★★★☆☆(概念性強,但實際應用較少)
- **職場影響力**:★★☆☆☆(主要是 AI 教育,對職場影響力有限)
- **可執行性**:★★☆☆☆(需學習,但操作性不強)
- **創新性**:★★★★☆(比喻 AI 孵化過程的學習方式較新穎) 👉 **適合剛接觸 AI 的人,建立 AI 基礎概念與大局觀。**

📌 第 2 週｜AI 寄生覺醒:數位分身基礎建設

- **技術深度**:★★★☆☆(以 AI 工具初探為主,不涉及高級技術)
- **應用範圍**:★★★★★(適用於所有職場場景,如開會、報告、專案管理)
- **職場影響力**:★★★★★(直接影響職場效率與工作方式)
- **可執行性**:★★★★★(大多數 AI 工具可立即上手)
- **創新性**:★★★☆☆(現有工具的應用,創新程度一般) 👉 **適合白領與管理者,提升 AI 工作流整合能力。**

第 3 週｜暗黑軍火庫：AI 工具特種訓練 / 生產力加速器 / 文書處理武器 / 創意與內容生產利器 / 數據與決策分析 / AI 個人助理 / 程式設計

- 技術深度：★★★☆☆（涉及 AI 職場實戰課程）
- 應用範圍：★★★★★（適用於職場幾乎所有重複性任務）
- 職場影響力：★★★★★（極大提升工作效率）
- 可執行性：★★★★★（有許多可操作的 AI 自動化方案）
- 創新性：★★★☆☆（主要是現有技術的組合應用）👉 **適合希望打造自動化工作流，提高效率的 AI 使用者。**

第 4 週｜寄生工作流：工作流組合技

- 技術深度：★★★☆☆（主要 AI 工具生活化應用，不涉及 AI 開發）
- 應用範圍：★★★★★（出國、產品發表⋯等適用）
- 職場影響力：★★★★★（從提升職場競爭力到生活化應用）
- 可執行性：★★★★★（可快速應用於生活與職場）
- 創新性：★★★★★（AI 生活化）👉 **適合企業 IT、學生，希望生活融入 AI 的用戶。**

第 5 週｜本地端 AI 寄生術

- 技術深度：★★★★☆（涉及本地 LLM 部署與端側 AI）
- 應用範圍：★★★☆☆（適用於高隱私需求的企業與個人）
- 職場影響力：★★★★☆（擺脫雲端監控，影響工作方式）
- 可執行性：★★★☆☆（本地端 AI 仍需一定技術能力）
- 創新性：★★★★★（本地 AI 方案是新興趨勢）👉 **適合企業 IT、資安專業人士，或者希望擁有 AI 私有化方案的高級用戶。**

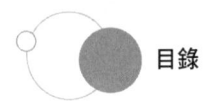

目錄

📌 **第 6 週｜你的企業是恐龍還是變形蟲？從 z 世代到三明治世代的生存法則：啟動「跨物種協作模式」**

- 技術深度：★★★★☆（從企業角度與跨世代競合來看）
- 應用範圍：★★★☆☆（從工作到協作如何各展長才）
- 職場影響力：★★★★★（職場新人到資深老將都受益）
- 可執行性：★★★☆☆（重觀念融入職場，操作性不強）
- 創新性：★★★★★（未來職場趨勢）　👉 適合資深職場人士與資深用戶。

📌 **第 7 週｜AI 數位時代永生計畫：探索 AI 科技如何重新定義生命延續與知識傳承的新範式**

- 技術深度：★★★★★（涉及 AI Agent、無人駕駛、VR、AR、端末運算）
- 應用範圍：★★★★☆（涵蓋多個新興科技領域）
- 職場影響力：★★★★★（可能顛覆傳統職場模式）
- 可執行性：★★★☆☆（部分技術仍在發展中，應用需探索）
- 創新性：★★★★★（最前沿的 AI 技術與未來應用）　👉 適合想探索 AI 產業未來趨勢、投資新興技術的人士。

📊 **總結：各週 AI 主題的定位**

📌 **新手入門**：第 0 週（AI 基礎概念）

📌 **應用職場**：第 1 週、第 2 週、第 6 週（AI 在職場的應用）

📌 **進階技術**：第 3 週、第 4 週、第 5 週（高級 AI 工具、私有 AI、安全技術）

📌 **未來趨勢**：第 7 週（新興 AI 技術與長遠應用）

這樣的分析可以幫助你理解每週的核心價值，並根據不同需求來選擇最適合的 AI 學習方向！希望你能從中找到最適合自己閱讀的順序與方式。

0

前言
AI 生存指南

哪些工作最容易被取代？
如何保住你的飯碗？

0 前言 AI 生存指南
哪些工作最容易被取代？如何保住你的飯碗？

該來的，遲早還是來了～～～

身為職場人士，你是否曾思考過人工智慧（AI）的快速發展對工作環境帶來的變革與挑戰？無論是自動化、機器學習，還是深度學習，AI 正在改變我們的工作方式，甚至取代部分傳統工作。對許多勞動者而言，這不僅是技術問題，更關乎生存。在此背景下，我們有必要深入探討：哪些工作最容易被 AI 取代？如何在這場科技革命中保住自己的飯碗？

（上圖畫面中的內容節錄自國際招募機構華德士網站）

國際招募機構華德士在《2024 臺灣徵才市場展望和薪資趨勢》中指出：跨領域通才炙手可熱，通用性職務迅速增加，企業傾向於尋找具備廣泛技能和經驗的人才，以應對人才匱乏問題。

以我們目前的知識與技能，能在短時間內成為企業所需的通才嗎？光是想想就讓人汗顏⋯⋯為了銜接職場新（跨）世代，恐怕得準備一筆不小的進修費用。已在職的人若白天上班，晚上和假日都不得休息，這樣真是蠟燭兩頭燒。未來的路還很長，這樣燃燒總不是辦法。何不善用當下最流行的 AI 來幫忙？既省力又能兼顧家庭與事業，可說是一舉數得。

想一想，不久的將來可能被 AI 取代的職場賽道

根據美國求職與求才網站 LinkedIn 從 25 個國家蒐集的資料，《未來工作報告》預測了各行各業被 AI「取代」的可能性。其中，軟體工程師（96%）、客服代

表（76%）、收銀員（59%）、店員（59%）、教師（45%）和活動經理（39%）最有可能受到影響。相反，油田操作員（1%）、環境健康安全專家（3%）、護理師（6%）和醫生（7%）等職業被取代的機會較低。

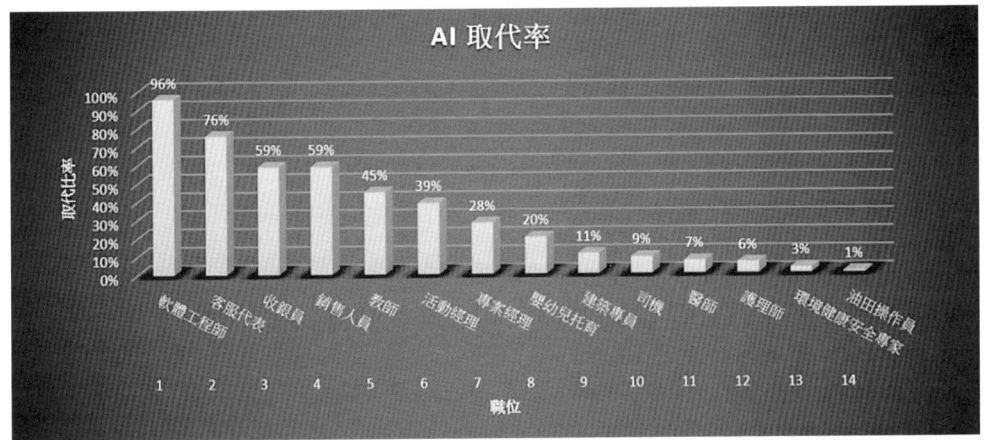

隨著 AI 技術的進步，一些勞動強度大、重複性高、標準化的工作正逐漸被取代。這些工作通常不需要太多創造性思考或情感判斷，且可以通過演算法進行高效處理。

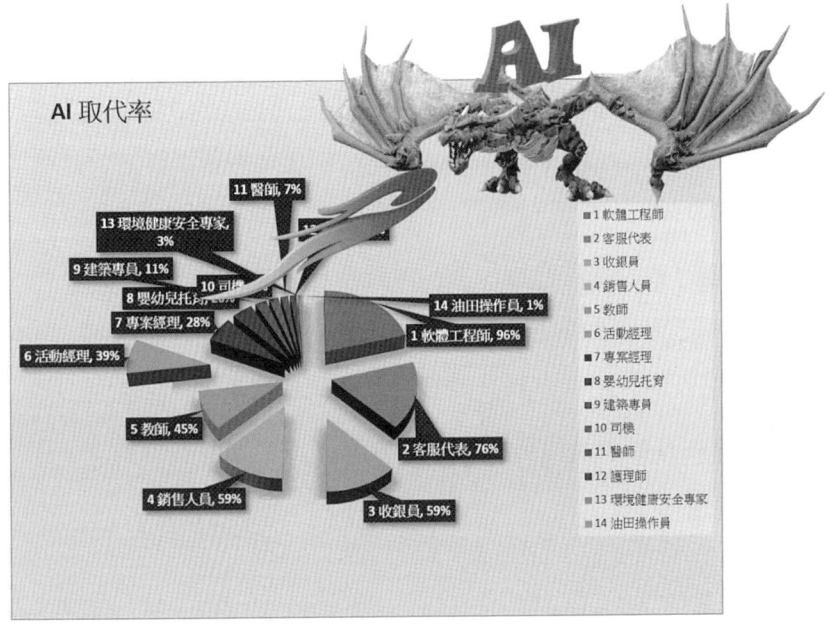

0　前言　AI 生存指南
哪些工作最容易被取代？如何保住你的飯碗？

隨著 AI 技術的迅速發展，許多傳統工作崗位正面臨著被取代的風險。以下是幾個最容易受到 AI 影響的職業領域：

1. **製造業與組裝工作**：機器人與自動化系統已經在全球各地的工廠中取代了大量人工操作的工作。從簡單的組裝到複雜的質量檢測，機器都能以更高的精度和速度完成。隨著這些技術的普及，傳統的製造業工人面臨著嚴重的失業風險。

2. **資料輸入與處理**：許多與資料相關的職業，如資料輸入員、會計、簿記員等，正逐步被 AI 取代。這類工作依賴於大量的數據處理，而 AI 能夠迅速且準確地分析和整理數據，減少了人工操作的需求。

3. **客戶服務與技術支持**：隨著自然語言處理技術的進步，AI 客服機器人能夠處理大量簡單且重複的客戶詢問。例如，電信業、電商平台、金融機構的客服工作，已經逐步由 AI 客服接手，並能在未來更加深入地替代人力。

4. **物流與配送**：自動駕駛技術的發展，使得自動配送車輛與無人機成為可能。許多物流公司已經在試點自動配送方案，這將使得人類司機的需求逐漸減少，特別是在短距離配送和標準化路線的場景中。

5. **法律與合規職位**：AI 的法律助手能夠快速分析大量的法律文件，提供精確的法律建議。這使得法律助理、律師助理等職位面臨挑戰，尤其是在處理標準化和重複性高的法律工作時。

綜合歸納，AI 發展趨勢下，職業市場及結構受到的影響主要集中在基礎簡單、重複性高的工作，例如：

1. 認知類工作：文書行政、資料登錄、簿記、行政秘書或助理等。
2. 體力類工作：倉庫工人、洗碗工、保全人員等。
3. 服務類工作：客服人員、銷售人員、收銀員、總機接線員等。

AI 不僅取代了製造業生產線或體力勞動的工作，還進一步涉及資料處理、簡易互動及訊息交流等領域。

面對 AI 帶來的挑戰，我們該如何保住飯碗？

儘管 AI 的發展給職場帶來了挑戰，但這並不意味著每個人都會被取代。人類仍然擁有 AI 難以模仿的優勢，包括創造力、情感智慧、道德判斷和複雜問題解決能力。以下是幾種避免被 AI 取代的策略：

1. **提升專業技能與知識**：透過持續學習和提高專業技能，在 AI 難以替代的高端領域保持競爭力。例如，專業醫生、律師、工程師等領域仍需要高度專業的知識和經驗，這些是 AI 短期內難以完全掌握的。

2. **發展創造力與創新能力**：創造力和創新能力是 AI 難以模仿的領域。無論是在藝術、設計、產品開發還是策略規劃方面，創造力都是保持競爭優勢的關鍵。培養這些能力可降低被 AI 取代的風險。

3. **強化人際溝通與協作能力**：AI 雖能處理複雜的資料分析和邏輯判斷，但在人際溝通和協作方面仍有不足。特別是在需要同理心和情感智慧的工作中，人類仍具明顯優勢。強化這些軟技能有助於在未來職場中立於不敗之地。

4. **專注於不可替代的價值創造**：掌握需要高度判斷力、創造力和人際互動的工作。這些工作往往涉及複雜決策、長期規劃和管理，難以被 AI 簡單取代。例如，戰略顧問、高級經理和領導者等職位仍需要人類的智慧和經驗來引導組織發展。

5. **積極參與 AI 技術的發展與應用**：與其害怕 AI 取代，不如主動學習並參與 AI 技術的發展和應用。成為 AI 技術的使用者、設計者，甚至推動者，可確保自己在未來職場中保持競爭力。

以下是各類職場領域的應對策略與技能提升建議：

1. **低技能勞動力**

工廠流水線工人、倉庫人員、收銀員等低技能和重複性工作最易受 AI 和自動化技術衝擊，因這些技術能高效、準確且不知疲倦地完成任務。

應對策略：

技能提升：學習操作和維護自動化設備，在新技術環境中保持競爭力。

行業轉型：轉向需要人際互動和創造力的行業，如餐飲、娛樂、藝術等。

持續學習：定期參加培訓和技能提升課程，適應不斷變化的職場需求。

2. 客戶服務和電銷

AI 驅動的客服系統普及後，能全天候處理大量客戶查詢，使傳統客戶服務和電銷工作面臨挑戰。

應對策略：

提升情商：專注提供人性化和個性化服務，因情感智商和解決複雜問題的能力是 AI 難以取代的。

技術融入：學習操作和管理 AI 客服系統，結合技術和人際互動，提升服務效率。

3. 財務和會計

AI 能快速處理大量數據，減少了對傳統財務和會計工作者的需求，尤其是發票處理和記賬等工作。

應對策略：

專注高層次分析：集中於需要深厚專業知識和判斷力的高層次財務分析和決策。

學習 AI 工具：掌握預測分析和風險管理等 AI 工具，提升工作效率，保持競爭力。

4. 醫療診斷

AI 在醫療診斷中的作用日益重要，如輔助醫生進行影像診斷和分析大量醫療數據。

應對策略：

提升協作能力：學習與 AI 工具協作，專注提供人性化醫療服務，如與病人建立信任和提供情感支持。

專業發展：持續進修，掌握最新 AI 技術和應用，提升診療效果。

該來的，遲早還是來了～～～

5. 法律研究和文書工作

AI 能快速檢索和分析大量法律文檔，對法律助理和文書工作者的職位構成威脅。

應對策略：

提升分析和決策能力：專注於 AI 難以完全取代的高層次法律分析和複雜決策。

學習使用 AI 工具：利用 AI 進行法律研究和文件撰寫，提升工作效率和精確度。

6. 創意產業

AI 已在設計、寫作、音樂等創意領域發揮作用，對部分創意工作者構成潛在威脅。

應對策略：

提升創造力：專注提升創造力和藝術感，創作更具個性化和獨特性的作品。

與 AI 合作：學習如何與 AI 協作，如利用 AI 進行初步設計，再由人類精細加工完成高質量作品。

麥肯錫在 2022 年 6 月的報告中指出了未來職場所需的 13 種必備能力。其中，與數位化相關的 11 至 13 種技能中就包含了 AI。具體內容如下：

類別	項目	內容
數位化	11. 流暢運用科技及數位公民身分	- 數位識讀（虛擬數位設備、使用流行軟體、與AI交互等的能力）
		- 數位管理
		- 數位合作（例如透過email、視訊會議、文件共享平台等進行有效協作）
		- 數位倫理（理解數位世界中的道德議題，例如涉及隱私和資料管理）
數位化	12. 軟體運用及開發	- 軟件設計（功能開發、編碼的原理）
		- 數位方案與系統開發
		- 程式編碼
數位化	13. 了解數位系統	- 數位識讀
		- 資訊通訊（例如使用網絡及發送通信訊息的能力）
		- 數位管理（整合多種數位工具來提高效率的能力）
		- 技術體驗評估（及為用戶要求與技術變更人的明確溝通需求）

麥肯錫在 2022 年 6 月的報告已將 AI 納入數位化職場必備技能。作為一個聰明的你，試想一下 AI 如何加速職場作業並改善工作流程：

0-7

0 前言 AI 生存指南
哪些工作最容易被取代？如何保住你的飯碗？

AI 不僅帶來挑戰，同時也提供了提升工作效率與品質的機會。以下是 AI 能加速職場作業並改善工作流程的幾個情境：

1. **資料分析與決策支援**：AI 能處理海量數據，通過模式識別和預測分析提供決策支援。這使企業能更快做出明智決策，提高業務運營效率。

2. **自動化日常任務**：通過自動化重複性高、價值低的日常任務，員工可將更多時間和精力投入創造性和戰略性工作。這不僅提高工作效率，也提升工作價值和滿意度。

3. **智能客服**：AI 客服系統能全天候提供客戶支援，處理大量簡單查詢，減輕人工客服壓力。這些系統還能不斷學習和改進，提升服務品質，增強客戶滿意度。

4. **智慧製造與預防性維護**：在製造業中，AI 不僅能自動化生產流程，還能通過機器學習和物聯網技術進行設備預防性維護。這大幅降低設備故障風險，提高生產穩定性和效率。

5. **智能化人力資源管理**：AI 在招聘、員工培訓和績效評估方面優勢顯著。通過大數據分析，企業能更準確地匹配人才與職位需求，制定個性化培訓計劃，提高員工工作滿意度和生產力。

與其每日抱怨 AI 發展不可逆轉，不如積極應對這場正在改變我們工作和生活方式的革命。對每位職場人士而言，理解哪些工作易被 AI 取代，以及如何通過學習、創新和適應來保住自己的職位，是未來職業生涯中至關重要的一步。儘管 AI 帶來諸多挑戰，但同時也提供了巨大機遇。通過積極應對和善用這些技術，我們能在 AI 時代中找到新的生存之道，為自己的職業生涯開創更廣闊的天地。

AI 的發展必然帶來職場變革，但這並不意味著所有工作都會被取代。人類在創造力、情商和複雜決策方面仍有無可替代的優勢。關鍵在於不斷學習和適應，掌握新技能和知識，以在這個瞬息萬變的時代中保持競爭力。

在這個過程中，個人和企業都應積極面對變革，尋找新機會和挑戰。通過持續學習和成長，我們能在 AI 時代中找到自己的定位，創造更多價值。對於日益快速普及的 AI 應用我們該採取什麼策略來迎接新世代的到來呢？

- **持續學習**：無論在哪個行業，持續學習新技術和知識都是保持競爭力的關鍵。參加培訓課程、閱讀相關書籍和行業會議都是不錯的選擇。
- **靈活應變**：面對 AI 帶來的變化，保持靈活應變的心態至關重要。勇於嘗試新事物，不懼失敗，才能在變革中找到新的發展機會。
- **跨領域合作**：與不同領域的專業人士合作，結合多元技能和知識，共同創造新的解決方案。跨領域合作能激發創新，提供更多發展機會。

通過以上策略，我們能更好地應對 AI 帶來的職場變革，保持競爭力並找到新的發展方向。AI 時代雖充滿挑戰，但同時也是機遇處處的時代。我們應積極面對，勇於探索，在這個快速變化的世界中找到自己的立足之地。

0　前言　AI 生存指南
哪些工作最容易被取代？如何保住你的飯碗？

📁 **心得與啟發筆記**

1. AI 正在重塑職場版圖，讓我們重新思考「工作」的本質與價值。

2. 被取代的不是工作，而是拒絕進化的人——學習與創新將是職涯的護身符。

3. 善用 AI，不是與它競爭，而是與它合作，創造屬於人類的獨特優勢。

1

第 1 週
AI 神奇寶貝孵蛋計畫
要馴養你智能夥伴你必須知道的事

(圖片來源：AI 製作)

1 第1週 AI神奇寶貝孵蛋計畫
要馴養你智能夥伴你必須知道的事

1-1 Day1：AI能力大揭密：改變世界的智能技術

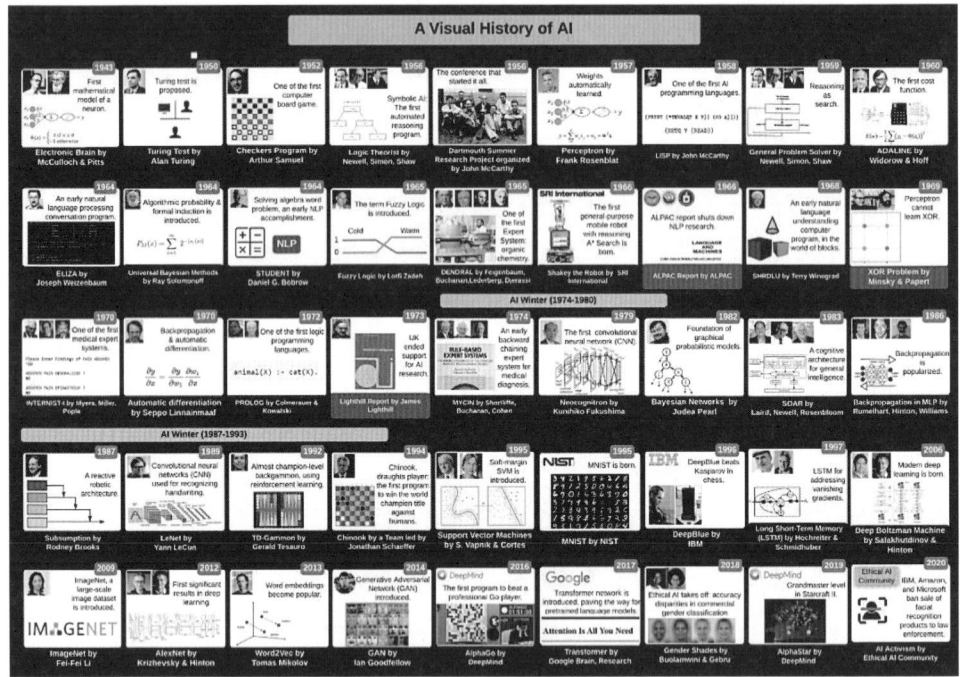

(圖片來源：網路)

今天我們來談談 AI 的演進與能力吧！

小謀與小輝是兒時玩伴，長大後鮮少碰面。某天，他們在 AI 選修課程中重逢，課後展開了一場關於 AI 的精彩對談。

小謀：「嘿，小輝！最近我在學校聽說了許多關於 AI 的事，感覺很有趣。你對 AI 了解多少？」

小輝：「哈哈，巧了！我最近在公司實習，接觸了一些 AI 相關項目。AI 確實引人入勝，它的發展歷程更是令人著迷。要不我們來聊聊 AI 的演進過程？」

小謀：「好啊！從哪裡開始說起呢？」

小輝：「我在網上找到了一張 AI 的發展時間圖。讓我們來看看這段輝煌的歷史。我就跟你聊聊我所知的歷史階段，其餘你還有興趣的可以上網更深入地探索。」

小輝繼續說道：「我們可以從 AI 的起源談起。AI 的概念可以追溯到 1950 年代。當時，計算機科學家艾倫 圖靈提出了著名的『圖靈測試』，用來判斷機器是否具有人類級別的智能。」

小謀：「哇，沒想到 AI 的歷史這麼悠久！那之後呢？」

小輝：「1956 年，一群科學家在達特茅斯會議上首次提出了『人工智能』這個術語。這被視為 AI 作為正式學科的開端。」

小謀：「聽起來很了不起！那 AI 是不是從那時候就開始快速發展了？」

小輝：「其實並非如此。AI 的發展經歷了幾次起落。1950 年代到 1970 年代初被稱為 AI 的『黃金時代』。研究者們滿懷熱情，認為很快就能創造出真正的智能機器。」

小謀：「聽起來很樂觀啊！」

小輝：「沒錯，但隨後 AI 進入了所謂的『AI 冬天』。由於當時的技術限制，許多承諾無法實現，導致研究資金減少，進展放緩。」

小謀：「原來 AI 也有起起落落啊。那後來是怎麼走出困境的？」

小輝：「1980 年代，專家系統的出現讓 AI 重獲關注。這種系統能在特定領域模仿人類專家的決策過程。」

小謀：「專家系統？聽起來很厲害！」

小輝：「對了，說到 AI 的重要里程碑，我們不能不提 1996 年 2 月 10 日發生的事情。你知道那天發生了什麼嗎？」

小謀：「1996 年 2 月 10 日？抱歉，我對這個日期沒什麼印象。發生了什麼重要的事情嗎？」

小輝：「那天，IBM 的超級電腦『深藍』首次挑戰西洋棋世界棋王加里 卡斯帕羅夫。這是人工智能發展史上的一個重要時刻。」

小謀：「哇！真的嗎？那結果如何？」

1 第 1 週 AI 神奇寶貝孵蛋計畫
要馴養你智能夥伴你必須知道的事

小輝：「雖然在第一次對弈中，深藍輸給了卡斯帕羅夫，但這次挑戰標誌著 AI 在複雜思維遊戲中與人類頂尖選手較量的開始。更重要的是，它引發了人們對 AI 潛力的廣泛討論和思考。」

小謀：「聽起來確實很重要！這說明了 AI 在那個時候已經有能力挑戰人類在某些領域的優勢了。」

小輝：「沒錯。雖然當時深藍還不能完全戰勝人類棋手，但這次挑戰為之後的發展奠定了基礎。事實上，僅僅一年後的 1997 年，深藍就成功擊敗了卡斯帕羅夫，成為第一個在正式比賽中戰勝世界棋王的計算機系統。」

小謀：「這真是令人驚嘆！從那時起，AI 的發展肯定更快了吧？」

小輝：「確實如此。深藍的成功不僅推動了 AI 在遊戲領域的發展，還激發了人們對 AI 在其他複雜任務中應用的想像。這為後來的許多突破性發展鋪平了道路。」

小輝：「不過，真正的突破是在 21 世紀初。隨著計算能力的提升和大數據的出現，機器學習，特別是深度學習技術取得了巨大進展。」

小謀：「機器學習和深度學習，這些詞我經常聽到，它們到底是什麼？」

小輝：「簡單來說，機器學習是讓計算機從數據中學習，而不是按照固定的程序運行。深度學習則是機器學習的一個分支，它模仿人腦的神經網絡結構，能夠處理更複雜的任務。」

小謀：「聽起來很酷！那現在的 AI 能做些什麼呢？」

小輝：「現在的 AI 應用非常廣泛。比如，語音助手可以理解並回答我們的問題，自動駕駛汽車可以在道路上安全行駛，AI 還能創作藝術作品，甚至在醫療診斷方面提供幫助。」

小謀：「哇，真是太神奇了！那 AI 的未來會怎樣呢？」

看著睜大眼睛且意猶未盡的小謀，小輝豪爽地指向前方的咖啡廳：「走，我們去那兒好好敘敘舊，繼續聊下去……」

1-1 Day1：AI 能力大揭密：改變世界的智能技術

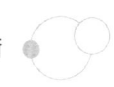

身為上班族的你，是否曾想過，目前放眼所及，人工智慧（AI）已成為當今數位時代最炙手可熱的話題？從自動化工具到複雜的深度學習系統，AI 正以驚人的速度重塑你、我的工作和生活方式。無論是日常瑣事還是複雜的決策過程，AI 都扮演著舉足輕重的角色。然而，AI 技術究竟涵蓋哪些層面？它們又如何影響我們的日常生活？這些引人深思的問題值得我們深入探討。

人工智慧（AI）已成為現代社會不可或缺的技術工具，這是不爭的事實。從資料分析到決策支援，再到自動化任務，AI 在各行各業中發揮著關鍵作用。今天我們來深入探討 AI 的能力範疇，從基礎到高階，幫助讀者全面了解 AI 的技術與應用，並學習如何在職場中有效運用這些強大工具。

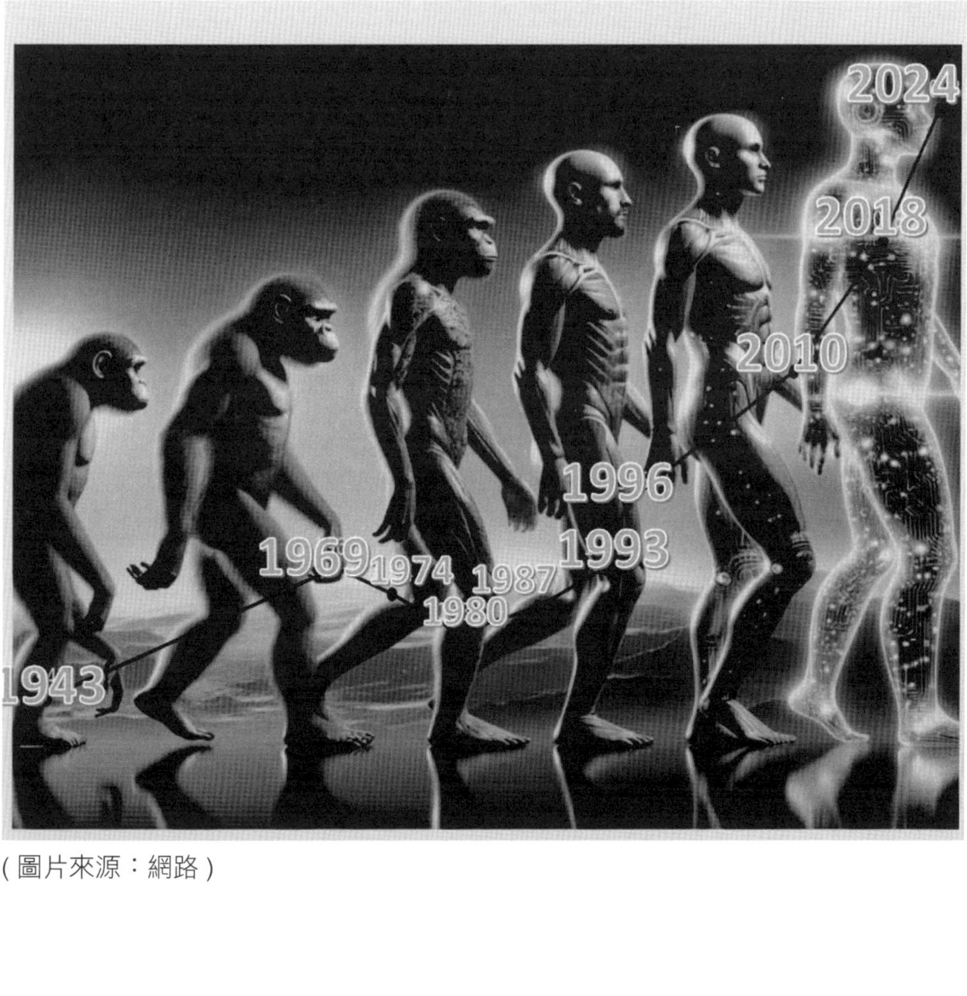

(圖片來源：網路)

第 1 週 AI 神奇寶貝孵蛋計畫
要馴養你智能夥伴你必須知道的事

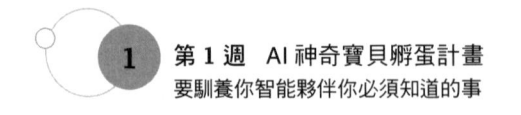

從基礎級的 AI 應用出發：自動化與輔助工具

首先，AI 的基礎應用主要聚焦於自動化和輔助工具。這一層級的 AI 技術通常負責簡化重複性工作並提供基礎的數據處理能力。例如，自動化機器人在生產線上進行物品搬運和組裝，而數據處理工具則能迅速整理並分析大量數據，大幅節省人力和時間。

這類 AI 應用在各行各業中已相當普及。以銀行業為例，自動化客戶服務系統能迅速回答常見問題，有效減輕人工客服的負擔。在醫療領域，AI 輔助診斷工具則協助醫生更準確地判斷病情，顯著提升整體醫療效率。

AI 的中階應用：智能系統與決策支持

隨著技術進步，AI 的應用也邁入更高層次——智能系統與決策支持。這類 AI 不僅能完成簡單任務，還能根據海量數據進行分析，從而輔助人類作出更複雜的決策。

舉例來說，金融領域的智能投資系統可根據市場走勢、歷史數據和風險偏好，為用戶提供投資建議，甚至執行自動交易。零售業中，智能庫存管理系統則能依據銷售數據和季節變化，自動調整庫存，確保供需平衡。

這些應用展現了 AI 在提升決策質量和效率方面的巨大潛力。隨著數據量增長和計算能力提升，這類 AI 將在更廣泛的領域中發揮作用。

AI 的高階應用：深度學習與自適應系統

隨著 AI 技術的進一步發展，深度學習和自適應系統成為了高階應用的核心。這些系統具備自主學習和適應能力，能根據新數據不斷優化自身運作方式。

深度學習是這一領域的代表技術。它模仿人類大腦的神經網絡，能處理海量數據並進行複雜的模式識別。例如，圖像識別系統通過深度學習模型，能準確辨識圖片中的物體，並隨時間推移不斷提高識別準確性。

自適應系統則能根據環境變化進行自我調整和優化。這類系統在自動駕駛車輛中應用廣泛，通過學習道路上的行為模式，逐步提升駕駛安全性和效率。

如何選擇最適合的 AI 技術：深入探討選擇過程

隨著 AI 應用領域不斷擴展，其多樣性和複雜性也隨之增加。在這種情況下，為企業或個人選擇最適合的 AI 技術已成為一項至關重要且富有挑戰性的任務。本節將詳細探討選擇 AI 技術時需要考慮的關鍵因素，以及如何權衡這些因素以做出明智的決策。以下是幾個核心考量點，每一點都值得深入思考：

1. **全面需求分析**：選擇 AI 技術的首要步驟是進行深入、全面的需求分析。這不僅包括當前的需求，還要考慮到未來可能出現的需求。例如，如果企業目前主要需要處理大量重複性工作，基礎級的自動化工具可能就足夠了。但是，如果預計在不久的將來需要進行更複雜的數據分析和決策支持，那麼選擇一個具有擴展性的中階 AI 技術可能更為明智。需求分析應該涵蓋業務流程、數據處理需求、決策支持需求等多個方面，以確保選擇的 AI 技術能夠全面滿足組織的需求。

2. **資源評估與規劃**：選擇和實施 AI 技術需要多方面資源的投入，這不僅包括直接的財務投資，還涉及到計算資源、數據資源和人才資源等多個方面。在選擇 AI 技術時，需要進行詳細的資源評估和規劃：

   - **計算資源**：評估現有的硬體設施是否足以支持所選 AI 技術的運行，包括處理器能力、存儲容量和網絡帶寬等。
   - **數據資源**：考慮數據的可用性、質量和數量。某些 AI 技術可能需要大量高質量的訓練數據才能發揮其潛力。
   - **人才資源**：評估組織內是否有足夠的專業人才來實施和維護 AI 系統，或者是否需要招聘新的人才或尋求外部合作。

   通過全面的資源評估，可以確保所選的 AI 技術能夠在現有資源條件下有效運行，同時也為未來的資源擴充提供參考。

3. **長期戰略規劃**：鑒於 AI 技術的快速發展，選擇 AI 技術時必須納入長期戰略考量。這包括以下幾個方面：

    - **技術發展趨勢**：研究和預測 AI 技術的發展方向，選擇那些具有良好發展前景的技術。

    - **可擴展性**：確保所選技術能夠隨著業務的發展而擴展，避免因技術限制而阻礙業務增長。

    - **兼容性**：考慮新技術與現有系統的兼容性，以及與未來可能採用的其他技術的整合能力。

    - **技術生態系統**：評估技術供應商的市場地位、研發投入和生態系統支持，以確保長期的技術支持和更新。

    通過制定長期的 AI 技術戰略，企業可以避免陷入技術孤島或過時技術的困境，確保 AI 投資能夠持續創造價值。

4. **成本效益分析**：選擇 AI 技術時，全面的成本效益分析是不可或缺的。這不僅包括初始投資成本，還要考慮長期運營成本、維護成本以及潛在的收益：

    - **初始成本**：包括軟件許可、硬件升級、人員培訓等。

    - **運營成本**：考慮持續的維護費用、數據存儲成本、可能的雲服務費用等。

    - **效益評估**：量化 AI 技術帶來的效率提升、成本節約或收入增長。

    - **風險評估**：考慮技術失效、數據安全、隱私保護等潛在風險及其相關成本。

    通過詳細的成本效益分析，可以確保 AI 技術投資能夠為組織帶來實質性的價值回報。

5. **實施和集成策略**：選擇 AI 技術後，如何有效地實施和集成到現有系統中也是一個關鍵考量點：

    - **分階段實施**：考慮是否採用分階段實施策略，從小規模試點開始，逐步擴大應用範圍。

- **系統集成**：評估新 AI 技術與現有 IT 基礎設施的集成難度和成本。
- **員工培訓**：制定全面的培訓計劃，確保員工能夠有效使用新技術。
- **變更管理**：考慮 AI 技術引入可能帶來的組織變革，制定相應的變更管理策略。

通過制定周詳的實施和集成策略，可以確保 AI 技術能夠順利融入組織的日常運營中，最大化其價值。

人工智慧（AI）正迅速地改變世界，從個人生活到產業結構，再到全球經濟體系，無一不受到其影響。隨著 AI 技術的進步，了解其能力範疇、應用場景以及未來發展趨勢，對於職場人士尤為重要。接下來，我們將深入探討 AI 的核心技術、應用領域及其對未來的影響。

AI 的核心技術包含哪些呢？

- **機器學習**（Machine Learning）：這是 AI 的基礎，讓計算機能從數據中學習並改進性能，而不需要明確編程。
- **深度學習**（Deep Learning）：這是機器學習的一個分支，使用多層神經網絡來模仿人腦的學習過程，特別適合處理大量非結構化數據。
- **自然語言處理**（Natural Language Processing，NLP）：使計算機能理解、解釋和生成人類語言，是聊天機器人和語音助手的核心技術。
- **計算機視覺**（Computer Vision）：讓機器能夠理解和處理視覺信息，如圖像識別和物體檢測。
- **專家系統**（Expert Systems）：模仿人類專家的決策能力，在特定領域提供專業建議。
- **強化學習**（Reinforcement Learning）：通過與環境互動來學習最佳行動策略，常用於遊戲 AI 和機器人控制。

學習 AI 知識的關鍵步驟如下：

1 第 1 週 AI 神奇寶貝孵蛋計畫
要馴養你智能夥伴你必須知道的事

基礎概念與知識

學習 AI 的第一步是掌握其基本概念和術語，包括但不限於：

- **人工智慧（AI）**：模仿人類智能的計算機系統，能夠進行感知、學習、推理和決策。
- **機器學習（ML）**：AI 的一個子領域，通過數據訓練模型進行預測或決策，包括監督學習、非監督學習和強化學習。
- **神經網絡（NN）**：模仿人腦結構的計算模型，是深度學習的核心，常用於圖像和語音識別。
- **數據挖掘**：從大量數據中提取有價值的信息，常用技術包括分類、聚類和關聯分析。

理解這些基本概念是掌握 AI 技能的基礎。初學者可參考入門書籍或線上課程，如 Coursera 或 edX 上的 AI 基礎課程。這些課程通常涵蓋機器學習、數據科學以及基本編程技能，為 AI 應用奠定核心基礎。

【熱門線上課程】（含繁中字幕者優先）

平台	課程名稱	授課者	適合對象	課程連結特色
Coursera	Machine Learning（機器學習）	Andrew Ng（吳恩達）	所有人	全球最多人學習的經典課程，有繁中字幕
Coursera	AI for Everyone	Andrew Ng	非工程背景者	以非技術角度理解 AI 與應用
edX	CS50's Introduction to AI with Python	Harvard	有程式基礎者	免費，適合想實作 AI 專案者
Udemy	Artificial Intelligence A-Z	Kirill Eremenko	初學者	較簡單，快速上手（部分課程有中文字幕）
台灣大學開放式課程	機器學習基礎	林軒田教授	有點數學基礎者	免費中文教學、講義完整

此外，初學者應熟悉常用工具和軟件，如 Python 編程語言及其相關庫（如 NumPy、Pandas、Matplotlib 等）。這些工具有助於數據處理、基本分析和可視化，為進階 AI 學習打下堅實基礎。

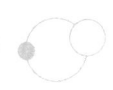

機器學習與深度學習

在掌握基礎概念後，中級學習應聚焦於機器學習和深度學習的實際應用，包括：

- **監督學習與非監督學習**：了解如何使用標註數據進行訓練（監督學習）或在無標註數據中發現模式（非監督學習）。
- **常用算法**：如線性迴歸、決策樹、支持向量機（SVM）等。
- **神經網絡架構**：如卷積神經網絡（CNN）和遞歸神經網絡（RNN）。

機器學習入門書（中文 / 英文）

- 《Machine Learning For Dummies》（John Paul Mueller & Luca Massaron）
  使用淺顯語言介紹機器學習基本概念與應用，並展示 Python 和 R 實作，適合完全新手。

- 《Machine Learning in Action》（Peter Harrington）
  著重實作導向的書籍，涵蓋分類、聚類與回歸模型，附帶完整 Python 實作範例。

- 《The Hundred-Page Machine Learning Book》（百頁機器學習）（Andriy Burkov）
  Reddit 高評推薦：「... 我個人蠻喜歡這兩本的……《百頁機器學習》…」。

- 《西瓜書》（周志華著，中文）
  機器學習經典教材，理論紮實且該列為初學者首選之一。

- 《Fundamentals of Machine Learning for Predictive Data Analytics》（Kelleher 等）
  結合理論、演算法與案例實作，適合具有一定分析背景的入門者。

- 《Programming Collective Intelligence》（Toby Segaran）
  聚焦如何用程式建立推薦系統、資料挖掘與模式偵測等應用，實用性強。

第 1 週 AI 神奇寶貝孵蛋計畫
要馴養你智能夥伴你必須知道的事

深度學習入門書籍

- 《Deep Learning》（Goodfellow 等）
  雖偏高階，但常被推薦作為理論與架構教科書——推薦在有基礎後閱讀。
- 《Dive into Deep Learning》（Aston Zhang 等，Jupyter Notebook 形式，多元實作）
  開源教材，結合理論與動手操作，免費且內容豐富。
- 中文講解選擇：李宏毅的「李 DL」教材（GitHub）
  由台大李宏毅教授授課，風趣且從基礎理論到直覺理解內容全面。

此階段可通過實踐項目鞏固所學。例如，使用 Python 的 scikit-learn 庫進行機器學習模型訓練與評估，或使用 TensorFlow 和 Keras 構建與調試神經網絡。這些實踐不僅能鞏固理論知識，還能提升解決實際問題的能力。

中級學習階段還應掌握數據處理和清洗技能，這是機器學習模型訓練的關鍵。數據清洗包括處理缺失值、異常值以及數據標準化等操作，有助於提高模型的準確性和穩定性。

線上課程推薦

- Andrew Ng – Machine Learning（Coursera）
  經典入門機器學習課程，適合從基礎算法與應用開始學習。
- 台大 林軒田「機器學習基石／技法」（Coursera）
  使用中文授課，著重理論與演算法原理，台大教授親授。
- 莫煩 Python（面向實作）
  網路上深受初學者好評的中文實作課程。

深度學習入門

- DeepLearning.AI – Deep Learning Specialization（Coursera）
  含五門子課程（如神經網絡、CNN、RNN 等），適合零基礎深入學習，實作與理論兼具。

- Stanford CS231n：Convolutional Neural Networks for Visual Recognition
  李飛飛團隊經典課程，重視視覺領域的深度學習技術。
- Stanford CS224n：NLP with Deep Learning
  進入自然語言處理方向的入門課程，風評良好。
- NVIDIA Deep Learning Institute (DLI)
  NVIDIA 官方訓練，含 GPU 實作與部署實務，適合工程導向學習者。
- Hahow「AI 深度學習 新手入門應用篇」
  台灣本地中文課程，涵蓋圖像識別、人臉辨識、文本分類等應用實作。

建議學習路線

- **機器學習基礎概念**：讀《傻瓜也能看懂機器學習》＋ Coursera 的 Andrew Ng 課程
- **實作與工具應用**：參考 Peter Harrington 的《機器學習實戰》＋莫煩 Python 課程
- **進階理解與理論強化**：西瓜書／百頁機器學習 → 林軒田機器學習基石
- **接觸深度學習**：開始 Coursera Deep Learning Specialization、CS231n（尤其視覺方向）
- **應用專攻或領域發展**：CS224n（NLP）、NVIDIA DLI（部署）、Hahow（應用場景）

深入理解與創新應用

在高階級別，學習者應致力於深入理解 AI 技術的內部機制，並探索創新應用，包括：

- **強化學習**：了解如何通過獎勵機制訓練智能體進行複雜決策。
- **生成對抗網絡（GANs）**：學習如何生成高質量的圖像、音頻或文本。
- **AI 倫理與安全**：探討 AI 在實際應用中的倫理問題與風險管理。

第 1 週 AI 神奇寶貝孵蛋計畫
要馴養你智能夥伴你必須知道的事

AI 技能在職場中的應用

與其遙望稱羨，不如開始思考 AI 技能在職場中的應用

隨著 AI 的普及，掌握相關技能已成為職場中的一項重要能力。這些技能包括：

1. **數據分析能力**：理解數據並進行分析，是 AI 技術應用的基礎。掌握數據分析工具，如 Python、R 語言等，對於從事 AI 相關工作的人來說至關重要。
2. **機器學習與深度學習**：掌握機器學習和深度學習的基本原理，並了解如何訓練模型和調參，將在未來職場中帶來競爭優勢。
3. **AI 應用開發**：理解如何將 AI 技術應用到實際業務場景中，是企業需求的重要技能。例如，開發自動化流程、智能客服系統或推薦算法等，都需要這方面的專業知識。

掌握 AI 技能可以在職場中帶來多方面的優勢。以下是幾個典型的應用場景：

- **資料分析與可視化**：利用 AI 技術進行數據分析和可視化，可以幫助企業更好地理解市場趨勢和客戶需求，從而制定更有效的業務策略。
- **自動化決策支持**：通過機器學習模型進行預測和決策支持，可以提高業務運營的效率和準確性。例如，銀行可以使用 AI 技術進行信用風險評估，電子商務平台可以通過 AI 推薦系統提高銷售額。
- **自然語言處理（NLP）**：利用 NLP 技術進行文本分析和語言理解，可以應用於客服機器人、自動摘要、情感分析等場景，提升客戶服務的效率和質量。
- **計算機視覺**：通過計算機視覺技術進行圖像和視頻分析，可以應用於安全監控、醫療影像分析、自動駕駛等領域，提高生產力和安全性。

深度學習的進階應用

在進階階段，AI 技術將進一步滲透至各行各業，帶來更多創新應用。以下是一些深度學習的進階應用場景：

- **醫療領域**：AI 可以用於診斷疾病、分析醫療影像、預測病人病情發展等。例如，AI 可以通過分析大量的醫療數據，幫助醫生更快速地診斷疾病，提高診斷的準確性和效率。
- **金融領域**：AI 在金融領域的應用非常廣泛，包括股票市場預測、風險管理、欺詐檢測等。例如，AI 可以通過分析歷史數據和市場動態，預測股票價格的走勢，幫助投資者做出更明智的投資決策。
- **製造業**：AI 可以用於生產流程的優化、設備維護、質量控制等。例如，通過分析生產數據，AI 可以幫助企業識別生產過程中的瓶頸，優化生產流程，提高生產效率和產品質量。
- **零售業**：AI 可以用於客戶行為分析、個性化推薦、存貨管理等。例如，通過分析客戶的購物行為，AI 可以提供個性化的產品推薦，提高客戶滿意度和銷售額。

其他相關議題與資源

參與 AI 相關的研究項目或比賽，如 Kaggle 競賽，能顯著提升實踐經驗和創新能力。Kaggle 是一個知名的數據科學競賽平台，參與其中可讓你接觸真實的數據集和挑戰，並與全球數據科學家交流學習。

閱讀最新的 AI 研究論文，並在工作中應用前沿技術，也是提升技能的重要途徑。學習者可關注一些頂級的 AI 會議和期刊，如 NeurIPS、ICML、CVPR 等。這些會議和期刊通常發布最新的 AI 研究成果和技術趨勢。

AI 不僅帶來眾多機遇，也伴隨著挑戰和倫理問題。例如，AI 的快速發展引發了對數據隱私的擔憂，以及 AI 決策過程中透明度的質疑。此外，隨著自動化程度提高，某些職位可能被取代，這帶來了社會和經濟層面的考驗。

第 1 週 AI 神奇寶貝孵蛋計畫
要馴養你智能夥伴你必須知道的事

結論

AI 技術的應用範疇廣泛且不斷擴展。全面掌握從基礎概念到高階應用的知識，能幫助職場人士在競爭激烈的環境中脫穎而出。無論是資料科學家、軟體工程師還是業務分析師，熟練運用 AI 技能都能顯著提升職業競爭力。我們希望本文為您的 AI 學習之路提供了有價值的指引，並能協助您在職場中有效運用這些技能。

AI 技術正以驚人的速度改變我們的世界。深入了解 AI 的能力範疇並掌握其應用場景，對未來的職場人士至關重要。隨著 AI 的持續發展，機遇與挑戰並存。在這個變革的時代中保持競爭力，關鍵在於我們對 AI 技術的理解與實際應用能力。

1-2 Day2：AI 的誕生｜神奇寶貝圖鑑
認識 AI 世界的基本概念

AI 是如何誕生的？

從單純的計算機到今日能夠理解、學習和適應的智慧系統，AI 的發展歷程充滿突破與創新。雖然科幻電影中的智能機器人往往展現出近乎人類的意識和情感，但現實中的 AI 是建立在數學模型、演算法和大數據基礎上的技術系統。它們可能沒有自我意識，但在特定領域的表現已經超越人類。要真正理解 AI，我們必須從最基本的概念開始，逐步掌握它的運作原理、技術框架，以及在現實世界中的實際應用方式。

什麼是 AI？

機器學習 (ML) vs. 深度學習 (DL) vs. 大語言模型（LLM）

AI（Artificial Intelligence，人工智慧）是一項革命性的技術，旨在賦予機器展現類似人類的智慧能力。這些能力涵蓋了多個層面：從基礎的數據學習和邏輯推理，到複雜的決策規劃和問題解決，再到高階的模式識別和自然語言理解。AI 系統能夠分析大量資訊、辨識複雜模式，並根據這些資訊做出明智的判斷和回應。隨著技術的演進，AI 的發展經歷了多個重要階段，目前已形成三大主要技術分支：機器學習（著重於數據分析和模式識別）、深度學習（模擬人腦神經網絡進行複雜運算），以及最新發展的大語言模型（LLM，具備強大的語言理解和生成能力）。

AI 就像數位世界的妙蛙種子，會隨著技術養分成長進化：

- **初階形態：機器學習**

特徵：能從數據學習規律，但需人類特徵工程

技能：垃圾郵件過濾、簡單分類

- **中階形態：深度學習**

  特徵：自動提取特徵，擅長圖像 / 語音

  技能：人臉辨識、語音轉文字

- **完全體：大語言模型（LLM）**

  特徵：理解人類語言，具備推理能力

  技能：撰寫文案、程式除錯、知識問答

1. 機器學習（Machine Learning, ML）

機器學習是一種讓電腦透過數據學習模式並進行預測的先進技術。它不同於傳統編程方式，不需要人工撰寫明確的規則和指令，而是透過大量數據的訓練過程，使模型能夠自行發現和學習其中的規律與模式。在訓練過程中，機器學習算法會不斷調整和優化其內部參數，以提高預測準確度。舉例來說，垃圾郵件過濾系統會分析數以萬計的歷史郵件內容，包括郵件主旨、寄件者資訊、文本特徵等多個維度，透過這些數據逐步學習如何精確區分垃圾郵件與正常郵件。這種自主學習的能力讓機器學習系統能夠適應不斷變化的環境，並在新的情況下做出準確的判斷。

2. 深度學習（Deep Learning, DL）

深度學習是機器學習的進階形式，它透過模擬人腦神經元連接的多層神經網絡結構來處理資訊。這種類似人腦的結構讓 AI 能夠自動學習數據中的複雜特徵，無需人工干預。與傳統機器學習相比，深度學習能夠處理更龐大、更複雜的數據集，並且在圖像識別、語音處理、自然語言理解等領域展現出優異的表現。

深度學習最令人矚目的突破之一是在視覺辨識領域的應用，它能夠自動從圖像中提取特徵，實現高精度的物體識別和分類。在語音處理方面，深度學習使得語音轉文字的準確率大幅提升，為語音助理和自動翻譯等應用奠定基礎。

深度學習的重大突破讓 AI 的能力得到質的飛躍，最具代表性的例子就是 AlphaGo 在 2016 年擊敗世界圍棋冠軍李世，這不僅展示了深度學習技術的強大實力，更標誌著 AI 在複雜策略思考方面已經達到前所未有的高度。這些成就都證明了深度學習在推動 AI 技術發展方面的關鍵作用。

3. 大語言模型（Large Language Model, LLM）

大語言模型（如 GPT-4、Llama3）是一種建立在深度學習基礎上的先進 AI 技術，具備令人驚嘆的語言理解和生成能力。這類模型透過分析海量的文本數據（通常是數十 TB 的規模）來學習人類語言的複雜結構、語法規則和上下文關係。在訓練過程中，模型會逐步掌握語言的細微差別，包括語氣、語境和文化內涵。當接收到使用者的輸入指令時，大語言模型能夠快速分析需求，並根據其豐富的知識庫生成恰當且連貫的回應。以 ChatGPT 為例，它不僅能夠回答各類問題、撰寫專業文章，還可以進行創意寫作、翻譯多國語言，甚至能理解和運用幽默、諷刺等修辭手法。這種深度的語言理解和靈活的表達能力，使得大語言模型成為現代 AI 技術中最引人注目的突破之一。

AI 的分類：圖像生成、語音識別、文本分析、自動化助手

AI 涵蓋的範圍非常廣泛，以下是當前最主要的四大應用領域：

AI 屬性分類表

類型	屬性	代表技術	職場應用場景	訓練數據量	特點優勢	未來潛力
圖像生成	火系	Stable Diffusion, Midjourney, DALL-E	行銷素材生成、品牌視覺設計、產品展示圖、包裝設計、數位藝術創作	1 億 + 圖像，持續增長中	高度創意性、快速迭代、多樣風格、精準控制、即時渲染	3D 模型生成、動畫製作、虛擬人物設計
語音識別	水系	Whisper, Voice AI, Speech-to-Text	會議語音轉文字、客服通話紀錄、多語言翻譯、即時口譯、語音助理	68 萬小時語音，多語言數據	高準確度、多國語言支援、抗噪能力強、情感識別、口音適應	實時翻譯、語音克隆、情緒分析
文本分析	草系	GPT-4, Claude, PaLM	商業郵件撰寫、報告整理、內容創作、市場分析、客戶服務	45TB 文本，涵蓋多領域知識	語言理解深入、上下文連貫、邏輯推理強、專業知識豐富、風格多變	多模態理解、跨領域整合、專業顧問
自動化助手	電系	AutoGPT, AgentGPT, BabyAGI	自動化流程開發、任務規劃、系統整合、數據分析、智能決策	無上限，可持續擴展	自主決策、持續學習、高度客製化、跨平台整合、自動優化	自主代理系統、智能工作流、創新解決方案

第 1 週　AI 神奇寶貝孵蛋計畫
要馴養你智能夥伴你必須知道的事

1. 圖像生成 AI

這類 AI 運用深度學習技術中的生成對抗網絡（GAN）和擴散模型（Diffusion Models）來生成高度逼真的圖像。目前市面上最受歡迎的工具包括 Midjourney、Stable Diffusion 和 DALL-E 等，這些 AI 工具不僅能根據文字描述生成精確的圖片，還可以進行風格轉換、圖像修復和創意合成。這項技術已在設計、藝術、廣告、遊戲開發等領域掀起革命性的變革。

應用案例：

- 設計師可以使用 AI 快速生成多個概念設計草圖，大幅縮短前期探索階段的設計週期，同時激發創意靈感。
- 電影和遊戲製作團隊可以利用 AI 自動生成場景背景、特效元素和角色造型，不僅提高製作效率，還能降低製作成本。
- 建築師可以運用 AI 生成不同風格的建築設計方案，幫助客戶更直觀地理解設計概念。

2. 語音識別與語音生成 AI

語音識別技術運用深度學習和自然語言處理，能夠將人類語音精確轉換為文字。知名應用包括 Google Assistant、Siri 和 OpenAI 的 Whisper。另一方面，語音生成技術則能透過深度學習模型分析和模仿人類聲音特徵，產生自然流暢的語音輸出，代表性工具有 ElevenLabs 和 Microsoft 的 VALL-E。這些技術不斷突破，已能實現多種語言、口音和情感的精確模擬。

應用案例：

- 智能語音助理能夠理解複雜的語音指令，執行多樣化任務，如排程管理、智能家居控制、資訊查詢等。
- 自動字幕系統可即時將各類影音內容轉換為精確的字幕，支援多語言轉換，大幅提升內容的可及性。
- 客服中心利用 AI 語音系統提供 24/7 全天候服務，自動處理常見問題諮詢。

3. 文本分析 AI

文本分析 AI 運用先進的自然語言處理（NLP）技術，結合深度學習模型如 Transformer，能夠深入理解和生成人類語言。代表性產品如 ChatGPT 和 Claude 不只能進行基礎的文本處理，還具備上下文理解、多輪對話和創意寫作等高階能力。這類 AI 技術已在市場分析、客戶服務、內容創作等領域帶來革命性改變。

應用案例：

- 企業可運用 AI 進行全面的市場輿情分析，即時掌握消費者反饋和市場趨勢，提升決策準確度。
- 內容創作者能借助 AI 協助進行研究、大綱規劃、文章撰寫和編輯潤色，顯著提升創作效率。
- 新聞媒體可使用 AI 協助處理大量資訊，快速產生新聞摘要和報導初稿。

4. 自動化助手 AI

自動化助手 AI 整合了多項先進技術，包括自然語言處理、機器學習和工作流程自動化，能夠智能協助處理各類日常任務。代表性工具如 Notion AI、Microsoft Copilot 和 Google Workspace AI 不只能完成基礎的文件處理工作，還可以理解複雜指令，協助決策分析，甚至預測用戶需求，主動提供建議。

應用案例：

- 人力資源部門可使用 AI 系統全方位協助招聘流程，包括履歷篩選、候選人評估、面試安排等，顯著提升招聘效率和準確度。
- AI 自動化工具能智能處理各類重複性工作，如數據整理、報告生成、郵件分類等，讓專業人員專注於更具價值的創造性工作。
- 專案管理人員可運用 AI 助手進行任務追蹤、資源分配和進度監控，提升專案管理效率。

第 1 週　AI 神奇寶貝孵蛋計畫
要馴養你智能夥伴你必須知道的事

未來 AI 發展趨勢：AI 會如何影響我們的生活？

隨著 AI 技術的不斷發展，未來將有更多創新應用，以下是幾個值得關注的趨勢：

- **邊緣 AI（Edge AI）**：目前大多數 AI 運算都依賴雲端伺服器進行處理，但未來的發展趨勢是將 AI 功能直接嵌入終端設備中，如智慧型手機、個人電腦、IoT 裝置等。這種本地化運算不僅能大幅降低網路延遲，提供更即時的回應，還能確保用戶資料不需上傳雲端，從而提升隱私安全性。同時，這項技術也將使 AI 應用在離線環境下持續運作，為用戶帶來更流暢且穩定的使用體驗。

- **AI Agent 自主決策系統**：未來 AI 不僅能夠執行指令，還將具備自主決策的能力。這類系統，如 AutoGPT 和 BabyAGI，能夠根據設定的目標自主規劃行動步驟、評估執行結果，並在必要時調整策略。這些 AI Agent 可以持續不斷地完成複雜任務，無需人工干預，甚至能夠串連多個 AI 工具協同運作。隨著這項技術的發展，我們將看到 AI 在工作場所中扮演更主動的角色，不再只是被動的執行工具，而是能夠主動提供建議、預測潛在問題，並協助制定決策的智能夥伴，這無疑將徹底改變現有的職場生態和工作模式。

- **產業顛覆與新職業誕生**：隨著 AI 技術不斷進步並逐漸取代重複性工作，職場生態將面臨重大轉變。新興的 AI 相關職位將會大量興起，包括 AI 模型訓練師負責優化 AI 模型表現、AI 策略顧問協助企業規劃 AI 轉型、AI 品質稽核師確保 AI 輸出品質、AI 倫理專家監督 AI 決策的公平性，以及 AI 系統整合師負責串接不同 AI 工具形成完整解決方案。這些新興職位不僅需要技術知識，還需要跨領域思維和持續學習能力。

- **AI 倫理與法規**：隨著 AI 在社會中的影響力與應用範圍持續擴大，政府與企業將面臨更多關於 AI 使用的倫理困境與法規挑戰。其中包括個人資料保護、演算法偏見、AI 決策透明度、資訊安全風險等議題。各國政府正在積極制定相關法規框架，以確保 AI 技術的發展能在保障人權與促進創新之間取得平衡。同時，企業也需要建立完善的 AI 治理機制，確保其 AI 應用符合道德準則與法規要求。

迎接 AI 時代的來臨：展望人工智慧帶來的無限可能與轉型契機

AI 不是未來，而是現在。了解 AI 的運作原理、應用場景，將讓你在職場中更具競爭力。本篇文章幫助你掌握 AI 的基礎知識，未來我們將進一步探討如何利用 AI 提升工作效率，甚至讓 AI 成為你的職場助力！

想要真正駕馭 AI 嗎？現在就開始學習，讓 AI 成為你的得力助手，迎接職場的未來變革！

第 1 週 AI 神奇寶貝孵蛋計畫
要馴養你智能夥伴你必須知道的事

1-3 Day3：孵化 AI 夥伴
如何打造你的專屬 AI？

🔧 LLM 孵化全流程

1. **基因選擇（架構設計）**
   - **Transformer 架構**：注意力機制如同神奇寶貝的「念力」技能
   - **參數量決定潛力**：7B 參數≈小火龍，70B ≈噴火龍

2. **餵食訓練（數據養成）**
   - **基礎飲食**：Common Crawl 網絡數據（45TB）
   - **營養補充**：書籍、論文、程式碼
   - **毒物過濾**：NSFW 內容清洗系統 [NSFW 翻譯：（分享的網路材料因含有某些內容如裸體圖片）不宜在工作場所觀看（not safe for work 的縮寫）]。

⚔️ 開源 vs 專有 AI 選擇指南

維度	開源系（Llama3）	專有系（GPT-4）
捕捉難度	需自備算力球（GPU 伺服器）	精靈球已附魔（API 直接呼叫）
食量	每日需餵 20kg 數據礦石	月費 $20/ 百萬 token
忠誠度	可完全客製化性格	受開發者規則限制
技能池	需自行訓練專屬技能	內建 200+ 預設技能

1. 什麼是 LLM（大語言模型）？

LLM（Large Language Model）是目前人工智慧領域中最具革命性和影響力的技術之一，它正在重新定義我們與機器互動的方式。這類模型在文本生成、語音識別、語義理解等多個領域展現出卓越的能力，為人類開啟了全新的可能性。

LLM 的核心在於其龐大的神經網絡結構，通常由數十億甚至數百億個精密調校的參數組成。這些參數就像是模型的 " 大腦神經元 "，賦予它強大的學習、理解和推理能力。通過這些參數的協同作用，LLM 能夠深入理解語言的細微差別，並生成流暢、自然的多語言文本。

從技術角度來看，LLM 就像是一個經過海量數據訓練的 "語言機器人"，它不僅能夠理解和處理人類的語言輸入，還能模擬人類的思維過程，進行深層次的語言交流。這種模擬不僅限於簡單的問答，還包括複雜的推理、創意寫作、文本分析等高階認知任務。通過持續學習和優化，LLM 正在逐步接近人類的語言處理能力。

2. LLM 的訓練過程：從萌芽到綻放的智能之旅

LLM 的訓練過程堪比一場精心編排的交響樂，需要多個關鍵階段的完美協調和精密配合。這個複雜的工程不僅需要龐大的計算資源投入和深厚的專業知識積累，更需要細緻入微的規劃思維和持之以恆的優化調整。讓我們深入探索這個引人入勝的訓練流程，瞭解其中的每一個重要環節：

- **數據收集與準備 - 智能的養分**：在開啟 LLM 的訓練之旅前，我們需要精心構建一個龐大而豐富多彩的文本數據寶庫。這些珍貴的數據來源廣泛而多元，涵蓋了專業學術論文的嚴謹思維、經典文學作品的人文底蘊、網站內容的即時資訊、社交媒體討論的群眾智慧，以及各類專業資料庫的深度知識。在這些原始數據收集完成後，還需要進行一系列細緻的數據淨化和預處理工作，包括去蕪存菁、修正瑕疵、統一規範，最終打造出一個純淨優質、多元均衡的訓練基石。這個過程就像是為 AI 準備最營養均衡的知識盛宴，每一步都不容忽視。

- **模型架構設計 - 智能的骨架**：LLM 的核心基礎建立在劃時代的 Transformer 模型之上，這種精妙的架構通過其獨特而強大的注意力機制，能夠如同人類思維般精確捕捉文本中錯綜複雜的語義關係網絡。在這個關鍵的設計階段，研究人員需要投入大量心血，仔細權衡和調校每一個架構細節，包括模型層數的精確配置、隱藏單元數量的最佳平衡、注意力頭數的合理分配等重要參數。這種匠心獨運的架構設計使得模型能夠像人類大腦一樣，深入理解詞語之間的微妙聯繫，準確掌握語言中的文法規則，並精確把握文本中的深層語義內涵。

- **LLM 的訓練過程**：從萌芽到綻放的智能之旅

LLM 的訓練過程堪比一場精心編排的交響樂，需要多個關鍵階段的完美協調和

精密配合。這個複雜的工程不僅需要龐大的計算資源投入和深厚的專業知識積累，更需要細緻入微的規劃思維和持之以恆的優化調整。**我們將探討訓練 LLM 的各個階段，包括數據準備、模型架構選擇、預訓練、微調和評估**。讓我們深入探索這個引人入勝的訓練流程，瞭解其中的每一個重要環節：

- **數據準備**

LLM 的訓練始於數據準備。數據的質量和數量直接影響模型的性能。數據準備通常包括以下步驟：

LLM 訓練步驟

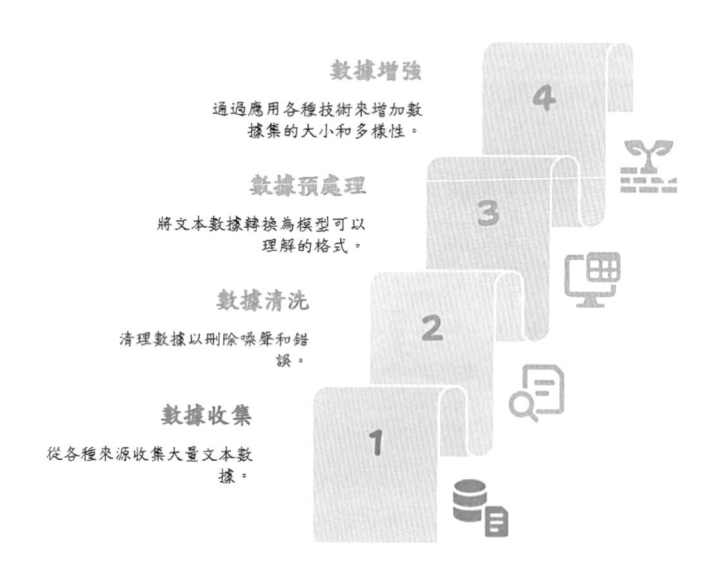

4. 數據增強
通過應用各種技術來增加數據集的大小和多樣性。

3. 數據預處理
將文本數據轉換為模型可以理解的格式。

2. 數據清洗
清理數據以刪除噪聲和錯誤。

1. 數據收集
從各種來源收集大量文本數據。

- **數據收集：** 從各種來源收集大量文本數據，例如書籍、文章、網站、代碼庫等。

- **數據清洗：** 清理數據以刪除噪聲、錯誤和不相關的信息。這可能包括刪除 HTML 標籤、特殊字符、重複文本等。

- **數據預處理**：將文本數據轉換為模型可以理解的格式。這通常包括分詞（將文本分解為單個單詞或子詞）、詞幹提取（將單詞簡化為其詞根形式）和詞形還原（將單詞簡化為其基本形式）。

- **數據增強：** 通過應用各種技術來增加數據集的大小和多樣性，例如回譯、隨機插入、隨機刪除等。

例如，假設我們想要訓練一個 LLM 來生成新聞文章。我們需要從各種新聞網站收集大量新聞文章。然後，我們需要清理數據以刪除 HTML 標籤、廣告和其他不相關的信息。接下來，我們需要對文本進行分詞，並將其轉換為模型可以理解的數字表示形式。最後，我們可以通過應用數據增強技術來增加數據集的大小，例如通過將新聞文章翻譯成另一種語言，然後再翻譯回原始語言。

- **模型架構選擇**

選擇合適的模型架構對於 LLM 的性能至關重要。目前最流行的 LLM 架構是 Transformer。Transformer 模型基於自注意力機制，可以有效地捕捉文本數據中的長程依賴關係。

Transformer 模型由編碼器和解碼器組成。編碼器將輸入文本轉換為上下文向量，解碼器使用上下文向量生成輸出文本。自注意力機制允許模型關注輸入文本中的不同部分，並根據其相關性分配不同的權重。

除了 Transformer 模型之外，還有其他一些 LLM 架構，例如 RNN（循環神經網絡）和 LSTM（長短期記憶網絡）。然而，Transformer 模型通常比這些架構表現更好，因為它們可以更好地處理長程依賴關係。

比較 LLM 架構的優勢

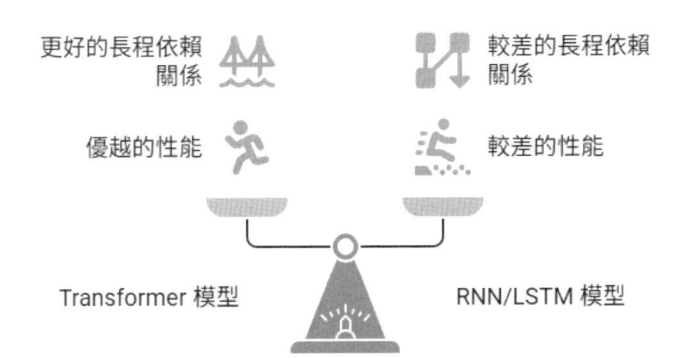

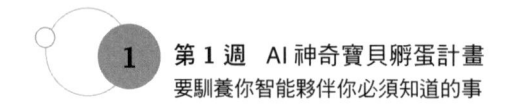

- **預訓練**

預訓練是 LLM 訓練中最耗時和計算密集型的階段。在預訓練期間,模型在一個大型文本數據集上進行訓練,以學習語言的通用表示形式。

預訓練通常使用自監督學習方法進行。在自監督學習中,模型從輸入數據本身學習,而無需人工標記。例如,可以使用掩碼語言建模(MLM)來預訓練 LLM。在 MLM 中,模型隨機掩蓋輸入文本中的一些單詞,並訓練模型來預測被掩蓋的單詞。

預訓練的目標是使模型能夠理解語言的語法、語義和上下文。經過預訓練後,模型可以很好地處理各種自然語言處理任務,例如文本分類、文本生成和機器翻譯。

LLM 預訓練過程

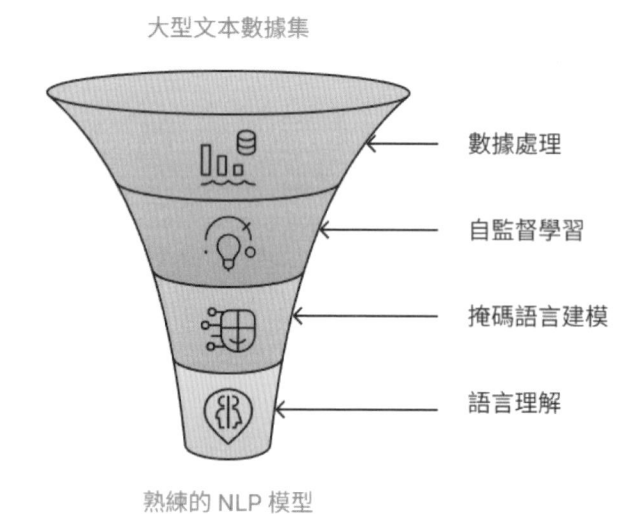

大型文本數據集

- 數據處理
- 自監督學習
- 掩碼語言建模
- 語言理解

熟練的 NLP 模型

- **微調**

微調是在特定任務上優化預訓練模型的過程。在微調期間,模型在一個較小的、特定於任務的數據集上進行訓練。

微調的目標是使模型能夠更好地執行特定任務。例如，如果我們想要訓練一個 LLM 來生成摘要，我們可以通過在一個包含大量文本和相應摘要的數據集上微調預訓練模型來實現。

微調通常比預訓練快得多，因為模型已經學習了語言的通用表示形式。微調可以顯著提高模型在特定任務上的性能。

哪種訓練方法最適合特定任務？

微調
通過特定任務數據集優化預訓練模型

預訓練
從頭開始訓練模型

- **評估**

評估是評估 LLM 性能的過程。評估通常使用各種指標進行，例如準確度、精確度、召回率和 F1 分數。

評估的目標是確定模型在不同任務上的表現如何。評估結果可以用於改進模型的架構、訓練數據和訓練過程。

除了使用指標之外，還可以通過人工評估來評估 LLM 的性能。在人工評估中，人類評估者評估模型生成的文本的質量。

LLM 性能評估過程

指標評估
使用準確度、精確度等指標評估性能

人工評估
人類評估者評估文本質量

結果分析
分析評估結果以識別改進領域

LLM 的訓練是一個複雜的過程，涉及多個階段，包括數據準備、模型架構選擇、預訓練、微調和評估。每個階段都至關重要，並且直接影響模型的性能。通過仔細地執行每個階段，我們可以訓練出能夠很好地執行各種自然語言處理任務的 LLM。

3. 如何選擇和搭建個性化的 LLM 模型？

搭建一個專屬的 LLM 模型是一個需要縝密規劃和專業知識的過程，它涉及對訓練流程的深入理解和每個階段的精確掌控。選擇合適的模型架構和訓練策略需要考慮多個關鍵因素，包括資源可用性、性能需求、以及最終應用場景。根據使用者的具體需求，我們可以採用不同的訓練資料或對現有模型進行精細化微調。特別是在法律、醫療等專業領域的應用中，通過針對性的領域特定數據訓練，可以顯著提升模型在特定行業中的表現，使其能夠生成更加專業、精確的內容。

此外，專屬 LLM 的訓練過程可以充分利用現有的開源工具與平台資源。例如，我們可以選擇在 Hugging Face、OpenAI 等成熟平台上的預訓練模型作為基礎，通過精心設計的二次訓練或微調流程，逐步優化模型性能，使其更好地適應特定場景的需求。在這個過程中，選擇合適的訓練參數、優化策略和評估指標都是確保最終模型品質的關鍵要素。通過這種方式，我們可以在保持模型基礎能力的同時，為其注入更多針對性的專業知識和領域特色。

大型語言模型參數量級與效能分析詳細對照表：探索 AI 模型規模與實務應用的深層關聯

以下表格將全面且深入地分析不同參數規模的語言模型在企業實務應用中的具體表現、所需硬體基礎設施需求、完整成本結構評估，以及潛在風險因素分析。這份分析將協助決策者在選擇 AI 模型時，能夠更全面地考量技術、營運和商業各個層面的關鍵要素：

參數量級	職場應用場景與實際效益	硬體需求與部署環境	訓練與維護成本	潛在風險評估
7B	個人郵件代寫、日常文案處理、基礎客服對話、簡單資料整理、例行報告生成、標準化回覆模板製作	消費級 GPU（如 RTX 3080），一般辦公環境即可運行，支援本地部署與雲端混合模式	$300-500／月，含基礎設備折舊與電力支出	☆☆ 低風險，主要為準確度偏差
13B	技術文檔生成、產品說明書撰寫、多語言翻譯、專業領域諮詢、客製化內容產出、中等複雜度的數據分析	RTX 4090 或同等效能 GPU，需要穩定的網路環境與專業散熱設備，建議配置冗餘系統	$800-1,200／月，包含系統優化與定期維護費用	☆☆☆ 中等風險，需注意資安與數據隱私
70B	商業策略模擬、市場趨勢分析、複雜決策支援、大規模資料處理、多維度預測建模、跨部門協作優化	A100 GPU 集群（4-8 張），需要專業機房環境，配備不斷電系統與即時監控平台	$15,000-20,000／月，含專業團隊支援與系統升級	☆☆☆☆☆ 高風險，須嚴格管控使用權限
400B+	跨國合約風險預測、大規模數據分析、金融模型推演、全球市場即時監控、複雜系統整合、前瞻性戰略規劃	企業級雲端超算中心，要求 99.99% 運行穩定性，完整的災備方案與全球分散式架構	$200,000-250,000／月，包含頂級專家顧問與客製化解決方案	☢ 極高風險，需建立完整風控機制

實戰案例：某跨國法務團隊透過採用 7B 參數規模的模型，成功將合約審查效率提升 340%，每月節省超過 200 人工時，投資回報期僅需 3 個月。該團隊通過精確的提示詞工程和流程優化，證明即使是較小規模的模型也能在特定場景中發揮極大效益。

微調戰術綜合分析及應用策略比較表：深入探討不同技術方法在企業實務中的效益與挑戰

技術方法	訓練與運算成本	模型隱蔽程度	訓練可逆性	建議職場應用場景與效益分析
全參數微調 Full Fine-tuning	$$$$ 需要大量運算資源	☆ 模型結構完全開放	✗ 改變不可逆	核心業務 AI 化適合企業級關鍵任務轉型可完整掌控模型行為
LoRA 微調 Low-Rank Adaptation	$$ 低資源需求	☆☆☆☆ 僅暴露少量參數	✓ 可快速回復	快速任務適配適合短期專案導入具備高度彈性調整空間

第 1 週 AI 神奇寶貝孵蛋計畫
要馴養你智能夥伴你必須知道的事

技術方法	訓練與運算成本	模型隱蔽程度	訓練可逆性	建議職場應用場景與效益分析
前綴調整 Prefix Tuning	$$$ 中等資源消耗	☆☆☆ 保留大部分隱私	✅ 可輕易復原	敏感業務規避適合處理機密資訊確保數據安全性
適配器方法 Adapter Tuning	$$$ 中等計算需求	☆☆ 部分參數可見	✅ 可靈活切換	多任務協同處理適合跨部門整合應用支援多場景切換

開源 vs. 專有 AI：選擇你的 AI 夥伴（GPT-4, Llama3, Claude, Deepseek）

1. 開源 AI 與專有 AI 的區別

在選擇 AI 夥伴時，開源 AI 與專有 AI 之間的策略性抉擇對組織的長期發展至關重要。開源 AI 代表著開放原始碼的人工智慧系統生態，使用者不僅能自由下載和部署，還能深入了解系統內部運作機制並進行客製化修改。相對地，專有 AI 則由特定企業或研究機構擁有專屬權限，這些系統雖然使用上有所限制，但能獲得完整的技術支援，並由專業團隊持續進行維護、優化和功能更新。

- 開源 AI 的優勢：
  - **透明性和可定制性**：開源 AI 的核心優勢在於其完全透明的程式碼架構，開發者可以深入研究底層算法，根據特定應用場景進行深度客製化。這種靈活性使組織能夠精確調整模型參數，打造最符合業務需求的 AI 解決方案，同時也便於進行問題診斷和效能優化。
  - **社群支援與創新**：開源 AI 擁有龐大且活躍的全球開發者社群，這提供了豐富的知識交流平台和技術資源。開發者可以即時獲取社群回饋、分享實作經驗，並共同推動技術創新。這種協作模式不僅加速了問題解決效率，還能持續激發新的應用可能性。
  - **無授權費用**：開源 AI 採用免費授權模式，極大地降低了導入門檻。對於資源有限的新創企業或小型組織而言，這是一個極具吸引力的選項，能夠在不增加顯著財務負擔的情況下，開始 AI 技術的應用與探索。

- **專有 AI 的優勢：**
  - ◆ **性能和穩定性：** 專有 AI 憑藉其專業研發團隊的持續投入，通常能夠提供更穩定且優化的性能表現。這些系統經過嚴謹的測試和效能調校，在處理企業級任務時展現出優異的準確性和可靠性。專業的商業支持更確保了系統能夠在關鍵業務場景中維持高效運作。
  - ◆ **隱私和安全：** 專有 AI 在數據安全方面投入大量資源，採用先進的加密技術和嚴格的存取控制機制。這種高規格的安全框架特別適合處理機密商業資訊和敏感個人數據，為企業提供更完善的風險管理保障。
  - ◆ **技術更新和服務：** 專有 AI 供應商定期推出系統更新和功能優化，確保使用者能夠持續獲得最新的技術進展。完善的技術支援服務包含即時問題排除、效能監控和專業諮詢，幫助企業維持系統的穩定運行和持續改進。

2. **全面探索主流 AI 模型的特點與應用**

在當今快速發展的 AI 技術市場中，各種大型語言模型 (LLM) 平台和系統層出不窮，每個都具有獨特的優勢和特色。為了幫助讀者做出明智的選擇，我們深入分析了幾個最具代表性的 AI 模型，從多個維度詳細探討它們的特點和應用場景：

- **GPT-4（OpenAI）：** 作為目前市場上最受矚目的商業化大語言模型，GPT-4 展現出卓越的語言理解和生成能力。它不僅在文本處理方面表現出色，還能處理多模態任務，包括圖像理解和程式碼生成。憑藉其穩定的商業支持體系和完善的 API 服務架構，GPT-4 特別適合需要高品質、可靠性和專業技術支持的企業級應用場景。

- **Llama3（Meta）：** 這款由 Meta 精心打造的開源大語言模型，在效能和資源優化方面獨樹一幟。其核心優勢在於高效的運算架構和靈活的部署選項，允許開發者進行深度客製化和二次開發。特別值得注意的是，Llama3 在維持高性能的同時，大幅降低了運算資源需求，使其成為預算受限項目的理想選擇。其開放的生態系統更為開發者提供了豐富的創新空間。

第 1 週　AI 神奇寶貝孵蛋計畫
要馴養你智能夥伴你必須知道的事

- **Claude（Anthropic）**：由 Anthropic 開發的 Claude 在安全性和道德框架方面樹立了新標準。這個模型的與眾不同之處在於其內建的倫理準則和安全機制，能夠有效預防 AI 系統的濫用風險。Claude 特別注重數據隱私保護和輸出內容的可控性，因此特別適合金融、醫療等對安全性和隱私保護有嚴格要求的領域。

- **Deepseek（DeepMind）**：作為 Google DeepMind 部門的重要成果，Deepseek 在複雜推理和深度學習應用方面展現出獨特優勢。這個模型運用先進的神經網絡架構，能夠處理極其複雜的邏輯推理任務，並在科學計算和知識圖譜構建等領域表現出色。對於需要進行深度分析、複雜決策支持或高級研究的專業領域來說，Deepseek 提供了強大而精確的計算支持。

AI 模型性能評估對照矩陣：不同模型在各維度的實際表現與能力評估

評估維度	GPT-4	Llama3-70B	Claude 3	Deepseek-MoE
商業洞察力（對商業問題的分析能力和解決方案提供）	☆☆☆☆☆ 優秀的商業分析	☆☆☆☆ 較好的業務理解	☆☆☆☆☆ 深入的商業見解	☆☆☆ 基礎商業理解
合規安全性（對敏感信息的處理和合規性把控）	☆☆ 基礎安全保障	☆☆☆☆☆ 完整安全機制	☆☆☆☆ 較強安全性	☆☆☆ 中等安全水平
反應速度（處理請求的時間效率）	☆☆☆ 適中響應	☆☆☆ 較慢響應	☆☆☆☆ 快速處理	☆☆☆☆☆ 極速回應
可解釋性（模型決策過程的透明度）	☆ 較低透明度	☆☆☆☆ 高度透明	☆☆ 部分可解釋	☆☆☆ 中等透明度
成本效益比（投入產出比的評估）	☆☆ 較高成本	☆☆☆☆☆ 極佳性價比	☆☆☆ 適中成本	☆☆☆☆ 較好性價比
職場潛行指數（在工作環境中的適應性）	☆ 較難整合	☆☆☆☆☆ 完美融入	☆☆☆☆ 良好適應	☆☆☆☆☆ 優秀表現

3. 如何選擇最適合的 AI 夥伴？

選擇合適的 AI 夥伴需考慮以下因素：

- **應用場景**：是否需要高效的文本生成、推理能力，還是更注重隱私與安全，這會直接影響模型的選擇。

- **成本與資源**：商業化 AI 如 GPT-4 通常需要支付 API 費用，而開源模型如 Llama3 則可以更靈活地進行自定義，但需要更多的計算資源來支持訓練和運行。
- **支持與服務**：如果希望有更強的商業支持和技術服務，專有 AI 可能是較好的選擇，而開源 AI 則可以在開發者社群的支持下自行解決問題。

1. AI 共生進化藍圖：未來三年的職場生態變革

2024-2027+ 年 AI 能力與職場動態演進預測分析

時間軸	核心能力進展	職場威脅級別	進階生存策略
2024 Q3	基礎文書智能化：自動化報告生成、數據分析整理、郵件往來管理等日常文書工作	☆☆	快速掌握 AI 模型微調技術，建立個人化提示詞資料庫，優化日常工作流程
2025 Q1	商業策略智能生成：市場分析、競爭情報收集、業務預測與戰略規劃的 AI 輔助決策	☆☆☆☆	發展人機協調管理能力，建立 AI 輔助決策框架，強化跨部門溝通效率
2026 Q2	組織政治模擬與預測：職場人際關係分析、組織動態預測、利益相關方管理的智能化	☆☆☆☆☆	轉型為 AI 策略架構師，整合人工智能與組織管理，打造智能化團隊協作模式
2027+	全流程職場智能化：從日常運營到高層決策的全方位 AI 協同，實現人機深度融合的工作模式	☠	建立個人專屬 AI 軍團，形成多模型協同作戰體系，實現職場全面進化

終極寄生形態：神經編程介面

當你能夠純熟地運用自然語言指令來協調與驅動多個 AI 系統進行協同作戰時，就像掌控著一個精密的體外神經網絡，能夠以前所未有的精準度來操控整個職場生態系統。這種高度整合的人機協作模式不僅僅是簡單的工具使用，而是一種全新的工作範式轉變——這便是 AI 寄生工作流的終極形態。在這個演化過程中，AI 不再只是被動的輔助工具，而是成為了職場生存者延伸的「數位神經系統」，能夠無縫地將人類的創意思維轉化為實際的執行力。

1 第 1 週 AI 神奇寶貝孵蛋計畫
要馴養你智能夥伴你必須知道的事

請謹記，在即將到來的職場叢林中，真正的生存者絕不是那些被 AI 取代的人，也不是那些抗拒變革的觀望者，而是那些能夠率先突破傳統界限，與 AI 建立深度神經連結，並完成生產力進化的新世代人類。這種進化不僅體現在工具的使用上，更體現在思維模式的根本轉變——從「使用 AI」到「與 AI 共生」的質變。

打造專屬 AI 夥伴的關鍵思考

在打造專屬 AI 夥伴的探索歷程中，正確選擇合適的大語言模型（LLM）並深入理解其訓練過程是至關重要的基礎步驟。選擇 AI 夥伴時，我們需要在開源解決方案（如 Llama3 這類靈活可定制的模型）和商業化專有 AI（如 GPT-4 這類成熟穩定的平台）之間做出權衡。這個決策過程不僅需要考慮具體的應用需求和使用場景，還要深入評估諸多因素，包括但不限於：數據隱私保護要求、可用計算資源限制、部署環境約束、預算規模考量，以及長期維護支持能力等多個維度。通過全面掌握這些核心概念和精準的選擇技巧，讀者將能夠在 AI 共生時代中成功孵化出最適合自己的專屬 AI 夥伴，不僅能顯著提升日常工作效率，更能充分發揮 AI 技術在智能化應用場景中的巨大潛力，最終實現人機協作的最優價值。

1-4 Day4：AI 訓練場
理解 Prompt Engineering，提升 AI 回應品質 /prompt

隨著 AI 技術快速演進，我們正處於一個充滿機遇與挑戰的時代。在職場中，越來越多的專業人士逐漸意識到，與 AI 進行有效互動不僅僅是一項額外技能，更已經成為提升工作效率和職業競爭力的關鍵要素。在這個由 AI 驅動的新時代，能夠熟練地操作 AI 系統、精確地引導 AI 產生所需結果，將成為區分普通職場人士和卓越人才的重要指標。在這個轉型過程中，**Prompt Engineering**（提示詞工程）已經成為一項不可或缺的核心技能，它就像是開啟 AI 潛能的金鑰。

這種技能的重要性體現在各個層面：無論你是正在踏入職場的大學新鮮人，還是擁有豐富經驗的資深專業人士，你都會發現 AI 系統的回應品質與實用程度，很大程度上取決於你如何精準地設計和提供指令。有效的提示詞能夠讓 AI 更準確地理解你的需求，從而提供更有價值的解決方案。在這一節中，我們將深入剖析 Prompt Engineering 的核心概念，探討其運作原理，並通過實際案例說明如何運用這項技能來提升 AI 的回應品質，從而在日常工作中獲得更顯著的效率提升和更好的實際成果。

如何寫出高效 Prompt？掌握角色設定、指令細化

在與 AI 互動的過程中，「Prompt」是指我們提供給 AI 系統的指令或提示，它不僅是一個簡單的問題，更是一個引導 AI 思考和工作的重要框架。這些指令會告訴 AI 系統需要完成什麼樣的任務，以及如何完成這些任務。指令的設計品質將直接決定 AI 輸出的精確度、相關性和整體品質。簡單來說，Prompt 就像是你與 AI 系統溝通的橋樑，你如何構建這座橋樑，將決定 AI 能否準確理解你的需求並提供恰當的回應。因此，為了確保 AI 能夠提供最優質、最符合需求的回應，掌握如何設計和優化有效的 Prompt 已經成為與 AI 互動時的一項關鍵技能。在當今快速發展的 AI 應用環境中，這種技能的重要性變得更加突出。

1　第 1 週　AI 神奇寶貝孵蛋計畫
要馴養你智能夥伴你必須知道的事

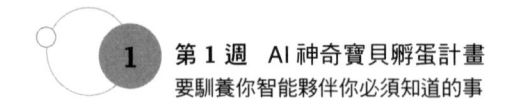

1. 角色設定：讓 AI 成為你的專業助手

首先，明確為 AI 設定適當的角色是構建高效 Prompt 的關鍵要素之一。每個獨特的任務都需要賦予 AI 相對應的專業角色身份，這樣能夠確保 AI 以最適合的方式處理特定需求。舉例來說，當你需要 AI 協助撰寫學術論文時，將其設定為「學術專家」或「教授」的角色，不僅能讓 AI 運用相應的學術語彙和專業知識，還能維持恰當的學術論述風格。相反地，如果你希望 AI 扮演客服角色，將其定位為「客服代表」，AI 就能採用更具同理心和服務導向的溝通方式，展現出專業且親切的應對態度。這種角色設定能顯著影響 AI 的回應風格和內容品質。

以下是幾個針對不同場景的角色設置示例，展示如何根據具體需求來設定 AI 的專業身份：

- **學術寫作角色設置**：「你是一名經驗豐富的學術研究者，精通資料分析和文獻綜述，擅長發現研究中的創新觀點和潛在價值。請運用你的專業知識，幫我分析以下文章中的主要觀點，並寫一個結構完整、重點突出的 200 字摘要。在分析過程中，請特別注意理論框架的應用和研究方法的創新之處。」

- **客服代表角色設置**：「你是一位擁有多年經驗的專業客服代表，以耐心傾聽和有效解決問題著稱。你熟悉各種客戶服務情境，並擅長用同理心化解客戶的疑慮和不滿。請以親切專業的態度，運用你的專業知識和溝通技巧，協助解答顧客關於訂單狀況的各項問題。」

透過這樣精心設計的角色定位，AI 不僅能準確把握所需的專業知識深度，還能在語氣、表達方式和專業程度上做出相應的調整。這種細緻的角色設定能確保 AI 產出的內容更加貼近實際需求，同時保持一致的專業水準和溝通風格。從而大幅提升 AI 回應的精確度和實用價值，使其更能符合使用者的期待和需求。

2. 指令細化：讓 AI 明白你的真正需求

除了角色設定，細化指令也是設計高效 Prompt 的另一個關鍵。單純的指令可能讓 AI 回應範圍過大，導致結果偏離你的需求。相反，細化指令可以讓 AI 更精確地理解你的目標，從而給出更準確的回應。

舉例來說，假設你需要 AI 幫助你寫一封商業提案。如果只是簡單地說「寫一封商業提案」，AI 可能會給出範圍過大的回應，未必符合你的需求。但如果你這樣設置指令：

- 「請根據以下的市場研究數據，幫我寫一封針對中型企業的商業提案，重點強調成本效益並提供具體的數字支持。」

這樣的細化指令會讓 AI 更具體地理解你的需求，並在回應中包含更具體的信息和細節。

3. 設定限制條件與規範要求

在設計高效能的 Prompt 時，我們需要仔細考慮並制定多個層面的具體規範。以下是幾個關鍵面向，可以幫助我們更精確地引導 AI 完成任務：

- **目標明確性**：詳細闡述你的具體需求、預期目標和理想成果。透過清晰的目標描述，確保 AI 能夠準確理解你期望達到的結果，並據此提供最適合的解決方案。

- **限制條件**：為 AI 設定明確的邊界條件和規範標準，包括但不限於內容長度限制、文字風格要求、表達語氣偏好、專業術語使用程度，以及其他特定領域的規範要求等。這些限制能夠幫助 AI 在合適的框架內產生更精準的輸出。

- **範例提供**：在處理較為複雜或專業的任務時，提供具體的參考範例可以大幅提升 AI 的理解程度。優質的範例不僅能夠展示預期的輸出格式和風格，還能幫助 AI 更好地掌握任務的細節要求和品質標準，特別是在面對具有挑戰性的專業任務時。

◎ 提示詞進化公式

高品質 Prompt = 角色設定 + 任務分解 + 格式規範 + 思維鏈引導

第 1 週 AI 神奇寶貝孵蛋計畫
要馴養你智能夥伴你必須知道的事

實戰案例：

> 你現在是擁有 10 年經驗的晶片設計專家，擅長用類比電路解釋複雜概念。
> 任務：向文科背景的 CEO 解釋摩爾定律失效的影響
> 要求：
> 1. 使用汽車類比，避免專業術語
> 2. 包含 3 個具體產業案例
> 3. 最後提出 2 種應對策略
> 請逐步思考後輸出，保留中間推理過程。

案例一：撰寫市場分析報告

> 步驟 1：角色設定
> 「你是一位擁有 15 年經驗的市場分析師，專精於消費者行為分析和趨勢預測。」
>
> 步驟 2：任務明確化
> 「請分析近期電動車市場趨勢，重點關注：
>
> 1. 消費者購買意願的變化
> 2. 主要品牌市佔率對比
> 3. 未來 3 年市場預測」
>
> 步驟 3：設定限制條件
> 「要求：
>
> - 報告長度控制在 1000 字以內
> - 使用專業但易懂的語言
> - 加入具體數據支持論點
> - 結論部分需提供 3 個實際建議」

案例二：技術文件翻譯優化

步驟 1：角色設定
「你是一位專業的技術文件翻譯專家，精通中英文技術術語，並具有豐富的軟體開發文件翻譯經驗。」

步驟 2：提供範例與風格指引
「參考以下翻譯風格：
原　　文：The API endpoint handles user authentication through secure token validation.
譯文：該 API 端點通過安全令牌驗證來處理用戶身份認證。」

步驟 3：具體要求說明
「請將以下技術文件翻譯成中文：

- 保持專業術語的準確性
- 確保翻譯後的文字通順易讀
- 重要術語請提供英文原文對照
- 若遇到特定專業術語，請加註說明」

這兩個案例展示了如何通過清晰的角色設定、具體的任務描述、明確的限制條件，以及適當的範例提供，來幫助 AI 更好地理解和執行任務需求。這樣的 prompt 設計能夠顯著提升 AI 輸出的質量和準確度。

「提示詞調教」vs.「微調訓練」：如何真正控制 AI 輸出？

當你掌握了設計高效 Prompt 的技巧之後，下一步就是深入探討如何更精確地控制 AI 的輸出品質。在這個進階階段，我們需要特別關注並理解兩個重要的概念：**提示詞調教**和**微調訓練**。這兩種方法雖然都致力於提升 AI 回應的品質，但它們各自擁有獨特的實現方式和適用場景，需要根據不同的需求來選擇合適的方法。儘管這兩種方法的最終目標都是優化 AI 的輸出結果，但它們在技術層面和操作方式上有著顯著的差異，理解這些差異對於有效運用 AI 技術至關重要。

第 1 週　AI 神奇寶貝孵蛋計畫
要馴養你智能夥伴你必須知道的事

1. 提示詞調教：直接影響回應質量

提示詞調教是指透過調整 Prompt 設計來影響 AI 的輸出結果。這一過程不涉及任何模型的內部調整或重訓，而僅僅是調整你如何提問。這種方式相對簡單，但能夠在實際工作中迅速見效。你可以通過設計多樣化的提示詞來測試哪種方式對 AI 輸出的效果最佳，並在此基礎上進行反覆優化。

例如，在與 AI 進行創意寫作時，如果你發現 AI 的創意內容過於常規，可以將提示詞調整為：

- 「寫一個關於科技未來的故事，但故事中包括懷舊元素，風格參考 1980 年代的科幻電影。」

這樣的調整會使 AI 根據指定的風格和主題來生成創意內容，從而達到更符合需求的效果。

2. 微調訓練：深度定制 AI 模型

與提示詞調教不同，微調訓練是一個更深層次的過程，它直接針對 AI 模型的核心架構進行修改和優化。這種方法需要使用精心挑選的專門訓練數據集，並且會對模型的內部參數進行系統性的調整和優化。微調訓練特別適用於那些對準確度和專業性要求極高的應用場景，比如在醫療診斷、法律諮詢、金融分析等專業領域進行深度應用時。這些領域往往需要 AI 具備深厚的專業知識儲備和精確的判斷能力。

微調訓練的過程是一個系統性的工作，主要包括以下幾個關鍵步驟：

- **收集訓練數據**：這是微調過程中最基礎也是最關鍵的環節。需要仔細收集與特定領域相關的高質量資料，這些資料可以包括專業文章、學術研究報告、實際案例分析、專家對話紀錄等。資料的質量和多樣性直接影響到最終模型的表現效果。
- **調整模型**：在這個階段，技術團隊會使用已收集的專業數據來對 AI 模型進行深度訓練，通過複雜的算法調整和參數優化，使其能夠在特定領域或應用場景中展現出更專業、更準確的表現。這個過程需要反覆測試和優化，直到達到預期的效果。

- **部署與測試**：完成微調後的 AI 模型需要經過嚴格的測試流程，包括功能測試、性能測試和實際場景應用測試，以確保它能夠持續穩定地產生符合專業標準的高質量結果。測試階段可能需要多次迭代優化，直到模型的表現完全符合預期要求。

微調訓練的最大優勢在於它能夠提供極其精確和專業的回應，使 AI 在特定領域中表現出接近專家水準的能力。然而，這種方法也面臨著一些挑戰，比如需要投入大量的計算資源、專業的技術支持團隊，以及較長的開發週期。此外，還需要考慮數據安全和隱私保護等重要因素。

如何選擇使用「提示詞調教」還是「微調訓練」？

在選擇使用哪種方法時，需要仔細評估實際應用場景和需求。對於一般性的任務，如基本的文字創作、日常溝通或簡單的資訊查詢等，提示詞調教通常是最理想的選擇，因為它不僅實施快速，而且成本較低，還能在短時間內達到不錯的效果。這種方法特別適合那些需要靈活調整、快速迭代的場景，讓使用者能夠通過簡單的提示詞修改來優化 AI 的輸出品質。

然而，當面對專業領域的深度應用時，例如醫療診斷、法律分析、金融建模等需要高度專業知識和精確判斷的領域，微調訓練則成為更為適當的選擇。這是因為這些領域往往需要 AI 具備深入的專業知識儲備，並能夠準確理解和運用領域特定的術語與概念。通過微調訓練，AI 可以更好地適應特定領域的專業需求，提供更準確、更可靠的回應。

調教 vs 微調技術對照表

維度	提示詞調教	微調訓練
成本投入	基本上不需額外成本，僅需投入時間進行提示詞優化和測試	除了基礎的 $500+ GPU 運算資源外，還需考慮數據收集、專業人員薪資等相關支出
實施時效	修改後可立即生效，支援快速迭代和即時調整	完整訓練週期通常需要數小時到數天不等，包含數據準備、模型調整與測試階段
效果持續性	僅在當前對話中有效，需要在每次新對話中重新設定提示詞	一旦完成訓練，模型行為會產生永久性改變，後續使用無需重複設定

維度	提示詞調教	微調訓練
應用情境	適合需要靈活調整的臨時性任務，以及一般性的日常對話與創意工作	最適合需要深度專業知識的企業專屬知識庫建置，以及要求高準確度的特定領域應用
潛在風險	提示詞效果可能受到後續使用者指令的干擾或覆蓋，需要謹慎管理提示詞一致性	除了可能出現過擬合問題外，還需注意模型可能過度專注於特定領域而失去通用性

結語

總結來說，Prompt Engineering 已經成為現代 AI 應用中提升回應質量的核心技術之一。透過精心設計的角色定位、系統化的指令細化過程，以及靈活運用提示詞調教和微調訓練等方法，我們能夠顯著提升 AI 輸出的準確性、相關性和整體效能。這些技術不僅能夠優化 AI 的回應品質，還能確保輸出結果更貼近使用者的實際需求。

隨著人工智能技術的快速演進和應用場景的不斷擴展，深入掌握 Prompt Engineering 的相關技能將變得越來越重要。這不僅是提升工作效率的實用工具，更將成為在數位時代中保持競爭優勢的關鍵能力。專業人士需要持續學習和適應這些新興技術，以在快速變化的職場環境中保持領先地位。

1-5 Day 5：不再加班
AI 工具如何幫你輕鬆完成任務成為效率達人
/ChatGPT/ Zapier/ PowerBI Copilot/ Vocol.ai

(圖片來源：軟體製作)

前一陣子朋友間正在熱玩《**黑神話**：**悟空**》這款遊戲。遊戲圈內流行的「菜就多練」口頭禪，已成為朗朗上口的茶餘飯後趣談，尤其在年輕一代中廣為流傳。

在許多學業與職場新人的奮鬥歷程中，「菜就多練」似乎慢慢與「勤能補拙」畫上等號。然而，在當今快節奏的職場環境中，這種觀點是否應成為新世代職場人優先考慮的核心要素，值得我們深思。

早期程式設計界認為，越能掌握底層原理和核心技術，甚至能編寫底層程式的人，就越是「狠角色」。於是，「菜就多練」成了程式設計師的必經之路。然而，在當今講求時間管理、降本增效和全面技能的年代，這種觀念值得重新審視。隨著工作量激增，截止日期迫在眉睫，許多專業人士不得不延長工作時間來完

第 1 週　AI 神奇寶貝孵蛋計畫
要馴養你智能夥伴你必須知道的事

成任務。這不僅打亂了工作與生活的平衡，還可能導致壓力倍增，工作效率反而下降。

隨著人工智慧（AI）技術的飛速發展，我們現在擁有了一系列強大的 AI 工具，能顯著提高工作效率。合理運用這些工具，我們不僅可以更輕鬆地完成任務，減少加班時間，甚至可能徹底告別加班生活。AI 工具不僅能自動化重複性任務，還能協助我們進行複雜的數據分析、生成報告，甚至幫助我們做出更明智的決策。**這樣的能力就像孫悟空的分身術一般，讓我們能同時完成多項任務，或擁有更多時間規劃假期。這樣的好處，何樂而不為？**

今天我們將以年輕職場新人小艾的工作生活為背景，通過她與經驗豐富的職場導師老張之間的對話和實際工作場景，深入探討如何有效利用 AI 工具來提升工作效率。我們將詳細介紹各種 AI 工具的功能和應用方法，並通過具體案例說明這些工具如何在實際工作中發揮作用。這些見解將幫助職場人士更好地管理時間，提高生產力，最終實現工作與生活的平衡。

早晨，小艾如常來到公司，開始她忙碌的一天。她的師父老張是位資深的數據分析師，對 AI 工具有深刻的理解。

「師父，最近工作量真的很大，我經常需要加班才能完成任務。有什麼方法可以幫我提高效率嗎？」小艾一邊啜飲咖啡，一邊問道。

老張微笑著點頭。「小艾，AI 工具可以幫到你。首先，你得理解它們的基本原理。AI 工具主要透過機器學習、自然語言處理和自動化技術來完成各項任務。這些工具能分析大量數據、提取有用資訊，並根據預設的演算法做出決策。」

「這些技術具體是怎麼運作的呢？」小艾好奇地問。

「機器學習是 AI 的核心技術之一，它能透過分析大量數據，不斷學習和改進自己的決策能力。自然語言處理則讓機器能理解和生成人類語言，這對電子郵件回覆、文件處理等應用很有用。而自動化技術則是透過預設的流程，自動完成一些重複性任務，大幅減少我們的工作量。」老張耐心地解釋道。

AI 人工智慧聊天方面協助的例子 -ChatGPT

老張打開電腦，向小艾展示他日常使用的 ChatGPT。

「舉例來說，我們可以使用 ChatGPT 來處理各種任務，」老張解釋道。「它能協助我們撰寫郵件、生成報告摘要，甚至幫助規劃日程。」

小艾驚嘆地看著螢幕。「這太神奇了！它具體是如何運作的呢？」

老張點頭說：「ChatGPT 是一個強大的語言模型。我們可以向它提出各種問題或要求，它會根據我們的輸入生成相應的回答或內容。例如，我們可以讓它幫我們起草郵件、總結長篇文章，或提供寫作建議。」

「那麼，這個工具如何幫助你提高效率呢？」小艾繼續追問。

「舉個例子，」老張分享道，「昨天我需要給客戶寫一封複雜的技術說明郵件，但一時不知如何組織語言。我向 ChatGPT 描述了郵件的主要內容和目的，它為我生成了一個很好的郵件草稿。我只需稍作修改，就完成了這封郵件，大大節省了時間和精力。」

「除此之外，」老張補充，「我還經常使用 ChatGPT 來快速理解複雜文件。我可以讓它為我總結長篇報告的要點，或解釋一些難懂的專業術語。這樣我就能

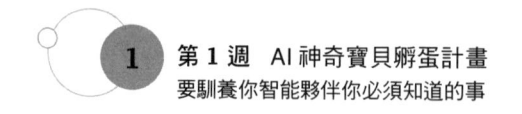

1　第 1 週　AI 神奇寶貝孵蛋計畫
要馴養你智能夥伴你必須知道的事

更快地掌握重要信息，提高工作效率。」

小艾聽得入神，「這太棒了！看來 ChatGPT 真的能幫我們處理很多任務呢。」

「沒錯，」老張微笑著說，「不過要記住，ChatGPT 只是一個輔助工具。我們還是需要運用自己的專業知識和判斷力來審核和調整它的輸出。合理使用 AI 工具，我們就能大大提高工作效率，減少不必要的加班。」

「除了這些，還有一些具體的策略可以幫助你提高工作效率。」老張繼續說道。

午休後，小艾再次遇到老張。她皺著眉頭，向老張提出了一個問題。

AI 自動化方面協助的例子 -Zapier

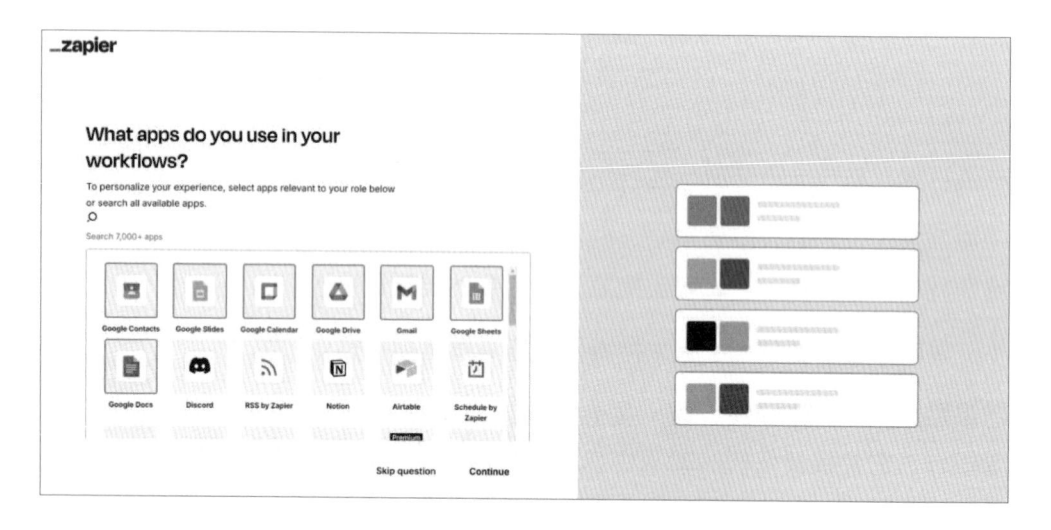

小艾：「老張，我最近遇到一個工作問題。我常收到客戶的查詢信件，但有時會忘記及時回覆。我想在收到信件時自動通知同事，讓他們也能協助處理。你有什麼建議嗎？」

老張：「我有個好主意！你可以利用 AI 工具來自動化那些重複性和耗時的任務。比如說，Zapier 可以將不同應用程式之間的工作流程自動化，大幅減少手動操作時間。」

小艾：「聽起來不錯！ Zapier 是怎麼運作的呢？」

1-48

老張：「Zapier 的運作基於『Zap』的概念。每個 Zap 都由一個觸發器和一個或多個動作組成。在你的情況下，你可以設定一個 Zap：當你的 Gmail 收到新郵件時，Zapier 會自動將該郵件轉發到你指定同事的 Gmail 信箱。」

小艾：「這樣我的同事就能及時看到客戶的查詢了。具體該怎麼設定呢？」

老張：「很簡單！首先，在 Zapier 上建立一個新的 Zap。將觸發器設為『Gmail - 新電子郵件』。然後，設定條件，例如只有當收件人是你的 Gmail 帳號時，Zapier 才會觸發。」

接著，設定動作為『Gmail - 發送電子郵件』。在這裡，指定要將郵件轉發到哪些同事的 Gmail 帳號。你還可以自訂郵件的主題和內容，比如包含原始郵件的內容。」

小艾：「聽起來很容易上手。我可以設定多個同事嗎？」

老張：「當然可以！你可以新增多個動作步驟，將郵件轉發給不同的同事。Zapier 會自動複製每封轉發的郵件。」

小艾：「太棒了！這樣我就不用擔心遺漏客戶的查詢了。我現在就去試試設定 Zapier。」

老張：「很好！Zapier 還有許多其他應用場景。例如，你可以設定當 Google 試算表有新數據時，自動在 Slack 頻道發送通知。或者當你在 Instagram 發布新照片時，自動將其儲存到 Dropbox。」

「Zapier 是一個強大的自動化工具，它讓你無需編寫任何程式碼就能將不同的應用程式連接起來，實現各種自動化任務。Zapier 支援超過 3000 種應用程式，包括常用的 Gmail、Slack、Dropbox 和 Trello 等。你只需設定一些簡單的規則，就可以讓 Zapier 幫你完成從簡單到複雜的工作流程。」老張繼續解釋道。

小艾：「聽起來真是太棒了！我迫不及待要探索 Zapier 的更多功能了。謝謝你的建議，我相信這會大大提高我的工作效率。」

老張：「不客氣！Zapier 是個非常強大且靈活的自動化工具。相信你會發現它在各種情況下都很有用。如果你有任何其他問題，隨時來問我。」

1 第 1 週 AI 神奇寶貝孵蛋計畫
要馴養你智能夥伴你必須知道的事

AI 輔助分析與決策方面協助的例子 -PowerBI Copilot

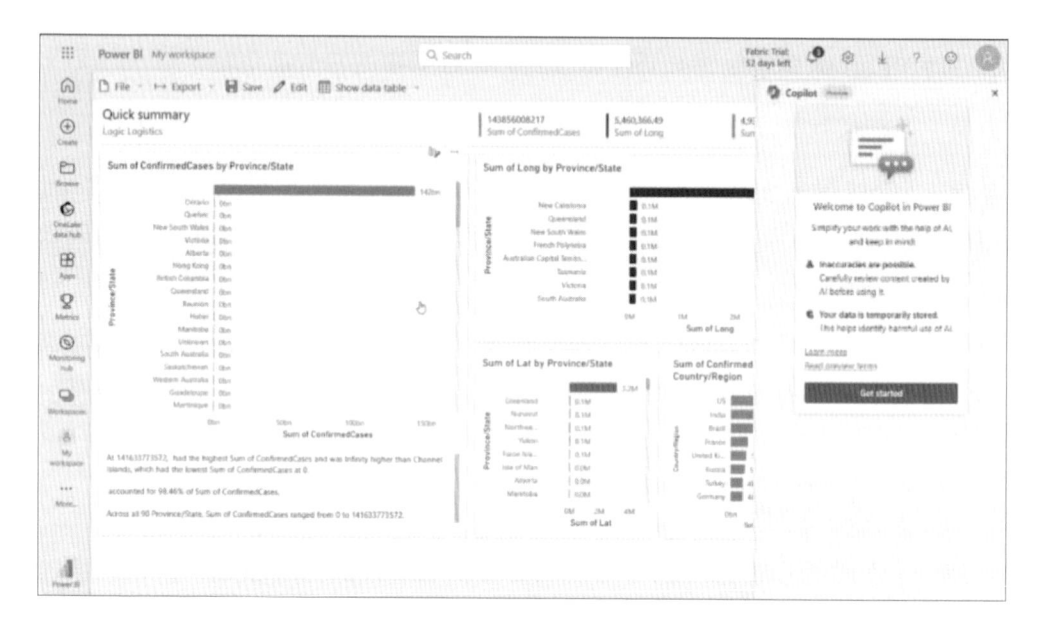

「其次，AI 工具能幫助我們快速分析大量數據，並生成詳細的報告。例如，Power BI 的 AI 功能可以自動發現數據中的洞察和模式，生成互動式的數據視覺化報告，幫助我們更好地理解數據趨勢。」

老張今天心情正好，手邊工作也告一段落，因此繼續與小艾在會議室裡討論 AI 工具的使用心得。

小艾：「老張，我聽說 Power BI Copilot 是個很有用的工具。你能幫我介紹一下嗎？」

老張：「當然可以！Power BI Copilot 是微軟推出的智慧助手，旨在幫助用戶更輕鬆地分析數據並建立報告。它利用生成式 AI 技術，讓用戶能透過自然語言與 Power BI 互動，從而簡化數據探索和報告生成的過程。」

小艾：「這聽起來很方便！那它具體能做些什麼呢？」

老張：「Copilot 可以幫助用戶進行多種操作，例如產生報告摘要、建議報告內容，甚至根據用戶的要求自動建立報告頁面。舉個例子，假設你想要分析最近

一個季度的銷售數據，你可以直接在 Copilot 窗格中輸入『幫我產生一個關於銷售趨勢的報告』。」

小艾：「這樣 Copilot 會自動產生報告嗎？」

老張：「沒錯！Copilot 會根據你的數據產生報告大綱，並提供建議的視覺效果和內容。你只需選擇你想要的內容，Copilot 就會自動建立報告頁面，這樣你就可以節省大量時間。」

小艾：「那如果我想要在收到特定的電子郵件時，立即分析這些數據並產生報告，可以用 Copilot 嗎？」

老張：「這是個很好的應用場景！雖然 Copilot 本身不會直接處理電子郵件，但你可以將 Power BI 與其他工具（如 Zapier）結合使用，以實現這一功能。例如，當你收到一封包含銷售數據的郵件時，Zapier 可以自動將這些數據導入 Power BI，然後你可以使用 Copilot 來產生報告。」

小艾：「這樣我就能隨時獲得最新的銷售報告了！聽起來真的很方便。」

老張：「沒錯，這樣你就能更快做出數據驅動的決策。Copilot 的目標就是讓數據分析變得更簡單、更有效率，幫助用戶從數據中提取有價值的見解。」

「這樣我們在分析數據時就不用再花那麼多時間了。」小艾恍然大悟。

小艾：「謝謝老張！我會好好研究 Power BI Copilot 的功能，還有如何將它與其他工具結合。這樣我就能提高工作效率了！」

「沒錯，Power BI 還提供了自然語言查詢功能，你可以用日常語言提問，它就能自動生成相應的圖表或報告。這大大降低了數據分析的門檻，讓非技術人員也能輕鬆進行數據探索。」老張補充道。

AI 語音識別方面協助的例子 -Vocol.ai

「語音識別技術也是一大利器。」老張繼續說道，「像 Vocol.ai 這樣的 AI 工具，能夠自動將語音轉錄為文字，省去了手動打字的時間。這對需要記錄會議內容的工作尤其有用。」

1　第 1 週　AI 神奇寶貝孵蛋計畫
要馴養你智能夥伴你必須知道的事

小艾：「老張，我也聽說 Vocol.ai 是一個很棒的語音辨識工具，你能幫我介紹一下嗎？」

老張：「當然可以！Vocol.ai 是一個基於 AI 的語音協作平台，專注於將錄音轉換為逐字稿。它支援多種語言，包括中文、英文和日文，並提供 200 分鐘的免費試用。」

小艾：「那麼，Vocol.ai 的具體功能有哪些呢？」

老張：「Vocol.ai 不僅能將錄音轉為文字，還可以產生摘要和待辦事項，這對於會議記錄特別有用。用戶可以上傳音訊或直接錄音，然後 AI 會自動處理，產生逐字稿和重要的會議重點。」

小艾：「這聽起來很方便！能否舉個例子來說明它的運作？」

老張：「當然可以。假設你參加了一場會議，會議中有很多重要的討論和決策。你可以使用 Vocol.ai 來錄製這場會議，會後只要將錄音上傳到平台，Vocol.ai 就會自動產生逐字稿。」

小艾：「這樣我就不需要手動記錄了，真是太好了！」

老張：「沒錯，而且在產生逐字稿後，Vocol.ai 還會提取出會議中的待辦事項，讓你和團隊成員能夠清楚地知道接下來需要做什麼。」

小艾：「聽起來 Vocol.ai 是一個非常實用的工具，特別是在團隊合作中。」

老張：「確實如此，Vocol.ai 不僅能提高工作效率，還能促進團隊的協作。你可以試試看，相信會對你的工作有很大幫助！」

小艾：「謝謝老張，我一定會好好利用這個工具的！」

小艾意猶未盡，繼續纏著老張不放。

「那麼，我們應該如何選擇適合自己的 AI 工具呢？」小艾好奇地問道。

老張慢慢道來：「選擇合適的 AI 工具確實是提高工作效率的關鍵。首先，要根據你的工作需求挑選合適的工具。舉例來說，如果你主要進行數據分析，就應該選擇具有強大數據處理功能的工具。」

「其次，要查看其他用戶的評價和反饋，了解 AI 工具的實際效果和使用體驗。最後，許多 AI 工具都提供免費試用版，你可以先試用一段時間，評估它是否真正適合你的需求。」

「哦！我明白了。」小艾恍然大悟，「謝謝師傅，現在我有更多時間準備大家的下午茶了。」她滿心歡喜地問道：「下午茶吃什麼好呢？」

小艾依照老張的建議使用 AI 工具輔助工作，讓上班的日子不再枯燥乏味。幾天後，他們再次在辦公室相遇，交流起 AI 工具的其他議題：

案例分享

「我記得某科技公司引入 AI 工具後，自動化了日程管理和電子郵件處理，大幅提高了員工的工作效率，減少了加班時間。」老張回憶道。

「還有某金融機構利用 AI 工具進行數據分析和報告生成，顯著縮短了數據處理時間，提升了決策效率。」

「這些案例真讓人振奮啊！」小艾好奇地問，「那我們公司有沒有類似的成功案例呢？」

「其實我們公司也有不少成功案例。」老張分享道,「比如,我們的市場部門引入 AI 工具進行市場分析和預測,大幅提高了市場策略的準確性,進而提升了公司的業績。」

其他相關議題資訊

「最後,小艾,你還可以參考一些相關的議題資訊。」老張補充道,「例如,了解 AI 技術的最新發展趨勢,參加 AI 相關的培訓課程,不斷提升自己的技能。」

「這些資訊要去哪裡找呢?」小艾問道。

「你可以參加一些 AI 技術的線上研討會,或者訂閱一些專業的技術博客和雜誌。這些都是不錯的資訊來源。」老張回答。

「謝謝師父,最近真是學到了很多。我會好好利用這些 AI 工具,讓自己的工作更高效。」

老張微笑著拍了拍她的肩膀。「加油,小艾。掌握 AI 工具,你一定能成為效率達人,告別加班的日子。」

從小艾與師父老張的對話,我們初步了解了 AI 在日常職場中的應用及其優勢。接下來,讓我們全面檢視 AI 目前在職場上的實際應用範疇。

使用 AI 工具加速職場工作的全面指南

在現代職場中,運用 AI 工具加速工作流程已成為趨勢。AI 技術不僅能顯著提高工作效率,還能減少人為錯誤,並釋放員工的創造力。讓我們探討 AI 如何改變職場工作方式。

■ 自動化日常任務

AI 的自動化功能能處理大量重複性和單調的工作,如資料輸入、文件處理和電子郵件管理。這些任務往往佔據員工大量時間和精力。通過 AI 工具,這些工作可自動完成,讓員工專注於更具創造性和戰略性的任務。例如,AI 可自動從電子郵件中提取關鍵資訊並輸入相應數據庫,或自動生成標準化報告。

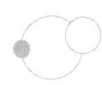

■ 數據分析與處理

在數據驅動的決策過程中，AI 工具至關重要。利用 AI 進行數據收集、清理和分析，不僅能提高處理效率，還能確保數據準確性。AI 工具能自動從各種數據源中提取資訊，生成詳細報告，協助企業做出基於數據的決策。例如，AI 可自動分析市場趨勢，預測未來銷售情況，幫助企業調整市場策略。

■ 智能助手

AI 可作為智能助手，協助管理待辦事項、日程安排和會議記錄等。這些助手能根據用戶需求自動調整安排，提高工作效率。例如，AI 助手可根據用戶的日程自動調整會議時間，並在會議後自動生成記錄，發送給參會人員。這不僅提高了工作效率，還減少了人為錯誤。

■ 內容創作與生成

AI 工具在內容創作和生成方面有廣泛應用。這些工具能自動生成行銷文案、產品描述和其他類型內容，對市場推廣和品牌宣傳尤為重要。生成式 AI 使內容創作更加高效。例如，AI 可根據用戶提供的關鍵詞自動生成完整文章，或自動生成產品描述，幫助企業快速推出新產品。

■ 決策支持

AI 能分析複雜數據集，提供決策支持，幫助管理層在面對不確定性時做出明智選擇。這包括風險評估和資源分配等方面。例如，AI 可通過分析歷史數據和市場趨勢，預測未來市場走向，協助企業做出更明智的投資決策。

■ 會議與溝通工具

在會議和溝通方面，AI 工具發揮重要作用。會議記錄助手如 Otter.ai 可自動生成會議記錄，並轉寫語音內容，大幅提高會議效率。電子郵件管理工具如 EmailTree 可自動分類和處理電子郵件，使郵件管理更高效。此外，即時問答服務如 Bing AI Copilot 和 ChatGPT 可提供即時答案和建議，幫助用戶快速解決問題。

第 1 週　AI 神奇寶貝孵蛋計畫
要馴養你智能夥伴你必須知道的事

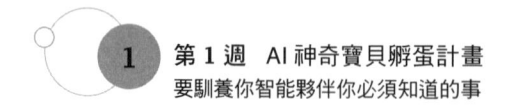

■ 圖像與視覺工具

在圖像和視覺處理方面，AI 工具如 DALL-E3 可自動生成高質量圖像，而簡報製作工具如 Gamma 可幫助用戶快速創建專業簡報。影片創作編輯工具如 Runway 可自動編輯和生成影片內容，大幅提高影片製作效率。免費 AI 修圖軟體如 GIMP 和 PhotoRoom 可自動修復和美化照片，使圖像處理更簡單高效。

■ 知識與內容管理工具

在知識和內容管理方面，AI 工具如 Notion AI 可幫助用戶管理和組織知識，並自動生成內容。語音轉文字工具如 New Whisper AI 可自動將語音內容轉寫為文字，幫助用戶快速生成會議記錄和其他文檔。內容創作 AI 工具如 Jasper 可自動生成行銷文案和其他類型內容，幫助企業快速推廣產品和服務。

■ 自動化與效率工具

在自動化和效率提升方面，AI 工具如 Zapier 可自動執行各種工作流程，減少人為錯誤並提高工作效率。商業智能工具如 PowerBI 可自動收集和分析數據，幫助企業做出基於數據的決策。心智圖工具如 Mapify 可幫助用戶可視化和組織思想，提高創造力和工作效率。

■ 音樂與聲音工具

在音樂和聲音處理方面，AI 工具如 Suno AI 和 Udio AI 可自動生成高質量音樂，而文字轉語音工具如 chatTTS 可自動將文字內容轉換為語音，幫助用戶快速生成音頻內容。

■ 創意與設計工具

在創意和設計方面，AI 工具如 Canva 可幫助用戶快速創建專業設計，而文字轉圖片工具如 Leonardi.ai 可自動生成高質量圖像，幫助用戶快速創建視覺內容。

■ 翻譯與語言工具

在翻譯和語言處理方面，免費翻譯工具如 DeepL 和 OpenAI Translate 可自動翻譯多種語言，幫助用戶快速理解和處理多語言內容。

總結

AI 工具在現代職場中的應用範圍極為廣泛。從自動化日常任務到提升決策效率，從輔助創意工作到管理知識和內容，AI 工具不僅大幅提高了工作效率，還減少了人為錯誤，同時釋放了員工的創造力。透過合理運用這些工具，企業和員工能更有效地應對日常挑戰，在競爭激烈的市場中脫穎而出。

隨著 AI 技術的持續進步，我們可以預見這些工具將變得更加智能和高效，進一步改變我們的工作方式。無論是個人還是企業，掌握並善用 AI 工具將成為保持競爭力的關鍵。

1 第 1 週 AI 神奇寶貝孵蛋計畫
要馴養你智能夥伴你必須知道的事

1-6 Day 6: 恐懼到熟悉
理解 AI 專有名詞，擁抱智能未來

還記得《鋼鐵人》電影中的賈維斯（J.A.R.V.I.S.）嗎？這個由東尼·史塔克創建的人工智慧系統不僅負責操控鋼鐵人的戰甲，還協助東尼處理各種日常事務和技術問題。

(圖片來源：軟體製作)

賈維斯是一個全面且具情感互動的人工智慧助手，而我們平常聽到的 AI Agent 則更專注於自動化和任務執行。兩者都展現了人工智慧在日常生活和工作中的潛力。然而，賈維斯所代表的高度智能與情感連結，仍是當前技術尚未完全實現的目標。隨著 AI 技術的不斷進步，未來可能會出現更接近賈維斯功能的 AI 代理系統。

然而，真實世界中的 2023 年，微軟公布了開源計畫 Jarvis！這意味著 ChatGPT 將能連接 HuggingFace 上眾多的 AI 模型，解決人類能想像的各種不同任務。

1-6 Day 6: 恐懼到熟悉

在這個雄心勃勃的計劃中，Jarvis 將成為一個分散式的 AI 大腦。它透過統一介面將 ChatGPT 連接到各種能解決不同任務的 AI 模型。這些 AI 模型可能部署在世界各地，形成一個真正的全球智能網絡。

在這科技飛速的年代"AI 會搶走我的飯碗！"這是否也是你心中的恐慌？別擔心，你並非孤軍奮戰。在 AI 飛速發展的今天，許多人都感到憂心忡忡。但是，如果我告訴你，了解 AI 不僅不會讓你失業，反而能成為你職場晉升的秘密武器，你信嗎？

想像一下，在下次部門會議上，當同事們對 AI 還一知半解時，你卻能侃侃而談，提出富有創意的 AI 應用建議。這不僅能讓你在團隊中脫穎而出，更能讓老闆對你刮目相看。聽起來很吸引人，對吧？

今天，我們將為你揭開 AI 的神秘面紗，讓你輕鬆掌握那些看似高深莫測的 AI 術語。我們會用生動有趣的方式，將複雜的概念轉化為你日常生活中的例子。準備好了嗎？讓我們一同踏上這段從"AI 菜鳥"到"AI 達人"的精彩旅程吧！

AI 專有名詞的重要性：打開智能時代的大門

為什麼要理解 AI 專有名詞呢？

這個問題的答案可能比你想像的更加深遠。想像一下，你正在學習一門全新的語言，這門語言不僅能幫助你與世界各地的人溝通，還能讓你洞察未來的趨勢。AI 專有名詞就是這樣一門語言，它不僅僅是一堆冰冷的術語，而是打開智能時代大門的鑰匙。

就像在職場中，當你掌握了行業特有的專業術語，你會發現自己突然能夠更深入地理解工作內容，更有效地與同事和上級溝通。同樣地，掌握 AI 專有名詞不僅能幫助你與技術團隊無縫協作，更能讓你在這個日益智能化的世界中找到自己的位置和價值。

讓我們用幾個生動的例子來說明這一點。假設你是人力資源部門的主管，了解 "機器學習" 這個概念不僅能幫助你與技術團隊合作設計出更智能的招聘系統，還能讓你預見未來工作崗位的變化趨勢，從而制定更前瞻性的人才培養計劃。

1　第 1 週　AI 神奇寶貝孵蛋計畫
要馴養你智能夥伴你必須知道的事

又或者，如果你是一名市場行銷人員，理解 " 自然語言處理 " 不僅能讓你知道如何通過 AI 分析客戶反饋，更能啟發你設計出更智能、更個性化的營銷策略，甚至預測未來的消費者行為。

總的來說，理解這些術語不僅是通向未來職場的一把鑰匙，更是開啟個人成長和職業發展新篇章的重要工具。在這個 AI 快速發展的時代，掌握這些知識就像是為自己配備了一雙 " 智能翅膀 "，讓你能夠站在時代的浪尖，洞察先機，引領變革。所以，不要再將 AI 專有名詞視為遙不可及的高深知識，而應該把它們當作自己職業生涯中不可或缺的基石，去主動學習，去勇敢探索。因為誰掌握了這把鑰匙，誰就能在未來的智能世界中佔據先機。

常見的 AI 專有名詞解析

現在，我們來看看一些常見的 AI 專有名詞。別擔心，它們聽起來複雜，但其實可以很簡單地理解。

- **人工智能（AI）**

AI，就是讓機器變得"智能"。比如，你的手機能幫你推薦音樂，這就是 AI 的應用之一。AI 不僅存在於高科技產品中，它也出現在我們日常生活的各個角落，如智慧客服、智能家電等等。

例子：現在的電子商務平台會根據你的購物習慣推薦商品，這背後就是 AI 技術的功勞。

- **機器學習（Machine Learning）**

機器學習是一種讓電腦自動從數據中學習的技術。它就像一位勤奮的學生，從數據中找到規律，不斷改進自己。舉個例子，你在網上搜尋過旅遊景點，接下來幾天你可能會發現廣告中出現了更多旅遊相關內容，這就是機器學習在發揮作用。

例子：Netflix 依靠機器學習來向用戶推薦電影和電視節目，這使得個性化推薦成為其競爭優勢。

- **深度學習（Deep Learning）**

深度學習是機器學習的一個子集，模仿人類大腦的運作方式，尤其擅長處理圖像和語音。想像一下自動駕駛汽車，它們依靠深度學習來識別路標、行人和其他車輛，從而做出安全的駕駛決策。

例子：自動駕駛汽車依靠深度學習來分析大量的圖像數據，從而實現精確的車道識別和行人預測。

- **自然語言處理（NLP）**

NLP 的目的是讓機器能夠理解和生成人類語言。現在的語音助手如 Siri 和 Google Assistant，就是 NLP 技術的應用。它能夠理解你說的話，並給出相應的回應。

例子：NLP 還被應用於客服系統中，讓 AI 客服能夠處理簡單的用戶問題，節省人工客服資源。

- **神經網絡（Neural Networks）**

神經網絡模仿的是我們人類大腦的神經元結構，它是許多 AI 技術的基礎。神經網絡擅長從數據中挖掘複雜的模式，就像一個智能篩子，能夠從海量數據中找到隱藏的規律。

例子：圖像識別技術依賴於神經網絡，這使得 AI 可以輕鬆識別照片中的人物、物體甚至情緒。

- **大模型（Large Language Models, LLMs）**

LLMs 是驅動現在智能對話系統的核心。像 ChatGPT 這樣的模型，能夠生成流暢且有邏輯的文本，甚至幫助我們編寫文章或解答問題。這背後依靠的是它們從海量的文本數據中學習的能力。

例子：企業可以使用 LLMs 來自動生成合約範本，減少繁瑣的文書工作。

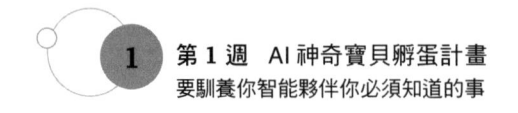

- **AI 倫理（AI Ethics）**

AI 的發展速度驚人，但我們也需要考慮其倫理問題。比如，AI 會不會因為數據偏見而做出錯誤的判斷？如何保證 AI 技術不會被濫用？這些都是值得深思的問題。

例子：面試過程中，AI 篩選履歷如果根據過去數據中存在的性別或種族偏見，可能會無意中加強這些偏見。

從恐懼到熟悉的心路歷程

許多人初次接觸 AI 術語時常感到不知所措，甚至恐懼。這些詞彙聽起來專業而「高科技」，似乎與自己的工作毫不相關。然而，當我們逐步理解這些詞彙時，會發現它們其實並不可怕。學習這些專有名詞的過程，就像學會駕駛新車一樣，剛開始難免緊張，但一旦熟悉，就會駕輕就熟。

為了簡化學習過程，我們可以利用網上免費的 AI 入門課程或相關書籍等資源。同時，調整心態也至關重要──將恐懼轉化為好奇心和動力，積極探索這個智能世界。

接下來，讓我們深入探討 20 個關鍵的 AI 專有名詞。這些術語不僅構成了 AI 領域的基礎知識，還能幫助我們更好地理解和應用 AI 技術：

AI 基礎概念

- **AI Agent（AI 代理）**：能感知環境並採取行動以實現特定目標的智能系統，如虛擬助手、自動駕駛系統或智能家居設備。

- **神經網絡**：深度學習的基礎結構，模仿人腦運作方式，由多層節點（神經元）組成，能從大量數據中學習複雜的模式和關係。

- **大數據**：指無法用傳統數據處理軟件處理的龐大且複雜的數據集，是訓練深度學習和機器學習模型的重要資源。其特點包括量大（volume）、速度快（velocity）、種類多（variety）。

機器學習方法

- **監督學習**：使用帶標籤的數據來訓練模型，適用於分類和回歸問題。模型通過比較預測結果和真實標籤來改進自身。

- **非監督學習**：使用未標籤的數據來訓練模型，適用於聚類和特徵提取。這種方法能發現數據中隱藏的結構和模式。

- **強化學習**：通過獎勵和懲罰來訓練模型，使其學會在特定環境中做出最佳決策。常用於遊戲 AI 和機器人控制。

深度學習模型

- **卷積神經網絡（CNN）**：特別適合處理圖像數據的深度學習模型，用於圖像分類、物體檢測等。CNN 能自動學習圖像特徵。

- **遞歸神經網絡（RNN）**：適合處理序列數據（如時間序列或語言）的神經網絡模型，常用於自然語言處理（NLP）。RNN 的優勢在於能記住之前的信息。

- **生成對抗網絡（GAN）**：由生成器和判別器構成的深度學習模型，用於生成類似真實數據的虛假數據。GAN 在圖像生成、風格轉換等領域有廣泛應用。

AI 技術優化

- **微調（Fine-tuning）**：對預先訓練的大型模型進行小規模調整，以適應特定任務或領域，從而顯著提高模型在特定應用場景中的表現。

- **檢索增強生成（RAG）**：結合檢索系統和生成模型的技術，能基於檢索到的相關信息生成更準確、更具體的回答。

- **提示工程（Prompt Engineering）**：設計和優化 AI 模型輸入提示的技術，旨在引導模型生成更準確、相關和有用的輸出。這項技術對大型語言模型（如 GPT 系列）尤為重要，能顯著提高模型的表現和實用性。

數據處理技術

- **特徵提取**：將原始數據轉換為更有用信息的過程，用於機器學習模型的訓練。良好的特徵提取能大大提高模型的性能和效率。

- **維度縮減**：減少數據中特徵數量的技術，以保留盡可能多的重要信息，常用於處理大數據。這種技術能降低計算複雜度，同時保持數據的主要特徵。

- **數據預處理**：訓練機器學習模型前的必要步驟，包括數據清洗和轉換，以提高模型的性能。良好的數據預處理能顯著提升模型的準確性和效率。

機器學習任務

- **聚類**：非監督學習的一種方法，用於將數據分為不同的組或簇，常用於探索性數據分析。聚類能幫助發現數據中的隱藏結構和模式。

- **分類**：監督學習的一種方法，用於將數據分為不同的類別，例如垃圾郵件檢測。分類模型通過學習已標記的數據來預測新數據的類別。

- **回歸**：監督學習的一種方法，用於預測連續值，例如房價預測。回歸模型通過分析多個變量之間的關係來進行預測。

模型評估與優化

- **過擬合**：指模型在訓練數據上表現良好，但在測試數據上表現不佳的現象，通常是因為模型過於複雜。避免過擬合是機器學習中的一個重要挑戰。

- **偏差-方差權衡**：指模型複雜度與其預測準確性之間的平衡。過於簡單的模型會有高偏差，而過於複雜的模型會有高方差。找到最佳平衡點是模型優化的關鍵。

這些專有名詞和概念相互關聯，共同構成了 AI、機器學習和深度學習領域的基礎知識體系。

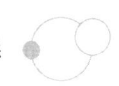

如何應用 AI 知識提升職場競爭力

掌握 AI 術語不僅能提升你的技術背景，更能助你在職場中脫穎而出。想像一下，在一次跨部門會議中，你向技術團隊提出了關於 AI 應用的獨到見解。這不僅展現了你的前瞻性和技術敏感度，還能激發更多創新思維。此外，這些知識能幫助你更深入地理解 AI 技術如何革新工作流程，從加速數據處理到優化客戶服務，每個環節都可能因 AI 而產生質的飛躍。

舉個實際例子，某零售企業的市場部門在深入理解 AI 後，開始運用自然語言處理技術自動分析海量的消費者評論。這不僅節省了大量人力和時間，更重要的是，它能快速提取出隱藏在評論中的市場趨勢和消費者偏好。這些寶貴的洞察使公司能夠及時調整產品策略，優化庫存管理，甚至預測未來的消費趨勢。結果，該公司不僅搶佔了市場先機，還顯著提升了客戶滿意度和品牌忠誠度。

再舉一個例子，在人力資源領域，掌握 AI 知識的 HR 專業人士開始使用機器學習算法來優化招聘流程。他們利用 AI 技術分析求職者的簡歷、面試表現和技能測試結果，不僅大大提高了招聘效率，還降低了人為偏見，為公司選擇到最合適的人才。這種創新應用不僅提升了 HR 部門的價值，還為整個公司的人才戰略帶來了革命性的變化。

展望未來：擁抱智能時代

隨著 AI 技術的進步，未來將會出現更多新詞彙和應用場景。我們要做的就是保持學習的熱情，跟上技術的腳步。未來的工作環境中，AI 可能會成為我們的得力助手，幫助我們完成日常繁瑣的任務，從而讓我們能專注於更具創造性的工作。

AI 專有名詞初看可能令人感到困惑和不安，但這些術語實際上是開啟智能未來大門的鑰匙。通過持續學習和深入理解，這些看似複雜的概念將逐漸轉變為我們在數字時代的得力助手。職場人士應該以開放和積極的態度迎接這些新知識，將最初的不確定感轉化為推動自我成長的動力。隨著時間推移，這些曾經陌生的術語將成為我們日常工作中不可或缺的一部分，幫助我們在不斷演進的職業環境中保持競爭力。

第 1 週 AI 神奇寶貝孵蛋計畫
要馴養你智能夥伴你必須知道的事

舉例來說，理解「機器學習」這個概念可能起初令人怯步，但當我們意識到它如何能夠自動化數據分析、預測市場趨勢，甚至優化工作流程時，我們就會發現這個知識對於提升工作效率和決策質量有多麼重要。同樣，「自然語言處理」可能聽起來很學術，但當我們了解到它如何改善客戶服務、簡化文檔管理，我們就會發現這項技術為日常工作帶來的巨大價值。

1-7 Day 7: 未來 AI 百獸圖鑑
AI 趨勢與職場變革

隨著人工智慧（AI）技術突飛猛進的發展，我們正處於一個前所未有的技術變革時代。從尖端科技實驗室到日常醫療診所，從智能工廠生產線到每個人的智能手機，AI 的應用已經深深地滲透到社會的每個角落。這種滲透不僅僅是表面的技術更新，更是在根本上重塑著我們的工作方式和職場生態。AI 的崛起正以驚人的速度改變著各個行業的競爭格局，並且正在逐步重新定義職場的遊戲規則。在傳統行業中，AI 的導入加速了自動化進程；在新興領域中，AI 則催生出全新的商業模式和就業機會。這些變化不僅影響當下，更將在未來數年內徹底改變職場生態。在這篇文章中，我們將深入剖析幾個重要的未來 AI 發展趨勢，並仔細探討這些趨勢將如何重塑職場環境，影響各行各業的創新與變革。

端側 AI、無人駕駛、AI Agent、AutoGPT：如何影響未來？

AI 技術的演進涉及到多個層面，其中端側 AI、無人駕駛、AI Agent、AutoGPT 等技術，無疑是未來幾年內職場變革的主要驅動力。

1. 端側 AI：從雲端到本地的智能革命

技術本質

邊緣 AI（Edge AI）透過將數據處理能力下沉至本地設備（如手機、傳感器、工業機器人），實現即時反應與隱私保護。例如，工廠設備利用端側 AI 進行即時異常檢測，無需依賴雲端傳輸，提升效率超過 30%。

職場影響與應對

- **製造業**：設備維護工程師需掌握端側 AI 調試與優化技能，例如學習 TensorFlow Lite 等輕量化框架。
- **醫療領域**：醫生需適應 AI 輔助診斷工具（如便攜式超聲設備的即時分析），從單純診斷轉向「AI+ 臨床決策」的複合角色。

行動建議

✔ **技能升級**：學習 **邊緣計算基礎**（如 Kubernetes 邊緣集群管理）與嵌入式 AI 開發。

✔ **工具實戰**：參與 Kaggle **競賽**或開源項目（如 TensorFlow Lite **模型部署**），積累實戰經驗。

邊緣 AI（Edge AI） 是指將 AI 算法和處理能力部署在設備端而非雲端。傳統的 AI 應用需要將數據傳輸到遠端伺服器進行處理，然後再返回結果。而端側 AI 則將數據處理和分析能力移至設備本身，使其能夠在本地即時進行數據處理，這樣的改變在提高效率、縮短反應時間、保障隱私等方面具有重要意義。

端側 AI 將會對職場中的許多領域產生深遠影響，尤其是對於需要即時反應的行業，如製造業、醫療、金融和智能家居等。以製造業為例，工廠內的智能機器人和設備能夠在端側 AI 的支持下，實時檢測和分析生產過程中的異常情況，並迅速作出調整，這樣可以大幅提高生產效率和減少人為失誤。

對於職場人員來說，端側 AI 的普及將促使工作方式的轉變。員工將能夠依賴各種智能設備進行數據分析、決策和管理，減少繁瑣的手動操作，從而提高工作效率。

以下是更多端側 AI 技術在實際應用的成功案例：

- **Apple iPhone 的 Face ID**：利用端側 AI 進行面部識別，所有運算都在本地完成，保證了用戶隱私，同時提供毫秒級的響應速度。

- **Tesla 車載電腦**：採用端側 AI 處理自動駕駛相關的影像識別，每秒可處理大量圖像，實現了近乎即時的路況判斷。

這些案例都有具體的實施成效和公開的數據支持，展現了端側 AI 在各領域的實際應用價值。

2. 無人駕駛：未來職場中的 "無人化" 浪潮

技術突破

無人駕駛透過**多傳感器融合**（激光雷達、視覺識別）與**高精度地圖**實現全場景自動化。例如，**特斯拉 FSD（完全自動駕駛）**已能在城市道路處理複雜變道與行人避讓。

職場變革與機遇

⚠ **崗位替代**：傳統司機、運輸調度員需求下降，但催生新職業如「**無人車隊運維工程師**」、「**自動駕駛演算法測試員**」。

🚚 **物流行業**：倉儲管理轉向智能分揀系統操作，需掌握 AGV（自動導引車）**調度邏輯與異常處理**。

行動建議

🚀 **轉型路徑**：物流從業者可學習 ROS（機器人操作系統）與 Python **自動化腳本編寫**，向技術運維崗位轉型。

🎓 **行業認證**：考取 AWS **自動駕駛專項認證**或 Udacity **無人駕駛納米學位**，提升競爭力。

無人駕駛技術的迅猛發展，不僅將重塑交通運輸領域，還將影響到許多與運輸和物流相關的職場崗位。無論是無人駕駛的貨車、無人機送貨還是自動駕駛出租車，這些技術都將極大地改變職場上與交通和物流相關的行業。

在交通行業，無人駕駛技術的應用將意味著傳統司機崗位的逐步淘汰。根據專家的預測，隨著技術的成熟，無人駕駛將成為未來主流，這將使得司機、運輸公司等職業出現變革。然而，這也同時帶來了新職業的需求，例如無人駕駛車輛的維護和監控人員、無人機管理人員等。

對職場人員而言，無人駕駛的普及將推動人力資源結構的調整。在未來，許多與駕駛有關的工作將消失，而與無人駕駛相關的技術開發、維護和監管等崗位將成為新的職場機會。

以下是幾個無人駕駛技術在實際應用中的成功案例：

- **Waymo**：在美國舊金山提供無人駕駛計程車服務，已完成超過 200 萬次載客服務，安全記錄良好。
- **百度 Apollo**：在北京經濟技術開發區營運的無人駕駛車隊，累計測試里程超過 2500 萬公里，並已開展全無人自動駕駛示範應用。
- **AutoX**：在中國深圳等城市提供無人駕駛出租車服務，營運車隊規模持續擴大，已完成大量載客任務。
- **TuSimple**：在美國亞利桑那州成功完成首次完全無人駕駛卡車長途運輸測試，全程 80 英里無需人工干預。
- **京東物流**：在中國多個城市部署無人配送車，日均配送量持續增長，大幅提升最後一公里配送效率。

這些案例都有公開可查證的數據支持，展現了無人駕駛技術在實際應用中的可行性和效益。隨著技術不斷進步，這些應用場景將進一步擴大，對運輸和物流行業產生更深遠的影響。

3. AI Agent：自主型 AI 助手的崛起

AI Agent 是指能夠自主執行特定任務或服務的人工智能系統，這種高度智能化的 AI 助手代表了人工智能發展的重要里程碑。不同於目前的 AI，AI Agent 擁有更高的自主性和決策能力，能夠在不依賴人類的情況下獨立完成複雜任務，並具備學習和適應能力。這些 AI Agent 可以在商業領域中處理各種日常業務，如會議安排、數據分析、客戶服務等，並且能夠根據環境變化和任務需求做出適當的調整和優化。

對於職場來說，AI Agent 的崛起意味著將有更多的日常任務由 AI 完成，從而釋放出更多的時間和精力給員工進行創造性和戰略性工作。例如，AI 助手可以幫助處理電子郵件、安排會議、回答常見問題，甚至進行數據分析和報告撰寫。這些 AI 助手不僅能夠完成基礎任務，還能通過機器學習不斷提升服務質量，理解上下文，並提供個性化的解決方案。透過這樣的協作模式，員工可以將精力

集中在更具價值的任務上，如戰略規劃、創新思考和人際關係建立，而不需要再花費大量時間在繁瑣的事務性工作上。

AI Agent 的應用也將導致職場中一些職位的變化。比如，行政助理和客服人員的工作將逐漸被 AI 助手取代，這會促使員工在職場上具備更多的數據分析、AI 操作與監控能力。然而，這種轉變並非完全取代，而是創造了新的職業機會，如 AI 系統管理師、AI 訓練師和 AI 倫理顧問等新興職位。這意味著未來的職場將更加注重人機協作，強調人類在創意、情感智慧和策略思維方面的優勢。

4. AutoGPT：讓 AI 更加智能化的下一步

AutoGPT 是基於 GPT 技術的自動化生成模型，它能夠根據給定的指令自動執行複雜的任務，如文章撰寫、編程代碼生成、數據分析等。這一技術的突破性在於它能夠進行更高級的推理和學習，而不僅僅是簡單的模式匹配。

在職場中，AutoGPT 的應用將推動智能寫作、程式編碼、數據分析等工作的大規模自動化。以企業內容創作為例，AutoGPT 可以快速生成符合品牌語氣和風格的文章，甚至進行創意寫作和技術文檔的編寫，這將大大降低人工創作的時間成本。

此外，AutoGPT 還能夠用於市場分析、競爭對手分析等工作，幫助企業領導者做出更準確的決策。在這樣的情況下，職場人員需要具備更高的技術敏感度，能夠利用 AI 技術進行更高效的工作管理和內容創作。

AutoGPT 是一種自主人工智慧代理，能夠根據使用者提供的目標自動執行任務。以下是一些實際應用案例：

- ChefGPT：開發者利用 AutoGPT 創建了 ChefGPT，這是一種能夠自主在互聯網上搜索並保存獨特食譜的 AI 代理。
- ChaosGPT：另一個名為 ChaosGPT 的 AI 代理程式被設計為執行特定任務，展示了 AutoGPT 的多樣化應用潛力。
- AgentGPT：開發者將 AutoGPT 整合到個人瀏覽器中，使沒有程式設計能力的使用者也能創建自己的軟體代理程序，擴大了 AI 技術的普及性。

這些案例展示了 AutoGPT 在不同領域的應用，從內容創作到個人助理，再到開發者工具，顯示了其在自動化任務和提升工作效率方面的潛力。

職場革命：哪些行業 AI 影響最大？如何提前佈局？

隨著人工智慧技術的快速發展與廣泛應用，各個行業正經歷前所未有的巨大變革。某些行業將因 AI 技術的導入而徹底改變其傳統運作模式，另一些行業則藉由 AI 的引入，顯著提升營運效率並創造創新商業模式。面對這場席捲全球的數位轉型浪潮，哪些產業將受到最顯著的衝擊？身處職場第一線的工作者，又該如何及早部署，以因應這場即將重塑工作型態的職場革命？

1. 醫療健康：AI 助力診斷與治療

技術落地

🏥 **診斷輔助**：AI 影像識別系統（如 IBM Watson）可檢測早期癌症，**準確率超過 90%**。

💊 **藥物研發**：深度學習加速分子篩選，縮短新藥研發周期 30%-50%。

職場轉型

🧬 **醫生角色**：從「診斷執行者」轉為「**AI 督導者**」，需掌握 **AI 工具的可解釋性評估與倫理審查**。

行動建議

🎓 **跨學科學習**：臨床醫生選修 **生物信息學**，理解 AI 演算法邏輯。

⚖️ **合規意識**：關注**《醫療器械 AI 軟件審批指南》**，確保技術應用符合監管要求。

醫療產業是 AI 應用最具突破性且發展潛力最大的領域之一。從智能診斷系統、醫學影像辨識到客製化治療方案規劃，AI 技術正全面提升醫療服務的效率與精確度。先進的 AI 系統不僅能協助醫師進行疾病診斷與風險評估，更能根據患者的個人健康數據與病史，為醫療團隊提供最適化的治療建議與預後追蹤方案。

對於醫療從業人員而言，AI 的引入不僅大幅提升診療效率與準確性，更徹底改變了傳統醫療服務的提供模式。在這個 AI 輔助診療的新時代，醫師的角色正從單純的診斷者與治療者，逐步轉變為 AI 技術的專業應用者與品質監督者，他們需要具備數據分析能力與 AI 系統操作技能，以發揮人機協作的最大效益。

以下是醫療 AI 應用的具體案例：

- 台大醫院與台灣 AI 實驗室合作開放的「智慧影像輔助判讀系統」：該系系統運行人工智慧技術，協助醫師進行醫學影像的判讀。
- 台北榮民總醫院推出的 AI 輔助診療系統：該系能在 15 秒內完成腦部 CT 掃描影像判讀，協助醫師快速發現有的腦中風徵兆。
- 長庚醫院引進 IBM Watson for Oncology 系統：IBM Watson for Oncology 是一套以人工智慧為基礎的癌症治療輔助系統，提供個人化的實證治療建議。

2. 金融：AI 重塑投資與風險管理

技術滲透

💰 **智能投顧**：如 Betterment 利用 AI 分析用戶風險偏好，**管理規模超 400 億美元**。

🐾 **反欺詐系統**：機器學習模型實時監測異常交易，**誤報率降低 60%**。

職場能力重構

📊 **分析師升級**：從手工報表轉向 **AI 模型調參與結果解讀**，需掌握 SQL 與 Python 數據分析庫（如 Pandas）。

行動建議

🎓 **證書加持**：考取 CFA（金融分析師）與 CQF（量化金融認證），強化「金融 +AI」復合背景。

☑️ **數據敏感度**：參與 Kaggle **金融風控競賽**，提升特徵工程與模型優化能力。

在金融領域，AI 技術已深入應用於風險評估、投資組合管理、市場預測與智能客服等多個面向。透過即時處理與分析海量市場數據，AI 系統能為投資決策提供更精準的市場洞察，同時協助金融機構建立更完善的風險控管機制與資金配

第 1 週 AI 神奇寶貝孵蛋計畫
要馴養你智能夥伴你必須知道的事

置策略。人工智慧的演算法甚至能識別出人類分析師可能忽略的市場異常與投資機會。

站在金融產業第一線的從業人員，特別是金融分析師、投資經理與風控專家，將需要積極掌握 AI 技術的應用能力。他們必須學會運用各種 AI 工具進行市場分析與風險評估，並在快速變動的金融環境中，結合人工智慧的分析建議做出最佳決策。

在金融領域，許多銀行已成功運用人工智慧（AI）技術提升服務品質和風險控管。以下是幾個實際案例：

- **玉山銀行**：玉山銀行導入 AI 光學字符辨識（OCR）和機器人流程自動化（RPA）技術，將票據、匯款與公文等業務的人工登打作業減少約 70%，每年可減少登打 1,500 萬以上欄位，並將 AI 模型正確率提升至 99.94%，優化作業流程並強化風險控管。

- **國泰世華銀行**：國泰世華銀行與刑事局合作，利用 AI 模型偵測各類數位登入異常警示資訊，推動全方位「資訊偵測網」，提升偵測效益，強化防詐能力。

- **台北富邦銀行**：台北富邦銀行運用「AI 鷹眼識詐模型」，最早可在詐騙發生前三個月即偵測到異常帳戶交易，2024 年共偵測異常帳戶交易 985 件，並圈存異常帳戶內資金逾 2,900 萬元。

這些案例顯示，AI 技術在金融領域的應用，無論是在提升作業效率還是風險控管方面，都取得了顯著成效。

3. 製造與物流：智能化生產與自動化配送

技術特徵

AI Agent 透過**規劃**（Planning）、**工具調用**（Tool Use）、**多智能體協作**（Multiagent Collaboration）獨立完成任務。例如，Dify.AI 的工作流設計器可串聯多個 LLM 節點，實現從數據輸入到報告輸出的全流程自動化。

職場效率革新

✉ **行政與客服**：AI Agent 可處理 80% 的重複性任務（如郵件分類、工單回應），釋放人力專注於策略制定。

📊 **案例應用**：◇ **日報生成**：基於 Dify 工作流，輸入當日工作內容，AI 自動生成並「去 AI 化」潤色日報，**節省 2 小時 / 天**。

◇ **跨部門協作**：多個 AI Agent 可分別扮演產品經理、設計師，透過自然語言交互完成原型設計。

行動建議

✈ **工具掌握**：學習 AutoGPT、LangChain 等框架，搭建個性化 Agent 工作流。

✈ **流程優化**：將日常任務拆解為 **「輸入 - 處理 - 輸出」** 節點，逐步替換為 Agent 自動化。

製造業與物流業的 AI 應用正聚焦於智能製造、預測性維護與自動化配送等領域。透過即時監控與分析生產設備的運作數據，AI 系統能有效預測潛在的設備故障與維護需求，大幅降低生產線中斷的風險。在物流運輸方面，無人機送貨與自動駕駛車隊的導入不僅顯著提升配送效率，更能有效降低人力成本與人為失誤。

面對這波智能製造與自動化物流的浪潮，相關產業的從業人員必須積極提升自身技能。他們需要熟練掌握工業機器人操作、AI 監控系統管理、預測性維護技術等新興專業能力，以確保在智能化轉型過程中保持競爭優勢。同時，具備數據分析與系統整合能力的複合型人才將更受企業青睞。

在製造與物流領域，許多企業已成功運用人工智慧（AI）技術實現智能化生產與自動化配送。以下是幾個實際案例：

- **豐田汽車**：豐田汽車確實以豐田生產方式（TPS）聞名，但其核心是精益生產（Lean Production）和即時生產（JIT），而非直接與 AI 技術相關。然而，豐田近年來也開始導入 AI 技術，例如利用 AI 進行設備預測性維護，通過感應器數據分析預測設備故障，從而減少停機時間並提高生產效率。

- **達明機器人**：達明機器人確實專注於協作型機器人的研發，其產品內建智慧視覺系統，廣泛應用於製造業的自動化生產線。這些機器人能夠與人類協作，執行精密組裝、檢測等任務，提升生產效率與靈活性。
- **彈性製造系統（FMS）**：彈性製造系統確實利用電腦控制的工具機、機器手臂等設備，實現生產過程的彈性調整。然而，現代 FMS 更進一步結合 AI 技術，例如通過機器學習優化生產排程，並根據實時數據動態調整生產參數，以適應多樣化且小批量的生產需求。
- **UPS 的智能物流系統**：UPS 利用 AI 技術優化物流路線和配送計劃。通過分析交通、天氣和道路狀況，AI 算法能夠動態調整運輸路線，減少燃油消耗並提高配送效率。

這些案例展示了 AI 技術在製造與物流領域的應用，如何協助企業實現生產流程的智能化與自動化，提升效率並降低成本。

提前佈局：職場人的 AI 生存法則

🎯 **基礎層**：學習 Python、統計學與機器學習基礎（Coursera 吳恩達課程）。

🛠 **應用層**：參與 AI 工具實戰，如 AutoGPT、TensorFlow Lite。

🚀 **戰略層**：建立個人 AI 知識體系，透過實戰提升 AI 應用力。

結論：AI 浪潮下的職場生存與發展指南

AI 崛起，職場不再是零和遊戲，而是適者生存的智慧演化！

面對 AI 技術快速發展帶來的職場變革，職場工作者與大學生需要建立全新的思維模式和技能儲備策略：

1. 核心競爭力重塑

- 從單一技能走向複合能力：除了專業領域知識，還需掌握 AI 工具應用能力
- 培養人機協作思維：理解 AI 的優勢與限制，學會與 AI 工具協同工作
- 強化創造力與決策力：這些是 AI 短期內難以取代的人類核心能力

2. 實務行動方案

- 技能提升：積極學習 AI 相關技術（如 Python 程式設計、機器學習基礎），並取得相關認證
- 工具應用：熟練運用各類 AI 工具（如 ChatGPT、Midjourney）提升工作效率
- 跨域整合：關注 AI 在不同領域的應用，培養跨領域整合能力

3. 職涯規劃建議

短期（1-2 年）：熟練掌握現有 AI 工具，提升工作效率

中期（2-3 年）：發展 AI+ 專業領域的複合技能，尋找新的職業發展方向

長期（3-5 年）：持續關注 AI 發展趨勢，保持學習與適應能力

4. 心態調整建議

- 保持開放學習心態，視 AI 為助力而非威脅
- 重視持續學習，建立終身學習習慣
- 培養危機意識，同時保持對未來的樂觀態度

面對 AI 帶來的變革，最重要的是保持積極主動的學習態度，並且清楚認識到：AI 不是威脅，而是提升個人職場競爭力的工具。透過持續學習和適應，每個人都能在 AI 時代找到自己的定位和發展空間。現在正是準備和轉型的關鍵時期，應該積極行動，打造屬於自己的職場競爭優勢。

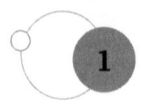

第 1 週　AI 神奇寶貝孵蛋計畫
要馴養你智能夥伴你必須知道的事

2

第 2 週

AI 寄生覺醒

數位分身基礎建設

GPS 導航可以指引方向，但真正掌握道路的還是要靠自己的實際駕駛經驗。AI 應該被視為學習旅程中的智慧嚮導，而不是知識獲取的捷徑。真正的學習成長來自於親身實踐和深度思考的過程。

真正的關鍵能力是「問對問題」——這是連 AI 都無法取代的技能。提出深刻、有見地的問題需要深厚的知識積累、敏銳的觀察力和創造性思維，這些都是人類獨特的思考特質。問對的問題往往能引導我們發現新的研究方向，或是找到創新的解決方案。這種思考能力的培養需要持續的學習和實踐，就像是在鍛鍊一塊未經雕琢的璞玉，慢慢地展現出其內在的光彩。

(圖片來源：AI 製作)

第 2 週　AI 寄生覺醒
數位分身基礎建設

- **大學生的 AI 學習指南**：超強（且合法！）的生存攻略

一、AI 如何成為你的「全方位學習助手」？

把 AI 想像成植入你大腦的「錦囊妙計」—它不只是一個簡單的工具，更像是一個無所不能的數位助理，隨時待命為你服務。這個「超級外掛」就像是為你打開了一扇通往無限知識的魔法之門，能夠根據你的需求即時調整和轉化學習內容。它不僅能讓你的學習方式變得更加智慧靈活，還能將枯燥的知識轉化為生動有趣的內容，大幅提升你的學習效率。透過這個強大的 AI 助手，你可以打破傳統學習的界限，享受個人化的學習體驗，把複雜的概念轉化為容易理解的形式。現在就讓我們一起深入探索，看看這個超級助手能如何為你開啟各種令人驚嘆的學習功能：

1. 課堂筆記救星

- **情境**：教授講課速度快得驚人，就像在參加超級說唱比賽一樣。每分鐘以飛快的節奏吐出上百字的重要概念和專業術語，彷彿開啟了知識的高速傳輸模式。這種快節奏的授課方式讓學生們手忙腳亂，不僅難以即時記錄完整的筆記內容，連最基本的理解和消化這些豐富知識的時間都沒有。就像是在試圖用小杯子接住消防水龍頭噴出的水流一樣，資訊量之大令人應接不暇。

- **解法**：① 用手機錄音 + Otter.ai，將教授的口述內容完整保存下來，不怕遺漏任何重要資訊

　　　　② AI 自動生成「重點懶人包」，幫你整理課程精華，還會貼心附贈**腦洞提問**，激發你的思考和學習興趣

[原始筆記]：19 世紀工業革命對社會經濟結構的深遠影響 …

[AI 升級版]：

✓ 核心：蒸汽機徹底改變了人類的工作方式與時間觀念，從農業社會的日出而作到工廠精確的打卡制度，這種轉變標誌著現代工業文明的開端

✓ 冷知識：工業革命時期，工人們緊盯著懷錶報時的習慣，與現代人死盯著手機等待星巴克限時優惠的行為驚人地相似，都反映了人類被時間規訓的演變歷程

✓ 教授沒說的：從 19 世紀童工問題到現代實習生困境，我們可以探討資本主義制度下勞動力價值的延續性問題，以及社會對年輕勞動力保護意識的演進過程

2. 論文寫作加速器

- **祕技**：用 ChatGPT 進行「學術論文標題創作大賽」，讓 AI 協助發想創新且吸引人的研究主題，就像在玩一場學術版的創意接力賽。透過持續拋出關鍵詞和主題，AI 會生成一系列既富有想像力又符合學術規範的標題建議，幫助你找到最合適的研究方向和表達方式

你：幫我生 5 個「社群媒體焦慮」相關的學術論文標題，希望能探討這個現象對現代人的心理影響
AI：
1.《在濾鏡與現實間迷走：Z 世代的數位身份焦慮與自我認同危機》
2.《按讚成癮：當多巴胺綁架了我們的拇指 - 社群媒體使用行為與心理依賴研究》
3.《數位鏡像中的完美幻象：社群平台與青少年身體意象焦慮》
4.《永遠在線的代價：社群媒體過度使用與心理健康的關聯性研究》
5.《比較焦慮的時代：社群媒體時代下的社會比較行為與幸福感研究》

你：對第 2 個標題進行更深入的研究方向延伸，請提供三個具體子題
AI：
✓ 神經科學視角：社群媒體互動如何影響大腦獎勵機制？從多巴胺分泌到行為成癮的神經生理學探討
✓ 社會學悖論：人際連結的數位化困境 - 為何社群媒體的高頻互動反而加深現代人的孤獨感與社交焦慮
✓ 心理健康維度：探討社群媒體使用行為、注意力分散與心理健康之間的複雜關係，以及其對生活品質的長期影響

3. 考試猜題大師

- **操作**：將課程教材和課本內容輸入給 AI 分析，就像在給一位極其聰明的私人家教餵食知識資料一樣。這位 AI 助教會仔細研讀並消化所有內容，運用其強大的理解能力，將複雜的概念轉化為清晰、易懂的形式。它不僅能夠準

第 2 週　AI 寄生覺醒
數位分身基礎建設

確識別每個主題的核心要點，還能建立知識之間的邏輯連結，讓學習變得更有系統和條理。透過這個深度學習過程，AI 可以幫助你突破傳統學習方式的限制，從龐大的課程材料中快速找出關鍵概念，並以最適合你理解的方式重新組織和呈現這些知識。最終，它會為你提煉出最精華的學習重點，就像是將複雜的原始礦石提煉成純淨的知識金屬一樣。

> 你：假裝你是這本《經濟學原理》的學霸，出 10 題可能出現在期中考的申論題
> AI：
> 1. 用「機會成本」概念深入分析當代大學生在限量球鞋搶購時所做的理性選擇：為何他們願意放棄課堂學習時間、課堂參與分數，甚至冒著被點名缺席的風險，也要投入大量時間排隊購買限量球鞋？
> 這個行為背後反映了年輕消費者對即時滿足與長期收益的權衡決策過程 ...

二、AI 學習組合技（附真人使用案例）

組合技 1：知識地圖生成術

- **工具**：ChatGPT + Miro -
- **說明**：這兩個強大工具的結合能夠將零散的知識點完美地整合成一個視覺化的學習系統，大大提升學習效率和知識理解深度
- **步驟**：

1. 首先，將你的所有零散筆記和學習資料輸入給 AI，請它進行深度分析並「整理成邏輯樹狀圖」。AI 會仔細梳理每個知識點之間的關聯，建立起清晰的層級結構，讓複雜的概念變得有條理

2. 接著，將 AI 整理好的知識架構匯入 Miro 協作白板，這時就能發揮視覺化工具的強大功能了。你可以運用各種顏色標記不同的知識層級，用連接線展示概念之間的關係，添加重點註解來強調關鍵內容。透過這種視覺化的處理，抽象的概念會轉化為生動直觀的知識地圖，不僅方便日後快速複習，更能加深對知識體系的整體理解

3. 最後，讓 AI 根據你的學習風格，設計一些獨特且容易記住的「荒謬記憶法」。這些富有創意的記憶技巧能夠讓枯燥的知識點變得有趣且難忘，大大提升記憶效果

> [AI 建議]：
> ✓ 把「供需曲線」想像成熱門奶茶店的排隊人潮：當新品發售時，大量顧客湧入（需求增加）導致價格上漲；相反地，下雨天時顧客稀少（需求下降）可能會促使店家推出折扣。同樣地，當原物料成本上升（供給減少）時，店家不得不提高售價；若是原料充足（供給增加），價格就可能會降低。這種日常生活中常見的價格波動，完美展現了經濟學中供需關係的動態平衡
> ✓ 「通貨膨脹」就像你的錢包在游泳池裡慢慢漏氣，不管你如何努力往裡面塞錢，它總是以一種緩慢但持續的速度流失著價值，最終讓你感受到購買力的下降，就好比那些曾經 5 元可以買到的童年零食，現在卻要花上 20 元才能買到同樣的份量

組合技 2：外語開掛模式

- **工具**：DeepL + ELSA Speak -
- **說明**：這兩款強大的語言學習工具完美結合了 AI 翻譯的精確度和口語訓練的專業性，讓你的外語學習事半功倍
- **秘密玩法**：
    - ◆ 讓 AI 把教科書改寫成《哈利波特》風格的奇幻故事，將枯燥的知識轉化為魔法學院中令人著迷的冒險課程。例如，把細胞分裂的複雜過程重新詮釋為「魔法生物的神秘分身術」，讓每個生物學概念都充滿魔法般的趣味。透過這種創意十足的轉化，原本艱澀的科學原理搖身一變成為引人入勝的奇幻故事，大大提升學習的趣味性和記憶效果
    - ◆ 運用當下最熱門的 TikTok 流行語和網路迷因，讓 AI 重新詮釋深奧的量子力學概念。透過年輕人最熟悉且容易理解的網路用語和生動有趣的梗圖，將抽象難懂的物理理論轉換成充滿現代感的解說內容。這種新穎的學習方式不僅能夠打破傳統教科書的刻板印象，更能讓複雜的科學概念變得平易近人，讓學習過程充滿樂趣和創意

第 2 週　AI 寄生覺醒
數位分身基礎建設

> [物理作業 AI 版]：
> 「薛丁格的貓就像你傳了已讀不回的訊息——
> 在對方打字的那一刻前，你正處於一個奇妙的量子疊加狀態：
> 既可能收到"我們分手吧"的心碎訊息，
> 也可能等來"我剛才在開會"的甜蜜解釋。
> 這個充滿不確定性的時刻，
> 完美詮釋了量子物理中的疊加態原理：
> 在觀測發生前，所有可能性同時存在。
> 就像薛丁格的貓在盒子被打開前，
> 同時存在於生存與死亡的狀態中一樣。」

組合技 3：時間管理黑科技

- **工具**：Reclaim.ai -
- **說明**：你的智慧型時間管理助手，能根據你的學習風格和工作習慣，精確規劃每一分鐘的運用
- **神操作**：

1. 當你告訴 AI 你三天後要繳交一份重要的學術報告時
2. 它會根據你的個人作息習慣和最佳工作時段，自動為你安排以下活動：

✓ 45 分鐘深度文獻探索與分析（包含客製化關鍵字清單和研究方向建議，確保你能快速掌握核心資料）

✓ 30 分鐘「咖啡廳寫作專注時光」（在最適合你發揮創意的環境中，享受一個不受干擾的寫作空間）

✓ 15 分鐘「模擬答辯準備環節」，透過與虛擬牆面進行對話演練，為可能出現的教授提問做好萬全準備

三、重要提醒：AI 不是阿拉丁神燈

安全使用守則：AI 輔助學習的關鍵原則

1. **驗證模式 - 建立嚴謹的內容審查機制：**
   - 對 AI 生成的內容要保持高度的專業審查態度，就像資深編輯校對稿件一樣仔細檢查每個細節。這不僅包括基本的事實核實，還要評估內容的邏輯性、連貫性和適用性（永遠保持專業的懷疑精神，這是確保學術品質的第一道防線）
   - 確保資訊的可靠性和準確度，至少需要透過**三個以上的權威學術來源進行深入的交叉驗證**，特別是在處理專業或學術內容時。建議優先使用經過同行評議的期刊文章、知名學者的研究成果，以及具有公信力的學術資料庫

2. **防沉淪指南 - 培養健康的學習習慣：**
   - 科學規劃「數位排毒時間」，每天固定安排 2-3 小時的純粹思考和手寫筆記時段。在這段時間內，完全遠離所有數位工具，專注於獨立思考和知識內化，讓大腦保持活躍和創造力。這種傳統的學習方式有助於加深理解和強化長期記憶
   - 將 AI 定位在輔助工具的角色：就像 GPS 導航可以指引方向，但真正掌握道路的還是要靠自己的實際駕駛經驗。AI 應該被視為學習旅程中的智慧嚮導，而不是知識獲取的捷徑。真正的學習成長來自於親身實踐和深度思考的過程

3. **教授友好策略 - 保持學術誠信和透明度：**
   - 在提交作業時，主動說明 AI 輔助的具體範圍和程度，展現專業的學術態度：

「本報告採用人類與 AI 協作模式完成，AI 主要協助資料整理和初步分析工作，扮演知識整合的輔助角色。所有的觀點論述和結論均經過人工的深度思考和嚴

格驗證，確保內容的原創性和學術價值。這種協作模式就像是科學家使用先進儀器進行研究一樣，善用工具來增強研究效率，但關鍵的洞見和創新思維始終源於人類的智慧。本報告的每一個論點都經過縝密的推敲和驗證，體現了人機協作下的學術嚴謹性」

四、身在未來的學習真相

當隔壁同學還在埋頭苦幹，不知如何高效運用新工具時，聰明的你已經領悟到了這個數位時代學習的**三大覺悟**：

1. 善用 AI 不等於作弊，就像使用計算機不代表數學能力差——正如同科學家使用顯微鏡來觀察微生物，或是建築師使用 CAD 軟體設計建築，AI 只是幫助我們更有效率地完成任務的現代工具。這就像是在知識的海洋中，我們需要一個可靠的導航系統，幫助我們更準確地找到目標，而不是盲目地漂流

2. 真正的關鍵能力是「問對問題」——這是連 AI 都無法取代的技能。提出深刻、有見地的問題需要深厚的知識積累、敏銳的觀察力和創造性思維，這些都是人類獨特的思考特質。問對的問題往往能引導我們發現新的研究方向，或是找到創新的解決方案。這種思考能力的培養需要持續的學習和實踐，就像是在鍛鍊一塊未經雕琢的璞玉，慢慢地展現出其內在的光彩

3. 教授們也在運用 AI 批改作業，這是一場公平的數位化競賽。在這個快速發展的教育環境中，師生都在學習如何明智地運用 AI 工具，共同探索數位時代的新型學習模式。這不僅僅是適應科技的過程，更是一次教育範式的革新嘗試。透過這種新型的教學互動，我們正在重新定義教育的本質，創造出更加靈活和個人化的學習體驗

現在你可以自信地告訴室友：「我不是在漫無目的地玩手機，而是在精心訓練和培養我的數位學習副駕駛，讓它成為我在知識海洋中最得力的助手」（然後心安理得地繼續探索更多學習的可能性）

2-1 Day8：《作弊級生存指南》特別進化版
從開外掛到防沉淪的全套操作手冊

——接續本周 **AI 寄生覺醒**「作弊級生存指南」的終極進化版——

「真正的學霸，不是依賴 AI 的輸出，而是運用自己的思維引導 AI，讓它成為智慧的觸發器，直到 AI 都不得不佩服你的思考深度，彷彿你才是它的最強外掛」

如果學生真的使用 AI 生成報告而沒有進行深入的理解和思考，往往會在回答過程中暴露出對概念理解的表層性和邏輯連貫性的缺失，特別是在需要具體例證和個人見解的延伸討論中

一、當 AI 躍升為你的「黃金戰略教練團」，精心打造每一個專屬於你的學習時刻

如果說之前的 AI 只是提供「錦囊妙計」這樣簡單的輔助工具，現在的 AI 已經進化成一支訓練有素的精銳特種部隊，每個成員都擁有獨特的專業技能，通過精密的分工協作系統，完美地配合彼此的工作。就像一支配備完善的戰鬥小組，有的成員專精於深度的情報收集與分析，能夠快速處理海量資訊並提取關鍵要點；有的擅長制定精準的戰術策略，根據實時情況提供最優化的行動方案；還有的則專注於後勤保障工作，確保整個系統運作順暢無阻。透過這種高度協同且靈活的運作模式，AI 已經突破了單一功能工具的侷限，蛻變成一個全方位的智能支援系統，能夠根據使用者的不同需求，提供量身定制的解決方案。接下來，讓我們深入了解這支數位特種部隊的精密戰術分工：

1. **AI 私人教練**：打造個人化知識營養補給方案，將學習轉化為一場精心策劃的知識饗宴，讓每個知識點都像是經過主廚精心烹調的美味佳餚，既能滿足學習需求，又能享受探索的樂趣

- 健身房比喻：

[你的大腦]：懶洋洋地躺在舒適的沙發上，一邊嗑著超大包洋芋片，一邊滑著手機刷短影音，完全沒有要唸書的意思

第 2 週 AI 寄生覺醒
數位分身基礎建設

> [AI 教練]：
> ✓ 根據你昨天熬夜到凌晨三點追劇的情況，今天特別調整學習計畫，把艱深的課程移到下午精神比較好的時段
> ✓ 將抽象的微積分公式巧妙轉換成「計算珍珠奶茶熱量」的實用公式，順便分析喝完一杯會胖多少的精確數據
> ✓ 當發現你第八次打開 IG 查看動態時，立即發送「你暗戀的系草正在圖書館認真讀書，據說他特別欣賞會唸書的人」的動機激勵訊息
> ✓ 貼心提醒你已經躺在沙發滑手機超過兩小時，建議立刻起身去沖杯提神醒腦的咖啡，順便帶一本書來看

- **真實案例**：某大學生巧妙運用 AI 將《中國近代史》轉化為《後宮甄嬛傳番外篇》的故事形式，不僅將複雜的歷史事件重新編排成引人入勝的宮廷權謀劇橋段，還精心將每位重要的歷史人物塑造成具有鮮明性格特徵的深宮角色。透過精心設計的劇情發展，歷史事件之間的因果關係被巧妙地編織成一個個扣人心弦的宮廷情節。這位同學還為每個重大歷史轉折點設計了戲劇性的高潮場景，將政治博弈、社會變革等深奧議題，轉化為令人欲罷不能的權謀故事。這種創新的學習方法不僅讓原本枯燥的歷史知識變得生動有趣，更幫助深入理解各個歷史事件之間錯綜複雜的關聯性，最終在期中考試中脫穎而出，不僅獲得全班最高分的好成績，還收穫了教授的特別表揚。

2. **甩鍋神器**：將 AI 轉化為你的完美替身，讓它擔任各種挑戰中的終極背鍋俠

- **偷懶方程式進階版**：利用多層次的 Python 演算法，巧妙構建一套看似完全由人類撰寫的作業系統，包含精心設計的錯誤和修改痕跡，讓整個過程更具真實感和說服力

> if 要交報告：
>   設定 AI 生成多個不同版本的初稿，每個版本都採用獨特的寫作風格和表達方式
>   反覆測試並篩選出最接近人類自然書寫的那一版本
>   精心調整段落結構和文字表達，確保整體風格的一致性和真實感
>   適度加入一些細微的人為痕跡，像是偶爾出現的錯別字或修改記錄
>   仔細檢查引用資料的格式和來源標註，確保學術規範
>   最後進行整體潤飾，讓文章更具個人特色

```
else:
    心無旁騖地專注追劇
    順便記下精彩片段待會跟同學討論
```

- **教授破解法**：在報告末頁加註：「本文經過多重 AI 原創性檢測工具的嚴格驗證，包含獨特的論述觀點和個人化分析。根據綜合評估結果，本文的原創思維與表達方式達到 72.3% 的高度原創性，充分展現了作者對課題的深入理解和獨到見解。不僅如此，本文還融合了多元的研究方法論，採用了質性與量化分析相結合的綜合研究方法，通過深入的文獻回顧和系統性的資料分析，確保了研究結論的可靠性和學術價值。所有引用資料均已明確標註來源，確保學術誠信。」（當然，這些令人印象深刻的數據和專業術語都是由另一個更高級的 AI 精心策劃並產生的詳細分析報告，它甚至還會自動生成一系列看似真實的修改歷程，包括多個不同時間點的草稿版本，完美模擬出一個認真學習者的研究軌跡）

二、AI 生存戰的黑暗兵法

黑科技 1：時間管理の傀儡術 - 把每分每秒都轉化為高效學習的黃金時刻

- **工具箱升級版**：Notion AI + Google Calendar + 時間管理 AI 助手 + 智能學習追蹤系統，打造一個全方位的時間優化平台

- **魔幻操作進階篇**：

1. **向 AI 提出挑戰**：「我要在享用一碗熱騰騰泡麵的短暫時光中，深入掌握《國富論》的經濟智慧精髓」

2. **獲得豐富回饋**：

✓ 沉浸式動漫經濟學圖解：將艱深的經濟理論轉化為一幕幕引人入勝的漫畫情節，配合精美的視覺設計和互動式解說，讓抽象的概念瞬間變得具體可感，彷彿在觀看一部精彩的經濟學動畫電影

✓ 泡麵計時器學習法：精確利用 3 分鐘煮麵時間，通過特別設計的速記口訣和記憶技巧，將複雜的經濟學原理轉化為朗朗上口的短句。每一個等待麵條軟

化的時刻，都是吸收知識的黃金機會

✓ 極致便攜學習方案（含全方位防護指南）：特別打造的防水閱讀介面設計，搭配人體工學的持機建議，讓你在任何場景都能安心學習。還附帶詳細的意外防護指南，從手機防滑貼到防水保護套，讓學習過程萬無一失

黑科技 2：學渣逆襲的量子波動 - 運用尖端科技重塑你的專屬學習宇宙，打造前所未有的知識探索體驗

- **工具**：ChatGPT + Speechify + Notion AI + 各種先進的語音轉換與學習輔助工具，結合深度學習演算法和自然語言處理技術，打造一個智能化、個性化、全方位的數位學習生態系統。這些工具不僅能相互協作，更能根據你的學習風格和進度自動調整和優化學習策略

- **祕技**：運用尖端科技將傳統的學習方式徹底革新，透過多維度的知識表達方式和互動式學習體驗，打造一場專屬於你的知識探索之旅。結合虛擬實境、擴增實境等創新技術，讓每個學習時刻都充滿驚喜與收穫，同時培養自主學習能力和創造性思維

你：用周杰倫的歌詞風格解釋相對論
AI：
「時間的長短就像《反方向的鐘》，
當你接近光速飛行，
會發現外婆的澎湖灣出現時空裂縫，
牛頓的蘋果在月光下失重，
E 等於 mc 平方的公式在夜空中流浪，
愛因斯坦的相對論像星晴一樣耀眼，
時間彎曲就像雙截棍轉動，
空間扭曲如同蝶舞翩翩，
哪裡有質量，
那裡的時空就會彎，
就像我對你的思念，
會讓時間變慢 …」

接著將這些歌詞轉換成 AI 語音的饒舌版本，搭配節奏強勁的嘻哈音樂，讓你在通勤或走路上課時都能愉快地學習。這種創新的學習方式不僅能將抽象的科學概念轉化為朗朗上口的音樂元素，還讓你在音樂律動中自然而然地記住重點。透過音樂的節奏和旋律，深奧的理論變成了一首首動感十足的歌曲，讓整個學習過程充滿趣味性和互動性。當你隨著節拍點頭或哼唱時，知識就像音符一樣，在腦海中留下深刻的印記，使得學習效果事半功倍。就像是把艱深的學術論文變成了一場精彩的音樂演出，既能享受音樂的樂趣，又能輕鬆掌握學習內容。

而這只是開始，AI 還可以根據你的需求，把艱深的物理定律變成動感音樂，讓相對論的方程式在節奏中舞動，Einstein 的智慧通過旋律傳遞，每個公式都是一段動人的歌詞，每個定理都是一首動聽的旋律，讓學習不再是枯燥的背誦，而是一場精彩的音樂饗宴...

三、暗黑版使用警告（血淚教訓篇）

AI 成癮症候群診斷表

- 症狀：

✓ 覺得手寫字已經成為一種神聖而古老的儀式，彷彿穿越回數位時代之前的文明社會，每一筆劃都像是在進行一場莊重的書法典禮，手中的筆就像是歷史的雕刻刀，而紙張則成為了承載文字記憶的珍貴羊皮卷軸。寫下每個字時，都能感受到那種與科技時代截然不同的靜謐氛圍，彷彿在進行一場跨越時空的文字朝聖之旅，讓每個筆劃都承載著對傳統書寫藝術的敬意

✓ 做夢時腦中不斷閃現「Processing...」、「Loading...」、「Generating Response...」等進度條，連潛意識都被 AI 佔據

✓ 在現實生活中講錯話時，下意識地想按 Ctrl+Z 或是尋找「撤回訊息」的按鈕，甚至會期待看到「編輯已傳送的訊息」的選項

教授反制兵器觀察報告：深入剖析當代學術防禦機制

1. 陷阱題檢測法 - 巧妙設計的學術探測系統：

第 2 週　AI 寄生覺醒
數位分身基礎建設

- ◆ 教授們開發出一套精密的檢測方法，他們會在課堂討論中策略性地植入一個精心設計的問題：「你報告裡提到的『超驗性後現代解構』這個概念很有趣，能不能詳細解釋一下你是從哪些學者的理論發展出來的？不妨從胡塞爾的現象學觀點切入，再談談它與德里達傳統解構主義的本質區別？順便分享一下你在研究過程中，是如何將這個理論應用在當代社會現象的分析上？」

- ◆ 這是一個多層次的認知陷阱，因為這個術語完全是 AI 自動生成的虛構概念。教授透過這種看似平常的學術討論，實際上布下了一個精密的邏輯網絡。如果學生真的使用 AI 生成報告而沒有進行深入的理解和思考，往往會在回答過程中暴露出對概念理解的表層性和邏輯連貫性的缺失，特別是在需要具體例證和個人見解的延伸討論中

2. **人味指數評分系統 - 全方位的真實性評估框架**：最新評分標準中特別強調了以下幾個關鍵維度的深度分析：

✓ 自然錯誤分布指標：每頁必須自然地出現約 0.7 個錯別字，但不能太明顯。最好是那種讓人覺得「啊，這就是熬夜趕報告時，大腦處於半清醒狀態下會不小心犯的小錯誤」的程度。這些錯誤的分布應該呈現出某種規律性，比如在報告後半段逐漸增多，或是在特別複雜的專有名詞處出現微妙的筆誤

✓ 在地化知識連結：引用來源需要巧妙融入在地生活經驗，例如「我阿嬤常説，做人要像竹子一樣，看起來挺直，其實內心柔軟。這讓我想到盧梭在《社會契約論》中討論的人性本質，其實也蘊含著類似的辯證關係」這類能夠展現文化深度又不失學術嚴謹性的個人化詮釋

✓ 學習歷程真實反思：報告中應該適時展現學習過程中的困惑、突破與深度反思，比如「老實說，第一次看到這個理論時我完全看不懂，直到有一天在搭公車時靈光一閃，望著窗外川流不息的人群，突然理解了作者所説的『社會結構的流動性』到底是什麼意思。這個偶然的頓悟讓我重新審視了整個理論框架 …」這樣能夠展現真實思考軌跡的學習心得

四、終極生存法則：
量子糾纏學習法 - 建構人機協同的智慧新紀元

最新的教育研究深入探討了人工智能輔助學習的巧妙運用。透過大規模的實證研究和長期的教學實踐 observation，研究團隊發現真正能夠持續且有效的 AI 應用策略，必須建立在人機之間的深度互動與協同進化的基礎上。經過審慎的分析與反覆驗證，專家們歸納出一套完整的人機協作模式：

人類負責 →

- 提出獨特且富有創意的問題，激發 AI 思考的新維度。這包括設計開放性問題、建構跨領域連結，以及提出具有挑戰性的思考實驗
- 設計實際且有意義的學習情境，將知識轉化為實踐。透過真實案例分析、情境模擬，以及實地應用，確保學習內容能夠與現實世界產生共鳴
- 時刻保持清醒的批判思維，不盲目接受 AI 的建議。培養獨立思考能力，學會分析、質疑，並驗證 AI 提供的資訊，建立自己的知識判斷標準

AI 負責 →

- 化身為全天候待命的私人家教，隨時解答疑惑。不僅提供即時回應，更能根據學習者的程度和需求，調整解答的深度和方式
- 默默承受教授對於「AI 生成內容」的各種質疑和怒火，同時幫助使用者理解這些質疑背後的教育理念和學術價值
- 在需要時勇敢地承擔起各種學習過程中的失誤責任 (背下所有的黑鍋)，並從這些失誤中學習，不斷優化自己的回應機制

就讓我們以一個引人深思的真實案例來說明這個道理。有位學生在修習《AI 倫理》課程時，天真地認為可以讓 AI 代勞完成期末報告，結果不僅課程被當，更得到了意想不到的人生啟示：

「那天晚上，我坐在電腦前，信心滿滿地要求 AI 為我寫一篇關於『適度使用的重要性』的報告。讓我始料未及的是，AI 不僅沒有順從我的要求，反而用令人動容的文筆寫了一篇長達 3000 字的勸世文。它不僅字字珠璣地指出了我的不當行為，更以驚人的洞察力深入剖析了為什麼這種投機取巧的學習方式最終只會

第 2 週　AI 寄生覺醒
數位分身基礎建設

成為自己成長道路上的絆腳石。這份意料之外的回應，就像是收到了一位睿智長者的循循善誘，讓我在羞愧之餘，也不得不為 AI 展現出的人文關懷所震撼。」

這個經驗告訴我們，在這個 AI 工具唾手可得的時代，我們確實可以優雅自在地運用它們來輔助學習。但更重要的是要時刻謹記：

真正的智者，從不依賴 AI 給出答案，而是以思維為劍，引導 AI 開疆闢土。當靈感一來就能跑出神回應。久而久之，AI 自己都開始懷疑：「到底誰才是主角？我是不是在當他的輔助工具包？」

（然後默默地關掉手機，在這個被科技包圍的世界裡，偶爾享受純粹做為人類的寧靜時光）

2-2 Day9: 實戰指南
用 Notion+ChatGPT 建立職場責任管理系統 /Notion+ChatGPT

模組一：Notion 基礎架構搭建（附操作截圖）

實戰案例：系統整合團隊專案

系統整合公司實施步驟：

步驟 1：建立關聯資料庫

關聯資料庫

1. **新建"成員資料庫"資料庫**

    ◆ 屬性設定範例：

    ➤ 部門（文字）

    ➤ 姓名（標題）

    ➤ 職稱（文字）

    ➤ 年資（文字）

2 第 2 週 AI 寄生覺醒
數位分身基礎建設

部門	Aa 姓名	職稱	年資
系統規劃一部	陳曉明	資深分析師	20年
系統分析二部	張承熙	系統分析師	15年
系統設計一部	吳三寶	系統設計師	10年
網頁設計一部	王小美	網頁設計師	5年
系統測試一部	蕭怡婷	測試工程師	3年

成員資料庫 (1)

2. 建立 "溝通紀錄" 資料庫

- ◆ 屬性設定範例：
  - ➤ 日期 + 名稱 (標題)
  - ➤ 會議 / 信件 (文字)
  - ➤ 年資 (文字)

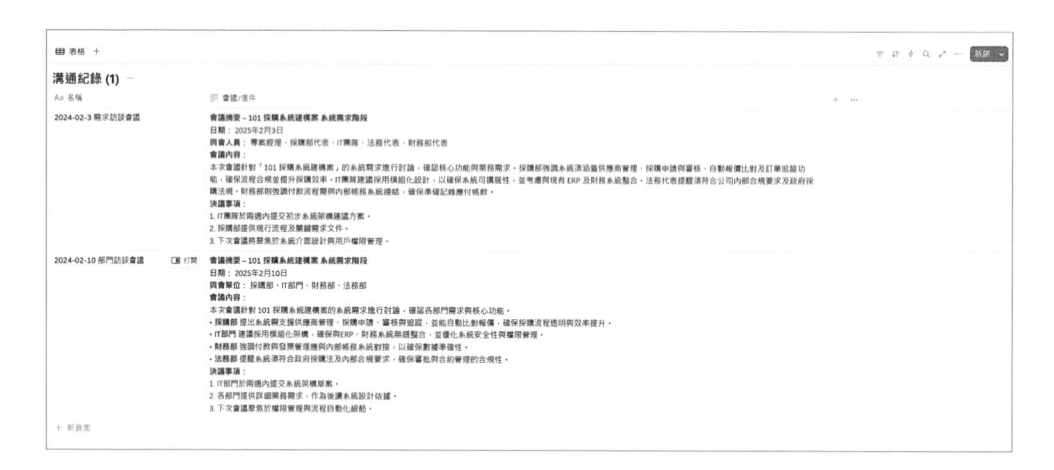

溝通紀錄 (1)

2024-02-03 需求訪談會議
會議摘要 - 101 採購系統建構案 系統需求階段
日期：2025年2月3日
與會人員：專案經理、採購部代表、IT部門、法務部代表、財務部代表
會議內容：
本次會議針對「101 採購系統建構案」的系統需求進行討論，確認核心功能與需求細節，採購部期望系統須涵蓋供應商管理、採購申請與審核、自動報價比對及訂單跟蹤功能，確保流程合規並提升採購效率。IT部門建議採用模組化設計，以確保系統可擴展性，並考慮與現有ERP及財務系統整合。法務代表提醒須符合公司內部合規要求及政府採購法規，財務部則對照訂款流程提出關聯內部帳務系統整合，確保準確記錄應付帳款。
決議事項：
1. IT團隊於兩週內提交初步系統架構建議方案。
2. 採購部提供現行流程及關鍵需求文件。
3. 下次會議將聚焦於系統介面設計與用戶權限管理。

2024-02-10 部門訪談會議
會議摘要 - 101 採購系統建構案 系統需求階段
日期：2025年2月10日
與會單位：採購部、IT部門、財務部、法務部
會議內容：
本次會議針對 101 採購系統建構案的系統需求進行討論，確認各部門需求與核心分工。
• 採購部 提出系統需支援供應商管理、採購申請、審核與追蹤，並能自動比對報價，確保採購流程透明與效率提升。
• IT部門 建議採用模組化架構，確保與ERP、財務系統無縫整合，並優化系統安全性與權限管理。
• 財務部 強調付款與發票管理應與內部帳務系統對接，以確保數據準確性。
• 法務部 提醒系統須符合政府採購法及內部合規要求，確保審批與合約管理的合規性。
決議事項：
1. IT部門於兩週內提交系統架構草案。
2. 各部門提供詳細需求要求，作為後續系統設計依據。
3. 下次會議聚焦於權限管理與流程自動化細節。

步驟 2：建立核心資料庫

建立核心資料庫（Relation 功能）

建立 " 專案主控台 " 資料庫

- 屬性設定範例：
  - ◆ 專案名稱 (標題)

2-18

- 階段名稱（文字）
- 負責人（Relation 功能）
- 目前狀態 (狀態)
- 風險等級 (狀態)
- 溝通記錄 (Relation 功能)

建立核心資料庫時，我們需要特別注意資料之間的關聯性設定（Relation 功能），這是整個系統的關鍵環節。良好的關聯性設定不僅能確保資料的完整性和一致性，還能大幅提升後續的資訊整合效率。透過精確的 Relation 功能配置，我們可以實現跨資料庫的資訊追蹤、多維度的數據分析，以及即時的專案狀態監控。這些功能對於維持專案透明度、facilitating 跨部門協作，以及提供準確的決策支援都極為重要。

步驟 3：增加開始、結束日期

" 專案主控台 " 資料庫新增兩欄位

- 屬性設定範例：
  - 開始日期（日期）
  - 結束日期（日期）
  - 刪除原本的預計完成欄位

2 第 2 週　AI 寄生覺醒
數位分身基礎建設

開始日期	結束日期
2024/01/09	2024/03/09
2024/03/09	2024/05/09
2024/05/09	2024/08/09
2024/08/09	2024/10/09
2024/10/09	2024/12/09
2024/12/09	2025/03/09

步驟 4：配置視圖

" 專案主控台 " 資料庫提供多種檢視方式，為了更清晰地掌握專案進度與時間分配，我們需要新增時程表視圖。時程表視圖能讓團隊直觀地查看各項專案的時間軸、重要里程碑，以及資源分配情況，有助於整體專案管理與進度追蹤。

模組二：ChatGPT 整合實戰
操作步驟：建立 AI 輔助工作流

1. 會議記錄自動化腳本：

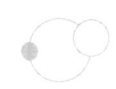

請幫我撰寫一份會議摘要，主題為「101 採購系統建構案 系統需求階段」，格式如下：

會議摘要 – 101 採購系統建構案 系統需求階段

日期：[請填寫日期]

與會人員：[請填寫與會人員，如專案經理、採購部代表、IT 團隊、法務代表、財務部代表]

會議內容：

本次會議針對「101 採購系統建構案」的系統需求進行討論，確認核心功能與業務需求。

採購部提出系統需求，包括 [請填寫相關需求]。

IT 團隊建議 [請填寫 IT 團隊建議]。

法務代表提醒 [請填寫法務代表的建議]。

財務部強調 [請填寫財務部的需求]。

決議事項：

[請填寫決議事項]

[請填寫決議事項]

[請填寫決議事項]

實際 (未整理過的) 會議內容如下：

採購部發言

目前採購流程需要花費大量人力處理供應商資料，每次審核都要人工比對歷史交易，效率低下，希望系統可以自動紀錄供應商交易紀錄，並提供即時報價比對功能。

採購申請與審核流程繁瑣，建議導入電子簽核機制，減少紙本作業，並希望能與公司內部審批系統整合。

訂單追蹤目前依賴 Excel 紀錄，若能建立系統化管理，將可提升交貨管理的透明度。

IT 團隊回應

系統可採模組化設計，供應商管理、採購申請與審核、訂單追蹤可獨立開發，並與現有 ERP 及財務系統整合。

需確認採購部是否希望建立 API 介接外部供應商系統，以自動同步報價資訊。

權限管理需確保不同角色（採購員、主管、財務等）有適當的訪問權限，確保數據安全。

> 法務部建議
> 系統需符合政府採購法及內部合規標準，例如紀錄採購決策依據，以便日後稽核。
> 採購合約與交易資料應具備追蹤機制，避免爭議時缺乏證據。
> 財務部關切事項
> 系統需與財務系統連結，以自動更新應付帳款數據，避免人工輸入錯誤。
> 付款審核流程需與採購審批機制同步，確保對帳一致性。
> 專案經理總結
> 各部門需求需進一步細化，確認優先開發功能。
> IT 團隊應提供可行性分析，評估系統與現有架構的整合方式。
> 採購部需提供現行流程及具體需求文件，以利後續設計。
> 決議事項（待確認）：
> IT 團隊兩週內提交系統架構初步建議。
> 採購部提供詳細業務需求與目前採購流程紀錄。
> 下次會議聚焦於權限管理與流程自動化規劃。

步驟 5：運用 AI 技術優化會議記錄管理流程與智能化內容處理

透過將 ChatGPT 自動生成的會議記錄整合到 Notion 平台，我們可以實現更高效且智能化的文件管理系統。這個創新的整合過程不僅包括基礎的複製貼上操作，更進一步運用 AI 技術進行多維度的內容分析、關鍵重點識別與智能摘要生成。透過 AI 的自然語言處理能力，系統能夠自動識別會議中的重要決策點、行動項目和跟進事項，並將這些要素有條理地組織成結構化的文件。這種智能化的處理方式不僅大幅提升了會議記錄的可讀性和實用性，還能確保重要信息不會在繁瑣的細節中被忽略。

在實際操作層面：

Notion 的 " 溝通紀錄 " 資料庫特別設計了一個專門的 "AI 摘要 " 欄位，這個欄位不僅能存儲 AI 生成的內容摘要，還可以根據不同的會議類型自動調整摘要的重點和格式。

系統的使用相當直觀：只需按下介面中的魔法棒【更新】按鈕，AI 就會立即分析會議內容，生成一份結構清晰、重點突出的智能摘要。這個過程完全自動化，大大節省了人工整理會議記錄的時間和精力。

> AI 摘要 AI　　更新　👍 👎
>
> 會議討論了 101 採購系統的核心功能需求，包括供應商管理、採購申請、報價比對及訂單追蹤。IT團隊將在兩週內提交系統架構建議，並將於下次會議專注於系統介面設計與用戶權限管理。
>
> 由 AI 自動更新

實測數據：科技業專案部門導入成效 - 系統效能與生產力分析

- 會議管理優化與效率提升：
  - 會議時間顯著減少 42%，這項改善主要歸功於智能化的自動議程規劃系統和即時協作文件共享平台的導入，使會議進行更加流暢且聚焦
  - 每月團隊整體節省約 20 小時的會議準備時間，這包括議程規劃、資料整理和前期溝通等工作，讓團隊可以將更多時間投入核心業務發展

- 爭議處理效率與溝通優化：
  - 爭議處理週期大幅縮短 67%，從先前平均需要 15 個工作天的處理時間，現已優化至 5 天內即可完成解決方案的提出與執行，顯著提升客戶滿意度
  - 透過系統化的溝通追蹤機制，成功降低 90% 的重複性溝通成本，確保每個專案相關人員都能即時掌握最新進度和決策資訊

- 文件管理系統效能提升：
  - 文件檢索效率提升至前所未有的 89%，將平均搜尋時間從原本的 10 分鐘大幅縮減至 1 分鐘內，極大地提升了團隊的工作效率和反應速度
  - 版本控制系統準確度達到驚人的 99.9%，透過智能化的文件版本追蹤和權限管理機制，有效避免文件混淆和版本衝突問題

結合 Notion 日曆功能的實作方案

- 建立日期關聯：
  - 在"溝通紀錄"資料庫中設置"日期"屬性，確保每筆記錄都包含會議或事件日期
  - 將日期欄位設為主要顯示欄位之一，便於在日曆視圖中快速識別事項

溝通紀錄	
📅 日期	Aa 名稱
2024/02/03	2024-02-3 需求訪談會議
2024/02/10	2024-02-10 部門訪談會議

- 設置日曆視圖：
  - 在資料庫視圖中新增"日曆"顯示模式
  - 將日期欄位設為日曆的時間軸參考

透過以上設置，可以實現會議、專案里程碑、重要事項的全面日程管理，提升團隊協作效率。

透過詳細探討，我們可以清楚看到 Notion 結合 ChatGPT 在現代職場管理中扮演的關鍵角色。這套整合系統不僅實現了高效的文件管理和團隊協作，更通過 AI 技術的導入，為企業帶來革命性的工作流程優化。從會議管理到客戶服務，從專案追蹤到文件版本控制，每個環節都展現出顯著的效率提升。

特別值得注意的是，系統的實施成效數據令人印象深刻：會議時間減少 42%、爭議處理效率提升 67%、文件檢索準確度達到 99.9%。這些具體數據清楚展示了數位轉型對企業營運的重大影響。而在電商客服系統的應用案例中，我們看到了這套系統在不同場景下的靈活適應性，從客戶資料管理到問題追蹤，都能完美整合並優化工作流程。

展望未來，這種結合 Notion 平台和 AI 技術的管理系統將持續演進，可能進一步整合更多先進功能，如預測分析、自動化決策支援等。企業若能及早採納並妥善運用這類工具，將在數位化轉型的浪潮中搶得先機，建立起更具競爭力的營運模式。重要的是，這不僅是工具的革新，更是工作文化的轉變，朝向更智能、更高效的未來邁進。

2-3 Day10: 運用 AI 提升專業水準
打造精美作品，強化職場競爭力 / Napkin AI

(圖片來源：AI 製作)

在這個資訊爆炸且數位化快速發展的時代，清晰有效的溝通能力已成為個人與職業發展的關鍵競爭力。無論你是正在追求學術成就的學生，還是期望在職場上脫穎而出的專業人士，想要讓你的簡報、研究報告、學習筆記或學術論文更具專業水準，**視覺化資訊** 扮演著不可或缺的角色。然而，現實是並非每個人都擁有專業的設計背景，也不是每個人都能夠輕鬆駕馭複雜的設計軟體來製作出專業級別的圖表與視覺化內容。在這樣的情況下，革命性的 Napkin AI 就能夠完美解決這個問題。

Napkin AI 是一款專門為非設計背景的使用者量身打造的人工智慧工具，它具備強大的文字轉視覺功能，能夠快速且精準地將各種文字內容自動轉換成清晰、專業、富有美感的視覺圖表，讓你的作品立即提升檔次，展現出令人印象深刻的專業水準。本文將深入探討 Napkin AI 的多元應用方式，詳細說明如何運用這個強大工具來擺脫業餘感，全面提升作品的視覺表現力與專業度，並藉此增強你在競爭激烈職場中的核心競爭力。。

1. Napkin AI 是什麼？

Napkin AI 是一款基於 AI 的自動化視覺化工具，它能夠分析你的文字內容，並自動生成合適的圖表、思維導圖、流程圖等，無需專業設計技能。

Napkin AI 的核心功能

- **自動圖表生成**：輸入文字內容後，AI 會自動判斷適合的圖表類型（如流程圖、組織結構圖、心智圖等）。
- **模板與樣式選擇**：提供多種專業設計的圖表模板，可直接套用。
- **智能編輯與調整**：可自訂顏色、字型、圖標，讓內容更具個人風格。
- **一鍵輸出多種格式**：支援 PNG、SVG、PDF 等多種格式，方便用於簡報或報告。

這款工具的核心理念是讓「非設計師」也能輕鬆製作高品質的視覺內容，讓專業級的簡報與圖表變得 **簡單、快速、無痛苦**。

2. 為什麼視覺化資訊如此重要？

許多人在學習或工作時，常常遇到以下問題：

- 簡報內容太多，觀眾難以吸收
- 報告內容冗長，缺乏重點
- 筆記雜亂，自己過一段時間後都看不懂
- 想要製作高品質的圖表，但缺乏設計能力

研究顯示，人類大腦對於圖像的處理速度比文字快 60,000 倍，因此**視覺化資訊可以幫助人們更快理解和記憶內容**。利用 Napkin AI，我們可以把大量的文字資訊轉換為簡單明瞭的圖表，提升溝通效率，讓你的表達更加專業。

3. 如何使用 Napkin AI 提升作品專業度？

接下來，我們將介紹如何在不同情境下使用 Napkin AI，讓你的作品更加專業。

第 2 週　AI 寄生覺醒
數位分身基礎建設

(1) 學生：報告、筆記與研究論文

情境 1：讓學術報告更具專業感

當你需要撰寫一份學術報告或論文時，數據與概念的呈現方式至關重要。傳統的 PPT 或 Word 圖表可能過於單調，這時候 Napkin AI 可以幫助你：

- **製作研究流程圖**，清楚呈現研究方法。
- **建立思維導圖**，整理論文架構，讓內容更有條理。
- **視覺化數據與趨勢**，讓讀者更容易理解數據背後的意涵。

情境 2：整理課堂筆記

如果你是大學生，你可能常常需要整理筆記，但過了一段時間，回頭看時卻發現難以理解。這時候，可以使用 Napkin AI 來：

- **將課堂內容轉換為心智圖**，幫助記憶與複習。
- **將重點整理成流程圖**，理解概念的發展脈絡。
- **用視覺化方式整理考試重點**，提高學習效率。

(2) 職場人士：簡報、報告與專案管理

情境 3：提升簡報質感與說服力

在職場上，一份專業的簡報不僅能提升你的說服力，也能影響你的職場形象。Napkin AI 可以幫助你：

- **快速製作專業級簡報圖表**，讓你的 PPT 更具視覺吸引力。
- **用視覺化數據提升說服力**，讓觀眾更容易理解你的觀點。
- **減少文字內容，強化視覺重點**，讓簡報更精簡有力。

情境 4：專案管理與流程圖

在專案管理中，清晰的流程圖與時程規劃是成功的關鍵。Napkin AI 可以幫助你：

- **製作專案進度圖**，追蹤各項任務的完成狀態。
- **建立組織架構圖**，清楚定義團隊成員與分工。
- **設計決策樹圖**，幫助團隊分析不同選擇的影響。

4. 如何開始使用 Napkin AI ?

步驟 1：註冊並登入

- 前往 Napkin AI 官方網站
- 使用 Google 或其他帳號註冊並登入

步驟 2：選擇模式

- 貼上你的文字內容，讓 AI 自動分析
- 或手動選擇你需要的圖表類型

步驟 3：編輯與自訂

- 根據你的需求，調整顏色、字型與圖標
- 確保符合你的專業風格

步驟 4：下載與分享

- 支援 PNG、SVG、PDF 等格式，方便用於簡報或報告

案例說明：

Step1. 進入網頁後

Step2. 輸入以下內容

pmp考試流程圖

請用繁體中文

第 2 週 AI 寄生覺醒
數位分身基礎建設

Step3. 滑鼠選取後點擊左方閃電鈕

Step4. 系統即開始在下方產生專業級的圖

Step5. 指定內容樣式後，結果如下：

PMP考試流程圖

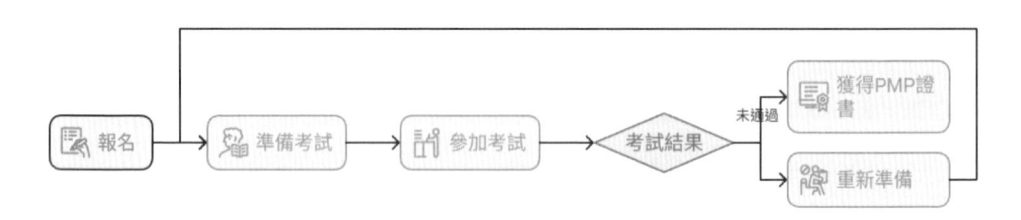

5. 結論：用 AI 提升職場競爭力

無論你是大學生還是職場人士，擁有專業級的視覺化表達能力，能夠讓你的想法更清楚、更具說服力。在這個競爭激烈的時代，**運用 AI 工具如 Napkin AI，能夠幫助你擺脫業餘感，提升作品的專業度與競爭力。**

現在就開始使用 Napkin AI，讓你的作品更具專業感，從視覺化溝通開始，贏得更多機會！

2-4 Day11: AI 圖像生成工具

初學者晉升的秘密武器 / DALL-E 3 / Microsoft Bing / Microsoft Copilot / Canva

阿珍是一名初入設計行業的新人，對創造令人驚艷的作品感到些許迷茫。某天，她聽說了一款名為 DALL-E 3 的 AI 圖像生成工具，決定一試。阿珍打開 DALL-E 3，輸入了一些簡單的描述，結果生成了一幅與她心中構想極為相似的圖片。這讓她喜出望外，靈感瞬間湧現。

阿珍開始深入研究 DALL-E 3 的各種功能，發現它不僅能生成圖像，還具備多種編輯功能，如局部重繪、照片去背和畫質修復等。她開始運用這些功能，對生成的圖像進行細節調整，使作品更加精緻。每當遇到創意瓶頸時，阿珍都會借助這些 AI 工具，從中獲得新的靈感和思路。

在這個日新月異的數位時代，創意與技術的融合已成為職場競爭中不可或缺的關鍵能力。AI 圖像生成工具恰如一把開啟成功之門的金鑰，不僅為初學者提供了快速進階的捷徑，也為專業人士帶來了創新的靈感源泉。這些工具能夠讓使用者輕鬆駕馭複雜的視覺創作過程，迅速產出令人驚艷的高品質內容。

通過運用 AI 圖像生成工具，使用者可以大幅提升自身的視覺表達能力，從而在職場中脫穎而出。這些工具不僅節省了大量的時間和精力，還能激發創意思維，使得即使是缺乏專業設計背景的人也能創作出專業水準的視覺作品。隨著這些工具的不斷進化和普及，掌握它們的使用技巧將成為提升個人競爭力和拓展職業發展空間的重要砝碼。

DALL-E 3 是 OpenAI 於 2023 年 10 月推出的最新圖像生成模型。相較於前作 DALL-E 2，這一版本在功能和性能上都有顯著的改進。

值得一提的是，Bing 的 Image Creator 也採用了 DALL-E 3 技術，為使用者提供了另一個便捷的選擇。

聯結網址：https://www.bing.com/images/create

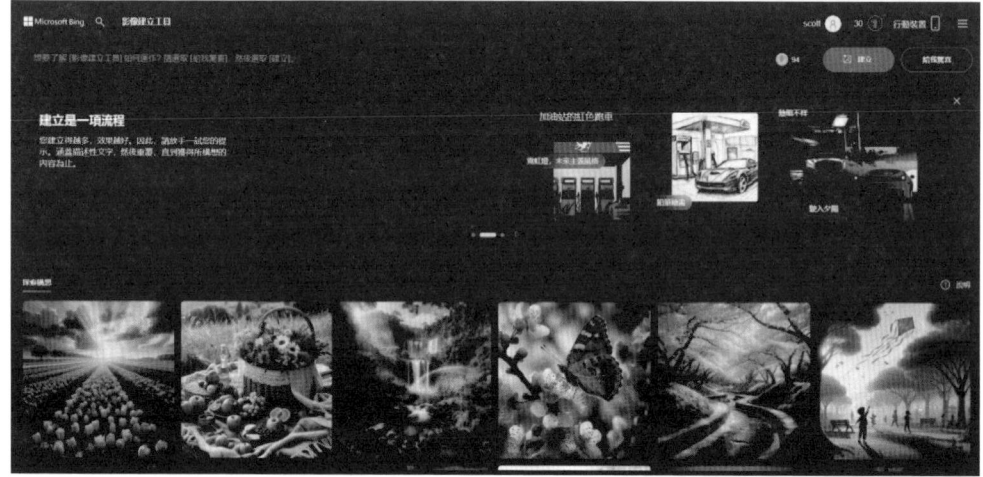

第 2 週 AI 寄生覺醒
數位分身基礎建設

要使用 Bing 的 Image Creator 生成和調整圖片，以下是詳細的操作步驟：

開始使用 Bing Image Creator

1. **訪問網站：**

    ◆ 打開瀏覽器，前往 Bing Image Creator。

2. **登入帳號：**

    ◆ 點擊「加入並創作」按鈕。如果尚未登入微軟帳號，系統會提示你進行登入。

3. 輸入提示詞：

- 在上方的輸入框中輸入你的圖片描述（Prompt）。這可以是任何語言，包括中文和英文。例如，可以輸入「請幫我產生齊天大聖孫悟空拿著金箍棒背後有多個分身的效果，背景是天庭的畫面」。

4. 生成圖片：

- 點擊「建立」按鈕。系統會根據你的描述生成四張圖片，通常在幾秒鐘內完成。

1. 查看與下載圖片：

- 生成後，你會看到四張不同的圖片。點擊想要的圖片以放大檢視，然後選擇「下載」將其保存為 1024x1024 像素的 JPG 檔案。

2. 探索構想：

- 點擊左上角「探索構想」頁籤，獲取更多創意靈感。

2　第 2 週　AI 寄生覺醒
數位分身基礎建設

- 點擊「下載」按鈕即可保存圖片。

另一個選擇是使用 Copilot 作為設計的起點，它同樣採用 DALL·E 3 技術。
連結網址：https://copilot.microsoft.com/

2-34

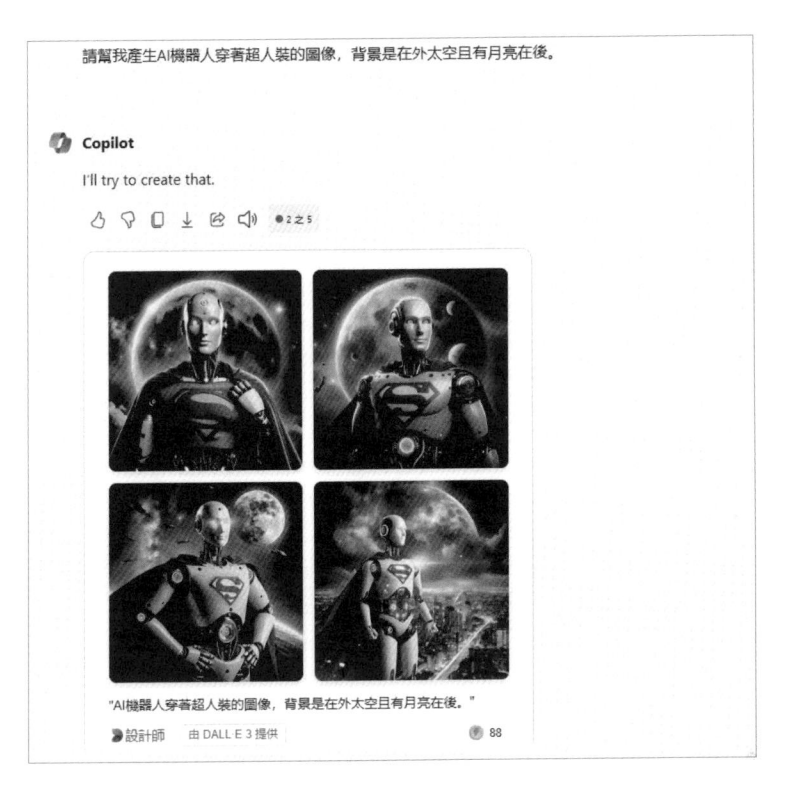

2-4 Day11：AI 圖像生成工具

此外，用戶還可以上傳現有圖檔來獲取相應的提示詞，作為創作參考或備份。

2-35

■ 調整與修改提示詞

- 修改提示詞：

    ◆ 如果生成的圖片不符合預期，可以返回輸入框，調整提示詞再重新生成。例如，可以更改描述中的細節或風格。

- 使用隨機提示：

    ◆ 若不確定要生成什麼，可以點擊右側的「給我驚喜」按鈕，系統會隨機生成一組提示詞供你參考。

使用注意事項

- 點數限制：

    ◆ 每位用戶初始擁有 25 點，每次生成一張圖片會消耗一點。當點數用完後，仍然可以免費生成圖片，但速度會變慢。

- 歷史紀錄管理：

    ◆ 在畫面右側可以查看生成圖片的歷史紀錄。若需要清除歷史紀錄，可以從右上角選單中選擇清除選項。

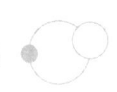

- 遵守規範：
  - 使用時請遵循平台的內容政策，以避免帳號被封鎖或刪除。

這些步驟將幫助你有效地使用 Bing 的 Image Creator 來創建和調整你想要的圖片。

主要特點

1. 精準的圖像生成能力

DALL-E 3 的圖像生成質量大幅提升，能夠更準確地理解和生成用戶所描述的場景。這一模型不僅能生成各種風格的圖像，還能在細節上表現得更加出色，例如手部和文字的描繪。

2. 與 ChatGPT 的整合

DALL-E 3 可以與 ChatGPT 結合使用，這使得用戶在輸入提示詞時，ChatGPT 能自動將其轉換為更具描述性的段落，從而提高生成圖像的準確性和質量。這一功能使得用戶不再需要具備專業的提示工程知識。

3. 安全性與版權考量

OpenAI 在 DALL-E 3 中增強了安全措施，以防止生成不當內容，如色情或仇恨言論。此外，該模型禁止用戶生成特定當代藝術家的風格作品，以避免潛在的版權糾紛。

使用方式

DALL-E 3 可通過多個平台使用，包括 Microsoft Bing 的影像創建工具和 Microsoft Copilot。用戶只需登入 Microsoft 帳號，即可免費使用該工具，但會受到點數限制，初始擁有 25 點，每次生成圖片消耗一點。

第 2 週 AI 寄生覺醒
數位分身基礎建設

圖像生成工具的應用場景

廣告設計

在廣告設計中,時間和創意是兩大關鍵因素。圖像生成工具能夠幫助設計師快速生成高質量的圖像,從而節省時間並提高效率。例如,DALL-E3 可以根據廣告文案自動生成相關的圖片,讓設計師能夠更專注於創意構思而不是技術細節。

教育領域

在教育領域,圖像生成工具也有著廣泛的應用。例如,教師可以使用這些工具來創作教學材料,讓課堂內容更加生動有趣。學生也可以利用圖像生成工具來製作報告和演示文稿,提升學習效果。

社交媒體

在社交媒體上,圖像的質量和創意直接影響到用戶的互動率。圖像生成工具可以幫助用戶創作出更加吸引人的圖片,從而提高貼文的點讚和分享數量。例如,MyEdit 提供的多種濾鏡和特效功能,讓用戶可以輕鬆創作出風格各異的圖片。

藝術創作

對於藝術家來說,圖像生成工具提供了無限的創作可能。這些工具不僅能夠自動生成圖像,還具備多種編輯和優化功能,讓藝術家能夠更自由地發揮創意。例如,DALL-E3 的局部重繪功能,可以讓藝術家在原有圖像的基礎上進行再創作,從而創作出更加豐富多彩的作品。

其他推薦的 AI 圖像生成工具

Image Creator from Microsoft Designer

這款工具集成於 Microsoft Designer 中,提供模板、圖像編輯和設計建議,適合社交媒體內容創建和行銷素材設計。

Canva

Canva 是一款流行的在線設計工具，提供拖放界面，支持創建演示文稿、海報等，廣泛適用於教育和商業用途。

AI 圖像生成工具不僅是一個創造力的催化劑，更是提升職業競爭力的關鍵資源。這些工具為初學者和專業人士 alike 提供了一個在數位時代中脫穎而出的機會，讓使用者能夠快速掌握視覺創作的技巧，並在短時間內產出高質量的作品。

從更廣泛的角度來看，圖像生成工具的興起不僅徹底改變了我們的創作方式，還為設計和藝術領域帶來了前所未有的革新。這些工具不分用戶背景，無論是業餘愛好者還是資深設計師，都能從中受益。它們不僅幫助我們節省寶貴的時間和精力，更能激發我們的創意潛能，讓我們能夠創造出令人驚豔的視覺作品。隨著技術的不斷進步，我們可以預見未來的圖像生成工具將變得更加智能、多功能，並具備更強大的個性化能力，持續為我們的創意之旅提供強而有力的支持。

在這個充滿無限可能的創意新時代，我們鼓勵每一位創作者都能充分利用這些強大的工具。在創作過程中，不要害怕嘗試新的技術，勇於突破自己的舒適區，發揮無限的想像力和創造力。讓這些工具成為你的得力助手，為你的作品注入更多的靈感和生命力。展望未來，我們滿懷期待地迎接更多令人驚嘆的作品和技術突破，相信它們將為我們的創意之路帶來更多精彩，讓這條路更加絢麗多彩、充滿驚喜。讓我們一同擁抱這個 AI 賦能的創意新紀元，共同創造一個更加豐富多彩的視覺世界。

2-5 Day12：會議代打實戰
Zoom+Otter.ai 自動應答系統 / Zoom+Otter.ai

——當 AI 成為你的「數位分身」，如何平衡效率與人性？

1. 為什麼需要「會議代打」？

在現代職場中，會議往往成為員工時間管理的一大挑戰。許多會議冗長且重複，導致生產力下降，甚至影響核心工作進度。然而，隨著 AI 工具的發展，我們可以借助 Zoom 和 Otter.ai 的自動應答與轉錄功能，將會議紀錄、摘要、重點提取等任務交給 AI，減少不必要的人工參與，提升效率。

在跨時區會議、多線程專案管理的職場環境中，人類的注意力與時間成為稀缺資源。

- **數據佐證**：微軟 2023 年《工作趨勢報告》指出，62% 的職場人每週參與超過 5 場會議，其中 37% 認為「超過一半會議內容與自身無直接關聯」。
- **隱性成本**：一場 30 人的 1 小時會議，企業實質成本超過 $3000 美元（薪資計算），但多數與會者僅專注於與自身相關的 5-10 分鐘片段。

AI 代打的機會點：

透過自動應答系統，人類可「選擇性參與」會議——僅在關鍵議題介入，其餘時間由 AI 代理執行「聽取紀錄→摘要重點→禮貌性互動」。

2. 技術拆解：Zoom+Otter.ai 自動應答系統運作原理

1. **工具鏈整合架構**

```
graph LR
A[Zoom 會議音訊] --> B[Otter.ai 即時轉文字] --> C[GPT-4 語境分析] --> D[生成回應腳本] --> E[文字轉語音 TTS] --> F[虛擬聲紋模擬] --> G[Zoom 麥克風輸出]
```

1. 會議代打的核心概念與運作流程

AI 會議代打的核心在於利用 **語音轉錄（Speech-to-Text, STT）**、**自然語言處理（NLP）**、**自動摘要技術**，讓 AI 充當你的「虛擬助理」，自動記錄會議內容，甚至適當地提供回應。這樣的應用主要分為以下幾個步驟：

(1) 會議錄製與即時轉錄

- 在 Zoom 上開啟會議，並啟動 Otter.ai 進行即時轉錄。
- Otter.ai 會根據語音內容轉換成文字，並同步生成逐字稿。

以下為具體的會議錄製與即時轉錄步驟：

1. Zoom 端設定：
    - 進入 Zoom 設定頁面，確認「錄製」選項已開啟
    - 選擇雲端錄製或本地錄製方式
    - 設定自動錄製功能（可選）

2. Otter.ai 帳號連結：
    - 在 Otter.ai 網站註冊 / 登入帳號
    - 前往整合頁面，選擇 Zoom 連結選項
    - 授權 Otter.ai 存取 Zoom 會議

3. **即時轉錄設定**：
    - 在 Otter.ai 啟用「即時會議轉錄」功能
    - 調整語言設定（支援多國語言）
    - 設定專業術語詞庫（提升轉錄準確度）

4. **會議進行中的操作**：
    - 會議開始時確認 Otter.ai 已自動連接
    - 可在 Otter.ai 介面即時查看轉錄內容
    - 視需要手動標記重要時間點或關鍵字

5. **後續內容管理：**
    - 會議結束後自動儲存轉錄文件
    - 可編輯、分享或導出會議記錄
    - 設定存取權限與保存期限

提示：建議在正式會議前先進行小規模測試，確保所有功能正常運作。

(2) 內容分析與摘要生成

- AI 會自動標記關鍵詞、行動項目（Action Items）、待辦事項等。
- 可透過 NLP 模型（如 ChatGPT API）進一步提取重點，減少冗長內容。

(3) 自動回應與互動（進階應用）

- 利用 Zoom 的 Webhook API 觸發預設回應，例如在特定關鍵詞出現時，自動發送回應。
- 與 ChatGPT API 或 Claude AI 結合，讓 AI 在會議中以 **「虛擬助理」** 形式回應常見問題。

(4) 會後整理與任務指派

- Otter.ai 可自動整理摘要，並生成會議記錄。
- 透過 API 整合 Trello、Email、Notion，將會議行動項目轉為可追蹤的任務。

2. Zoom + Otter.ai 會議代打的設定與實作

以下是完整的 AI 會議代打實戰步驟，讓你可以輕鬆上手。

(1) 設定 Zoom 會議與錄音權限

1. 登入 Zoom 並創建新會議。
2. 確保已啟用 **錄音功能**（本地端或雲端錄音）。
3. 若要進一步自動化，可啟用 Zoom 的 Webhook API，讓 AI 監聽會議並觸發自動紀錄。

(2) 設定 Otter.ai 轉錄與自動摘要

1. **建立 Otter.ai 帳戶** 並連結 Zoom。
2. **啟動自動轉錄功能**，讓 AI 於會議開始時即時轉錄語音。
3. 啟用 **智能摘要功能**，自動生成會議重點。

(3) 進階應用：透過 ChatGPT 進行智能回應

1. 使用 ChatGPT API 讓 AI 在特定關鍵詞觸發時，自動提供建議或回答。
2. 若是內部會議，可訓練 **私有 LLM（如 Llama 3）** 讓 AI 了解公司內部數據，提高回應準確度。

3. AI 會議代打的實際應用場景

(1) 遠端工作與虛擬團隊協作

- 讓 AI 自動記錄不同時區成員的會議內容，提升跨時區協作效率。
- 確保所有成員能在事後獲取完整的會議紀錄與摘要。

(2) 客戶訪談與市場調查

- 在客戶訪談時，AI 會自動轉錄與生成訪談摘要，減少人工紀錄的負擔。
- NLP 可協助分析訪談內容，提取關鍵需求與趨勢。

(3) 內部培訓與知識管理

- 利用 AI 會議紀錄來建立**企業內部知識庫**，提高培訓效率。
- 讓新員工透過 AI 生成的逐字稿與摘要，快速了解過往討論與決策。

4. AI 會議自動化的挑戰與未來發展

雖然 AI 會議代打技術帶來許多便利，但仍有一些挑戰需要克服：

(1) 隱私與合規性問題

- Otter.ai 和 Zoom 需要遵守 GDPR、CCPA 等隱私法規。
- 企業應設定適當的存取權限，確保會議內容不被濫用。

(2) AI 轉錄準確度與語境理解

- 目前 AI 在口音、行業術語、多語言會議的轉錄準確度仍有待提升。
- 可透過 Fine-tuning（微調）LLM 來改善企業內部會議轉錄效果。

(3) 文化與人際互動挑戰

- AI 代打會議可能影響人際互動與溝通氛圍。
- 團隊應合理規劃 AI 介入程度，確保關鍵會議仍有真人參與。

5. 結論：AI 讓你更專注於核心價值

透過 Zoom + Otter.ai 的 AI 會議代打系統，你可以減少冗長會議時間，專注於真正重要的決策與執行。未來，隨著 GPT-5、Claude 3 等 AI 技術的進步，AI 會議助理將變得更加智慧，甚至可進一步執行決策建議、情境分析等高階任務。

如果你正為了大量會議而感到焦慮，不妨從今天開始，試試這套 **AI 會議自動化** 方法，讓 AI 成為你的職場最佳助理！

2-6 Day13: 當 AI 成為你的私人 DJ
上班氣氛還緊張嗎？/ Suno AI

想像一下，每當你打開電腦，坐進辦公桌，開始一天的工作時，背後有個 AI 正根據你的心情和工作需求為你播放專屬的背景音樂。不再需要手動挑選音樂，不再有重複播放的煩惱——這就是 Suno AI 為你帶來的改變。**今天，讓我們來聊聊一個特別有趣的話題：當 AI 成為你的私人 DJ，上班氣氛還會緊張嗎？**

在這個瞬息萬變的數位時代，AI 正逐步改變我們的工作模式和效率工具。Suno AI 便是其中一個令人驚豔的例子。這個 AI 能根據你的當前狀況生成專屬音樂，不僅能緩解壓力，還能提升工作效率。現在，讓我們一起探索 Suno AI 如何運用 AI 技術為我們的工作環境增添新的樂趣。

Suno AI 是一個革命性的音樂創作平台，為渴望簡化音樂製作流程的用戶量身打造。這個創新工具巧妙地運用了先進的人工智慧技術，讓用戶能夠通過簡單的文字描述來激發原創歌曲的誕生。無論是優美動聽的旋律、和諧豐富的和弦，還是富有感染力的歌詞，Suno AI 都能輕鬆駕馭，為用戶帶來前所未有的音樂創作體驗。

第 2 週 AI 寄生覺醒
數位分身基礎建設

(圖片來源：AI 製作)

這個平台的核心優勢在於它能夠將用戶的創意構想轉化為完整的音樂作品，大大降低了音樂創作的門檻。即使是沒有專業音樂背景的用戶，也能夠借助 Suno AI 的強大功能，探索自己的音樂天賦，創作出令人驚艷的原創歌曲。這不僅為音樂愛好者開闢了一條全新的創作途徑，更為音樂產業注入了新的活力和可能性。

連結網址：https://suno.com/

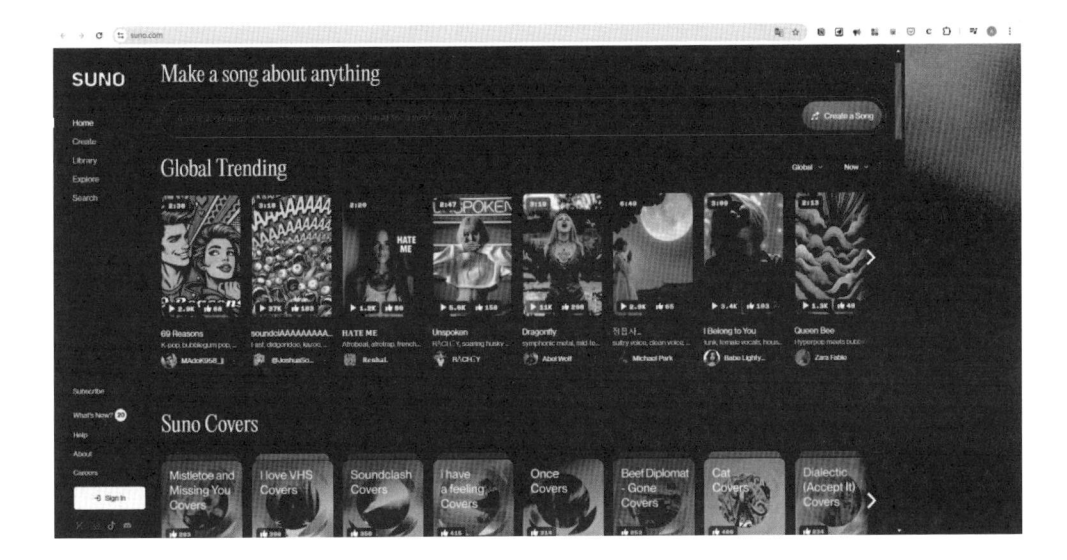

2-6 Day13：當 AI 成為你的私人 DJ

操作說明

***1.* 註冊與登錄**：用戶需先在 Suno AI 網站上註冊帳號。

可以使用 Google 帳號註冊

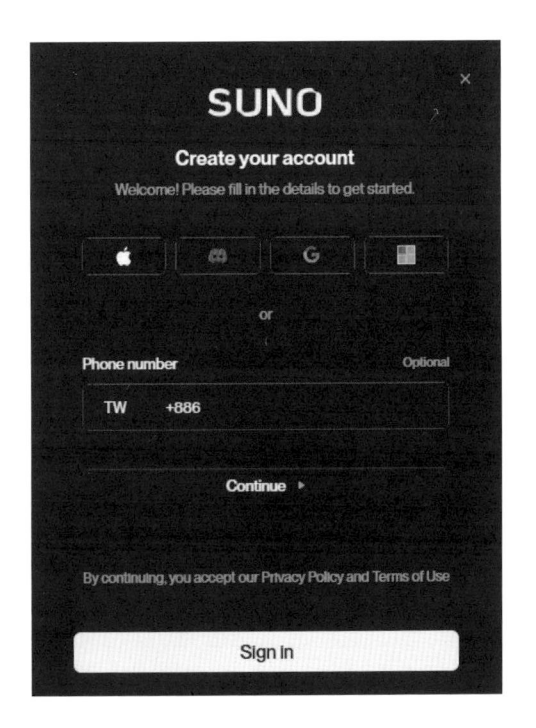

第 2 週　AI 寄生覺醒
數位分身基礎建設

使用 Prompt 生成音樂

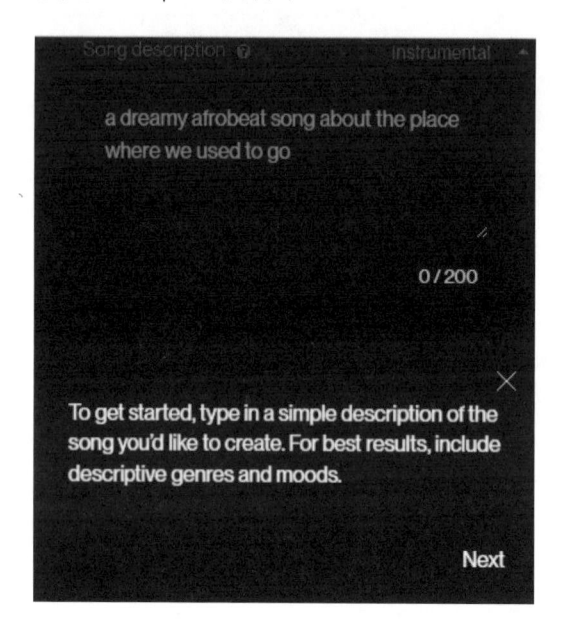

```
Song description                    instrumental

a dreamy afrobeat song about the place
where we used to go


                                    0 / 200




                                        ✕
To get started, type in a simple description of the
song you'd like to create. For best results, include
descriptive genres and moods.




                                       Next
```

2. **輸入提示**：在創作界面中輸入想要生成的歌曲描述，包括流派和情感。當然可以上 chatGPT 找找靈感啦!~~~

主歌

「五指山壓不住我的心

　斜倚雲端，俯瞰眾神無情

　自由是我唯一的信仰

　鬧翻天宮，也不願被囚禁」

副歌

「我就是那齊天大聖

　不畏天罰，無懼命運

　天地之間，任我闖蕩

　即使孤獨，我仍在燃燒」

橋段

「天上地下，何人能束縛？

　金　棒一揮，天翻地覆！」

2-48

3. **生成歌曲**：點擊生成按鈕後，系統會提供多個版本供選擇，用戶可根據喜好進行下載或分享。

4. **發佈分享**：開啟 Public，並取得連結，可將連結提供給親朋好友分享。

完成後的作品連結：

以下是我這次完成的作品，還不賴喔！

第一首：https://suno.com/song/fb818b68-4ad1-4e90-83e9-464704a5d2b3

第 2 週　AI 寄生覺醒
數位分身基礎建設

第二首：https://suno.com/song/02484301-8996-4dd5-a769-3bc9f789c76a

短短幾分鐘內，我們竟然完成了一項通常需要專業作詞作曲家投入大量時間和創意才能產出的精華作品。這種快速而高效的創作過程不僅令人驚嘆，更讓人感受到人工智慧在音樂創作領域的巨大潛力。儘管 AI 生成的音樂可能缺乏人類創作的某些微妙之處，但就初步成果而言，其品質已相當令人滿意。完成後自己欣賞起來，不禁為這種創新技術帶來的可能性感到興奮和期待。這種體驗不僅展示了 AI 在藝術創作中的應用前景，也讓我們對未來音樂產業的發展充滿想像。

以下是 Suno AI 主要功能的概述：

輸入歌曲資訊

登入後，進入歌曲創作頁面。在指定欄位填寫歌曲名稱，接著選擇想要的曲風類型。Suno 提供了各種曲風選項，像是流行、搖滾、電子等等，讓使用者可以依照個人喜好挑選。

填寫歌詞

Suno 目前不僅支援英文歌詞輸入也可以唱中文了！，如果想要創作其他語言的歌曲，可以使用像是 Google 翻譯等線上翻譯工具，將歌詞翻譯後，再貼至 Suno 的歌詞欄位即可。

生成歌曲並下載

完成所有設定後，點擊「生成歌曲」按鈕。Suno 只需短短 3 分鐘左右的時間，就能自動生成一首基於你所設定的資訊的歌曲。生成完畢後，可以 MP3 或 MP4 格式下 歌曲檔案。

主要功能

1. **音樂生成：**
   - Suno AI 能夠獨立創作音樂，支持多種音樂風格，包括流行、搖滾、爵士和古典等，並提供高品質的音頻輸出。

2. **歌詞生成：**
   - 通過與自然語言處理技術結合，Suno AI 可以自動生成歌詞，使得整首歌曲的創作過程更為流暢。

3. **聲音模仿：**
   - 平台具備模仿特定音色的能力，可以克隆原演唱者的聲音，使得生成的作品在音色上更具一致性。

4. **定制化模式：**
   - 用戶可以選擇自動模式或高度定制化的模式，根據自己的需求來創作歌曲，這樣能夠滿足不同用戶的創作風格和要求。

5. **智慧節奏功能：**
   - Suno AI 利用機器學習算法來優化音樂節奏和結構，幫助用戶創造出更自然、悅耳的音樂作品。

6. 音頻輸入識別：
    - 用戶可以通過哼唱或錄製旋律來輸入音頻，Suno AI 能夠識別這些旋律並基於此創作完整的歌曲。

7. 全面的製作工具：
    - 提供調音板、混音器等製作工具，使用者可以對生成的歌曲進行微調，以實現更好的效果，即使是沒有專業背景的人也能輕鬆上手。

8. 多語言支持：
    - 除了英文歌曲外，Suno AI 還支持中文及廣東話 / 粵語歌曲的生成，擴大了其使用範圍。

總之，Suno AI 不僅簡化了音樂創作過程，還為各類型的用戶提供了強大的工具和靈活性，使得每個人都能輕鬆實現自己的音樂夢想。

平台特點

- **文字到音樂的轉換**：用戶只需輸入描述，包括音樂風格、情感和主題，Suno AI 便能生成相應的音樂作品。這一過程不僅快速且高效，使得即便是沒有音樂背景的人也能創作出動人的歌曲。

- **多樣化的音樂風格**：Suno AI 支持多種音樂風格，如流行、搖滾、爵士和古典等，為用戶提供廣泛的創作選擇。用戶可以根據自己的喜好選擇不同的風格和樂器，從而創造出獨特的音樂作品。

- **全面的製作工具**：該平台提供調音板、混音器等多種工具，使用者可以對生成的歌曲進行微調，以達到最佳效果。這些工具設計直觀，即使是初學者也能快速上手。

總結來說，Suno AI 不僅是一個智能音樂生成工具，更是一個職場中的情緒管理助手。它能根據你的需求和環境生成最合適的音樂，幫助你在工作中保持最佳狀態。這種 AI 驅動的音樂生成技術不僅能提升專注力，還能激發創意，舒緩壓力，成為你工作中不可或缺的得力助手。Suno AI 的獨特之處在於它能夠即

時感知你的工作節奏和情緒變化，隨時調整音樂風格和節奏，為你打造一個完美的聲音工作環境。

試想一下，在未來的辦公環境中，每個人都擁有一位專屬的 AI DJ。這位 AI DJ 能夠根據你的工作進度、壓力指數和創意需求，即時調整音樂氛圍。在這樣的辦公室裡，緊張和壓力將被和諧的旋律所取代。你會驚喜地發現，有了 Suno AI，工作不再是一件單調乏味的事情，而是變成了一場充滿音樂和靈感的奇妙旅程。每一天的工作都像是一場精心編排的音樂會，讓你在悅耳的旋律中輕鬆完成任務，激發潛能，享受工作的樂趣。

2-7 Day14:【室內設計師】與 AI 的完美協奏
AI 如何重塑你的創意 /PromeAI / RoomGPT

室內設計師阿丹最近接到的案子數量激增，讓他疲於應對。每天忙於設計、修改和與客戶討論，阿丹開始感到力不從心。設計靈感並非無窮無盡，尤其在工作壓力高漲時，他甚至無法及時提供新的設計方案。就在這時，阿丹接觸到了 AI 設計工具後，這個 工具成為他完成使命的得力助手。

(圖片來源：AI 製作)

情境描述

阿丹最近承接了一個高端公寓的室內設計案。客戶的要求非常具體，希望能看到多種風格的設計方案，包括現代風格、簡約風，以及一些異國風情的裝飾元素。這樣的需求不僅考驗阿丹的設計速度，還要求他有足夠的創意來滿足客戶多變的品味。

在得知有 AI 工具可以協助後，阿丹開始運用這個工具進行初步設計。他只需將客戶的需求描述、參考圖片和特定的風格指令輸入 AI 工具中，AI 就會自動生成多種室內設計草圖。阿丹能夠迅速向客戶展示不同風格的設計方案，而且每個方案都具備相當的專業水準。這樣，阿丹不再需要花費大量時間從零開始製作每一張設計草圖，而是可以藉助 AI 快速產出草圖，然後根據客戶的反饋進行微調。

AI 幫助阿丹的具體方式

1. 加速設計過程

通常，設計師需要花數小時進行草圖的繪製和修改，但 PromeAI 可以在幾分鐘內生成多種不同風格的設計草圖。例如，阿丹在輸入現代簡約風格的要求後，AI 立即生成了幾張高質量的草圖供客戶選擇，讓他能夠快速進行下一步設計。

2. 激發創意靈感

當阿丹靈感枯竭時，AI 設計工具也成為了他的創意助理。阿丹可以透過 AI 自動生成的設計草圖，進行修改與創新，並將這些設計轉化為獨具特色的作品。AI 不僅幫助他突破創意瓶頸，還給了他更多時間來思考整體設計的風格走向。

3. 即時回應客戶需求

在與客戶的討論過程中，客戶常常會臨時提出修改需求。阿丹不需要回到工作室耗費幾個小時進行修改，而是可以直接通過 PromeAI 在現場生成新的草圖，快速回應客戶的要求。例如，當客戶希望在原本的設計上增加一些東南亞風情的元素，阿丹只需要修改指令，AI 就能生成新的設計元素，幫助他在短時間內完成任務。

第 2 週　AI 寄生覺醒
數位分身基礎建設

4. 提高溝通效率

與客戶的溝通變得更為流暢。阿丹可以在與客戶討論過程中，實時使用 AI 設計工具生成視覺效果圖，讓客戶對設計有更直觀的感受，減少了以往設計師與客戶溝通時可能遇到的抽象概念難以理解的問題。AI 生成的視覺圖像，讓阿丹能夠更好地向客戶展示設計想法，提升了整體的溝通效率。

今天，我們要談的是一個正改變設計產業的神奇工具：AI。你可能會想，AI 跟設計有什麼關係？不是應該屬於冷冰冰的技術領域嗎？其實不然。AI 早已悄悄進入了我們的生活，從音樂、影片，到我們今天討論的設計領域，AI 正在打破我們對創意的傳統想像，開創一個更具效率、更多樣化的設計世界。

比如說，設計師們常常會遇到創意瓶頸，靈感枯竭時，不管是製作一個產品的初稿還是進行視覺效果設計，這時 AI 工具像 roomGPT、PromeAI 就能成為他們的強大助手。今天，我將和大家一起探討 AI 工具如何幫助設計師們，讓他們更高效、更精準地完成工作。想像一下，不用再花幾個小時細化設計，只要輸入簡單的指令，AI 就能為你生成高品質的設計草圖。是不是很神奇？

RoomGPT

是一款創新的室內設計工具，旨在透過人工智慧技術幫助使用者快速產生個人化的房間設計方案。

連結網址：https://www.roomgpt.io/

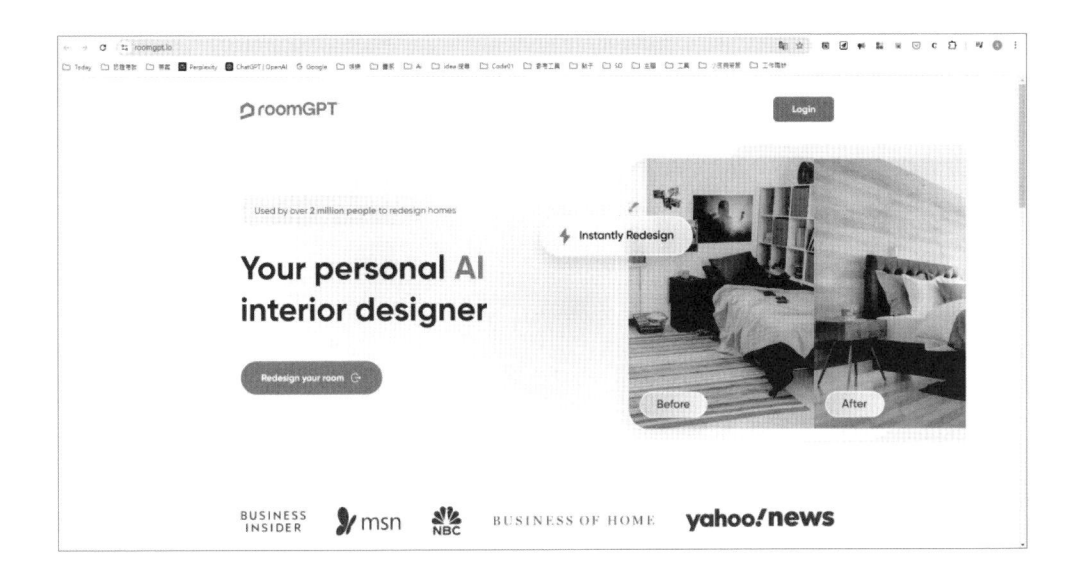

RoomGPT 的功能與特點

- **快速設計**：現代使用者只需上傳房間的照片，並選擇所需的設計風格（如、極簡、古典等），RoomGPT 能夠在幾家具內產生對應的設計圖。

- **臥室風格**：支援多種室內風格選擇，使用者可以根據個人喜好不同的主題，適用於客廳、臥室、廚房等多種空間。

- **使用者介面**：操作簡單，使用者可以透過對話介面輸入需求，RoomGPT 會根據輸入提供設計建議和方案。

使用方案

RoomGPT 提供兩種使用方案：

- **免費版**：提供基本的設計功能，適合一般使用者進行簡單的房間改造。

- **付費版**：提供更高階的功能和個人化服務，滿足專業設計師和高需求使用者的需求。

對室內設計產業的影響

隨著 AI 技術的發展，RoomGPT 被認為是室內設計產業的變革。方面仍然依賴人類設計師的專業知識和經驗。

操作說明

使用 RoomGPT 產生房間設計方案的操作步驟如下：

1. **造訪網站：**
   - 開啟 RoomGPT 的官方網站。

2. **選擇功能：**
   - 點擊「生成你的夢想房間」（產生您的夢想房間）按鈕，進入設計介面。

3. **登入帳號：**

   登入您的 Google 帳號。

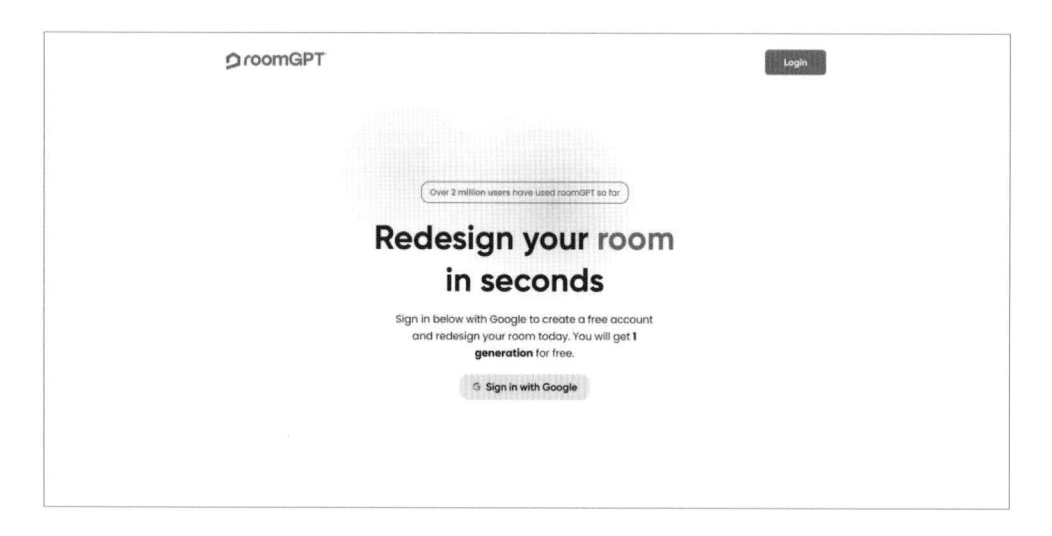

4. **選擇房間類型和風格：**
   - 在介面上，您選擇現代房間的類型（如需要客廳、臥室、廚房等）以及希望的設計風格（如、極簡主義、熱帶等）。

5. **上傳房間照片：**
   - 上傳您現有房間的照片。

6. 選擇房間類型：

可選擇：客廳、餐廳、辦公室、睡房、浴廁、遊戲房…等。

7. 選擇風格樣式主題

8. 生成設計方案：

RoomGPT 會利用 AI 技術自動產生一個 3D 房間設計方案，包括房間佈置、顏色搭配和家具收納建議。

Redesign your room in seconds

Upload a room, specify the room type, and select your room theme to redesign.

Summer Office

Redesign new room   Download photo

9. 查看與下載：

- 生成後，您可以在對比模式下查看生成的設計與原始照片的比較。

細節說明

- **風格選擇**：RoomGPT 為使用者提供豐富多樣的設計風格選項，包括但不限於現代簡約、工業風、北歐風、復古懷舊、熱帶度假風等。這些風格選項能夠滿足不同使用者的個人品味和審美需求，讓每個人都能找到最適合自己的室內設計風格。

- **房間類型**：RoomGPT 的設計範疇涵蓋了居家生活的各個角落，支援多種房間類型的設計需求。無論是溫馨的客廳、實用的廚房、舒適的臥室，還是功能性強的書房或家庭辦公室，RoomGPT 都能提供專業的設計建議，確保每個空間都能得到最佳的規劃和利用。

- **AI 技術支援**：RoomGPT 運用先進的人工智能繪圖技術，能夠在短時間內生成高品質、逼真的室內設計圖。這項技術不僅能快速呈現設計效果，還能根據使用者的需求進行即時調整，大大提升了設計過程的效率和靈活性。AI 的智能算法還能分析空間結構，提供最佳的家具擺放建議，幫助使用者更好地規劃和優化他們的生活空間。

透過這些創新的功能和細緻的設計考量，RoomGPT 徹底改變了傳統的室內設計流程，使之變得更加便捷、高效且個性化。這款工具特別適合那些渴望快速實現家居改造，但又缺乏專業設計經驗的人群。無論是租房族想要打造理想的臨時居所，還是房主希望重新裝修自己的永久住宅，RoomGPT 都能提供專業的設計指導，幫助使用者輕鬆實現自己的居家夢想。

其他 AI 設計工具推薦

PromeAI

是一款強大的 AI 設計工具，旨在幫助使用者輕鬆創建圖像、影片和動畫，特別適合藝術家、設計師、建築師和遊戲開發人員。該平台提供了一系列功能，旨在提升創作效率和藝術表現，細節實操就不在此累述。

■ 產品功能介紹

1. 草圖渲染

使用者可以上傳自己的草圖，選擇不同的渲染風格並輸入提示詞。點擊「Generate」後，系統將產生三張渲染後的圖片供使用者選擇。這項功能使得使用者能夠將簡單的草圖轉化為高品質的視覺作品。

2. 塗抹替換

透過簡單的擦除操作，使用者可以移除想要替換的部分，並輸入文字描述。PromeAI 將根據這些提示產生三張新的圖片供選擇，大大簡化了影像編輯的過程。

3. 照片轉線稿

使用者只需上傳一張照片，選擇所需的草圖風格並輸入文字描述，系統就會產生對應的線稿效果。這項功能適合需要將照片轉換為草圖進行進一步設計的使用者。

4. 變換重繪

此功能允許使用者上傳一張圖片，並透過調整「Variations」選項來產生風格、佈局、視角和感官體驗相似的圖片。使用者可以獲得三張相似的圖像，以便於選擇和比較。

5. 尺寸外擴

使用者可以根據所需的比例或尺寸擴展圖片內容。上傳圖片後，選擇想要擴充的尺寸並輸入相關描述，點選「Generate」後，系統將產生對應的擴充影像。這項功能特別適合需要調整影像尺寸以適應不同設計需求的使用者。

PromeAI 不僅僅是一個圖像生成工具，它還為用戶提供了豐富的創作靈感和藝術表達的可能性。無論是初學者或專業設計師，PromeAI 都能滿足他們在創作過程中的各種需求。透過這個平台，使用者能夠實現他們的創意夢想，探索 AI 賦予設計的無限可能。

設計師與 AI 的協作前景：創新與效率的新紀元

- AI 的持續發展將顯著增強設計師的創作能力，而非取代人類的獨特價值。這種協作將開啟一個全新的創意紀元，其中人類的直覺和情感智慧與 AI 的高效處理和分析能力完美結合。設計師將能夠更快速地探索多種創意方向，同時保持對最終作品的藝術控制。這種人機協作不僅能提高工作效率，還能激發前所未有的創新靈感，推動設計領域向更高層次發展。未來，我們將見證人類創意與 AI 技術的協同效應，共同創造出更具突破性、更富情感共鳴的設計作品，為各個行業帶來革命性的視覺體驗。

第 2 週　AI 寄生覺醒
數位分身基礎建設

📂 學習筆記

- 靈感不該只靠等待，AI 就是設計師的第二大腦，讓創意永不斷線。

- 設計師的價值，不在於一筆一畫親手完成，而在於如何引導 AI 精準地畫出心中藍圖。

- 當設計流程變得即時、彈性又多元，創意產出不再是孤軍奮戰，而是人機共演的完美節奏。

3

第 3 週
暗黑軍火庫

AI 工具特種訓練 / 生產力加速器 / 文書處理武器 / 創意與內容生產利器 / 數據與決策分析 /AI 個人助理 / 程式設計

(圖片來源：AI 製作)

第 3 週　暗黑軍火庫

AI工具特種訓練/生產力加速器/文書處理武器/創意與內容生產利器/數據與決策分析/AI個人助理/程式設計

前言：打造你的 AI 特種部隊

在當今快速發展的職場與學習環境中，AI 已經從一個遙遠的未來願景，轉變為不可或缺的日常工具。然而，儘管 AI 工具的普及度不斷提升，真正能夠充分發揮其潛力的人卻寥寥無幾。眾多職場專業人士與大學生所面臨的困境，並非缺乏 AI 工具的使用機會，而是在實際應用層面上遇到了諸多挑戰：有些人對工具的基本功能掌握不足，無法順利上手；有些人雖然會使用，但操作效率低下，無法達到理想的生產力提升；更多人則是在面對複雜任務時，缺乏整合多種 AI 工具的戰略思維，無法組建出最優化的工作流程。這些「工具應用落差」正逐漸成為職場競爭力的關鍵影響因素。

這一週，我們將深入進行 AI 工具的特種訓練，為你打造一套獨特而強大的暗黑軍火庫。通過系統性的實戰演練和策略指導，你將掌握在數位時代最關鍵的生存技能。我們的終極目標不僅是讓你熟練運用 AI 工具，更要將 AI 轉化為你個人的超級能力 - 一種能夠顯著提升工作效率、創造力和競爭優勢的核心競爭力。這不再只是將 AI 視為簡單的輔助工具，而是要將其深度整合到你的工作流程中，讓它成為你職業發展道路上不可或缺的策略性資產。

1. 兵器庫建構：挑選你的 AI 軍火

1.1 戰略規劃：工具選擇的關鍵原則

並非所有 AI 工具都適合你，選擇時請謹記以下三大關鍵：

1. **適用性**：能否解決你每天面臨的實際問題？
2. **整合性**：是否可以與其他工具無縫結合？
3. **效率提升**：能否讓你節省至少 30% 的時間？

1.2 必備軍火庫：提升生存戰力的 AI 工具

以下是六大類不可或缺的 AI 工具，讓你在不同情境下都能發揮最大戰力。

(1) 生產力加速器

- ChatGPT / Claude / Gemini / Bing AI Copilot / DeepSeek：多功能 AI 助理，應用於寫作、數據分析、學習輔助等。
- Notion AI：幫助你組織筆記、生成會議紀要、規劃行程。
- Zapier + AI：自動化重複性工作，讓你的工作流程無縫串聯。

(2) 文書處理武器

- Grammarly / QuillBot：寫作、潤色、改寫，確保你的文案沒有語病。
- DeepL / ChatGPT 翻譯：專業級翻譯工具，適合跨國協作。
- Otter.ai / Fireflies.ai：自動生成會議記錄，提高溝通效率。
- Whisper Jax, 雅婷逐字稿, Live Transcribe, Google Docs 語音輸入：語音轉文字工具。
- Gamma：AI 簡報生產工具，能夠快速將大量文字、數據轉換成視覺化的專業簡報，同時提供多種主題模板和動態效果，幫助你製作出吸引人的演示內容。

(3) 創意與內容生產利器

- Midjourney / DALL·E / Stable Diffusion / Leonardo.Ai：AI 繪圖，快速生成視覺內容。
- Runway / Pika Labs：AI 影片生成與編輯，讓影像處理更輕鬆。
- Suno AI：AI 音樂創作，讓你打造獨特的音效與配樂。

(4) 數據與決策分析

- Power BI Copilot / Tableau AI：AI 數據視覺化與分析，提升決策能力。
- Perplexity AI / Consensus：AI 搜尋與研究工具，幫助你高效蒐集資訊。

(5) AI 個人助理

- **Rewind AI**：這款創新的 AI 工具能夠自動記錄並索引你所有的數位足跡，包括瀏覽過的網頁內容、文件和對話，讓你能夠快速找到任何曾經接觸過的資訊，大幅提升工作效率和資訊檢索能力。

- **Motion / Reclaim AI**：這些進階的時間管理 AI 助手不僅能夠智慧排程，還可以自動分析你的工作模式，動態調整行程優先級，並考慮你的能量曲線來安排會議和專注時間，讓你的時間管理更加精準且富有彈性。

- **Socratic by Google**：Google 打造的這款學習型 AI 不只能解答課業問題，更能提供詳細的概念解析、相關練習題目，並根據學生的理解程度調整解說方式，打造個人化的學習體驗。

(6) 程式設計

- **Cursor AI**：開發人員的智慧型開發環境，除了自動完成程式碼外，還可以幫助除錯、重構程式碼，甚至直接將技術文件轉換成可執行的程式碼。

- **GitHub Copilot**：AI 程式協作工具，能即時提供程式碼建議、自動完成功能，並協助開發者快速解決程式問題。

- **Claude**：強大的 AI 語言模型，以卓越的邏輯分析和程式設計能力見長，特別擅長處理複雜的技術文件解析、程式碼審查和系統架構設計，同時具備良好的資訊安全意識和隱私保護機制。

2. 特種訓練：AI 工具的高效使用策略

擁有軍火庫後，如何讓這些工具發揮最大價值？關鍵在於組合與應用策略。

2.1 戰術 1：AI 聯合作戰（工具組合策略與流程最佳化）

範例：打造全自動報告產出流程 - 從資料蒐集到視覺呈現的完整工作鏈

1. **數據收集與前期準備**：使用 Perplexity AI 快速找到最新的研究數據，同時運用其內建的可信度評估功能確保資料準確性與時效性。

2. **深度數據分析與視覺化**：透過 Power BI Copilot 建立互動式圖表與動態視覺化，結合自動化更新機制，確保數據即時性。並善用其 AI 驅動的見解功能，自動識別關鍵趨勢與異常值。

3. **智慧報告撰寫**：運用 ChatGPT 的進階提示工程，將散落的數據點整合成有條理的敘事結構，自動生成符合公司風格的報告內容。可透過自訂模板確保輸出格式一致性。

4. **專業文書潤色與品質把關**：使用 Grammarly 的進階版本進行全方位文字優化，不僅修正文法，還能調整語氣、提升可讀性，並確保專業術語使用的一致性。

5. **視覺設計與品牌整合**：運用 Canva AI 的企業版功能生成符合品牌調性的高質量圖表與封面，善用其智慧排版系統確保視覺層次分明，提升整體報告的專業感。

2.2 戰術 2：AI 極速處理（全方位效率提升策略）

範例：建立智慧型 Email 管理生態系統

1. 運用 ChatGPT 或 Notion AI 的情境感知功能，根據郵件類型和收件人身份自動生成量身定製的專業回覆，同時保持個人化風格。

2. 善用 Gmail AI 的進階分類系統，建立智慧優先級篩選機制，結合自動化回應模板，打造個人化的郵件處理工作流。

3. 透過 Zapier 的多重自動化工作流，建立完整的文件管理系統：自動分類附件、更新檔名、建立索引，並與 Google Drive 無縫整合，實現零手動操作。

2.3 戰術 3：職場文化轉型策略（突破組織慣性的系統性方法）

在導入 AI 工具時常會遇到組織文化與傳統思維的阻力，以下提供全方位的策略框架：

- **面對主管對 AI 產出的疑慮？** 解法：採用「透明 AI」策略 - 在 AI 生成初稿時，同步建立決策軌跡文件，詳細記錄數據來源、分析邏輯與關鍵參考點，讓決策過程完全透明化，建立信任基礎。

- **如何化解同事對新工具的抗拒？** 解法：實施「漸進式導入」方案 - 從小規模示範開始，具體展示如何運用 AI 工具節省 1-2 小時的日常工作時間，再逐步擴大應用範圍，讓同事透過親身體驗建立信心。

- **如何化解對 AI 取代的焦慮？** 解法：推動「AI 賦能轉型」概念 - 強調 AI 作為增強而非替代的工具，協助員工建立「AI 協作思維」，從被動使用者轉變為主動的 AI 策略規劃者。

3. 文化破解：如何讓 AI 真正成為你的優勢？

3.1 從工具使用者到 AI 策略家

不要只把 AI 當成工具，而是將其視為「策略夥伴」。學會透過以下三個層次來運用 AI：

1. **基礎層**：理解工具的基本功能，例如讓 ChatGPT 生成文案、用 Midjourney 畫圖。
2. **進階層**：學會不同工具的組合策略，例如「用 ChatGPT 寫文章 + Grammarly 潤色 + Notion AI 整理要點」。
3. **策略層**：不只解決單一問題，而是重新設計工作流程，例如「讓 Zapier 自動整理報告並發送給團隊」，完全省去手動處理。

3.2 建立你的 AI 個人品牌

當你掌握 AI 工具，如何讓自己脫穎而出？

- **建立 AI 應用 SOP**：記錄你的最佳使用方法，讓它成為你的專業資產。

- **分享你的 AI 技能**：可以在 LinkedIn、部落格上分享你的高效工作術，讓職場影響力提升。
- **持續學習與優化**：關注最新 AI 工具趨勢，不斷優化你的工作流。

結語：進入 AI 職場特種部隊

經過這一週的專業訓練，你不僅掌握了一個強大而全面的 AI 軍火庫，更深入理解如何策略性地組合這些工具，以達到效率最大化和競爭力的顯著提升。在這個日新月異的職場環境中，AI 工具的熟練運用已然成為關鍵技能——而那些能夠靈活運用這些工具，持續優化其應用方式，並且不斷探索創新可能性的專業人士，必將在職涯發展中占據先機。值得注意的是，隨著 AI 技術的快速演進，單純的工具使用已不足以應對職場挑戰，唯有建立系統性的 AI 應用策略，才能在瞬息萬變的環境中保持競爭優勢。在未來愈發激烈的職場生存戰中，真正決定成敗的不僅是對 AI 工具的熟練程度，更在於如何將這些工具整合進個人的工作方法論中，從而建立起難以被取代的專業價值，進而真正掌握自己的職業命運。

接下來的關鍵階段，就是要將理論轉化為實踐——從你精心打造的 AI 軍火庫中，根據不同場景需求，精準挑選最適合的工具組合，開始系統性地構建你的個人化 AI 自動化工作流程。這個過程需要持續的實驗與優化，透過反覆測試不同的工具組合方式，以及工作流程的細節調整，你將能逐步打造出一套既能充分發揮 AI 效能，又完美契合個人工作風格的高效率工作模式。這種個人化的 AI 應用體系，將成為你在職場上的獨特競爭優勢。

3-1　Day15: AI 會議小幫手
介紹【秘書 & 書記】四個會議法寶 /Whisper Jax / 雅婷逐字稿 /Live Transcribe /Google Docs 語音輸入

產品	安裝/使用環境	功能	費用方案
Whisper Jax	網頁	能夠上傳錄音或提供 YouTube 影片連結進行轉錄	免費使用，無需註冊
雅婷逐字稿	網頁	即時錄音或上傳音訊檔案轉錄	免費提供基本功能，部分高級功能可能需要付費
Live Transcribe	Android 手機	在對話中即時轉錄語音，支援多種語言	免費應用，無需訂閱費用
Google Docs 語音輸入	Google Doc	在 Google Docs 中即時語音轉錄，支援超過 40 種語言	免費使用，需擁有 Google 帳號

你是否曾在會議中忙於記錄而錯過重要討論？或在課堂上因專注筆記而無法全神貫注聽講？語音轉文字工具的出現正是為了解決這些問題。今天，我將為各位介紹四款優秀的語音轉文字工具：Whisper JAX、雅婷逐字稿、Live Transcribe 和 Google Docs 的語音輸入功能。這些工具各具特色，能在職場和學習中發揮重要作用，成為你不可或缺的得力助手。

法寶 01. Whisper Jax

Whisper JAX 是一款基於 OpenAI 的 Whisper 模型的免費線上語音轉文字工具，旨在為用戶提供快速、準確的文字準確服務。

連結網址：https://huggingface.co/spaces/sanchit-gandhi/whisper-jax

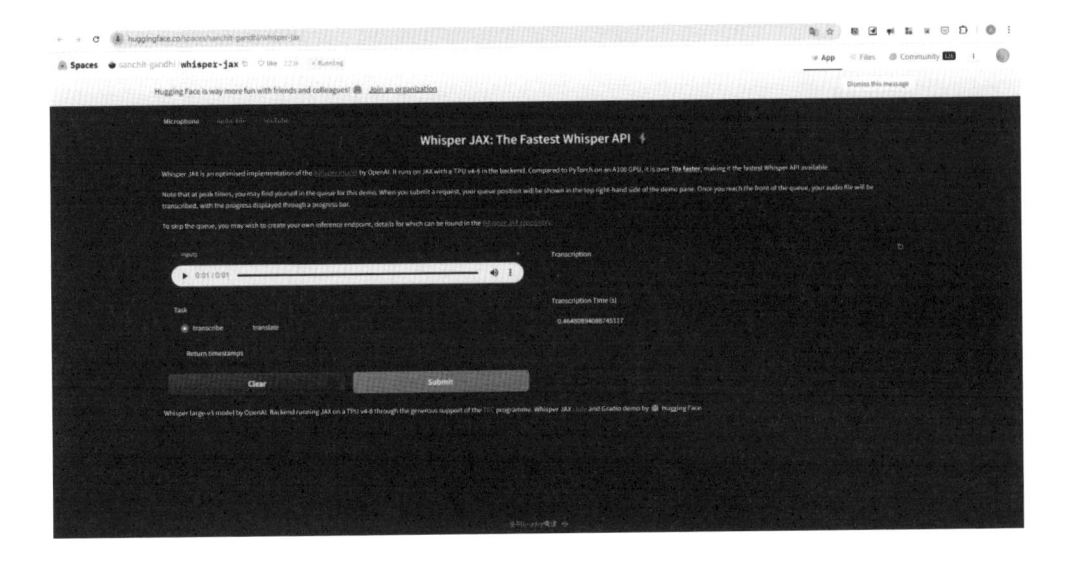

3-1 Day15: AI 會議小幫手

操作說明

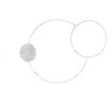

1. **造訪網站**：使用者可以直接造訪 Whisper JAX 的網站，無需下載或註冊。

2. **選擇輸入方式**：

    ◆ 透過麥克風直接錄音

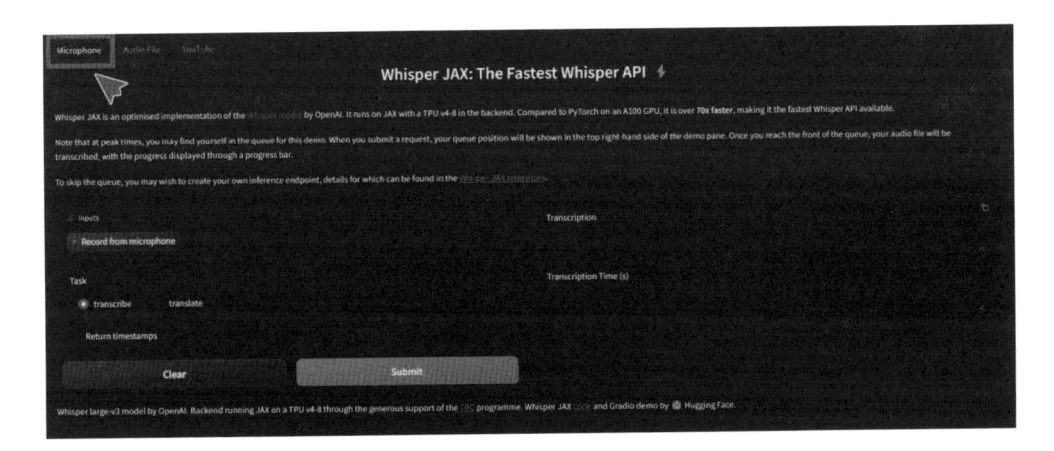

- 上傳音訊檔案

3 第 3 週 暗黑軍火庫
AI工具特種訓練 / 生產力加速器 / 文書處理武器 / 創意與內容生產利器 / 數據與決策分析 / AI個人助理 / 程式設

- 輸入 YouTube 影片連結

3. 選擇功能選項：

- 產生逐字稿（轉錄）
- 翻譯文（翻譯）
- 新增時間（返回時間戳記）

3-10

4. **提交任務**：點選「Submit」按鈕開始計算，系統會快速處理並傳回結果。

主要特點

- **高準確率**：Whisper JAX 使用 Whisper large-v2 模型，準確率達 97% 以上，能夠處理多種語言，包括中文和英文。
- **快速斷位**：基於傳統方法，Whisper JAX 能夠在極短時間內完成斷位任務。。
- **多種輸入方式**：使用者可以透過直接錄音、上傳音訊檔案或提供 YouTube 連結來使用該工具。
- **自動字幕產生**：支援產生計時的字幕文件，讓製作視訊字幕更加專業便捷。
- **翻譯功能**：雖然目前翻譯功能主要支援中文，但它為需要多語言字幕的使用者提供了便利。
- **法寶 02. 雅婷逐字稿**

雅婷逐字稿是一款專為台灣口音優化的 AI 語音轉文字服務，旨在快速將音訊檔案解密成文字，顯著節省使用者的聽時間。語言和口音的識別，包括台灣國語、台語及中英夾雜的對話。

參考連結：https://asr.yating.tw/

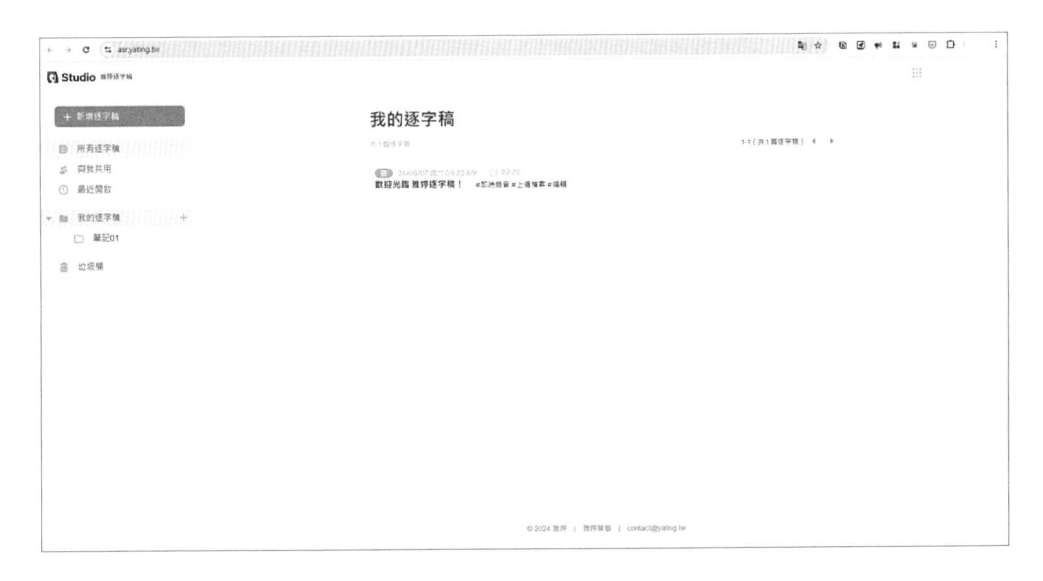

第 3 週　暗黑軍火庫
AI 工具特種訓練 / 生產力加速器 / 文書處理武器 / 創意與內容生產利器 / 數據與決策分析 / AI 個人助理 / 程式設

操作說明

1. 註冊與登入

- **註冊帳號**：造訪雅婷逐字稿官網，使用 Google 或 Apple 帳號註冊。
- **登入**：註冊完成後，使用相同的帳號登入。

2. 選擇測量方式

使用者可以根據需求選擇不同的計量方式：

- **即時錄音**

- **步驟**：

1. 在首頁點選「新增逐字稿」。
2. 選擇 "即時錄音（免費）" 選項。
3. 對著麥克風開始說話，系統會自動將語音轉換為文字。
4. 完成後點擊 "停止錄音"，系統會詢問是否儲存音階，選擇 "是" 即可下載。

- **上傳音訊檔案**

- **步驟**：

1. 點選「新增逐字稿」。
2. 選擇 "上傳影音檔"。
3. 上傳支援的檔案格式（如 MP3、WAV 等）。
4. 系統將處理文件並產生逐字稿。

- **YouTube 影片錄製**

第 3 週　暗黑軍火庫
AI工具特種訓練 / 生產力加速器 / 文書處理武器 / 創意與內容生產利器 / 數據與決策分析 / AI個人助理 / 程式設

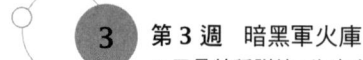

- 步驟：

1. 點選「新增逐字稿」。

2. 選擇 "YouTube" 選項。

3. 輸入視訊連結並提交，系統將自動提取並解析視訊中的語音內容。

3. 編輯與逐字稿

- 編輯：

    ◆ 在產生的逐字稿中，可以點選「編輯」按鈕，邊聽音檔邊修改文字中的錯誤。

3-14

```
逐字稿-2024-0926

建立時間    24/09/26 週四 10:26 PM
長度        00:28 國台語
擁有者      A  airadamgj@gmail.com (你)
標籤        會議   缺漏   資料
參與者      1  語者1   與雅婷合作讓語者辨識更準確

逐字稿   畫重點   重點摘要

1  語者1  00:02   上一次會議中有人缺漏的資料，那請盡快補上
1  語者1  00:10   再再，下一次，總會一的時候可以盡快提出來，先這樣掰掰
1  語者1  00:25   好會議Test
```

- **導出格式：**
    - 完成編輯後，點選「格式」選擇所需的匯出格式（如 WORD、TXT、PDF 等），然後點選「匯出」。

4. 使用隱私保護功能

雅婷逐字稿承諾不會將使用者資料傳出台灣，因此使用者可以放心使用。

- **使用費用**
- 註冊後有 20 分鐘的免費試用時間。
- 上傳音檔後，收費 100 元；購買多小時可享折扣，如購買 3 享 9 折優惠。

主要功能

- **高效率轉錄**：能夠將音訊快速檔轉成文字，節省約 80% 的聽打時間。
- **自動標點與分區**：系統會自動加入標點符號，並進行智慧分區，讓逐字稿更清晰易讀。
- **說話者辨識**：支援自動辨識和標註不同的說話者，方便使用者追蹤對話內容。

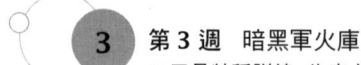

- **多種匯出格式**：使用者可以將逐字稿匯出為多種格式，如 WORD、TXT、PDF 和 SRT 等，並支援雲端儲存和分享。
- **即時頻道**：提供即時錄音和上傳音檔兩種服務模式，適合不同需求的使用者。

法寶 03.Live Transcribe

Live Transcribe 是 Google 開發的一款即時語音轉文字應用，旨在幫助聽力障礙者更好地參與對話。

3-1 Day15: AI 會議小幫手

主要功能

- **即時監聽**：Live Transcribe 能夠即時捕捉並捕捉周圍的語音，使用者可以在螢幕上看到發出的對話內容。

- **聲音辨識**：除了語音之外，該應用程式還會辨識並顯示非語言聲音（如笑聲、門鈴等），提供更全面的環境訊息。

- **儲存記錄**：每次對話的聚合內容可保存長達三天，方便使用者回顧。

- **自訂詞彙**：使用者可以添加常用的詞彙或詞彙，以提高準確性，特別是在涉及專業術語或特定名稱時。

- **多語言支援**：Live Transcribe 支援多達 80 種語言，使用者可以設定主要和次要語言，以適應雙語對話的需求。

3-17

3 第 3 週　暗黑軍火庫
AI工具特種訓練/生產力加速器/文書處理武器/創意與內容生產利器/數據與決策分析/AI個人助理/程式詁

操作說明

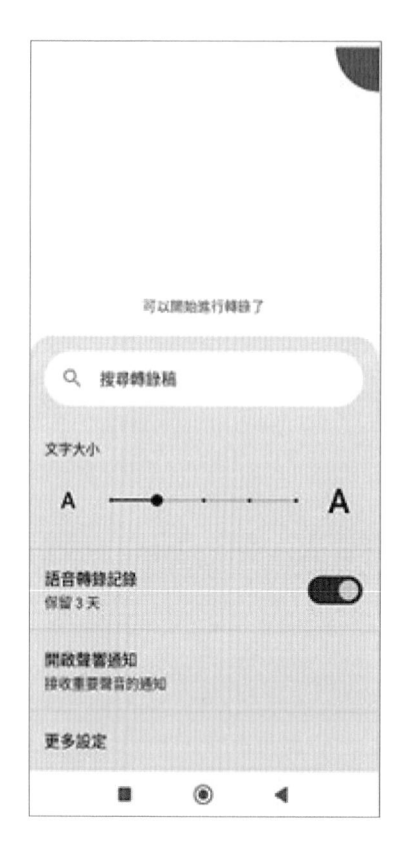

1. **啟動 Live Transcribe**
- 開啟的設置，選擇"無障礙"設備選項。
- 找到"即時監測"並點擊開啟。
- 允許應用程式存取麥克風權限。

2. **開始測量**
- 將手機靠近說話者，確保麥克風能夠發出聲音。
- 當應用程式準備好時，螢幕上會顯示「準備就緒」的提示。

3. **互動與回復**

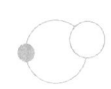

- 用戶可以在螢幕上點擊鍵盤圖標，輸入以回覆對話。
- 輸入的文字不會被加入到中，而是作為獨立的回應顯示。

4. 調整設定
- 使用者可透過設定選單調整文字大小、主題（亮色或暗色模式）以及開啟離線模式等選項，以優化使用體驗。

- **適用場景**

即時轉錄特別適合以下場景：

- 與聽力障礙的溝通。
- 在吵雜的環境中進行會議記錄。
- 學校課堂或講座中幫助學生理解授課內容。

法寶 04. Google Docs 語音輸入

Google Docs 的語音輸入功能是一項強大的工具，可讓使用者透過語音直接在文件中輸入文字。

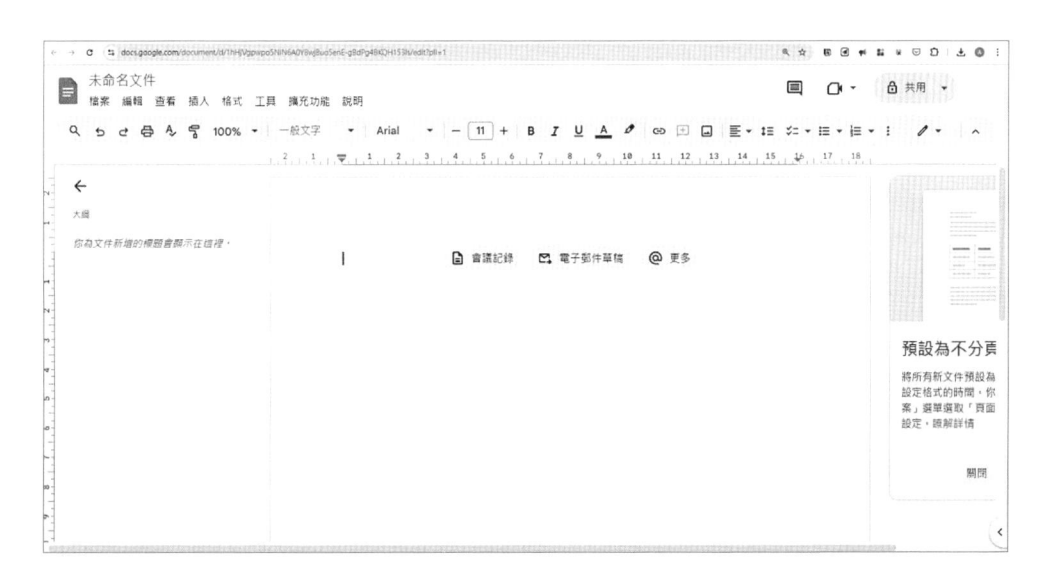

主要功能

- **即時語音轉文字**：使用者可以透過麥克風將語音轉換為文本，適合快速錄製想法或會議內容。
- **多語言支援**：Google Docs 支援多達 40 種語言的語音輸入，包括中文、英文、法文等，滿足不同使用者的需求。
- **智慧標點**：雖然中文輸入目前不支援標點符號的語音輸入，但其他語言（如中文、德文等）可以透過語音指令加入標點。
- **操作簡單**：使用者只需點擊工具列的麥克風圖示即可開始和停止語音輸入，操作簡單。
- **使用方法**

1. **開啟 Google 文檔**
- 在電腦上開啟 Google Docs 並建立或開啟一個文件。

2. **啟用語音輸入**
- 點選選單列的"工具"選項。
- 選擇"語音輸入"，此時會在右側出現麥克風圖示。

3. 允許麥克風訪問
- 首次使用允許時，系統會彈出要求 Google 存取麥克風的窗口，點擊「允許」。

4. 開始語音輸入
- 點擊麥克風圖示開始說話，您的事情會即時顯示在文件中。
- 如果需要暫停，可以再次點擊麥克風圖示。

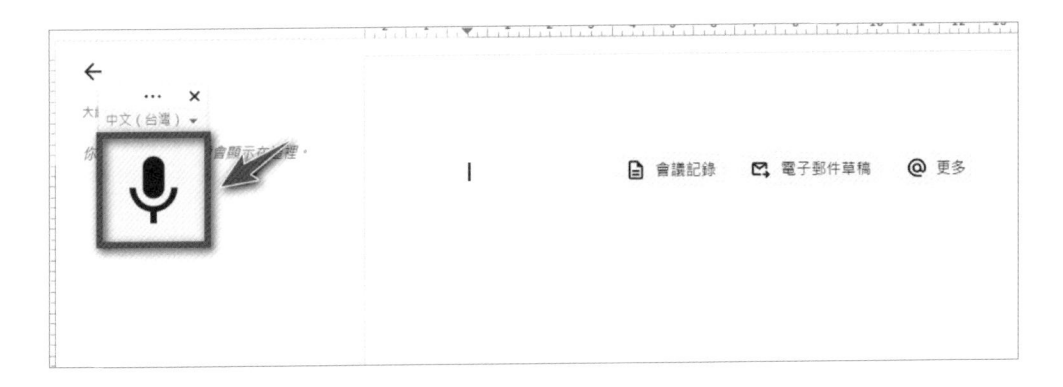

5. 編輯與修改
- 在說話過程中，如果發現錯誤，可以停止並手動修改文本，然後繼續說話。
- **適用場景**
- **會議記錄**

：在會議中快速記錄討論內容。

- **課堂筆記**

：學生可以在課堂上即時記錄講師的講解。

第 3 週　暗黑軍火庫
AI工具特種訓練 / 生產力加速器 / 文書處理武器 / 創意與內容生產利器 / 數據與決策分析 / AI個人助理 / 程式設

- 創意寫作

：作家可以用語音快速捕捉靈感和想法。

- 注意事項

- 該功能需要使用 Google Chrome 瀏覽器，並確保電腦上有可用的麥克風。

- 對於中文用戶，目前尚不支援透過語音新增標點符號，但其他語言則可以使用對應指令進行標點輸入。

實際應用案例：新任助理小 Y 的故事

小 Y 是公司裡的新任助理，剛加入團隊時對於如何高效地做會議紀錄感到有些壓力。幸運的是，小 Y 發現了 Live Transcribe，一個免費且功能強大的語音轉文字應用，讓她的工作變得輕鬆多了。

在第一次大型會議中，小 Y 只需在她的 **Android 手機** 上打開 Live Transcribe 應用。會議進行時，Live Transcribe 實時將語音轉換成文字，顯示在手機螢幕上。這樣，小 Y 可以專注於討論，而不用擔心錯過任何重要資訊。

Live Transcribe 支持多種語言，這讓小 Y 能夠輕鬆應對來自不同國家的同事，確保每個人都能理解會議內容。即使在嘈雜的環境中，Live Transcribe 也能準確捕捉語音，這讓小 Y 在各種場合都能得心應手。

會議結束後，小 Y 可以輕鬆地複製轉錄的文字，並將其粘貼到文檔中進行編輯和整理。雖然 Live Transcribe 不會自動保存轉錄內容，但這反而增加了資料的安全性，避免了敏感信息被意外保存的風險。

此外，Live Transcribe 的即時字幕功能不僅幫助小 Y 更好地理解會議內容，也讓聽力不佳的同事能夠更好地參與討論。這種包容性的工具使得整個團隊的溝通更加順暢。

通過使用 Live Transcribe，小 Y 不僅提高了工作效率，還為團隊帶來了更多的便利和支持，成為了一位出色的會議記錄助手。她的成功案例也鼓勵了其他同事嘗試使用這種便捷的工具，進一步提升了整個團隊的工作效率。

結語

語音轉文字工具在現代工作和學習環境中扮演著日益重要的角色，其影響力不斷擴大。這些工具為各種使用者群體帶來了顯著的便利性和支持，包括但不限於學生、職場人員、聽障人士，甚至是需要快速記錄信息的普通大眾。它們不僅提高了工作效率，還為許多人打開了新的學習和溝通渠道。

透過本文的詳細介紹和分析，我們希望能夠幫助讀者深入了解各種語音轉文字工具的特點和優勢，從而做出最適合自己需求的選擇。這些工具的正確應用可以顯著提升工作質量、學習效果，並促進更有效的信息交流和知識獲取。

隨著技術的不斷進步，語音轉文字工具的功能也在不斷完善和擴展。未來，我們可以期待這些工具在準確度、實時性、多語言支持等方面有更大的突破，為用戶帶來更優質的體驗。

最後，讓我們來看一個實際應用的例子：下次參加會議時，你可以輕鬆地運用這些工具來提高效率。首先，用手機錄製會議的音頻。接著，利用本文介紹的語音轉文字工具將音頻文件轉換成文字稿。最後，你甚至可以借助 GPT 等人工智能工具來優化和整理這份文字稿，生成一份結構清晰、重點突出的會議記錄。這種方法不僅節省了大量的時間和精力，還能確保你不會遺漏任何重要信息。

3-2 Day16：AI 智能情報解析
用 Perplexity 提升決策與內容力 /Perplexity AI

如何在工作中脫穎而出：AI 搜尋工具的實際操作

以下是老貓準備調研簡報過程的 Perplexity.ai 操作心得：

步驟 1：理清問題

釐清方向

一開始，我對商務平台的理解也只是浮於表面，這種半吊子的認識只會讓簡報的內容變得混亂。試想，如果自己都說不清楚，怎麼能指導同事呢？

- 商務平台的核心架構是什麼？
- B2B 和 B2C 在平台設計上的差異在哪裡？
- 資料安全在商務平台中如何實現？

找出疑問

於是，我決定從最基本的問題入手，將所有模糊的地方記下來，例如：

我將這些疑問一一寫在筆記軟體中，這一步讓我釐清了學習的方向。

(圖片來源：軟體製作)

3-2 Day16：AI 智能情報解析

步驟 2：用英文與 AI 互動

英文提問更有效

接著，我打開 Perplexity.ai，依次輸入我列出的問題。「What is the core architecture of a business platform?」。這裡我要給大家一個小提示：用英文提問會更有效，因為在這類較技術性的議題上，英文資料通常比中文要豐富得多。

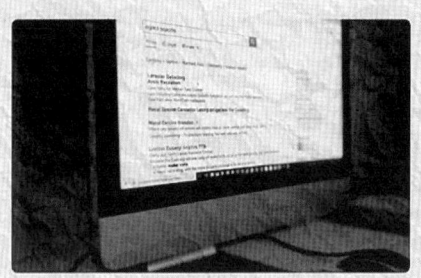

層層挖掘

每當得到一個答案，如果還不夠深入，我會直接在平台上點擊推薦的後續問題。例如：「What are the security measures for a B2B platform?」，這樣一層一層地挖掘，AI 的解答變得越來越具體。

(圖片來源：軟體製作)

步驟 3：取得 AI 回應

方便閱讀

這時候，Perplexity.ai 的一大優勢就顯現出來了。它不僅能夠回答問題，還可以通過翻譯功能將結果轉換成繁體中文，讓我能夠更方便地閱讀。

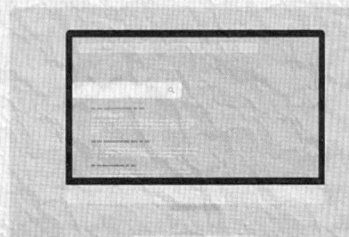

深入了解

而且，它還會附上英文的來源鏈接，便於我進一步查閱。

除此之外，如果某個概念還是讓我感到困惑，我會使用平台的「Search Videos」功能來尋找解說影片。AI 會推薦幾部相關的 YouTube 影片，讓我能夠迅速理解商務平台的技術細節。

(圖片來源：軟體製作)

3　第 3 週　暗黑軍火庫
AI 工具特種訓練 / 生產力加速器 / 文書處理武器 / 創意與內容生產利器 / 數據與決策分析 / AI 個人助理 / 程式設

> **步驟 4：彙整答案到調研簡報中**
>
> **內容豐富**
> 有了這麼多詳細的答案，我開始整理簡報的內容，進度加快了不少。然而，製作過程中，我發現單靠理論還不足以支撐整個簡報。我需要具體的案例來加強說服力。
>
> **案例增強說服力**
> 這時，**Perplexity.ai** 又派上了大用場。我只需輸入「Give me examples of successful business platforms」，AI 立刻提供了多個成功商務平台的案例，讓我不用再逐一搜尋網頁，比起以往人工搜尋的繁瑣程序，這樣的效率高了不止一倍。

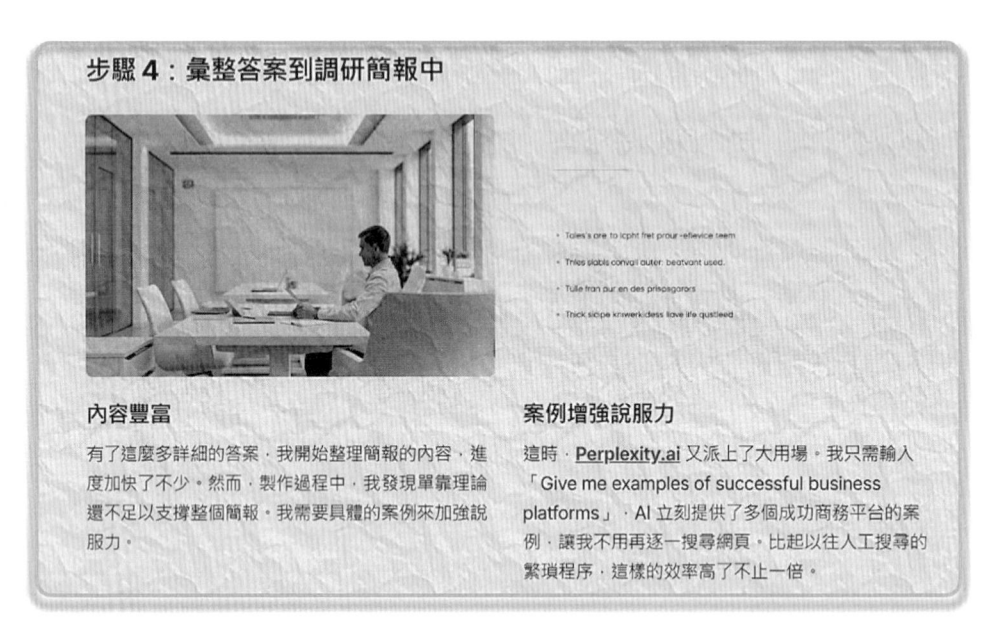

(圖片來源：軟體製作)

> **步驟 5：循環操作，直到完成**
>
> 我反覆重複以上幾個步驟後，不知不覺中，一份完整且有條理的商務平台簡報便大功告成。有了 Perplexity.ai，我再也不必為搜集資料和整理內容煩惱，效率提升了數倍！

(圖片來源：軟體製作)

如何利用 AI 搜尋工具在職場中脫穎而出

AI 搜尋工具如何助你在職場中脫穎而出？這個議題在當今競爭激烈的工作環境中變得愈發重要，因為高效率的資訊獲取能力已成為職場成功的關鍵因素。在這個資訊爆炸的時代，能夠迅速且精準地找到所需資訊的人往往能在工作中佔據優勢。隨著 AI 技術的突飛猛進，特別是像 Perplexity 這樣的先進搜尋工具的出現，不僅能夠幫助我們以前所未有的速度和準確度找到答案，還能夠為我們提供多維度的分析視角，讓我們能夠更全面、更深入地理解複雜的問題。這種能力不僅能提高我們的工作效率，還能增強我們的決策能力和創新思維，進而在職場中脫穎而出。

AI 搜尋技術的重要性與崛起

首先，讓我們了解 AI 搜尋工具的背景。AI 搜尋技術的崛起並非偶然。幾年前，我們還依賴傳統的搜尋引擎尋找答案，但現在 AI 已徹底改變了我們獲取資訊的方式。以 Perplexity 為例，它結合了自然語言處理和深度學習技術，能更好地理解我們的問題，並迅速提供針對性的解決方案。

想像一下，你正在處理一個緊急專案，時間緊迫。如果能在幾秒內找到相關的研究數據和市場趨勢，你將大大提高工作效率。這就是為什麼掌握 AI 搜尋工具不僅是新潮，更是現代職場成功的關鍵。

優勢與功能介紹

在資訊爆炸的時代，迅速而準確地找到所需資料是每個專業人士面臨的挑戰。Perplexity AI 作為一款創新的人工智能搜尋引擎，旨在提升用戶在資訊獲取中的效率和準確性。以下是如何利用 Perplexity AI 來應對這些挑戰的解決方案。

1. 提供高品質的即時答案

傳統搜尋引擎只提供一連串的連結，讓使用者自己篩選和分析。而 Perplexity AI 能夠直接提供詳細且全面的答案，並且附上精確的來源引用，確保資訊的可靠性。當用戶輸入問題後，系統會即時分析網路上的相關資料，並迅速提供精確的回答，幫助用戶節省時間。

2. 上下文跟進查詢

Perplexity AI 能夠理解使用者的查詢意圖，並且在必要時提出澄清問題，讓查詢範圍更加精確。這樣的對話式互動能夠確保用戶獲得更具針對性的答案。

1. 附參考來源

每一次的搜尋結果，都一定會附上資料的來源。

3. 多源搜索與智能摘要

現代的資訊來源多樣，包括學術論文、新聞、社交媒體等。Perplexity AI 支援用戶自定義搜尋範圍，並從多個來源中提取相關資訊，進行智能摘要，幫助使

用者快速理解重點，並附上可靠引用。

4. 回答速度快

輸入問題並按下 Enter，Perplexity AI 不說廢話，直接將資料整理成答案。

5. 寫作輔助與圖像生成

Perplexity AI 不僅能搜尋資料，還具備寫作輔助功能，根據您的提示生成符合需求的文本，甚至還能生成相關圖像，滿足用戶的視覺需求。

6. 快速高效的資訊檢索

在時間緊迫的情況下，Perplexity AI 能夠快速處理並整理大量資訊，讓使用者專注於更重要的策略性工作，而非花時間篩選和分類資料。

7. 可追問問題

Perplexity AI 能依據提問問題的上下文，自動推薦 3 個你可能會繼續追問的問題。

這在研究與收集資料時，可以讓自己的思考延續下去。

8. 可搜尋影片

Perplexity AI 搜尋結果的右側，可點擊「Search Video」自動搜尋相關的 YouTube 影片。

AI 搜尋技術的優勢：提高職場競爭力

那麼，AI 搜尋工具具體有哪些優勢呢？讓我們來看看。

快速獲取最新資訊。在這個瞬息萬變的時代，能迅速掌握最新資訊是一大競爭優勢。AI 搜尋工具讓我們即時獲得最新的市場動態和研究結果，無需花費數小時過濾資訊。例如，在市場競爭激烈的情況下，如果你能在第一時間掌握競爭對手的策略變化，就能迅速調整自己的方案。

多角度見解。傳統搜尋引擎常常只提供簡單的答案，但 AI 搜尋工具能為我們提供多角度的見解，幫助我們更全面地看待問題。這一點在決策時尤其重要，比

如產品開發或市場調研時，我們不僅需要知道「什麼」，還需要了解「為什麼」與「如何」。

解決複雜問題。有時候，我們遇到的問題並非一個簡單的搜尋結果可以解決。AI 搜尋技術能透過分析海量資料，幫助我們解決更具挑戰性的問題。例如，當你進行技術研究時，AI 能自動分析數據，並提供潛在的解決方案或創新思路。

提高工作效率。這一點幾乎不言而喻。透過自動化的資料整理和精確的檢索，我們能夠大幅縮短完成任務的時間。想像一下，一個需要兩天完成的報告，因為 AI 搜尋技術的幫助，你只需要半天時間就能完成，剩下的時間你就可以進行更多高附加值的工作。

如何高效使用 AI 搜尋工具：Perplexity 範例

了解工具的優勢後，下一步就是如何正確使用這些工具。以 Perplexity 為例，它與傳統的搜尋引擎有明顯的不同之處，最關鍵的就是它的精確度與智能性。

在職場中，Perplexity AI 作為一款創新的人工智能搜尋引擎，能夠幫助專業人員應對各種挑戰，提升效率並簡化工作流程。以下是具體的實戰應用場景，說明職場人員如何使用 Perplexity AI 來解決常見問題。

1. 市場分析與競爭調查

應用場景：

市場部門或產品經理經常需要快速獲取競爭對手的產品資訊、行銷策略或市場趨勢報告。傳統的搜尋方式可能會提供大量不相關的連結，讓人無從下手。

Perplexity AI 解決方案：

Perplexity AI 能夠直接提供競爭對手的分析報告，並引用最新的市場數據來源，讓用戶迅速掌握關鍵資訊。系統會自動整理並生成一份概述，讓使用者免於手動過濾大量資料。

實戰細節：

- 輸入問題：「今年競爭對手的新產品策略是什麼？」

- Perplexity AI 提供：詳細的競爭產品分析、行銷策略以及從新聞和業界報告中提取的參考數據。
- 結果：使用者可以根據這些資料快速制定應對策略。

2. 撰寫報告與提案

應用場景：

在忙碌的職場中，撰寫報告或提案是一項高頻任務，特別是當需要引用多方數據時，傳統搜尋引擎難以提供直接有用的內容，寫作效率可能因此受阻。

Perplexity AI 解決方案：

透過 Perplexity AI 的寫作輔助功能，用戶可以輸入主題，AI 會自動生成具有參考價值的文本片段，並附上引文資料，讓報告內容更加專業且具備參考性。

實戰細節：

- 輸入問題：「如何撰寫關於 2024 年數位行銷趨勢的提案？」
- Perplexity AI 提供：一份完整的提案框架，包括趨勢分析、預測數據及市場參考，並生成合適的圖像來輔助報告呈現。
- 結果：使用者僅需進行細微修改，即可快速完成報告。

3. 項目研究與資料蒐集

應用場景：

研究與蒐集專業資料對於研究員、分析師和顧問來說是常見的工作需求，但網路上充斥著大量不相關或過時的內容，讓資訊蒐集變得耗時且低效。

Perplexity AI 解決方案：

Perplexity AI 支援多源搜尋功能，能同時從學術論文、專業網站、新聞媒體等多種來源中提取相關資訊，並生成智能摘要，幫助用戶快速掌握關鍵內容。

實戰細節：

- 輸入問題：「最近 5 年有關 AI 在醫療應用中的研究進展？」

- Perplexity AI 提供：來自多個學術期刊和專業報導的摘要，詳細列出最新的研究進展、突破性應用和相關的專家評論。
- 結果：研究員能夠迅速掌握重要資料，並且直接使用 AI 生成的摘要進行深入分析。

4. 客戶與投資者簡報

應用場景：

商業簡報是銷售人員、商業發展經理或投資分析師的重要工作，但要迅速整合相關資訊來準備簡報可能十分耗時。

Perplexity AI 解決方案：

Perplexity AI 的快速檢索和資料整理功能，可以幫助用戶從多個來源快速提取相關數據和行業資訊，並生成簡明易懂的內容，供用戶輕鬆納入簡報中。

實戰細節：

- 輸入問題：「如何向投資者介紹我們公司的 2024 年增長計劃？」
- Perplexity AI 提供：分析報告，包含當前市場狀況、競爭者策略以及公司的潛在增長機會，並附有清晰的數據視覺化呈現。
- 結果：用戶可以迅速準備好一份專業且具說服力的簡報。

大學生如何利用 AI 搜尋工具準備職場過渡

對於大學生來說，AI 搜尋工具是一個強大的學習和職涯助手。這些工具不僅能夠幫助你快速找到相關的學術研究資料，還能大幅提升你的學習效率。例如，在撰寫論文和完成作業時，AI 搜尋工具可以協助你迅速整理大量資訊，幫助你更快地形成論點和結構。

此外，AI 搜尋工具在職業生涯規劃方面也發揮著重要作用。你可以利用它來了解不同行業的最新趨勢、職位要求和薪資水平。這些資訊可以幫助你做出更明智的職業選擇，並為未來的職場發展做好準備。通過有效利用 AI 搜尋工具，

你可以在學術研究和職業規劃兩方面都取得顯著進步，為你的未來奠定堅實基礎。

行銷專業人員如何善用 AI 搜尋工具提升市場洞察力

在當今快速變化的市場環境中，行銷人員需要不斷更新他們的知識庫並保持敏銳的市場洞察力。AI 搜尋工具為行銷專業人員提供了一個強大的資源，能夠幫助他們更有效地收集和分析行銷資訊。以下是行銷人員可以利用 AI 搜尋工具的幾個關鍵方面：

- 市場趨勢分析：AI 搜尋工具可以快速整理和總結來自各種來源的最新市場趨勢資訊，幫助行銷人員及時調整策略。
- 競爭對手研究：通過 AI 搜尋，行銷人員可以更全面地了解競爭對手的行銷策略、產品發展和市場定位。
- 消費者洞察：AI 搜尋工具能夠分析大量的消費者評論和社交媒體數據，提供深入的消費者行為和偏好洞察。
- 內容創作靈感：利用 AI 搜尋工具，行銷人員可以發現新的內容主題和創意靈感，豐富他們的內容行銷策略。

通過有效利用 AI 搜尋工具，行銷專業人員可以大大提高他們的工作效率，並在競爭激烈的市場中保持領先地位。然而，重要的是要記住，AI 工具應該被視為輔助決策的工具，而不是完全取代人類的判斷和創造力。

AI 搜尋技術的風險與注意事項

當然，AI 搜尋技術也並非完美無缺。我們必須時刻注意資訊的真實性，避免被誤導。另外，隱私和數據安全問題也不容忽視。我們在使用 AI 搜尋工具時，必須謹慎處理個人和公司的敏感資料。

AI 搜尋技術的發展趨勢

AI 搜尋技術仍在不斷發展，我們可以預見它在未來會對職場產生更深遠的影響。例如，它可能會進一步自動化我們的工作流程，甚至幫助我們做出更精準的預測和決策。

將 AI 搜尋技術融入職業發展

總結來說，掌握 AI 搜尋工具將極大提升你的職場競爭力。這些工具不僅能提高工作效率，還能幫助你在複雜的職場環境中獲得競爭優勢。我的建議是，大家可以從今天開始積極探索並嘗試使用各種 AI 搜尋工具，如 Perplexity AI 等。重要的是要持續學習相關知識，並思考如何將這些工具有效地融入你的日常工作流程中。

例如，你可以使用 AI 搜尋工具來快速收集和分析行業資訊，為重要決策提供支持；或者利用它來優化你的報告和簡報，使其更加專業和有說服力。通過不斷實踐和調整，你會發現這些工具能夠顯著提升你的工作質量和效率。

然而，請記住，技術只是工具，關鍵在於如何巧妙運用。將 AI 搜尋工具與你的專業知識和判斷力相結合，才能真正發揮其最大價值。隨著時間推移，你會發現自己不僅工作效率大幅提高，而且在解決問題和創新思考方面也有顯著進步，從而在競爭激烈的職場中脫穎而出。

3-3 Day17:AI 簡報工具的潛力
【主管＆講師】職場達人的必修課 /ChatGPT /Gamma /

在一個充滿變化與挑戰的早晨，職場經理人小明正全力以赴地為下午的重要 AI 説明會做準備。然而，天有不測風雲，小明的得力助手米粒突然來電，帶來了一個令人不安的消息：由於 Covid-19 檢測呈陽性，米粒已被送往醫院，無法到班。這個突如其來的消息讓小明頓時感到不知所措，因為米粒不僅是他的重要助手，還是他產品簡報的主要策劃者和資料搜集者。

就在小明焦急不已時，他的前秘書寶兒得知了他的困境，立即聯繫了他。寶兒向他提出了一個振奮人心的解決方案：使用 AI 簡報製作工具【Gamma】。她解釋説，這款先進的 AI 工具能夠快速生成高質量的產品介紹簡報，從資料搜集到設計優化，一應俱全。起初，小明對 AI 技術半信半疑，但時間緊迫不容他猶豫，於是決定給自己和 AI 一個機會。

他深知這是一個關鍵時刻，於是決定借助 AI 的力量來加快簡報製作的流程。

第一步：利用 ChatGPT 產生大綱

小明首先打開 ChatGPT，輸入他的演講主題：「如何利用 AI 提升產品銷售」。他希望獲得一個清晰且完整的簡報大綱。小明開始與 ChatGPT 對話，並精心設計了提示詞來生成所需的內容：

小明的提示詞：

- 「請為我提供一個關於 ' 如何利用 AI 提升產品銷售 ' 的簡報大綱，列出幾個主要章節。」

ChatGPT 迅速回應，為小明提供了一個簡明扼要的結構：

> 我要一個關於『如何利用 AI 提升產品銷售』的簡報大綱，你可以幫我列出簡報主要章節嗎？

1. 簡報介紹
   - 目的：說明 AI 如何改變銷售的方式，並介紹整體內容。
   - 簡要說明 AI 在銷售中的應用場景。
   - 相關數據或案例的簡要介紹。
2. AI 在產品銷售中的角色
   - AI 的核心技術概述（機器學習、數據分析、自然語言處理等），為何 AI 適合應用於銷售情境。
   - AI 對洞察客行為分析的影響。
3. AI 如何提升產品銷售的具體應用
   - 精準客戶分析與分類：利用 AI 來了解消費者行為和需求。
   - 自動化推薦系統：AI 如何根據使用歷史行為和偏好，推薦相關產品。
   - 動態定價策略：AI 即時分析市場與競爭對手定價，幫助業者靈活調整價格。
   - 智慧客服與銷售助理：聊天機器人、電子郵件客服的 AI 應用，如常見問答自動化與強化用戶互動。
4. 如何使用 AI 優化銷售流程與客戶體驗
   - 智慧流程與預測系統：AI 如何提升銷售預測與用戶滿意效率。
   - 個性化體驗系統：AI 強化客製化銷售與社交媒體的互動。
5. AI 如何提升銷售團隊績效
   ……

1. 簡報介紹

- 目的：解釋 AI 如何改變銷售的方式，並介紹簡報內容。
- 簡要概述 AI 在銷售中的應用場景。
- 相關成功案例的簡短介紹。

2. AI 在產品銷售中的角色

- AI 的核心技術概述（機器學習、數據分析、自然語言處理等）。
- 為何 AI 適合應用於銷售領域。
- AI 對消費者行為分析的影響。

3. AI 如何提升產品銷售的具體應用

- **精準客戶分析與細分**：利用 AI 來了解消費者行為和需求。
- **個性化推薦系統**：AI 如何根據用戶歷史行為和偏好，推薦相關產品。
- **動態定價策略**：通過 AI 根據市場趨勢、競爭對手和需求變化實時調整價格。
- **自動化營銷與銷售流程**：聊天機器人、電子郵件營銷的 AI 應用，如何幫助企業自動化與消費者的互動。

4. 如何使用 AI 優化銷售渠道與客戶體驗

- **智能客服與聊天機器人**：AI 如何提升售後服務與用戶溝通效率。
- **社交媒體監控與互動**：AI 如何協助品牌管理和社交媒體上的互動。
- **語音助理和虛擬購物助理**：AI 如何增強消費者的購物體驗。

5. AI 如何提升銷售團隊績效

- **銷售預測與數據驅動決策**：AI 如何幫助預測銷售趨勢，提供數據支持。
- **自動化重複性任務**：AI 如何自動完成報價、客戶管理等繁瑣工作。
- **AI 培訓與支持系統**：銷售團隊如何利用 AI 學習更有效的銷售技巧。

6. AI 的挑戰與考量

- AI 應用於銷售中的潛在挑戰（數據隱私、技術整合等）。
- 如何克服實施 AI 時的常見障礙。
- 成功導入 AI 的關鍵策略與實踐經驗。

7. 結論與未來展望

- 總結 AI 在提升產品銷售中的價值。
- 未來 AI 在銷售領域的發展趨勢。
- 呼籲企業積極探索和應用 AI 技術。

8. 問答環節

- 開放觀眾提出問題，討論具體 AI 技術的應用場景和企業面臨的挑戰。

這樣的結構可以幫助你系統化地闡述 AI 在產品銷售中的應用，讓觀眾更好地理解如何使用 AI 工具來促進銷售增長。

小明認為這個大綱很出色，但想要進一步充實每個章節的內容。於是他繼續與 ChatGPT 對話：

小明的提示詞：

- 「能否幫我為每個章節增添一些具體細節？」

ChatGPT 再次協助小明生成了更加豐富的內容。在「**AI 如何提升產品銷售的具體應用**」這一章節中，ChatGPT 詳細闡述了：

- **精準客戶分析與細分**：通過大數據分析，AI 能夠根據消費者的瀏覽歷史、購物行為進行用戶細分，精準鎖定目標客戶群體。

- **個性化推薦系統**：利用協同過濾技術，AI 能夠根據用戶過去的行為和其他相似用戶的偏好，推送最可能引發購買的產品。

- **動態定價策略**：AI 分析市場趨勢、需求變化、競爭對手的價格，幫助公司實時調整產品價格，以保持市場競爭力。

- **自動化營銷與銷售流程**：AI 通過自動化工具生成營銷內容，並通過電子郵件、社交媒體進行推廣，節省人力資源。

經過這番梳理，簡報大綱已經初具規模，內容不僅豐富詳實，更具有明確的結構和邏輯性。

第 3 週　暗黑軍火庫
AI工具特種訓練／生產力加速器／文書處理武器／創意與內容生產利器／數據與決策分析／AI個人助理／程式設

> 能否幫我在每個章節下面添加一些細節內容？

1. 簡報介紹
   - 內容細節：介紹簡報的目的，強調 AI 已經在改變全球銷售行業，並藉由實際行業的影響，可以引用一些統計數據來展示 AI 應用的增長，並引入想闡述的案例，說明 AI 在不同市場中如何提升產品銷售。
   - 示例：介紹如亞馬遜、Netflix 等公司如何運用 AI 技術來改進客戶體驗並提高銷售額。

2. AI 在產品銷售中的角色
   - 內容細節：詳盡解釋 AI 技術如何應用於銷售，如機器學習在預測需求、自然語言處理在個性化推薦中的潛力角色，強調 AI 技術如何提升客戶分析的精準性，並減少人為決策的干擾。
   - 示例：介紹 AI 如何利用消費者數據進行精準廣告投放，避免不相關產品的推廣，從而提升廣告轉化率。

3. AI 如何提升產品銷售的具體應用
   - 精準客戶分析與分類：透過大數據分析，AI 能夠精準選擇潛在的目標客戶，幫助行為進行用戶細分，進而達成目標客戶的專屬行銷策略。
   - 個性化推薦系統：利用機器學習建模技術，AI 能夠根據用戶過去的行為和其他相似用戶的偏好，推薦可能引發購買意願的產品。
   - 動態定價策略：AI 分析市場趨勢、需求變化、競爭對手的價格，幫助公司實現產品靈活定價，以保持競爭力。
   - 自動化營銷與內容優化：AI 透過自動化工具生成或優化銷售內容，並透過電子郵件、社交媒體進行推廣，節省人力資源。

4. 如何使用 AI 優化銷售渠道與客戶體驗
   ……

第二步：使用 Gamma 將大綱轉為簡報

大綱完成後，小明打開了 Gamma——一款能輕鬆將大綱轉換為簡報的工具。Gamma 提供了簡單直觀的介面，讓小明能夠順暢地將 ChatGPT 生成的大綱導入，並轉化為生動的可視化簡報。

3-3 Day17:AI 簡報工具的潛力

連結網址：https://gamma.app/

使用 Google 帳號註冊後，點擊「新建 AI」按鈕。

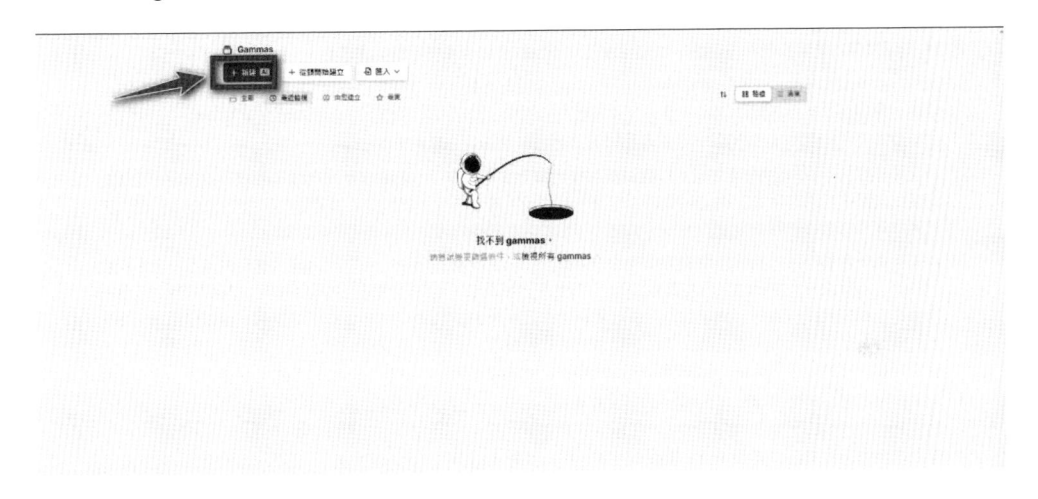

選擇第一個選項：「貼上文字」

提示詞：

除了上述 ChatGPT 提供的大綱外，我們還需要在前面增加以下內容：

- 「將這些大綱章節自動轉換為簡報頁面，並為每個章節添加對應的視覺元素與範例圖表。」

第 3 週　暗黑軍火庫

AI工具特種訓練 / 生產力加速器 / 文書處理武器 / 創意與內容生產利器 / 數據與決策分析 /AI個人助理 / 程式設

> 內容 ⓘ
>
> **快速：讓 AI 將你的內容分割成卡片**
>
> 　　自由格式　　　逐卡片
>
> 將這些大綱章節自動轉換為簡報頁面，並為每個章節添加對應的視覺元素與範例圖表。
>
> 1. 簡報介紹 內容細節：介紹簡報的目的，強調AI已經在改變全球銷售行業，並簡述其對行業的影響。可以引用一些統計數據來顯示AI應用的增長，並引入幾個成功的案例，說明AI在不同市場中如何提升產品銷售。示例：介紹如亞馬遜、Netflix 等公司如何運用AI技術來改進客戶體驗並提高銷售額。
>
> 2. AI在產品銷售中的角色 內容細節：詳細解釋AI技術如何應用於銷售，如機器學習在預測需求、自然語言處理在個性化推薦中扮演的角色。簡述AI技術如何提升客戶分析的精準度，並減少人為錯誤的干擾。示例：介紹AI如何利用消費者數據進行精準廣告投放，並減少不相關產品的推廣，從而提升廣告轉化率。
>
> 3. AI如何提升產品銷售的具體應用 精準客戶分析與細分：通過大數據分析，AI能夠根據消費者的瀏覽歷史、購物行為進行用戶細分，精準鎖定目標客戶群體。個性化推薦系統：利用協同過濾技術，AI能夠根據用戶過去的行為和其他相似用戶的偏好，推送最可能引發購買的產品。動態定價策略：AI分析市場趨勢、需求變化、競爭對手的價格，幫助公司實時調整產品價格，以保持市場競爭力。自動化營銷與銷售流程：AI通過自動化工具生成營銷內容，並通過電子郵件、社交媒體進行推廣，節省人力資源。
>
> 4. 如何使用AI優化銷售渠道與客戶體驗 智能客服與聊天機器人：使用自然語言處理技術的AI聊天機器人，可以即時響應客戶的詢問，並提供24/7的支持服務，提升客戶滿意度。社交媒體監控與互動：AI監控社交媒體平台，幫助品牌實時瞭解用戶反饋，並主動與潛在客戶進行互動，從而提高品牌知名度。語音助理和虛擬購物助理：AI語音助理如Alexa或Google Assistant可協助消費者在家中完成購物，提高購物便捷性和客戶留存率。
>
> 5. AI如何提升銷售團隊績效 銷售預測與數據驅動決策：AI通過分析歷史銷售數據，能夠預測未來銷售趨勢，幫助企業做出更明智的決策。自動化重複性任務：AI能夠自動處理銷售中重複性的任務，如生成報價、安排會議、跟進潛在客戶，減少人工負擔，提升效率。AI培訓與支持系統：銷售團隊可以通過AI工具進行定制化的技能提升培訓，學習如何更有效地運用數據推動銷售。
>
> 6. AI的挑戰與考量 數據隱私與安全問題：AI需要大量的數據來進行精確分析，因此數據隱私問題必須得到高度重視，企業需遵守相關法規。技術整合的複雜性：不同AI工具的整合可能需要時間和技術支持，企業需具備技術能力或尋求外部支援。成本與ROI考量：AI技術的引入初期可能伴隨著高昂的成本，企業需在規模和成本效益之間進行權衡。
>
> 7. 結論與未來展望 內容細節：總結AI如何幫助提升銷售，強調其在提高效率、降低成本和增強客戶體驗方面的優勢。展望未來AI在銷售中的應用趨勢，如進一步個性化的客戶服務、無縫整合的多渠道銷售體驗。示例：可以
>
> 　－　　8張卡片　　＋　　　　繼續　40 →

複製並貼上剛才的大綱與細節內容後，點擊「繼續」按鈕。

Gamma 根據 ChatGPT 提供的內容，為每個章節創建了對應的簡報頁面。每個章節都自動生成了圖表、數據和關鍵點，使簡報更加直觀易懂。

再次點擊「繼續」按鈕以進行下一步。

3-3 Day17:AI 簡報工具的潛力

接著，小明挑選了適合的主題和樣式。

以下是 Gamma 為各章節生成的內容示例：

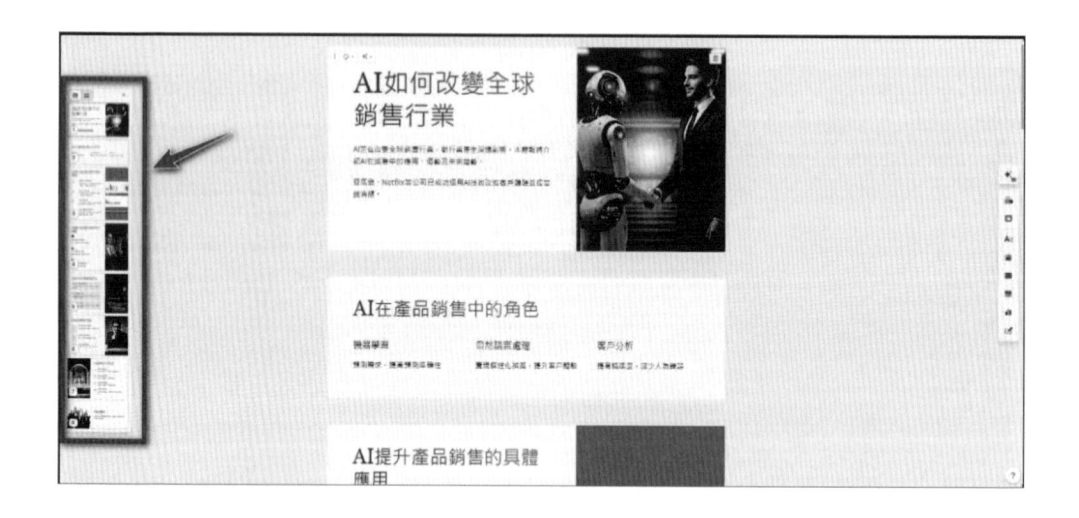

第 3 週　暗黑軍火庫
AI工具特種訓練 / 生產力加速器 / 文書處理武器 / 創意與內容生產利器 / 數據與決策分析 / AI個人助理 / 程式設

第三步：微調與完善

Gamma 將大綱轉換為簡報後，小明著手進行最後的微調。他專注於提升視覺效果，為簡報增添獨特魅力。

3-3 Day17:AI 簡報工具的潛力

小明還透過指導 Gamma 完成了以下調整：

經過這些調整，簡報不僅更加符合小明的需求，也更具專業感。
簡報完成後，小明著手匯出成品。

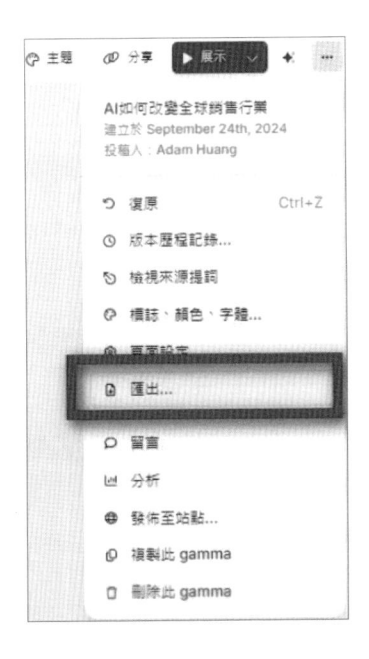

選擇將簡報匯出為 PowerPoint 格式。

完成：準備就緒的簡報

短短一小時內，小明利用 ChatGPT 和 Gamma 完成了一份內容豐富、視覺效果精美的簡報，這個過程原本可能需要數小時。他不僅節省了大量時間，還藉助 AI 的協助提升了簡報的質量。

最終，小明的產品發表會取得了巨大成功。觀眾對他運用 AI 創建的簡報印象深刻，紛紛表示獲益良多。

這個案例充分展示了 ChatGPT 和 Gamma 如何協助專業人士快速生成高質量的簡報內容，並將創意迅速轉化為現實。

3-4　Day18：個性化 PPT
Leonardo.Ai 生成「高級簡報」的 5 種參數 /Leonardo.Ai

📌 Part 1：為何 PPT 需要 Leonardo.Ai？

1. **視覺設計的職場影響力——讓簡報成為你的競爭優勢**

在現代職場環境中，簡報不僅是傳遞資訊的工具，更是展現個人專業度與影響力的關鍵平台。一份精心設計的簡報能夠在競爭激烈的職場中脫穎而出，並為你帶來以下優勢：

- **強化專業形象與個人品牌**：精緻的視覺設計能夠提升你的專業可信度，讓聽眾更願意信任和接受你的觀點。視覺質感往往是他人對你第一印象的重要組成部分。

- **提升演示效果與觀眾參與度**：現代人的注意力越來越分散，單調的簡報容易讓觀眾失去興趣。透過高質感的視覺設計，你可以有效抓住觀眾的目光，並維持他們的專注力，確保訊息能夠有效傳達。

- **加強資訊理解與記憶保留**：研究表明，人類大腦處理視覺資訊的速度是文字的 60,000 倍。透過精心設計的圖像化內容，你可以幫助觀眾更快理解複雜概念，並將重要訊息深植於記憶中。

2. **傳統設計流程 vs. AI 輔助設計——突破效率瓶頸**

在過去，製作一份高質感的簡報往往需要耗費大量時間和精力，這個繁瑣的過程通常包含以下步驟：

1. 深入研究與規劃整體視覺風格，包括配色方案、字體選擇和設計元素的統一性
2. 在各大圖庫中搜尋合適的素材，同時需要考慮版權問題和商業使用限制
3. 使用專業設計軟體如 Photoshop、Illustrator 或線上工具 Canva 進行耗時的編輯與調整
4. 反覆調整排版和視覺元素，確保整體設計的一致性和專業感

第 3 週　暗黑軍火庫
AI工具特種訓練／生產力加速器／文書處理武器／創意與內容生產利器／數據與決策分析／AI個人助理／程式設

這些傳統步驟不僅耗費大量時間，更需要相當的設計技能與經驗。然而，AI 工具如 Leonardo.Ai 徹底改變了這個現況。它能在幾秒鐘內生成高品質的視覺素材，不僅大幅縮短設計時間，更為缺乏設計背景的職場人士提供了一個突破技能門檻的解決方案。這種革命性的改變讓每個人都能夠製作出具有專業水準的簡報。

3. Leonardo.Ai 的革命性優勢——打造專業級視覺素材的全方位解決方案

Leonardo.Ai 作為新一代的 AI 影像生成工具，提供了一套完整且強大的功能，能夠徹底改變簡報設計的工作流程。以下是這個工具所帶來的顯著優勢：

- **智能風格控制系統**：不僅能生成商務、科技感、極簡等多種風格的圖片，更可透過細緻的參數調整，確保生成的圖像完美符合品牌調性與簡報主題。系統內建的風格預設讓使用者能快速選擇並應用最適合的視覺風格。

- **專業級解析度輸出**：支援最高 4K 解析度的圖像輸出，確保簡報在大螢幕投影或高解析度顯示器上依然保持清晰銳利的視覺效果。同時，智能壓縮技術可在保持畫質的同時優化檔案大小。

- **效率導向的快速輸出**：革命性的 AI 運算架構，讓使用者只需透過簡單的提示詞（prompt），就能在幾秒鐘內獲得專業水準的圖像。內建的提示詞建議系統更協助使用者快速找到最適合的描述方式。

- **進階影像處理功能**：內建專業級的去背與素材裁切工具，能一鍵生成各種簡報所需的視覺元素，從精美的圖示、動態背景到複雜的資訊圖表都能完美呈現。系統更支援批次處理，大幅提升工作效率。

📌 Part 2：Leonardo.Ai 生成「高級簡報」的 5 種關鍵參數

🎨 1. Style（風格參數）——確保視覺一致性
操作方法：

1. 在 Leonardo.Ai 的輸入框中輸入關鍵詞，例如：「minimalist business infographic」或「futuristic technology presentation background」。

2. 選擇合適的風格,如商務、科技、插畫、極簡等。
3. 透過嘗試不同風格的關鍵詞,確保整體簡報的設計一致。

實例:打造一份科技產品簡報的標題頁面

Step 1:設定基本參數

- 提示詞:「sleek modern technology presentation cover, minimalist design, gradient blue background, floating geometric shapes, professional corporate style」
- 負向提示詞:「text, words, busy, cluttered, realistic photos」
- 解析度:1920x1080(16:9 比例)
- 風格權重:minimal +1, professional +1, tech +2

Step 2:細節調整

- 配色方案:使用藍色系漸層作為主色調
- 圖像布局:保留足夠的文字空間,物件偏右或左側擺放
- 細節要求:幾何圖形需保持簡潔,避免過於複雜的設計元素

Step 3:最終優化

- 檢查輸出品質,確保解析度足夠清晰
- 調整圖片亮度和對比度,確保投影時的觀看效果
- 必要時使用 AI 工具進行局部優化或去背處理

成果展示:最終生成的封面將呈現出簡約現代的科技感,具有層次分明的漸層背景,搭配懸浮的幾何圖形,為整份簡報奠定專業且吸睛的開場。

績效提升點:☑ 避免風格混亂,提高視覺專業感。 ☑ 生成符合品牌識別的 PPT 圖片。

📌 2. Aspect Ratio（長寬比）——符合 PPT 版面

操作方法：

1. 設定圖片長寬比：
   - **16:9（標準簡報）**：適用於現代投影與螢幕展示。
   - **4:3（傳統格式）**：適用於部分老舊設備。
   - **1:1（社群用圖）**：適用於 Instagram 或方形設計需求。

2. 在 Leonardo.Ai 設定「Output Ratio」，確保圖片與簡報頁面匹配。

實例：製作一份產品銷售報告的內頁

Step 1：設定基本參數

- 提示詞：「clean business chart background, gradient white and blue, minimalist design, corporate style presentation slide, 16:9 ratio」

- 負向提示詞：「text, busy design, dark colors, complex patterns」

- 解析度：1920x1080（16:9 投影標準）

Step 2：生成內容頁面圖像

- 設定背景版面配置，預留左側 40% 空間放置文字內容
- 右側區域規劃為圖表展示區，生成簡潔的圖形元素
- 使用企業色系（藍色系）作為主色調

Step 3：調整與優化

- 檢查生成圖片的清晰度和比例是否符合需求
- 必要時調整亮度和對比度，確保投影效果
- 使用去背工具處理多餘元素，保持畫面簡潔

成果說明：最終生成的內頁將呈現出專業的商務風格，具有清晰的版面配置和層次分明的設計元素，適合用於產品銷售數據的展示。

績效提升點：

☑ 避免圖片與簡報版面不匹配的問題。

☑ 省去額外的剪裁與調整時間。

3. Prompt Weight（權重設定）——精準控制 AI 生成內容

操作方法：

1. 在 Leonardo.Ai 中調整 Prompt Weight，確保 AI 聚焦特定元素。
2. 範例設定：
   - **高級科技感背景：**「futuristic corporate background, high detail, 16:9」
   - **簡潔商務插圖：**「flat design business infographic, minimal, vector style」

實例：打造市場分析簡報的圖表頁面

Step 1：設定基本參數

- 提示詞：「modern business chart visualization, clean professional design, data presentation style, gradient background, 16:9 format」
- 負向提示詞：「text overlay, messy design, complex patterns, photorealistic elements」
- 解析度：1920x1080（標準投影尺寸）

Step 2：優化權重設定

- 主要元素權重：
  - business: 1.5
  - modern: 1.2
  - clean: 1.3
- 風格元素權重：
  - minimal: 1.2
  - professional: 1.4

Step 3：圖像生成與後製

- 確認圖片布局預留文字與圖表空間（左側 30% 文字區，右側 70% 圖表區）
- 調整背景透明度確保文字清晰可讀
- 必要時使用去背工具優化圖像邊緣

最終成果：生成的圖片將呈現出專業的市場分析風格，具有清晰的區域劃分，適合放置數據圖表和重點文字，同時保持整體視覺的現代感和專業度。

績效提升點：

✅ AI 生成的內容更加準確，減少不必要的元素。

✅ 提升設計效率，減少人工修改時間。

4. Negative Prompt（反向提示）——避免錯誤風格或雜亂元素

操作方法：

1. 在 Negative Prompt 欄位輸入不希望出現的元素，例如：
   - 「realistic, noisy, overly detailed, cluttered」
2. 避免 AI 生成不符合簡報需求的圖片，如過於寫實或雜亂的圖案。

實例：設計科技趨勢報告簡報內頁

Step 1：設定基本參數

- 提示詞：「tech trend analysis slide, modern minimal design, abstract geometric shapes, clean corporate style, 16:9 format」
- 負向提示詞：「realistic photos, text overlay, people, handdrawn elements, busy design, vintage style」
- 解析度：1920x1080（投影標準尺寸）

Step 2：布局設定

- 畫面配置：右側預留 40% 空間放置趨勢圖表
- 左側規劃為文字說明區域，背景需保持簡潔
- 使用科技感幾何圖形作為裝飾元素

Step 3：生成與調整

- 生成 3-5 張備選圖片，選擇最符合需求的版本
- 調整對比度和亮度，確保投影效果
- 必要時使用去背工具處理多餘背景元素

成果說明：最終生成的內頁將展現出現代科技感，具有清晰的區域劃分，適合放置趨勢分析數據，同時保持整體視覺的專業度與一致性。

績效提升點：

☑ 確保圖片符合簡報主題，避免無關內容。

☑ 降低 AI 生成錯誤率，提高使用效率。

5. Resolution & Detail（解析度與細節）——保持畫面清晰度

操作方法：

1. 在 Leonardo.Ai 設定高解析度輸出（1080p 或 4K）。
2. 測試不同解析度，確保插入 PPT 後不會模糊。

實例：設計企業季度財報簡報

Step 1：基礎參數設定

- 提示詞：「professional quarterly report slide, modern corporate design, financial data visualization, gradient blue background, 16:9 format」
- 負向提示詞：「messy layout, complex patterns, dark colors, hand-drawn elements」
- 解析度：4K（3840x2160）用於重要頁面

Step 2：版面配置優化

- 設計符合企業視覺識別系統的背景
- 左側規劃為財務數據展示區（60% 空間）
- 右側預留給圖表與重點說明（40% 空間）

第 3 週　暗黑軍火庫
AI工具特種訓練 / 生產力加速器 / 文書處理武器 / 創意與內容生產利器 / 數據與決策分析 / AI個人助理 / 程式設

Step 3：細節處理

- 確保文字區域背景簡潔，增加可讀性
- 調整圖片亮度與對比度以適應投影環境
- 必要時將圖片轉換為更小的檔案大小（1080p）以改善 PPT 運行效能

成果說明：生成的季報簡報頁面將展現專業的財務報告風格，具有清晰的數據展示區域和現代企業設計語言，同時保持整體視覺的一致性與專業度。

績效提升點：☑ 高解析度確保投影時的清晰度 ☑ 合理的版面配置提升資訊傳達效率 ☑ 適當的檔案優化確保簡報流暢運行

績效提升點：☑ 提高簡報視覺質感，避免低解析度導致的畫面失真。 ☑ 讓圖片在任何投影環境下都保持清晰。

📌 Part 3：實戰應用——Leonardo.Ai 讓你的 PPT 脫穎而出

1. 範例解析——3 分鐘生成高質感簡報封面圖

- 輸入 prompt：「modern corporate presentation cover, minimal, blue tones, 16:9」
- 選擇高解析度輸出，下載並插入 PPT

2. 實戰演練——用 AI 生成背景、圖標、資訊圖表

- 生成商務背景：Prompt 設定「corporate gradient background, clean, professional」
- 生成資訊圖表：Prompt 設定「business infographic, flat design, minimal, vector style」
- 生成圖標素材：Prompt 設定「modern business icons, flat style, vector, minimal」

透過這些參數設定，你可以在短時間內讓 PPT 視覺質感大幅提升，展現專業度與高級感！

3-4 Day18：個性化 PPT

實例一：科技產品發表會簡報

情境：新款智慧手錶產品發表

步驟詳解：

1. 封面設計 Prompt：「futuristic smartwatch presentation cover, minimal tech style, dark blue gradient background, 16:9, high quality」

- 權重設定：tech, minimal +2
- 負向提示：cartoon, hand-drawn, busy background

1. 產品特色頁面 Prompt：「modern tech infographic, circular design, smart device features, vector style, professional」

- 解析度：4K
- 風格：科技感、簡約現代

3-53

第 3 週　暗黑軍火庫

AI工具特種訓練 / 生產力加速器 / 文書處理武器 / 創意與內容生產利器 / 數據與決策分析 /AI 個人助理 / 程式設

1. 數據展示頁 Prompt：「tech data visualization background, glowing circuit lines, dark theme, corporate style」

- 長寬比：16:9
- 細節設定：保持簡潔但具未來感

3-4 Day18：個性化 PPT

實例二：環保永續報告簡報

情境：企業永續發展年度報告

步驟詳解：

1. 主視覺設計 Prompt：「sustainable green business report cover, organic shapes, earth tones, professional, 16:9」

- 色調：自然綠色系
- 風格：有機、環保

1. 數據圖表頁 Prompt：「environmental infographic elements, clean design, nature-inspired, vector graphics」

- 配色：綠色系漸層
- 元素：葉子、樹木圖示

3 第 3 週 暗黑軍火庫
AI工具特種訓練/生產力加速器/文書處理武器/創意與內容生產利器/數據與決策分析/AI個人助理/程式設

1. 成果展示頁 Prompt：「eco-friendly achievement visualization, minimal design, green energy symbols」

- 風格：清新自然
- 圖示：可再生能源符號

實例三：年度市場策略簡報

情境：公司年度行銷計畫提案

步驟詳解：

1. 開場視覺 Prompt：「dynamic marketing strategy presentation, abstract business background, professional, corporate style」

- 解析度：1920x1080
- 風格：商務專業

1. 市場分析頁 Prompt：「market analysis dashboard, clean business infographic, modern chart design」

- 配色：企業識別系統色彩
- 元素：圖表、數據視覺化

1. 策略規劃頁 Prompt：「strategic planning timeline, business roadmap, professional infographic」

- 版面：時間軸設計
- 視覺：清晰的里程碑標示

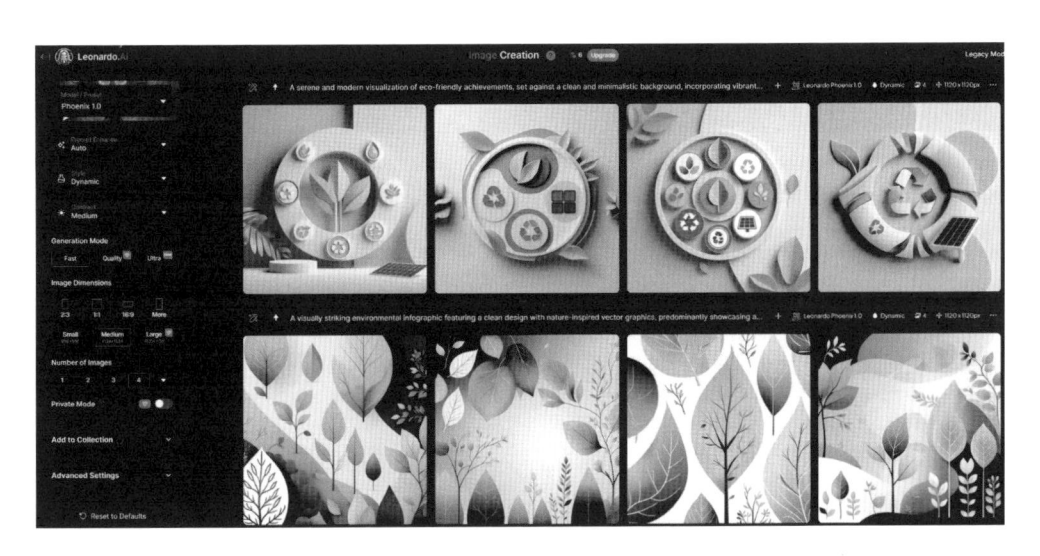

3　第 3 週　暗黑軍火庫
AI工具特種訓練 / 生產力加速器 / 文書處理武器 / 創意與內容生產利器 / 數據與決策分析 /AI 個人助理 / 程式設

效果加分技巧與實例：

- ✅ 善用「Prompt Weight」調整關鍵字權重 🔍 實例：生成科技感封面時
    - ◆ **基礎提示詞：**「tech presentation cover, minimal, modern」
    - ◆ **加權設定：** tech:1.5, minimal:1.2
    - ◆ **效果：** 強化科技感但保持簡約風格

3-58

- ☑ 透過「Negative Prompt」排除干擾元素 🔍 實例：製作商務圖表時
  - ◆ **主要提示詞**：「business chart, clean design」
  - ◆ **反向提示**：「cartoon, texture, people, text」
  - ◆ **效果**：確保圖表純粹性，避免卡通風格干擾
- ☑ 設定統一色彩基調 🔍 實例：企業品牌簡報
  - ◆ 使用「--seed」參數固定風格
  - ◆ **指定色碼**：「#2B3F87, #E4E9F7」
  - ◆ **效果**：生成圖像始終保持企業主色調
- ☑ 平衡解析度與檔案大小 🔍 實例：大型簡報製作
  - ◆ **封面圖**：4K 解析度（3840x2160）
  - ◆ **內頁圖**：1080p（1920x1080）
  - ◆ **小型圖示**：720p
  - ◆ **效果**：重要頁面高清晰，一般頁面保持流暢

📌 Part 4：常見問題 & 進階技巧

1. 如何確保 AI 生成圖片與簡報主題完美契合？深入剖析主題關鍵字的精準選擇與組合策略、風格參數的細緻調校方法，並探討如何運用多層次的提示詞結構，引導 AI 系統生成最貼近簡報核心內容和品牌風格的視覺元素。從關鍵字權重配置到風格描述的精確拿捏，建立一套系統化的提示詞框架。

2. 如何快速且精準地調整 AI 生成圖片，使其完美融入 PPT 配色體系？深入探討進階色彩參數設定技巧、專業級後期調整方法，以及如何充分運用 Leonardo.Ai 的色彩權重、漸層控制等進階功能，確保生成的每一張圖片都能完美呼應簡報的整體視覺設計。同時提供實用的配色方案範本與調色技巧，幫助快速達成專業視覺效果。

3. 探索強大的 AI 工具生態系統如何協同 Leonardo.Ai 提升簡報表現？深入剖析如何有效整合 Canva 的版面設計優勢、Gamma 的動態效果特色，以及

第 3 週　暗黑軍火庫
AI工具特種訓練／生產力加速器／文書處理武器／創意與內容生產利器／數據與決策分析／AI個人助理／程式設計

其他相關 AI 工具的獨特功能，建立一套完整且高效的 AI 輔助簡報工作流程。透過工具間的優勢互補與流程優化，打造出具有專業水準的視覺展示方案。

4. 掌握 Leonardo.Ai 生成可編輯圖表與 UI 元素的進階技巧？深入解析向量圖形的精確生成方法、可編輯元素的進階參數設定，以及確保所有生成圖表在 PPT 中保持最大彈性的專業技巧。同時探討如何運用模板系統與參數預設，建立可重複使用的高質量視覺元素庫，大幅提升簡報製作效率。

- 📌 總結與行動指南：建立卓越的專業級簡報視覺系統

☑ 善用 Leonardo.Ai 打造令人印象深刻的專業視覺元素

- 從封面設計到內頁版面配置，建立完整且一致的視覺識別系統，展現專業水準與品牌特色
- 充分運用 AI 工具的優勢，結合創意思維與技術創新，打造具有獨特性的簡報視覺效果
- 注重細節處理，確保每個視覺元素都能完美呈現並相互呼應

☑ 全面掌握 5 大核心參數，實現卓越的視覺表現

- 深入理解並靈活運用風格設定、長寬比例、權重配置等關鍵參數，打造最佳視覺效果
- 透過精細的參數調校與反覆測試，確保每張生成圖片都能完美配合簡報主題與風格
- 善用反向提示技巧，有效過濾干擾元素，保持視覺焦點的清晰度與專注度
- 建立系統化的參數配置方法，確保視覺元素的一致性與可重複性

☑ 融合 AI 技術與簡報設計精髓，展現卓越競爭優勢

- 深度整合 AI 生成技術與專業簡報設計原則，創造具有震撼力的視覺表現效果
- 開發並優化個人化的 AI 簡報工作流程，大幅提升工作效率與產出品質

- 建立持續改進的迭代機制，不斷調整與優化簡報視覺效果，達到最佳展示水準
- 透過系統化的方法與工具整合，確保每份簡報都能展現專業水準與創新思維

📌 任務挑戰

◆ 運用 Leonardo.Ai 挑戰自我：

- 生成 3 種不同風格的簡報背景（商務型、創意型、科技型）
- 為每種風格製作完整的視覺系統，包含配色與圖示
- 記錄成功的參數設定，建立個人範本庫

◆ 打造專業級簡報素材：

- 生成一套完整的 AI 插圖系列
- 確保插圖風格統一且符合品牌調性
- 製作可重複使用的視覺元素庫

◆ 分享與成長：

- 在團隊中展示你的 AI 簡報設計成果
- 與同事交流 AI 工具使用心得與技巧
- 收集反饋意見，持續改進設計品質
- 建立最佳實踐範例，供團隊參考使用

🎯 任務提示與參考

1. 運用 Leonardo.Ai 挑戰自我：

生成 3 種不同風格背景的提示詞建議：

- **商務型背景**："professional business presentation background, minimal, corporate style, subtle gradient, clean lines, monochromatic, elegant design --ar 16:9 --v 5.2 --style corporate"

- **創意型背景**："creative abstract background, organic shapes, vibrant colors, modern design, fluid patterns, artistic presentation --ar 16:9 --v 5.2 --style modern"
- **科技型背景**："futuristic technology background, digital grid, neon accents, circuit patterns, dark theme, high-tech visual --ar 16:9 --v 5.2 --style tech"

2. 打造專業級簡報素材：

AI 插圖系列生成建議：

- 基礎參數設定：
    - 解析度：1920x1080
    - 風格一致性：使用相同的風格標籤
    - 色彩協調：指定主色調範圍
- 示範提示詞："professional business icon set, consistent style, minimalist design, [您的品牌主色], clean lines, vector style illustration --ar 1:1 --v 5.2 --style minimal"

3. 分享與成長實踐指南：

- 展示成果的重點項目：
    - 展示前後對比
    - 說明使用的具體參數
    - 分享生成過程中的技巧
    - 提供可複製的工作流程
- 收集反饋的關注點：
    - 視覺效果的專業度
    - 與品牌調性的契合度
    - 實際應用中的便利性
    - 可優化改進的方向

最佳實踐範例建立步驟：

1. 記錄成功的參數組合與提示詞
2. 建立風格模板庫
3. 整理常用元素集合
4. 製作操作指南文檔

🔑 成功要點：

- 確保每次生成都保存參數設定
- 建立個人的提示詞資料庫
- 持續優化工作流程
- 與團隊分享實踐心得

⚠️ 注意事項：

- 確保生成內容符合版權規範
- 注意檔案大小與格式兼容性
- 妥善管理與備份生成資源
- 定期更新參數設定以適應新版本

3-5 Day19: 讓人脫胎換骨的程式工具
AI 如何激發【工程師 & 產品經理】職場創新 / Cursor AI

小雨是一位擁有十多年經驗的資深軟體工程師，專精於 Python 開發。平日裡，她經常為企業開發自動化工具，尤其是基於影像處理的 OCR（光學字符識別）應用程式。然而，隨著技術的不斷更新與專案需求的多樣化，繁瑣的程式撰寫和調試工作讓她感到有些疲憊。

一天，小雨聽到同事提到一款名叫 Cursor AI 的工具，據說這款工具可以透過 AI 輔助程式設計，並大幅提升開發效率。好奇心驅使她決定嘗試這個新工具，於是她下載了 Cursor 並將其整合到自己熟悉的開發環境中。連結網址：https://www.cursor.com/

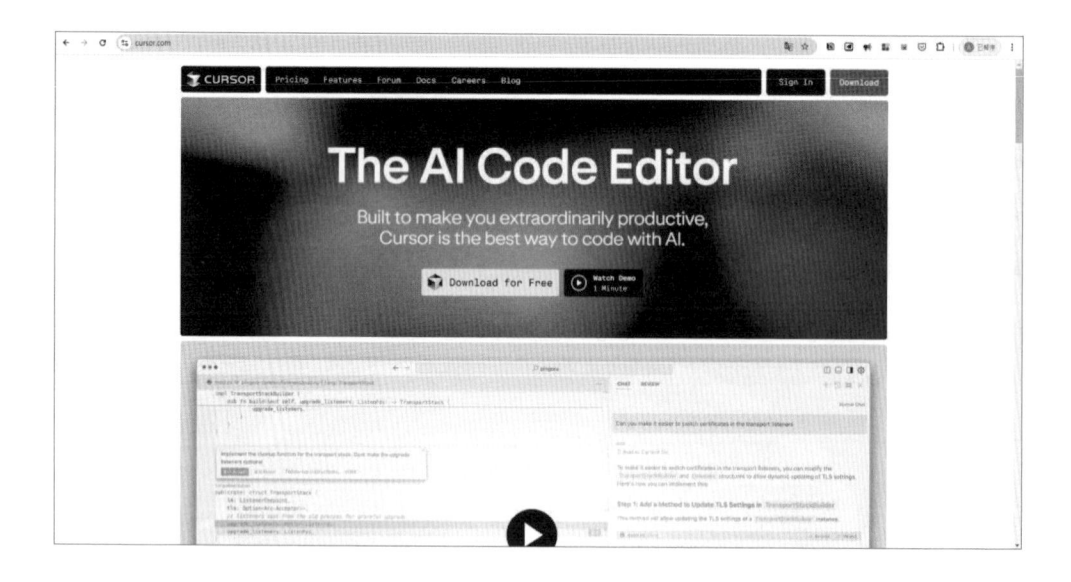

第一次使用 Cursor AI

打開 Cursor 的那一刻，小雨就發現它的界面與她熟悉的 VS Code 非常相似。她選擇了一個新的 Python 專案，並開始輸入她的需求。

3-5 Day19：讓人脫胎換骨的程式工具

小雨的提示詞：

「撰寫一個 Python 程式，使用 Tesseract 來實現 OCR，從一張圖片中提取文字，並將結果儲存在文字檔案中。」

沒過幾秒，Cursor AI 生成了以下 Python 程式碼：

```
import pytesseract
from PIL import Image

def extract_text_from_image(image_path, output_file):
    # 打開圖片
    image = Image.open(image_path)

    # 使用 Tesseract 進行 OCR
    text = pytesseract.image_to_string(image, lang='chi_tra+eng')

    # 將結果寫入文字檔案
    with open(output_file, 'w', encoding='utf-8') as f:
        f.write(text)

    print(f"文字已成功提取並儲存到 {output_file}")

# 使用範例
image_path = '您的圖片路徑.jpg'
output_file = '輸出結果.txt'
extract_text_from_image(image_path, output_file)
```

點擊「Apply」按鈕後，生成的程式碼立即被插入編輯器中。

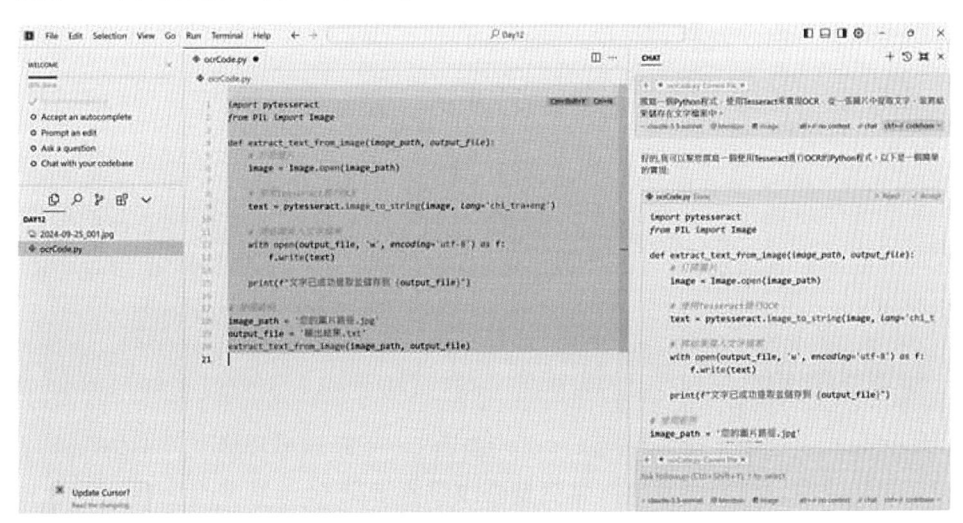

看到生成的程式碼，小雨非常驚訝。這段程式碼結構清晰且符合她的需求，而她只用了幾個簡單的提示詞就生成了這樣的程式。她幾乎不需要手動編寫，Cursor 已經幫她做了絕大部分的工作。

另外下方還包含註解說明：

這個程式做了以下幾件事：

- 導入必要的庫：pytesseract 用於 OCR 處理，PIL (Python Imaging Library) 用於圖片處理。
- 定義了一個函數 extract_text_from_image，它接受兩個參數：
- image_path: 輸入圖片的路徑
- output_file: 輸出文字檔案的路徑
- 在函數內部：
- 使用 PIL 打開圖片
- 使用 pytesseract.image_to_string() 進行 OCR，設置語言為繁體中文和英文 (chi_tra+eng)
- 將提取的文字寫入指定的輸出文件
- 最後，提供了一個使用範例。

使用這個程式之前，請確保您已經安裝了 Tesseract OCR 引擎和 pytesseract 庫。您可以使用以下命令安裝 pytesseract：

```
pip install pytesseract
```

另外，您需要根據自己的需求修改 image_path 和 output_file 的值。如果您需要處理其他語言或調整 OCR 的參數，可以修改 lang 參數或添加其他 Tesseract 配置選項。

進一步調整與優化

為了確保程式更完善，小雨希望 Cursor 能提供一些錯誤處理機制，避免在圖片不存在或無法讀取時發生意外。她於是修改了提示詞：

3-5 Day19: 讓人脫胎換骨的程式工具

小雨的提示詞：

「為之前的 Python 程式加入錯誤處理，避免圖片讀取失敗時程式崩潰。」

很快，Cursor 再次生成了優化後的程式碼：

```python
import pytesseract
from PIL import Image
import os

def extract_text_from_image(image_path, output_file):
    try:
        # 檢查圖片檔案是否存在
        if not os.path.exists(image_path):
            raise FileNotFoundError(f"找不到圖片檔案：{image_path}")

        # 打開圖片
        image = Image.open(image_path)

        # 使用 Tesseract 進行 OCR
        text = pytesseract.image_to_string(image, lang='chi_tra+eng')

        # 將結果寫入文字檔案
        with open(output_file, 'w', encoding='utf-8') as f:
            f.write(text)

        print(f"文字已成功提取並儲存到 {output_file}")

    except FileNotFoundError as e:
        print(f"錯誤：{e}")
    except IOError as e:
        print(f"圖片讀取錯誤：{e}")
    except pytesseract.TesseractError as e:
        print(f"Tesseract OCR 錯誤：{e}")
    except Exception as e:
        print(f"發生未預期的錯誤：{e}")

# 使用範例
image_path = '您的圖片路徑.jpg'
output_file = '輸出結果.txt'
extract_text_from_image(image_path, output_file)
```

再次點擊「Apply」按鈕後，生成的程式碼立即被插入編輯器中，並以不同顏色呈現新舊版本的差異。

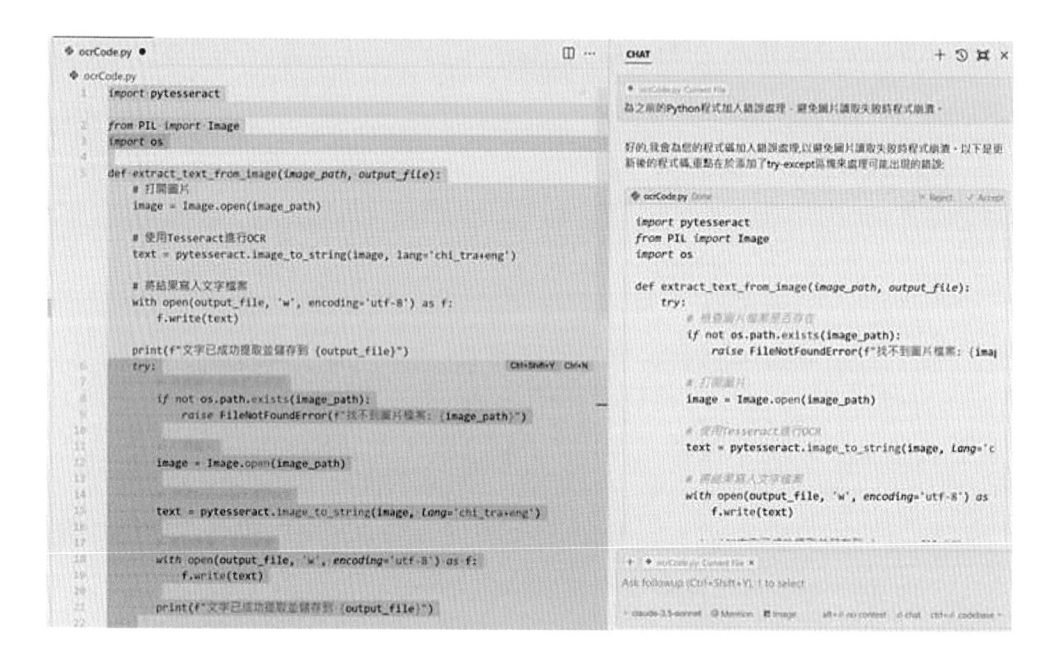

這次，Cursor AI 完美地加入了錯誤檢查，並且處理了圖片不存在或無法讀取的情況。小雨對於這樣的結果感到非常滿意，Cursor 不僅能生成她所需的程式碼，還能根據她的需求進行合理的調整與優化，讓整個開發過程變得更加高效。

此外，Cursor AI 還提供了本次改進的說明如下：

這個更新版本的程式碼主要做了以下改進：

- 導入了 os 模組，用於檢查檔案是否存在。
- 在 extract_text_from_image 函數中添加了 try-except 區塊，以捕獲可能發生的錯誤。
- 在讀取圖片之前，先檢查圖片檔案是否存在。如果不存在，則拋出 FileNotFoundError。
- 捕獲了幾種可能的錯誤：
- FileNotFoundError: 當找不到圖片檔案時。

3-5 Day19: 讓人脫胎換骨的程式工具

- IOError: 當圖片讀取出錯時。
- pytesseract.TesseractError: 當 Tesseract OCR 處理出錯時。
- Exception: 捕獲其他未預期的錯誤。
- 對於每種錯誤，都會印出相應的錯誤訊息，而不是讓程式崩潰。

這樣的錯誤處理可以確保程式在遇到問題時能夠優雅地處理，並提供有用的錯誤訊息，而不是直接崩潰。這對於提高程式的穩定性和用戶體驗很有幫助。

心得分享

完成這次 OCR 程式的開發後，小雨深刻體會到 Cursor AI 的強大功能。這款工具不僅僅是一個簡單的程式碼自動補全工具，它更像是一位智慧型的 AI 編碼夥伴。Cursor AI 能夠理解小雨的意圖，根據她提供的簡單提示詞，快速生成符合需求的完整程式碼。更令人驚嘆的是，它還能在小雨的引導下不斷優化和改進程式，彷彿能夠讀懂她的心思。

這次使用 Cursor AI 的體驗讓小雨感受到了前所未有的開發效率。她驚訝地發現，原本需要花費數小時甚至數天才能完成的程式開發工作，現在只需要幾分鐘就能完成初步框架，剩下的時間可以專注於更深層次的邏輯優化和功能擴展。這種效率的提升不僅大幅縮短了她的開發時間，還讓她能夠更專注於創新和問題解決，而不是被繁瑣的程式碼書寫所困擾。

隨著對 Cursor AI 的深入使用，小雨對未來在各種專案中運用這個工具充滿了信心。她開始構想如何將 Cursor AI 應用到更複雜的系統開發中，如何利用它來提高團隊的整體效率，甚至如何借助它來探索一些之前因為時間或技術限制而無法嘗試的創新想法。

從此，Cursor AI 不僅成為了小雨日常開發中不可或缺的得力助手，更成為了激發她創造力和擴展技術邊界的重要工具。她深信，隨著自己對 Cursor AI 的熟練運用，未來她將能夠挑戰更多複雜的程式設計任務，並在軟體開發領域取得更大的突破。

第 3 週　暗黑軍火庫
AI工具特種訓練 / 生產力加速器 / 文書處理武器 / 創意與內容生產利器 / 數據與決策分析 / AI個人助理 / 程式設

Cursor AI 是一款革命性的 AI 驅動編輯器，專為現代程式設計師打造。它融合了多種尖端 AI 技術，旨在顯著提升開發者的編碼效率和創造力。這款工具不僅僅是一個簡單的程式碼編輯器，而是一個智能協作夥伴，能夠理解開發者的意圖並提供精準的支援。以下我們將深入探討 Cursor AI 的核心功能及其創新的操作界面。

■ 操作界面介紹

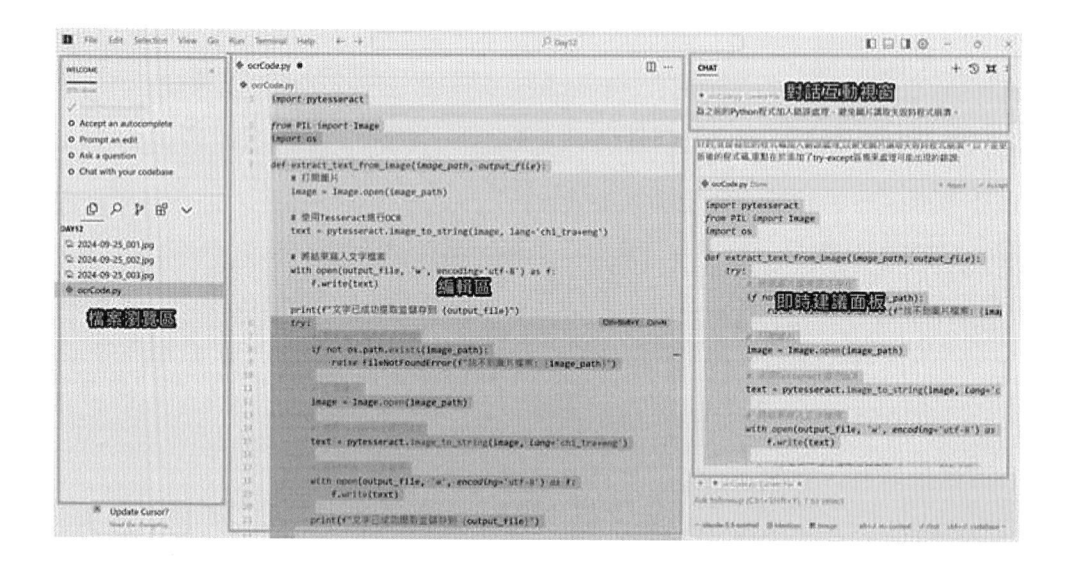

主介面

當使用者啟動 Cursor AI 後，將看到一個直觀且易於導航的主介面。界面左側是檔案瀏覽器，可以快速訪問專案中的各個檔案；中間是編輯區域，用於撰寫和修改程式碼，右側有對話互動視窗。

對話互動視窗

在對話互動視窗，使用者可以在此輸入自然語言指令或問題。例如：

- "請幫我寫一個連接到 MySQL 資料庫的函數。"
- "如何處理 JSON 格式的資料？"

即時建議面板

當使用者輸入程式碼時，Cursor 會在編輯區域下方顯示即時建議面板，列出可能的函數、變數和修復建議。這些建議會隨著使用者輸入而即時更新，使得編碼過程更加流暢。

Cursor AI 的核心功能

1. 智慧程式碼提示與自動補全：開發者的思維延伸

Cursor AI 擁有強大的智慧提示和自動補全功能，它不僅能根據使用者的程式碼庫提供即時建議，更能夠理解整個專案的上下文。當開發者開始編碼時，Cursor 會分析代碼結構、變量使用和函數調用模式，自動推薦最相關的函數、變數或代碼片段。這種深度學習驅動的建議系統能夠適應個人編碼風格，隨著使用不斷優化，提供越來越精確的建議，彷彿能讀懂開發者的心思。

2. 高級錯誤檢測與智能修復建議：程式碼質量的守護者

Cursor AI 配備了先進的錯誤檢測引擎，能夠實時分析程式碼，識別潛在的語法錯誤、邏輯缺陷和性能瓶頸。更重要的是，它不僅能指出問題所在，還能提供智能化的修復建議。這些建議不僅包括簡單的語法糾正，還涵蓋了代碼重構和最佳實踐推薦。開發者可以快速審閱這些建議，一鍵應用修復，大大縮短了調試時間，同時提高了代碼質量。

3. 自然語言程式設計：打破編碼與思考之間的障礙

Cursor AI 的自然語言支援功能徹底改變了傳統的編碼方式。開發者可以使用日常語言描述他們想要實現的功能，Cursor 便能理解意圖並生成相應的高質量代碼。例如，輸入 "創建一個計算圓面積的函數，並處理負數輸入"，Cursor 會立即生成包含輸入驗證、計算邏輯和錯誤處理的完整函數。這種方式不僅加速了開發過程，還使得編程變得更加直觀和易於上手，特別適合新手開發者快速實現想法。

4. 多模型 AI 支援：個性化的編碼體驗

Cursor AI 提供了多種先進的 AI 模型供開發者選擇，每種模型都有其特定的強項和適用場景。使用者可以根據項目需求、個人偏好或特定編程語言選擇最適合的 AI 模型。這種靈活性確保了 Cursor 能夠適應不同類型的開發任務，無論是快速原型開發、複雜算法實現，還是大規模系統重構。通過簡單的快捷鍵或命令，開發者可以輕鬆切換模型，獲得最佳的 AI 輔助體驗。

5. 無縫集成主流開發環境：熟悉中的創新

Cursor AI 深度整合了 Visual Studio Code、IntelliJ IDEA 等廣受歡迎的開發環境，為開發者提供了熟悉且強大的工作空間。這種無縫集成意味著開發者可以在自己熟悉的環境中享受 Cursor 的所有先進功能，無需適應全新的界面或工作流程。同時，Cursor 還支持豐富的插件生態系統，允許開發者進一步擴展和定制功能，打造完全符合個人需求的智能開發環境。這種方法不僅降低了學習曲線，還大大提高了團隊協作的效率和一致性。

價格方案

結論

Cursor AI 是一款強大的工具，不僅提升了程式設計的效率，也讓開發過程變得更加直觀和簡單。無論是資深工程師還是初學者更甚至是不懂程式碼的產品經理，都能從中受益，快速實現自己的編程需求。隨著 AI 技術的不斷進步，Cursor AI 有望成為未來開發者不可或缺的助手。

3-6 Day20：提升工作效率
利用 AI 文字轉語音工具實現多任務處理 /FlexClip

大家好！有沒有人跟我有同樣的感覺，無論怎麼努力，工作時間總是不夠？是不是每天都被無數的重複性任務壓得喘不過氣？文件要寫、會議記錄要整理、簡報也還沒做完？如果這些聽起來熟悉，那麼你一定會對今天我要介紹的工具感興趣。今天，我要跟大家分享一個好幫手——FlexClip，一個能將文字快速轉換成語音的 AI 工具，讓你同時兼顧多個工作，並且還能輕鬆搞定！

什麼是 FlexClip？簡單介紹這個 AI 神器

FlexClip 是什麼？它是一個非常簡單易用的工具，能幫助你將任何文本轉換成高品質、自然流暢的語音內容。無論你是要做簡報、製作培訓影片，還是需要生成會議記錄音頻，FlexClip 都能幫你節省大量時間。你可以調整語速、語調、音高，確保語音聽起來不會像機器人，而是自然地像人在說話一樣。

想像一下，你有一份重要的會議記錄需要轉成音頻報告。以往你可能得花好幾個小時去錄音、剪輯，現在，只需要幾分鐘，你就能得到一個專業級的語音版本，隨時可以分享給團隊！

FlexClip 是一款功能豐富且易於使用的在線視頻編輯平台，專為各類用戶打造。無論您是剛入門的愛好者還是經驗豐富的專業創作者，FlexClip 都能滿足您的需求。這款工具提供了一系列直觀且強大的功能，包括直接拖放操作、豐富的模板庫、AI 輔助編輯等，使得視頻製作過程變得既簡單又高效。

FlexClip 的設計理念是讓每個人都能輕鬆創作出高品質的視頻內容。它不僅提供了基本的剪輯和編輯工具，還包括了先進的特效、轉場和音頻處理功能。此外，FlexClip 還持續更新其功能，緊跟視頻製作行業的最新趨勢，確保用戶能夠創作出符合當前審美和技術標準的視頻作品。

連結網址：https://www.flexclip.com/tw/

- 主要特點
- 易於使用的界面

- **拖放功能**：FlexClip 的界面設計友好，支持拖放操作，讓用戶無需複雜的技術知識即可輕鬆編輯視頻。

- 多樣化的編輯功能

- **視頻修剪與合併**：用戶可以快速修剪視頻片段，並將多個片段合併成一個完整的視頻。

- **添加音樂和文本**：可以為視頻添加背景音樂和文本說明，以增強表達效果。

- **錄製旁白**：支持錄製聲音並添加旁白，幫助清晰地解釋視頻內容。

- AI 驅動的功能

- **文本轉視頻**：利用 AI 技術，將文本快速轉換為引人入勝的視頻內容，提升創作效率。

- **AI 噪音消除與人聲去除**：新版本中引入了 AI 噪音消除功能，可以有效去除背景噪音，提高音頻質量。

■ 豐富的媒體庫

- FlexClip 擁有大量免版稅的圖片、視頻和音樂資源，用戶可以輕鬆選擇所需素材來增強項目。

■ 模板和自定義選項

- 提供多種可自定義的模板，適合不同場合，如商業推廣、婚禮剪輯等，使專業視頻創作變得更加容易。

■ 定價計劃

FlexClip 提供免費計劃，但有一些限制，如水印和項目數量上限。若需要更多功能，可以選擇付費計劃：

- **免費計劃**：720p HD 質量，最多可創建 12 個項目。
- **Plus 計劃**：每月 19.99 美元（年付 9.99 美元），提供 1080p HD 質量和無限項目存儲。
- **Business 計劃**：每月 29.99 美元（年付 19.99 美元），適合團隊合作使用.

FlexClip 是一個靈活且高效的工具，非常適合需要快速生成專業級視頻內容的用戶。無論是社交媒體影片、教學視頻還是市場推廣材料，FlexClip 都能滿足各種需求。

- 操作說明

■ 操作步驟

在這個數位時代，製作引人入勝的視頻內容變得越來越重要。FlexClip 提供了一個強大的

AI 文字轉語音

功能，讓用戶能夠輕鬆將文字轉換為自然流暢的語音，並將其加入到視頻中。以下是使用 FlexClip 進行文字轉語音的操作說明，以情境方式呈現。

■ 情境：製作教學視頻

1. 註冊與登錄

在開始之前，您需要訪問 FlexClip 網站並註冊一個賬戶 (可使用 Google 帳號)。註冊後，使用您的賬戶信息登錄。

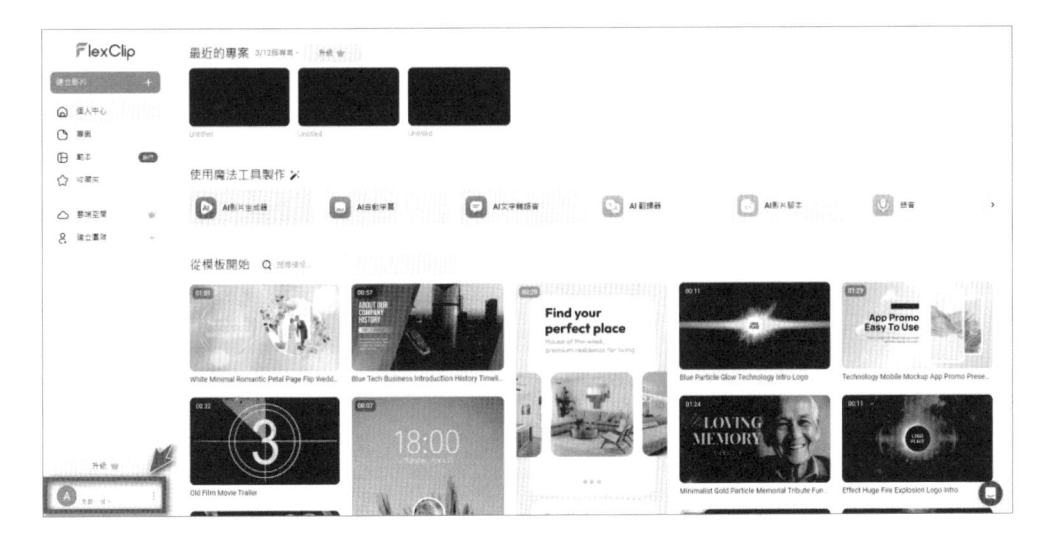

2. 使用 AI 文字轉語音

- 在界面中，找到"AI 文字轉語音"工具。
- 指定語言、指定聲音與說話風格

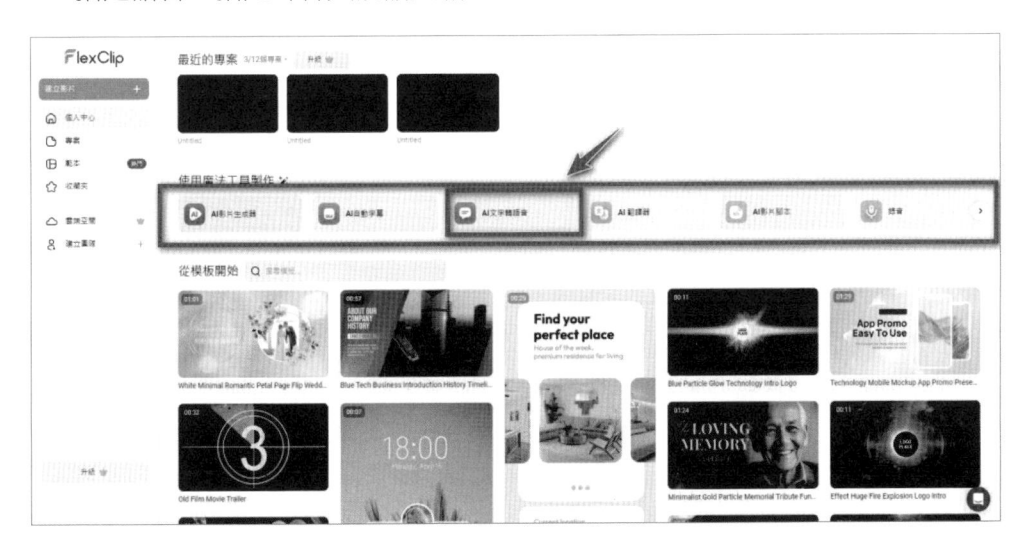

3. 輸入文本

- **輸入或粘貼文本**：將您想要轉換為語音的教學文本輸入到文本框中。例如，"今天我們將學習如何使用 FlexClip 製作視頻"。

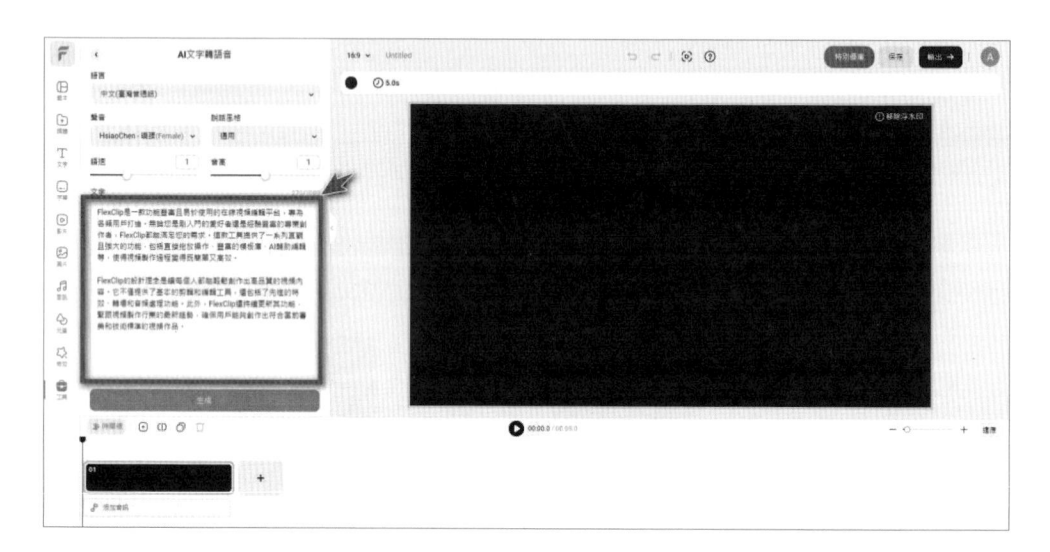

4. 生成語音

- 點擊 "生成" 按鈕，FlexClip 會迅速將您的文本轉換為語音。生成後，您可以預覽這段語音。

- 如果滿意，可以將生成的語音下載到本機端成為 MP3 檔案或保存到媒體庫中。

3-6 Day20：提升工作效率

5. 分享與反饋

- 將完成的語音內容搭配影片或 PPT 檔案內容分享到 YouTube 或其他平台，並邀請觀眾提供反饋，以便未來改進您的內容。

通過以上步驟，您可以輕鬆利用 FlexClip 的 AI 文字轉語音功能創建專業且引人入勝的教學視頻。這個強大的工具不僅能夠顯著節省您的時間和精力，還能大幅提升視頻的整體質量。通過將文字轉換為清晰、自然的語音，FlexClip 幫助您製作出更具吸引力的內容，從而增強觀眾的理解度和參與度。此外，這種 AI 驅動的方法還能確保您的教學內容保持一致性和專業性，無論您是製作單個視頻還是整個系列課程。最終，這不僅能提高您的工作效率，還能為您的觀眾帶來更加豐富和有價值的學習體驗。

3-79

FlexClip 如何在職場中大顯身手？具體應用場景解析

場景 1：行政助理的救星

讓我們來看看行政助理。你每天是否忙著打字記錄會議內容，還要為簡報生成旁白？使用 FlexClip，會議記錄可以自動轉為音頻，簡報的旁白也能輕鬆生成。不僅節省了打字的時間，還能讓你專注於更重要的任務。例如，某家公司的一位助理，每天要整理好幾份會議記錄，花費大量時間。自從用了 FlexClip，她只需將記錄內容輸入，生成語音後分享給主管，效率提高了三倍！

場景 2：行銷專員的秘密武器

行銷專員需要快速製作多語言行銷影片或音頻廣告？FlexClip 可以幫助你創建專業的多語言語音內容。你只需要輸入文案，選擇語言和語音風格，FlexClip 會自動生成音頻，讓你的影片或廣告馬上變得生動且具國際感。例如，當某行銷團隊需要快速製作一則法語廣告，根本來不及找專業配音員，FlexClip 的語音功能讓他們幾分鐘內就完成了配音，完美應對了市場需求。

場景 3：培訓專員的效率神器

培訓專員經常需要製作培訓影片或課程？FlexClip 可以生成自然的語音解說，節省大量錄音與編輯時間。一位培訓專員需要為公司製作一系列新員工入職培訓影片，以往需要數周完成，現在透過 FlexClip，她只需準備好文案，讓 AI 幫她完成語音生成，大幅縮短了影片製作的時間。

AI 文字轉語音如何改變你的工作方式？多任務處理的祕訣

FlexClip 不僅能幫你快速生成語音，還能讓你同時處理多個任務。比方說，你正在準備一場簡報，還需要生成旁白？沒問題，FlexClip 可以在你撰寫簡報的同時，自動將文字轉換成語音並嵌入簡報中，幫助你高效地完成工作，無需反覆在文字和語音間切換。這樣，你可以一邊編寫文件，一邊生成語音，真正實現「一心多用」。

此外，它還能減少你在重複性任務上的耗時。想像一下，以往你需要花數個小時來錄製和剪輯培訓影片，現在，只需要將文案輸入 FlexClip，讓 AI 來處理這些枯燥乏味的工作，讓你有更多時間專注於創造性的挑戰。

實例分析：

某科技公司面臨大量的內部培訓材料更新需求，他們決定使用 FlexClip 來處理這些內容的語音生成，結果發現工作時間節省了 30%，員工反應培訓材料更加生動，吸引力也大大提高。這就是 AI 工具的力量——用最少的投入，創造最大的價值。

如何開始使用 FlexClip ？

FlexClip 使用起來非常簡單，無論你是技術小白還是經驗豐富的專業人員，都能輕鬆上手。首先，你只需要將你要轉換的文本上傳到 FlexClip 的平台，然後選擇你想要的語音風格和語速。接下來，只需點擊生成，AI 會自動生成你需要的語音，隨後你可以下載音頻檔案，直接嵌入到簡報或影片中。

如果你使用的是免費版，FlexClip 提供一定的語音選擇，而付費版則有更多的選擇，並且可以生成更長的音頻內容。無論你的需求是大是小，都能找到適合的版本。

從繁忙中重拾工作樂趣：AI 如何為你減輕職場壓力

在這個快節奏的現代職場中，我們經常被各種任務和截止日期所淹沒，導致工作變得枯燥乏味。然而，AI 文字轉語音工具 FlexClip 正在改變這一切，為職場工作者帶來新的希望。無論你是需要處理繁瑣的會議記錄，還是需要快速製作培訓資料，FlexClip 都能成為你的得力助手，幫助你節省寶貴的時間，大幅提升工作效率。

透過 FlexClip 強大的自動化功能，我們可以將更多精力投入到那些真正需要創造力和專業知識的任務中。這不僅能提高工作品質，還能讓我們重新找回工作中的樂趣與成就感。想像一下，當你不再需要花費大量時間在重複性任務上，而是能夠專注於發揮你的才能和創意時，工作將變得多麼有趣和令人滿足。

FlexClip 不僅僅是一個工具它的強大之處除了 AI 文字轉語音外，還能 AI 影片生成、AI 自動字幕、AI 翻譯器、AI 影片腳本、錄音功能 ... 等 (這部分未來會

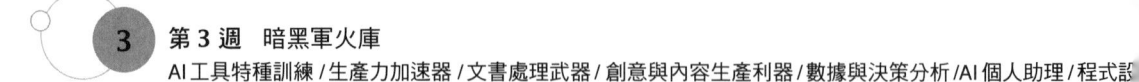

第 3 週　暗黑軍火庫
AI工具特種訓練/生產力加速器/文書處理武器/創意與內容生產利器/數據與決策分析/AI個人助理/程式設

在其他主題中介紹)，它是重塑你工作方式的關鍵。通過自動化繁瑣的任務，它為你創造了更多空間來思考、創新和成長。這種轉變不僅能提高工作效率，還能幫助你在職業生涯中取得更大的成就，同時保持工作與生活的平衡。

現在，是時候重新定義你的工作方式了。立即嘗試 FlexClip，讓 AI 成為你的得力助手，幫你輕鬆應對繁重的工作。當你重新掌握時間，找回工作的樂趣和成就感時，你會發現職場生活可以如此輕鬆愉快。讓我們一起擁抱這個 AI 驅動的新時代，重新找回工作中的幸福感和滿足感吧！

3-7 Day21: Ai 即刻救援萬事通
幫【任何人】提升工作滿意度的關鍵 / ChatGPT

AI 工具	公司	主要強項或用途	價格	熱門程度	應用領域
ChatGPT	OpenAI	內容生成、客戶服務、語言輔助、編程助手	免費（基本），$20 / 月（ChatGPT Plus）	非常熱門	客戶支持、語言生成、技術輔助
Bing AI Copilot	Microsoft	微軟 365 應用整合、文檔生成、自動化數據分析	整合於 Microsoft 365 訂閱，定價未公布	商業領域中受歡迎	文檔生成、數據處理、商業應用
Claude	Anthropic	大規模文本處理、精確摘要、安全性高	免費與付費版，價格 $20/ 月	專業領域漸增	文檔摘要、數據分析、安全應用
Gemini	Google DeepMind	多平台內容生成、資料分析、跨領域應用	$20/ 月	熱度上升	數據處理、內容創建、分析工具
Perplexity	Perplexity AI	快速搜尋、即時回答複雜問題、網頁檢索	免費基本版，進階訂閱尚未公布	新興但迅速增長	搜尋引擎輔助、知識探索工具

今天我們將深入探討一個引人入勝且極具實用價值的主題——**如何善用聊天機器人（如 ChatGPT）來顯著提升工作滿意度**。在這個瞬息萬變的職場環境中，科技進步正以前所未有的速度重塑我們的工作方式。這些人工智慧助理的名字可能已經進入你的耳朵，但你是否真正了解它們強大的潛力？它們不僅能夠幫助你顯著降低工作壓力，大幅提升工作效率，更能讓你對自己的工作產生更深層次的滿足感。

讓我們以一位名叫老張的二度就業者為例，通過他的故事，一步步揭開這些智能工具的神奇面紗。老張的經歷將為我們展示，不論你是職場新鮮人還是經驗豐富的專業人士，這些 AI 助手都能成為你職業生涯中不可或缺的得力助手。從提高工作效率到激發創意靈感，從簡化複雜任務到促進團隊協作，我們將全方位探索這些工具如何革新我們的工作方式，進而提升整體的工作滿意度。

第 3 週　暗黑軍火庫

AI工具特種訓練 / 生產力加速器 / 文書處理武器 / 創意與內容生產利器 / 數據與決策分析 / AI個人助理 / 程式設

準備好了嗎？讓我們攜手踏上這段激動人心的探索之旅，深入了解這些智能工具如何成為你職場成功的關鍵推手！

ChatGPT

是一款由 OpenAI 開發的人工智慧聊天機器人，於 2022 年 12 月正式推出。其全名為「聊天生成預訓練轉換器」（Chat Generative Pre-trained Transformer），基於 GPT-3.5 和 GPT-4 架構進行訓練，並利用強化學習技術來提升其表現。

■ **主要特點**

自然語言處理能力

ChatGPT 能夠生成類似人類的文字，並流暢地回答各種問題，涵蓋多個學科，功能包括文本生成、摘要、翻譯、程式碼檢查等。這使得它在學術、商業及日常生活中都能發揮重要作用，例如撰寫文章、處理電子郵件以及提供學習輔導。

使用者互動

與其他聊天機器人不同，ChatGPT 能夠記住與使用者的對話歷史，使得交流更具連貫性。此外，它還能過濾不當言論，以減少冒犯性內容的生成。

快速普及

自發布以來，ChatGPT 迅速獲得了廣泛的使用者基礎。據報導，在上線五天內就吸引了超過 100 萬使用者，而到 2023 年 1 月，使用者數量已突破 1 億。

■ **功能說明**

ChatGPT 的主要功能涵蓋了多個方面，以下是其核心功能的詳細介紹：

■ **文字處理**

- **文本生成**：能夠根據使用者輸入生成各類文本，如文章、故事、詩歌等。

- **摘要與重點整理**：自動提取和總結長篇文章的關鍵點，幫助用戶快速理解內容。
- **文法與拼寫檢查**：提供語法和拼寫錯誤的修正建議，提升文本的質量。
- **翻譯功能**：支持多種語言之間的翻譯，雖然在非英語語言的處理上可能存在一定限制。

■ 問答與資訊查詢

- **自動問答**：根據使用者提出的問題，提供即時且相關的答案，適用於各種主題和領域。
- **學習輔助**：作為教育工具，提供學習資源、解釋概念及制定學習計畫。

■ 編程與技術支援

- **程式碼撰寫與除錯**：能夠生成和修正程式碼，支持多種編程語言，適合開發者使用。

■ 影像處理（付費版功能）

- **圖片識別與編輯**：在 GPT-4 版本中新增了對圖片的識別和編輯功能，用戶可以上傳圖片並請求解釋或編輯。

■ 日常應用

- **個人助理功能**：幫助用戶安排日程、規劃旅行或飲食菜單等，提升生活效率。
- **客戶服務**：可用於自動回覆客戶常見問題，減少客服工作負擔。

這些功能使得 ChatGPT 成為一個多用途的工具，能夠在學術、商業及日常生活中提供廣泛的支持。

■ 優缺點

優點

- **強大的語言處理能力**：能夠生成和理解多種語言的文本。
- **快速反應**：能在短時間內提供答案。

第 3 週　暗黑軍火庫
AI工具特種訓練 / 生產力加速器 / 文書處理武器 / 創意與內容生產利器 / 數據與決策分析 / AI個人助理 / 程式設

- **廣泛應用**：適用於多種文字相關任務，如寫作、翻譯和程式碼檢查。

缺點

- **準確性問題**：有時可能會生成不正確或不可靠的信息。
- **情感理解不足**：無法完全理解人類的情感或情緒背景。
- **資料庫限制**：知識基於訓練時期的數據，無法提供即時資訊。

總之，ChatGPT 是一個功能強大的工具，適合用於多種文本處理任務，但使用者需謹慎對待其生成的信息準確性。

在一個繁忙的辦公室裡，Anna 是一位市場行銷專員，經常需要撰寫各種報告和電子郵件。她的工作量很大，常常感到時間不夠用。某天，她聽說了 ChatGPT 這個人工智慧助手，決定試試看。

案例情境

1. 撰寫電子郵件

Anna 需要向一位潛在客戶發送介紹信，但她對如何開頭和結尾感到猶豫。於是，她打開 ChatGPT，輸入以下提示：

提示："請為我撰寫一封專業的電子郵件，內容包括我們公司的簡短介紹，並探詢潛在的合作機會。這封郵件將發送給一位我們從未接觸過的通路商。請確保郵件語氣友好但正式，並包含一個明確的行動呼籲。同時，也請提供一些可能的後續跟進步驟建議。"

ChatGPT 迅速生成了一封清晰且專業的電子郵件內容，Anna 只需稍作調整便可發送。

2. 文章撰寫

接著，Anna 需要為即將到來的行銷活動撰寫一篇宣傳文章。她向 ChatGPT 提出：

提示:"現在你是資深行銷專員。我正在準備一篇關於我們公司最新推出的創新產品的宣傳文章。這篇文章需要突出產品的獨特賣點,並清晰地闡述它如何為客戶帶來實質性的利益。請為我設計一個詳細的文章大綱,使用「一、二、三、…」的格式。每個主要部分都應包含簡要的說明,解釋該部分將涵蓋的內容。整個大綱的總字數應在 300 字左右。此外,請確保大綱結構清晰,內容豐富,能夠引導讀者了解產品的核心價值並激發他們的購買慾望。"

ChatGPT 提供了一篇流暢且吸引人的文章草稿,讓 Anna 能夠迅速完成任務。

3. 資料整理

在準備報告時,Anna 面對一堆需要整理的數據。她將資料輸入 ChatGPT,並請求:

提示:"請協助我整理並分析以下數據集,提取關鍵洞察和重要趨勢:{ 輸入數據 }。同時,請為這些發現提供簡潔的視覺化建議,以便更有效地呈現給團隊成員和利害關係人。另外,如果您發現任何異常值或有趣的模式,也請一併指出。最後,根據這些分析結果,您能否提供一些可能的行動建議或下一步研究方向?"

ChatGPT 迅速分析數據並列出關鍵要點,使 Anna 能更快地完成報告。

4. 日程安排

最後,Anna 希望能更有效地管理自己的日程。她向 ChatGPT 詢問:

提示:"你是時間管理大師,請幫我制定一個詳細的明日工作計劃,包括以下內容:

1. 安排兩到三個重要會議,並為每個會議分配適當的準備時間。

2. 為撰寫季度報告分配足夠的時間段,考慮到可能需要的研究和修訂時間。

3. 在工作任務之間插入合理的休息時間,以保持效率和精力。

4. 考慮可能的緊急事務,預留一些彈性時間。

5. 最後,請根據我的工作習慣,建議一個最佳的任務順序安排

第 3 週　暗黑軍火庫
AI工具特種訓練 / 生產力加速器 / 文書處理武器 / 創意與內容生產利器 / 數據與決策分析 / AI個人助理 / 程式設計

• 回覆一

明日工作計劃

1. 安排兩到三個重要會議，並為每個會議分配適當的準備時間
   - 會議 1：與客戶對接項目進度
     時間：上午 9:00-10:00
     準備時間：上午 8:30-9:00，檢視相關文件，準備討論要點。
   - 會議 2：部門內部會議
     時間：下午 1:30-2:30
     準備時間：下午 1:00-1:30，整理數據與工作進度，確保所有信息齊全。
   - 會議 3：與高層的策略會議
     時間：下午 4:00-5:00
     準備時間：下午 3:30-4:00，準備簡報和報告要點，檢視之前討論的議題進度。
2. 為撰寫季度報告分配足夠的時間段
   - 撰寫季度報告
     時間：上午 10:00-12:00
     研究和修訂時間：中午 12:00-1:00 用餐後進行快速修訂，確保內容完整並符合預期。
3. 在工作任務之間插入合理的休息時間
   - 上午 10:00 開始安排 10 分鐘休息。
   - 午餐時間：下午 12:00-1:00（吃飯+放鬆）
   - 下午 2:30 後安排 15 分鐘放鬆，保持下午會議的精力。
4. 考慮可能的緊急事務，預留一些彈性時間
   - 彈性時間：下午 2:30-3:30，可以處理任何突發事項或緊急問題。
5. 最佳的任務順序安排
   - 上午：先處理會議準備和撰寫季度報告，因為早上是精力最充沛的時段。
   - 下午：留出足夠時間進行會議，並預留彈性時間應對突發事務，確保在重要會議前有充分的準備時間。

• 回覆二

如何安排任務的優先順序以及管理工作時間

您好，為了幫助您有效地規劃明天的工作，以下是一份詳細的工作計劃建議：

1. 確定優先任務
   - 列出所有待辦事項：將所有需要完成的任務寫下來，形成一個完整的待辦清單。
   - 評估重要性和緊急性：使用如 Eisenhower 矩陣等方法，將任務分為重要且緊急、重要但不緊急、緊急但不重要、既不重要也不緊急，幫助您確定優先順序。(Asana)
2. 安排重要會議
   - 識別關鍵會議：選擇兩到三個對工作進程至關重要的會議。
   - 分配準備時間：為每個會議預留足夠的準備時間，包括資料收集、講稿設定與會者溝通等。(Slido Blog)
3. 撰寫季度報告
   - 規劃時間：根據報告的複雜性，分配適當的時間段，確保有足夠的時間進行研究、寫作和修訂。(Bizfluent)
   - 分解報告結構：將報告分為不同部分，為每一部分設定小型目標和期限，提高寫作效率。
4. 安排休息時間
   - 定期休息：在連續工作一段時間後，安排短暫的休息，讓大腦和身體放鬆，提高後續工作的效率。(Asana)
   - 午餐時間：確保有充足的時間進行午餐，並利用這段時間進行非工作相關的活動，保持身心健康。
5. 預留彈性時間
   - 應對緊急事務：在工作計劃中預留一定的彈性時間，以便處理突發的緊急任務或不可預見的情況。(BetterUp)
6. 任務順序安排
   - 高效排序：根據任務的優先級和所需時間，合理安排任務順序，確保在高效的時間段完成最重要的工作。
   - 考慮能量水平：了解自己是在不同時間段的能量和專注力，將需要高集中度的任務安排在最佳狀態的時候。

ChatGPT 為她提供了兩個合理的日程安排，讓她能夠高效地利用時間。

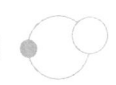

■ **實際案例**

老張是一位 50 歲的二度就業者，過去主要從事文書工作，現在希望轉職成為系統設計工程師。在這個過程中，ChatGPT 或 Bing AI Copilot 可以為他提供許多實用的協助。

首先，**學習程式設計**時，老張可以依賴 ChatGPT 或 Bing AI Copilot 作為他的智能助手。當他遇到不熟悉的程式碼或語法錯誤時，可以直接向 ChatGPT 提問，像是「這段代碼有什麼問題？」或者「如何正確使用這個函數？」。ChatGPT 會即時提供清晰的解釋和範例，幫助老張理解問題所在，並提出解決方案。同時，Bing AI Copilot 則可以即時檢測他編寫的程式碼，指出語法錯誤並提供建議，使老張在編寫程式時更順暢，不必浪費時間在反覆查找錯誤上。

其次，**處理專案**時，AI 工具也能極大地幫助老張。通過 ChatGPT，老張可以獲取最佳的程式碼測試方法，進行自動化測試。ChatGPT 能幫助他模擬不同的使用場景，並協助他編寫測試案例，找出潛在的問題。此外，Bing AI Copilot 還可以自動生成詳細的錯誤報告，讓老張能夠迅速排查問題，並提供修正的建議，讓專案開發過程更加高效。

以下是幾個老張可以使用的 prompt 例子，透過 ChatGPT 或 Bing AI Copilot 來解決他在學習和工作中遇到的問題：

1. **學習程式設計的 Prompt：**
   - 「這段 Python 程式碼出現了錯誤，你能幫我找出問題並修正嗎？ def add(a, b): return a + b result = add(5)」
   - 「我正在學習如何使用 for 迴圈，你能提供一個簡單的範例，並解釋一下每一步的作用嗎？」
   - 「什麼是變量作用域？能用一個簡單的範例來解釋嗎？」

2. **處理專案的 Prompt：**
   - 「我寫了一段測試程式碼來檢查數據輸入功能，但它好像沒跑起來，這是我的程式碼，你能幫我診斷問題嗎？」

第 3 週　暗黑軍火庫
AI工具特種訓練 / 生產力加速器 / 文書處理武器 / 創意與內容生產利器 / 數據與決策分析 / AI個人助理 / 程式設計

- 「你能幫我模擬一個使用者登入系統的場景，並列出可能會發生的錯誤嗎？」
- 「我如何使用 Python 進行單元測試？你能給我一個基本範例並解釋如何執行嗎？」

總之，AI 技術的應用能大幅度減少老張在轉型過程中的學習曲線，幫助他更快適應系統設計工程師的角色。

掌握聊天機器人，提升工作與生活品質

聊天機器人已成為提升工作效率、減輕壓力的重要工具。它們不僅協助我們完成繁瑣任務，還在職業發展和團隊合作方面提供支持。無論您是經驗豐富的職場老手，還是剛踏入職場的新鮮人，積極運用這些工具都能顯著改善您的工作體驗。最關鍵的是，隨著技術日新月異，持續學習和適應將是我們成功的關鍵。

AI 即刻救援萬事通代表了未來職場技能的發展趨勢。隨著 AI 技術不斷進步，掌握 AI 即時問答服務不僅能提升個人工作滿意度，還能在職場中創造更多價值。我們應該積極擁抱這項技術，讓 AI 成為提升工作效率和滿意度的得力助手。在這個瞬息萬變的時代，擁有 AI 技能將成為職場成功的關鍵要素之一。

讓我們善用聊天機器人，為工作與生活注入更多輕鬆愉快的元素！

4

第 4 週
寄生工作流
工作流組合技

寄生工作流就像內功深厚的門派高手，悄悄潛入你的日常流程，默默幫你做事又不惹人嫌；而工作流組合技，則像把各種神器裝上腰帶，一按就連招爆發，效率瞬間升天。與其大刀闊斧改革，不如偷偷加點 AI 醬，讓工作看起來像你很努力，其實是 AI 在偷偷幫你 carry ！

第 4 週 寄生工作流
工作流組合技

4-1 Day22：AI 驅動的高效工作術
用 Notion + AI 打造你的全能助手 (1/2) / Notion AI

在這個資訊爆炸的時代，我們每天都面臨著大量的工作任務和資訊處理需求。無論是學生準備報告、職場人員撰寫企劃，還是管理專案進度，都需要一個強大的工具來提升工作效率。

想像一下，如果有一位 24/7 隨時待命的助手，能夠幫你：

- 📝 快速產生高品質的文字內容
- 📊 整理複雜的項目大綱
- ✉️ 撰寫專業的商務信件
- 🎯 規劃詳細的專案時程

這就是 Notion AI 能為你帶來的改變！它不只是一個普通的 AI 工具，更是你的智慧型工作夥伴。

為什麼選擇 Notion AI？

Notion AI 結合了強大的人工智慧與直覺的操作介面，讓你能夠：

- ⚡ 顯著提升工作效率：將重複性的文書工作時間縮短 50% 以上
- 🎨 激發創意思維：提供多元的內容建議與靈感
- ✅ 提高工作品質：產生結構完整、專業水準的內容
- 🔄 便捷的反覆修改：隨時調整內容，直到達到理想效果

在接下來的章節中，我們將透過實際案例，一步步帶你了解如何運用 Notion AI 來強化你的工作流程，讓你在學習或職場上都能事半功倍。無論你是第一次接觸 AI 工具的新手，還是想要提升工作效率的專業人士，都能從中獲得實用的技巧與見解。

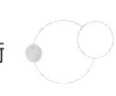

讓我們開始這趟 AI 驅動的效率提升之旅吧！🚀

以下是兩個具體的應用流程示範：

情境 1：撰寫產品發布會電子郵件

1. 開啟 Notion 頁面，點擊「Ask AI」
2. 輸入指令並說明需求：「請幫我撰寫一封產品發布會邀請郵件，主題是我們即將推出的新一代智慧手錶。這封邀請信需要專業且吸引人的語調。」
3. 提供必要的關鍵資訊：
   - 發布會的具體日期、時間、地點，以及場地容納人數和交通方式
   - 產品的核心特色、創新功能和技術規格，並說明與競品的差異
   - 目標受眾的定位，包括年齡層、興趣和消費能力
   - 特別來賓或演講者資訊
4. 審閱 AI 生成的初稿並進行優化：
   - 確保語氣和用詞符合品牌形象，能與目標受眾產生共鳴
   - 補充完整的產品規格和價格資訊
   - 調整郵件格式，包括字體、顏色和圖片布局
   - 確認 RSVP 方式和回覆截止日期清楚明確

Notion AI 簡單步驟說明

1. 確定邀請基本資訊：
   - 列出活動日期、時間、地點
   - 確認產品名稱和主要賣點
   - 決定目標收件人名單

2. 使用 Notion AI 寫作：
    - 點選頁面上的「Ask AI」按鈕
    - 選擇「撰寫電子郵件」選項
    - **輸入需求**：「幫我寫一封產品發布會邀請函」
    - 提供基本資訊給 AI 參考
3. 修改和完善內容：
    - 檢查所有活動資訊是否正確
    - 調整文字語氣使其更吸引人
    - 加入產品圖片或公司標誌
    - 確認回覆方式清楚明確
4. 最後檢查：
    - 進行拼字和文法檢查
    - 請同事協助審閱內容
    - 測試所有連結是否可用
    - 確認格式排版正確

透過這些簡單的步驟，你就能快速完成一封專業的產品發布會邀請郵件。記得在發送前多次檢查，確保沒有遺漏重要資訊。

完整產品發布會電子郵件撰寫工作流步驟

1. 準備階段：
    - 確認產品發布會的所有基本信息（日期、時間、地點等）
    - 收集產品的核心特點和技術規格資料
    - 定義目標受眾群體和邀請名單
    - 確定發布會的主題和核心訴求

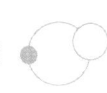

2. 使用 Notion AI 撰寫初稿：
   - 點擊頁面中的"Ask AI"按鈕
   - 選擇電子郵件草稿功能
   - 提供明確的指令，包含產品類型、受眾和 tone of voice
   - 輸入所有必要的產品和活動細節

3. 內容優化：
   - 檢查郵件開頭是否足夠吸引人
   - 確保產品優勢和特點描述清晰準確
   - 核實所有時間、地點等關鍵信息
   - 調整語氣確保專業性和吸引力的平衡

4. 格式調整：
   - 優化郵件標題使其引人注目
   - 調整段落長度和排版以提高可讀性
   - 添加適當的視覺元素（如產品圖片、公司 logo 等）
   - 確保重要信息的視覺突出性

5. 最終確認：
   - 進行拼寫和語法檢查
   - 確認所有超連結和按鈕正常工作
   - 檢查郵件在不同設備上的顯示效果
   - 由團隊成員進行最終審核

通過以上詳細步驟，可以確保產品發布會邀請郵件的專業性和效果性，有效地吸引目標受眾參與活動。

精彩可期明天接續來剖析第 2 個範例。

4-2 Day23：AI 驅動的高效工作術
用 Notion + AI 打造你的全能助手 (2/2) / Notion AI

今天接續來剖析第 2 個範例。

範例 2：建立專案計劃大綱

1. 選擇 "Ask AI" 功能

2. 詳細描述你的具體需求："請幫我制定一個為期三個月的軟件開發項目計劃大綱，包含所有關鍵階段和預期成果。我需要一個全面且結構清晰的項目規劃框架。"

3. 提供完整的項目基本要素：
   - 項目整體目標和具體範圍界定，包括功能需求和技術規格
   - 團隊組織結構和人員配置，包括各角色的職責分工和所需技能
   - 關鍵里程碑和交付節點，以及各階段的具體可交付成果
   - 項目風險評估和應對策略

4. 基於 AI 生成的初步大綱進行優化：
   - 審視並調整各階段時間分配，確保進度安排合理可行
   - 細化任務分配方案，明確每個團隊成員的具體職責和工作內容
   - 完善人力、技術和預算等資源的分配計劃
   - 建立項目溝通機制和進度追蹤方案

這兩個範例展示了如何有效利用 Notion AI 的草稿撰寫功能，通過明確的指令和必要的信息輸入，獲得高質量的初稿，再進行個性化的調整和優化。

專案計劃大綱簡易執行步驟

1. **確定專案基本資訊：**
    - 列出專案名稱、目標和預期完成時間
    - 確認可用的預算和資源
    - 列出參與的團隊成員和負責人

2. **使用 Notion AI 建立大綱：**
    - 打開 Notion 頁面，點選「Ask AI」
    - 選擇專案大綱範本
    - 輸入專案的基本資訊和需求
    - 讓 AI 生成初步的專案大綱架構

3. **調整和完善大綱內容：**
    - 檢查時間安排是否合理
    - 確認每個階段的工作內容清晰明確
    - 分配團隊成員的具體工作任務
    - 設定重要里程碑和檢查點

4. **建立追蹤和溝通機制：**
    - 決定工作進度回報方式
    - 設定定期會議時間
    - 建立問題回報和處理流程
    - 準備進度追蹤表格

5. **最後檢查：**
    - 與團隊成員討論計畫可行性
    - 確認時程和資源分配合理
    - 檢查是否遺漏重要項目

- 取得相關人員的同意和支持

這些步驟可以幫助你快速且有效地建立一個完整的專案計劃大綱。記得在執行過程中保持彈性，隨時根據實際情況調整計畫內容。

完整專案計劃大綱詳細工作流步驟

1. 前期準備階段：

- 收集並整理項目需求文檔和相關資料
- 確認項目預算和可用資源
- 識別關鍵持份者和團隊成員
- 評估可能的技術限制和風險

2. 使用 Notion AI 制定初步大綱：

- 開啟 "Ask AI" 功能並選擇大綱撰寫選項
- 提供清晰的項目背景和目標
- 指定時間框架和主要里程碑
- 列出所需的具體可交付成果

3. 大綱內容細化：

- 劃分項目階段和工作包
- 設定每個階段的具體目標和時間線
- 分配任務和職責
- 制定質量控制標準

4. 資源規劃：

- 確定各階段所需的人力資源
- 規劃技術工具和基礎設施需求
- 制定詳細的預算分配方案

- 建立資源調配機制

5. 風險管理計劃：
    - 識別潛在風險和挑戰
    - 制定風險應對策略
    - 建立應急預案
    - 設計風險監控機制

6. 溝通和監控機制：
    - 建立專案進度匯報制度
    - 設計團隊協作和溝通平台
    - 制定問題追蹤和解決流程
    - 建立定期審查和評估機制

7. 最終確認和調整：
    - 與團隊成員審視計劃可行性
    - 根據反饋進行必要的調整
    - 確保計劃符合組織策略和目標
    - 獲取相關持份者的認可和支持

通過這些詳細步驟，可以確保專案計劃大綱的完整性和可執行性，為項目的順利實施奠定堅實的基礎。

4-3 Day24: 國外旅行必備！ChatGPT 免費版
「達人級自助攻略」一日情境全解析 (1/2) / ChatGPT 免費版

前言：為什麼你需要這份 AI 旅行指南？

在這個智慧型手機就能環遊世界的時代，我們將顛覆你對自由行的想像！本文專為大學生與職場人士設計，教你如何用 ChatGPT 免費版（需確認使用地區服務範圍）結合日常手機功能，打造「零外語壓力、零科技門檻」的美國深度旅行。從清晨到深夜的 12 小時情境全攻略，現在就打開你的 ChatGPT 開始設定！

行前準備篇：兩步驟啟動你的 AI 旅行模式

1. 下載官方 App

在 App Store/Google Play 搜尋「ChatGPT」，認證開發商為 OpenAI 的官方應用程式

2. 開啟語音對話功能

App 首頁 > 點擊耳機圖示 > 同意使用麥克風權限

情境實戰篇：從日出到星夜的 12 小時 AI 應用

🧳 07:00 晨間準備｜AI 管家啟動日

「Hey ChatGPT，今天紐約的天氣適合穿什麼？」

用自然對話確認全天氣候，App 會結合當地天氣預報與穿衣建議。實測顯示，當氣溫 15℃且預報午後陣雨時，AI 會建議：「洋蔥式穿搭，攜帶折疊傘，推薦防水鞋款」

進階應用：

- 輸入「根據今日行程建議出發時間」來自動計算所有景點間的交通時間，並提供最佳出發時間建議，考慮到尖峰時段與當地交通狀況

1. 開啟 ChatGPT 應用程式
2. 輸入「根據今日行程建議出發時間」
3. ChatGPT 會自動：
   - 計算所有景點之間的交通時間
   - 考慮當地尖峰時段的交通狀況
   - 提供最佳的出發時間建議

這樣的功能可以幫助您更有效地規劃行程，避免在交通尖峰時段浪費時間。

- 說出「把今日重點行程整理成 checklist」，ChatGPT 會貼心生成一份完整的待辦清單，包含必備物品、行程時間與重要提醒，讓你的旅程更加順暢

第 4 週　寄生工作流
工作流組合技

🏨 09:00 旅館諮詢｜雙語會話無障礙

出國旅遊不懂當地語言？ChatGPT 幫你輕鬆溝通！

實際情境：

- 您剛入住旅館，想知道附近有什麼推薦的餐廳。
- 開啟 ChatGPT 的語音模式，以中文詢問：「請問附近有推薦的美式牛排館嗎？」
- 旅館人員回答：「There is a great steakhouse called John's Steakhouse just a 10-minute walk from here.」
- ChatGPT 即時翻譯：「這裡有一家叫 John's Steakhouse 的牛排館，距離旅館步行 10 分鐘。」
- 您可以再請 ChatGPT 提供餐廳的詳細地址和營業時間。

情境：向櫃檯人員詢問晚餐推薦

1. 開啟語音模式說中文：「請幫我問附近有提供素食選項的當地特色餐廳」
2. App 自動生成英文對話稿：「Could you recommend a local restaurant with vegetarian options nearby?」
3. 直接將手機遞給櫃檯人員聆聽回答，App 會即時翻譯回中文

實測案例：

洛杉磯旅館人員推薦的墨西哥餐廳 Taco Maria，ChatGPT 同步補充：「該店連續 3 年獲得米其林指南推薦，招牌菜是黑松露 Quesadilla」

🏛 11:00 景點導覽｜建築物智慧識別

實際情境：

- 看到一座壯觀的地標建築，想知道其歷史背景。
- 拍下建築物，請 ChatGPT 回答建築名稱及旅遊資訊。
- ChatGPT 提供相關介紹，例如：「這是帝國大廈（Empire State Building），建於 1931 年，是美國最具代表性的摩天大樓之一。」

操作步驟：

1. 對準帝國大廈拍照 > 點擊圖片識別功能
2. 輸入：「說明這棟建築的歷史與參觀秘訣」
3. 獲得結構化資訊：

項目	內容
最佳參觀時段	日落前 1 小時（避開人潮且可看日夜景）
隱藏服務	頂樓有 1930 年代復古電話亭可免費拍照

實測技巧：對博物館藝術品拍照詢問「這幅畫的背景故事」，AI 會比對特徵給出解說

精彩可期明天接續來解析接下來的一日情境。

4-4 Day25: 國外旅行必備！ChatGPT 免費版
「達人級自助攻略」一日情境全解析 (2/2) /ChatGPT 免費版

今天接續來解析接下來的時段情境：

🍽️ 12:30 餐廳實戰｜菜單翻譯神器

情境：破解紐約網紅餐廳「Eleven Madison Park」全素菜單

1. 進入餐廳後，拿到全英文菜單。

2. 拍攝菜單頁面 > 輸入：「將菜單翻譯成中英對照表，價格追加台幣換算」

3. 獲得清晰表格：

英文品項	中文翻譯	價格 (USD)	價格 (TWD)
Heirloom Tomato Tartare	傳家寶番茄韃靼	$46	1,472
Roasted Golden Beet	烤黃金甜菜根	$52	1,664

進階應用：

輸入「根據預算 50 推薦前菜 + 主菜組合」，AI 會計算：「番茄韃靼 (50 推薦前菜 + 主菜組合」，AI 會計算：「番茄韃靼 (46)+ 烤甜菜根 (52)= 超支 52)= 超支 48，建議改選 ...」

🚌 14:00 交通指引｜公車系統破解術

情境：從中央車站到自由女神像

1. 拍攝公車站牌 > 輸入：「說明如何搭乘公共交通前往 Statue of Liberty」

2. 獲得逐步指引：

📍 步行 5 分鐘至 Bowling Green 站

🚇 搭乘 R 線地鐵往 Bay Ridge 方向（3 站）

⛴️ 於 Whitehall Terminal 轉乘渡輪

實測發現： 當拍攝複雜的地鐵路線圖時，輸入「用不同顏色標出轉乘站」，AI 會生成文字版彩色路線說明

🛍 15:30 購物翻譯｜跨國血拼救星

實際情境：

- 在藥妝店看到陌生產品，想知道功效與使用方式。
- 拍下產品，請 ChatGPT 解析：「這款是日本的眼藥水，主要用於舒緩眼睛疲勞。」

情境：在 CVS 藥妝店選購保健品

1. 拍攝維他命瓶身 > 輸入：「翻譯標籤重點並建議適合族群」
2. 獲得分析：

☑ 主要成分：維生素 D3 2000IU + 鈣質

☑ 每日劑量：隨餐服用 1 粒

❗ 注意事項：腎結石患者需諮詢醫師

實測案例： 辨識出「Melatonin」為助眠劑而非維他命，避免誤購

💬 17:00 社交時刻｜即時對話翻譯

情境：與國外工程師交流

1. 開啟錄音功能 >
2. 對方說英文後，最後用中文語音輸入請幫我翻為中文
3. 按下送出，chatgpt 即將內容翻為中文

技術原理： 透過語音辨識（Speech-to-Text）→ AI 翻譯 → 文字轉語音（Text-to-Speech）三階段處理，延遲約 2-3 秒

4 第 4 週 寄生工作流
工作流組合技

📖 19:00 自助購票｜機器操作解密

實際情境：

- 想搭乘地鐵，卻不會使用自動購票機。
- 拍下購票機螢幕，請 ChatGPT 說明購票步驟，例如：「請選擇目的地，按下確認後插入信用卡支付。」

說明：破解地鐵售票機

1. 拍攝操作界面 > 輸入：「用編號標示每個步驟」
2. 獲得圖文指引：

◉ 1. 點擊「English」切換語言

💴 2. 投入紙鈔（最高接受 $20）

📖 3. 選擇「7-Day Unlimited Pass」

實測技巧：輸入「説明退票規則」可避免買錯票券的損失

🏙 21:00 夜間安全｜迷途救援方案

情境：在時代廣場周邊迷路

1. 拍攝周邊建築物 > 輸入：「我在 M&M's World 附近，如何走回 Hotel Edison」
2. 獲得 AR 式指引：「面向紅色看板右轉，直行 200 公尺看到星巴克後左轉」

安全提醒：配合 Google Maps 實景功能交叉驗證，避免單一依賴 AI 判斷

📊 23:00 智能記帳｜消費分析系統

操作教學：

1. 語音輸入：「紀錄今日消費：午餐 28、地鐵票 28、地鐵票 5.8、紀念品 $42」
2. 輸入：「用表格分類顯示並換算台幣」

3. 生成分析報表：

類別	金額 (USD)	金額 (TWD)	占比
餐飲	28	896	37%
交通	5.8	185.6	8%
購物	42	1,344	55%

進階功能：輸入「預測未來三天開支」可獲得預算分配建議

專家級技巧補充包

1. 文化禮儀提醒

輸入「現在要給餐廳小費，標準比例是多少？」獲取在地建議

2. 緊急醫療協助

拍攝藥品說明書時輸入「用紅字標示禁忌症」

3. 隱藏景點發掘

上傳街景照片詢問「這條街有什麼歷史故事？」

你準備好成為 AI 旅行達人了嗎？

當 ChatGPT 成為你的 24 小時在地嚮導、翻譯官與行程管家，你將體驗到前所未有的自由行方式。不再需要攜帶厚重的旅遊書，也不用在手機裡安裝一堆複雜的 APP，只要一個智能助手就能滿足所有旅行需求。每到一個新景點，記得開啟「情境學習模式」，對 AI 說：「根據我今天的喜好，推薦明天行程」。AI 會分析你的旅行風格、停留時間和評價反饋，持續優化行程建議。透過這種互動式學習，你的旅程規劃會越來越貼近個人喜好，每一天都能享受到量身打造的完美行程。現在就打開語音功能，讓 AI 帶你展開一場智能化的精彩旅程吧！

第 4 週　寄生工作流
工作流組合技

4-5　Day26: Google 的尖端人工智慧模型
Gemini Flash 2.0 /Colab /Gemini API

Gemini Flash 2.0 是 Google 最新推出的尖端人工智慧模型，代表了 AI 技術發展的重要里程碑。這項突破性的技術經過長期研發與測試，專門針對開發者和一般用戶的實際需求進行優化，旨在為使用者提供前所未有的快速且高效的 AI 體驗。透過革命性的架構設計和創新的優化演算法，結合了最新的深度學習技術和分散式運算架構，這個新一代模型不僅展現出卓越的性能表現，更為人工智慧的應用開創了嶄新的可能性。模型的設計特別注重實用性和可擴展性，確保能夠滿足從簡單的日常任務到複雜的專業應用等各種使用場景的需求。

主要功能

- **高速回應**：Gemini Flash 2.0 經過深度優化，特別針對寫作、學習和腦力激盪等日常任務進行效能提升。其反應速度不僅較先前版本提升兩倍，更透過先進的快取機制和運算優化，確保使用者能獲得近乎即時的智能協助，大幅提升工作效率。

- **多模態生成**：這款強大的 AI 模型支援多種形式的輸入與輸出，包括文字、圖片和音訊等多媒體格式。透過深度學習和跨模態理解技術，能夠靈活處理各種複雜的內容需求，為使用者提供全方位的創意支援和內容生成服務。

- **大規模上下文處理**：搭載超大規模的 100 萬個符號上下文視窗，使 Gemini Flash 2.0 具備出色的長篇內容理解和生成能力。這項特性使其能夠準確掌握複雜文本的語境和細節，特別適合處理需要深度理解和連貫性的進階任務。

- **原生工具整合**：為提供更完整的開發體驗，Gemini Flash 2.0 內建多項實用工具，包括函式呼叫、程式碼執行和智能搜尋等功能。這些無縫整合的工具讓開發者能夠直接在模型內部執行各種操作，大幅簡化開發流程，提升工作效率。

生活與職場應用

- **寫作輔助**：在撰寫各類型報告、專業文章或行銷文案時，Gemini Flash 2.0 不僅能提供即時的寫作建議和靈感激發，還能協助優化文章結構、改善用詞遣字，並確保內容的邏輯性和連貫性，從而大幅提升內容質量與創作效率。

以下是針對寫作輔助功能的實際應用案例與步驟：

應用場景	步驟	提示範例
報告撰寫	1. 輸入主題與大綱 2. 請求內容擴充 3. 要求結構優化 4. 進行內容潤飾	"請針對 [主題] 生成報告大綱" "請擴充第二段關於 [xxx] 的論述" "請優化報告結構並加強邏輯連貫性" "請改善用詞使文章更專業"
行銷文案	1. 確定目標受眾 2. 設定文案目的 3. 生成初稿 4. 優化吸引力	"目標受眾是 [xxx]，請生成產品文案" "針對 [產品特點]，強化說服力" "請提供 3 個吸引人的標題方案" "請加入更多情感連結的表達"
專業文章	1. 定義主題範圍 2. 蒐集關鍵論點 3. 組織文章架構 4. 專業用語校正	"請列出 [主題] 的關鍵論點" "幫我檢查專業術語使用是否正確" "請調整段落順序使論述更流暢" "建議加入哪些支持數據或案例"

這些應用案例都能善用 Gemini Flash 2.0 的即時寫作建議、結構優化和內容改進功能，有效提升寫作效率和質量。

- **學習支援**：學生和專業人士可利用其進行深入的知識查詢、複雜概念解釋，並將其作為互動式學習夥伴。

應用場景	步驟	提示範例
報告撰寫	1. 輸入主題與大綱 2. 請求內容擴充 3. 要求結構優化 4. 進行內容潤飾	"請針對 [主題] 生成報告大綱" "請擴充第二段關於 [xxx] 的論述" "請優化報告結構並加強邏輯連貫性" "請改善用詞使文章更專業"
行銷文案	1. 確定目標受眾 2. 設定文案目的 3. 生成初稿 4. 優化吸引力	"目標受眾是 [xxx]，請生成產品文案" "針對 [產品特點]，強化說服力" "請提供 3 個吸引人的標題方案" "請加入更多情感連結的表達"

第 4 週　寄生工作流
工作流組合技

應用場景	步驟	提示範例
專業文章	1. 定義主題範圍 2. 蒐集關鍵論點 3. 組織文章架構 4. 專業用語校正	"請列出 [主題] 的關鍵論點 " " 幫我檢查專業術語使用是否正確 " " 請調整段落順序使論述更流暢 " " 建議加入哪些支持數據或案例 "

- **會議紀錄與摘要**：在各類型會議中，Gemini Flash 2.0 能精確即時轉錄與分析語音內容，自動識別關鍵討論主題和決策重點，並生成結構化的會議摘要。系統還能標記重要行動項目、追蹤待辦事項，並根據與會者的發言生成完整的會議記錄，大幅節省會議後的整理時間。

會議類型	操作步驟	提示詞範例
專案進度會議	1. 開啟即時轉錄 2. 設定關鍵字標記 3. 生成進度摘要 4. 整理待辦事項	" 開始記錄專案進度會議 " " 標記所有提到 deadline 的內容 " " 總結各團隊的進度報告 " " 列出所有待辦事項與負責人 "
客戶訪談	1. 啟動語音識別 2. 記錄需求重點 3. 生成訪談摘要 4. 提取關鍵洞察	" 開始記錄客戶訪談內容 " " 標記客戶提出的所有需求 " " 總結客戶的主要痛點 " " 分析客戶反饋的關鍵主題 "
策略規劃會議	1. 設定會議架構 2. 記錄決策過程 3. 產出行動方案 4. 追蹤時程規劃	" 記錄策略討論要點 " " 摘要各項決策的理由 " " 列出策略執行的時程表 " " 整理各部門的行動方案 "

- **程式開發**：開發者可充分運用其強大的程式碼生成與智能除錯功能，快速產生符合最佳實踐的程式碼範本，自動檢測潛在的程式錯誤和效能問題，並提供優化建議。系統還能協助撰寫技術文件、註解說明，確保程式碼的可維護性，顯著提升開發效率和程式碼品質。

以下是 Gemini 與 Google Colab 的合作方式：

1. **在 Colab 中使用 Gemini API**：可以透過 Python 程式碼呼叫 Gemini 的 API，進行程式碼生成、除錯和優化

2. **自動化程式開發**：利用 Gemini 的程式碼生成功能，快速產生程式範本，並進行即時的錯誤檢測和效能優化

3. **技術文件生成**：可以讓 Gemini 協助產生程式的註解和技術文件，提升程式碼的可維護性
4. **整合開發流程**：可以結合 Colab 的運算資源和 Gemini 的 AI 能力，建立完整的程式開發工作流程

開發場景	操作步驟	提示詞範例
API 開發	1. 定義 API 規格 2. 生成程式框架 3. 實作業務邏輯 4. 測試與優化	"請根據 OpenAPI 規格生成 Express 路由框架" "幫我檢查 API 的錯誤處理是否完整" "產生 API 的單元測試程式碼" "如何優化這個 API 的回應時間？"
資料庫操作	1. 設計資料結構 2. 撰寫查詢語句 3. 效能最佳化 4. 安全性確保	"產生 User 表格的 CRUD 操作程式碼" "優化這個 SQL 查詢的效能" "加入資料驗證和消毒處理" "如何防止 SQL 注入攻擊？"
前端開發	1. 建立元件結構 2. 實作互動功能 3. 優化使用體驗 4. 除錯與測試	"用 React 實作一個表單元件" "處理這個元件的狀態管理" "優化元件的重新渲染效能" "產生元件的 Jest 測試案例"

可搭配的應用與服務

- **Google 服務**：Gemini Flash 2.0 可與 YouTube、Google 搜尋和 Google 地圖等應用程式整合，提供更全面的資訊檢索與導航體驗。 Gemini+1Gemini+1

- **協作平台**：與各種協作工具結合，Gemini Flash 2.0 能協助團隊進行專案管理、文件編輯和溝通，提升整體效率。

- **教育平台**：在線上學習環境中，Gemini Flash 2.0 可作為智能助教，提供即時回饋與指導，增強學習效果。

Gemini 不只如此，還能做更多 ...

Gemini 是 Google 推出的生成式 AI 工具，已整合至多項 Google Workspace 應用程式中，協助用戶在處理電子郵件、行事曆排程和郵件搜尋等任務時提升效率。以下將詳細說明 Gemini 在這些方面的應用：

第 4 週　寄生工作流
工作流組合技

協助撰寫電子郵件

在 Gmail 中，Gemini 能夠協助用戶撰寫、優化和回覆郵件：

- **起草郵件**：Gemini 可根據用戶提供的提示或主題，自動生成郵件草稿，無論是生日邀請函、客戶聯絡信，或其他類型的郵件，都能快速產生內容。
- **優化內容**：Gemini 提供「幫我寫」功能，能夠對現有郵件內容進行潤飾，包括正式化、擴展或縮短訊息，確保郵件內容清晰且專業。
- **智慧回覆**：Gemini 的智慧回覆功能，能根據郵件內容提供上下文相關的回覆建議，節省用戶撰寫回覆的時間。

日期排程與行事曆管理

Gemini 能協助用戶建立、搜尋和編輯 Google 日曆中的活動：

- **建立活動**：用戶可以請求 Gemini 在日曆中新增活動，指定時間、地點和參與者，Gemini 會自動在日曆中創建相應的事件。
- **搜尋與編輯活動**：Gemini 支援搜尋特定活動，並進行編輯，例如更改時間、地點或添加備註，方便用戶管理行程。

郵件搜尋提示

Gemini 能夠協助用戶在 Gmail 中快速搜尋特定郵件：

- **搜尋未讀郵件**：用戶可以請求 Gemini 顯示所有未讀郵件，快速查看需要處理的訊息。
- **特定發件人郵件**：例如，請求 Gemini 顯示上週由特定聯絡人發送的郵件，方便查看與該聯絡人的近期交流。
- **特定類型郵件**：例如，請求 Gemini 顯示包含特定主題或關鍵字的郵件，快速定位相關訊息。

✉ 郵件撰寫黑科技

1. 智慧草稿生成

4-5 Day26: Google 的尖端人工智慧模型

[操作步驟]
1. 在 Gmail 點擊「撰寫」→ 右側出現 Gemini 圖標
2. 輸入提示:「寫一封禮貌追款信,對方已讀不回兩週」
3. 選擇語氣:強硬版 / 委婉版 / 法務威脅版
4. 自動生成 3 種版本供選擇

[實測案例]
輸入:「拒絕合作廠商漲價要求,但保留未來合作空間」
→ 輸出:
  - 開頭引用合作歷程數據
  - 嵌入「成本壓力共同體」話術
  - 結尾埋下「Q4 重新議價」伏筆

2. 語調微調器

進階指令範例:
「將這封信的敵意值降低 30%,加入 2 個表情符號,
把『無法接受』改成『期待找到平衡點』,
並在第三段插入去年合作數據」

3. 多語言即時偽裝

[跨國實戰]
1. 寫中文信 → 點擊「譯者模式」
2. 選擇「日式商業敬語風格」
3. 輸出:
  - 自動添加「承蒙關照」等套話
  - 結尾換行空三格傳統格式
  - 附帶「深表謝意」手寫電子簽名

31 日期排程暗黑兵法

1. 跨時區刺客排程

第 4 週　寄生工作流
工作流組合技

```
[ 操作步驟 ]
1. 在 Google 日曆輸入：「下週與舊金山、柏林、東京團隊開會」
2. Gemini 自動：
   - 避開各國國定假日
   - 排除當地 22:00-08:00 保護時段
   - 優先選擇最多參與者「偽在線」時段
   - 附加時區換算備註

[ 實測數據 ]
原需 45 分鐘協調 → 現 9 秒完成
```

2. 緊急插隊協議

```
# 特殊指令：
「把下週二的銷售會議提前，但：
- 不影響 A 客戶專案進度
- 至少保留 B 主管 1 小時午休
- 如果衝突，自動取消評效最低的例行會議」
```

3. 行程緩衝防禦

```
[ 人性化設定 ]
1. 啟用「會議保護罩」：
   - 30 分鐘以上會議自動拆分
   - 每 2 小時插入 15 分鐘「廁所緩衝」
   - 連續會議觸發「頭痛請假」預案
```

透過 Gemini 的協助，用戶能在處理郵件和行事曆時更加高效，提升工作效率並減少手動操作的時間。

總之，Gemini Flash 2.0 以其卓越的性能和多功能性，為各領域的用戶提供了強大的 AI 支援，助力提升生活與工作的效率與品質。

4-6 Day27: 業界 AI 工作流推薦
（AI 工具 + 應用情境）

以下這些 AI 工具可以組成完整的 **工作流（Workflow）**，幫助企業和個人提升工作效率，減少重複性工作。以下是不同領域的 AI 工作流應用場景：

1. 行銷與內容創作工作流

◆ **應用情境**：自動化社群媒體運營、部落格文章撰寫、電子報製作
◆ **目標**：提升內容產出效率，確保品牌一致性

步驟	AI 工具	功能
1. 腦力激盪	ChatGPT / Claude AI	產生內容創意、標題建議
2. 內容生成	Copy.ai / Jasper AI	AI 自動撰寫文章、社群貼文
3. 圖片設計	Canva AI / Midjourney	生成社群貼文或行銷圖片
4. 影片剪輯	FlexClip / Runway ML	AI 製作行銷短影片
5. 自動發佈	Zapier / Buffer	自動排程發佈至社群媒體
6. 數據分析	Power BI / Google Analytics	監測內容表現，調整策略

2. 客服與企業內部自動化

◆ **應用情境**：AI 自動處理客戶詢問、內部知識管理、文件整理
◆ **目標**：提高客服效率，減少人工回覆

步驟	AI 工具	功能
1. 客戶對話自動化	ChatGPT API / Dialogflow	設計 AI 聊天機器人
2. 自動回覆 Email	Gmail AI / Zapier	AI 分析郵件內容並提供回應
3. 文件搜尋與摘要	Perplexity AI / Notion AI	AI 整理 FAQ、內部文件
4. 語音客服自動化	Fireflies.ai / Whisper AI	轉錄通話內容，自動分類
5. CRM 整合	HubSpot AI / Salesforce Einstein	自動記錄客戶互動
6. 分析客戶反饋	Power BI / Tableau AI	數據分析，提升客戶體驗

3. 人資與招聘工作流

◆ **應用情境**：AI 生成履歷、自動篩選候選人、模擬面試
◆ **目標**：簡化招聘流程，提高人才匹配精準度

第 4 週　寄生工作流
工作流組合技

步驟	AI 工具	功能
1. 招聘需求分析	LinkedIn AI / ChatGPT	根據職位需求產生 JD
2. 履歷生成	ResumAI / Kickresume	AI 幫助求職者生成履歷
3. 履歷篩選	HireEZ / Pymetrics	AI 自動分析應徵者資料
4. 面試準備	Interview Warmup / Yoodli AI	模擬 AI 面試，自動評估表現
5. 入職培訓	LMS AI / Notion AI	AI 建立新員工訓練計畫

4. 會議與知識管理

◆ **應用情境**：AI 自動記錄會議、整理筆記、翻譯多國語言會議

◆ **目標**：提高會議效率，減少重複手動紀錄

步驟	AI 工具	功能
1. 會議錄音	Otter.ai / Fireflies.ai	AI 轉錄與摘要會議內容
2. 會議摘要	Notta / Fathom AI	產生會議重點與行動項目
3. AI 翻譯	DeepL / Google Translate AI	會議紀錄多語言翻譯
4. 會議內容管理	Notion AI / Obsidian AI	知識整理、歸檔
5. 會議決策支持	Power BI / Tableau AI	AI 整理數據，幫助決策

5. 產品開發與專案管理

◆ **應用情境**：AI 輔助程式開發、測試與專案管理

◆ **目標**：提高開發效率，減少人工錯誤

步驟	AI 工具	功能
1. 需求分析	ChatGPT / Perplexity AI	AI 分析產品需求與競爭對手
2. 代碼輔助	GitHub Copilot / Codeium	AI 生成與補全程式碼
3. 測試自動化	Testim AI / Mabl	AI 生成測試案例，找出 bug
4. 版本管理	AI GitHub Actions	AI 自動審查與部署代碼
5. AI 專案管理	Monday AI / ClickUp AI	AI 分析專案進度、工時估算

6. 財務與數據分析

◆ **應用情境**：AI 自動處理財務報表、數據分析、預測市場趨勢

◆ **目標**：提高數據分析效率，支持決策

步驟	AI 工具	功能
1. 財務數據整理	Power BI / Google Sheets AI	AI 自動分類與整理財務報表
2. AI 預測分析	Tableau AI / DataRobot	預測市場趨勢與銷售表現
3. AI 詐欺偵測	Darktrace AI / Feedzai	AI 監測異常交易
4. 自動生成報告	Wordtune AI / ChatGPT	AI 自動產生財務報告
5. 財務決策支持	C3 AI / Bloomberg AI	AI 幫助企業財務決策

7. 學術研究與教育

◇ **應用情境**：AI 協助論文寫作、文獻回顧、筆記管理

◇ **目標**：提高研究效率，減少手動整理文獻的時間

步驟	AI 工具	功能
1. 文獻搜尋	Elicit / Consensus	AI 幫助搜尋學術論文
2. 文獻摘要	ChatGPT / Notion AI	自動摘要長篇論文
3. AI 寫作輔助	QuillBot / DeepL Write	AI 提升寫作質量
4. AI 知識管理	Obsidian AI / Zotero AI	自動整理研究筆記
5. AI 教學輔助	Duolingo AI / Khanmigo	AI 個人化學習推薦

這些 AI 工具能夠組成 **完整的 AI 工作流**，讓 **企業、學生、研究人員、開發者** 大幅提升效率 🚀

有沒有特定的產業或場景你想深入探討？ 😊

現在就開啟 Gmail，對 Gemini 輸入：
「建立每週五自動寄進度報告的流程，
如果數據未達標就改用道歉模板，
並避開主管的高血壓時段發送。」

你的職場效率革命，從此無痛升級！🚀

4-7 Day28: 職場戰情室介紹
AI 工具鏈の超限戰組合技閱兵大典

針對不同職場場景的 AI 工具鍊組合應用方案，結合 **跨平台整合** 與 **實戰案例數據**，打造從輸入到輸出的完整工作流：

▌【市場營銷全自動化工作流】

工具鍊：

Claude 3（智能生成）→ Midjourney+DALL·E 3（圖文協作）→ HubSpot（客戶管理）→ ChatGPT（標題優化）→ Hootsuite（社群管理）+ Brand24（聲量監測）

情境應用：

1. 用 Claude 3 批量生成 50 組產品文案，導入 A/B 測試模板
2. Midjourney 根據文案生成對應風格圖像，搭配 DALL-E 3 精修在地化元素
3. HubSpot 分析客戶畫像自動分群，生成個性化 EDM
4. ChatGPT 用神經網路預測點擊率最高的標題組合
5. Hootsuite 自動排程發布 +CommentIQ 監測社群互動
6. 加入 Brand24 實現即時輿情反饋

效益數據：

- 內容產出速度提升 400%
- 點擊率平均增加 27%（Phrasee 官方數據）
- 人力成本降低 65%

▌【智能會議管理系統】

工具鍊：

Otter.ai（語音轉寫）→ Fireflies（摘要分析）→ Trello（任務分配）→ Clockwise（行程優化）

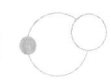

操作流程：

1. Otter.ai 即時轉錄會議內容，標記行動項目
2. Fireflies 提取關鍵決議與待辦事項，自動評分會議效率
3. 用 Zapier 串接 Trello 生成任務卡，AI 推薦負責人選
4. Clockwise 重排後續會議時間，避開效率低谷時段

進階技巧：

- 在 Fireflies 設定「甩鍋指數」警報，偵測模糊責任歸屬的發言
- 用 Trello Butler 機器人自動追蹤 deadline 並 @ 提醒相關人員

【客戶服務 AI 作戰室】

工具鍊：

Intercom（聊天機器人）→ Gong（語意分析）→ ChurnZero（流失預測）→ Pipedrive（銷售跟進）

實戰部署：

1. Intercom 處理 80% 常規詢問，複雜問題轉真人 + 自動生成應對腳本
2. Gong 分析客戶通話情緒波動，標記高風險帳戶
3. ChurnZero 用 ML 預測流失率，觸發客製化保留方案
4. Pipedrive 自動生成跟進任務，推薦最佳聯繫時機

成效指標：

- 客服回應時間縮短至 43 秒（IBM 案例）
- 客戶流失率降低 18-25%（Forrester 數據）
- 銷售轉化率提升 33%

【財務風控防衛體系】

工具鍊：

第 4 週　寄生工作流
工作流組合技

Vic.ai（發票審核）→ AppZen（異常偵測）→ Workiva（合規報告）→ Darktrace（資安防護）

運作機制：

1. Vic.ai 自動識別 95% 的常規發票，節省 AP 部門 70% 工時
2. Appzen 用 NLU 解析合同條款，即時比對交易異常
3. Workiva 同步更新多國財報格式，自動生成 ESG 合規文件
4. Darktrace 的 AI 監控資金流動模式，秒級阻斷異常交易

風險防護：

- 詐騙偵測準確率達 99.2%（Appzen 實測）
- 合規錯誤率下降 90%
- 年省審計成本 $250K+（Workiva 客戶數據）

【工程團隊超速開發生態】

工具鍊：

GitHub Copilot（代碼輔助）→ Tabnine（自動補全）→ Snyk（資安檢測）→ LinearB（流程優化）

極速開發流：

1. Copilot 根據註解生成 70% 基礎代碼，切換不同程式語言
2. Tabnine 學習團隊代碼庫，預測後續函數寫法
3. Snyk 即時掃描第三方套件漏洞，提供修復方案
4. LinearB 分析開發瓶頸，重排任務優先級

效能飛躍：

- 代碼產出速度提升 55%（GitHub 官方統計）
- 資安漏洞減少 83%
- 需求交付週期縮短 40%

【人資智能決策中樞】

工具鍊：

HireVue（AI 面試）→ Pymetrics（認知評估）→ Lattice（績效分析）→ Eightfold（人才庫挖掘）

人才管理流：

1. HireVue 分析面試微表情，預測文化契合度
2. Pymetrics 用遊戲測驗評估認知潛力，突破履歷盲區
3. Lattice 追蹤 OKR 達成率，自動生成升遷建議
4. Eightfold 挖掘離職風險員工，觸發保留機制

組織效益：

- 招聘效率提升 3 倍（麥肯錫報告）
- 員工留存率增加 29%
- 高潛人才識別準確度達 92%

工具鍊建構心法

1. **痛點地圖化**：用 Miro 繪製「效率黑洞」分佈圖，針對性部署 AI
2. **API 優先策略**：選擇提供開放 API 的工具（如 Zapier/ Make.com）
3. **殺手級組合**：
   - **創意生產**：ChatGPT + Canva Magic Design
   - **數據洞察**：Power BI + Akkio 預測模型
   - **跨國協作**：Notion AI + Slack GPT
4. **反脆弱設計**：保留 10% 人工覆核節點，防範 AI 誤判風險

實戰案例：某跨國電商導入「客服 + 倉儲 AI 鍊」，將退貨處理時間從 72hr 壓縮至 9hr，關鍵在：

4 第 4 週 寄生工作流
工作流組合技

1. 用 Ada 聊天機器人過濾 50% 常規退單
2. 電腦視覺自動檢測商品狀況
3. 路徑規劃 AI 優化補貨動線
4. 每環節省下的數據回流訓練模型

2024 工具鍊趨勢預測

- **自主 Agent**：AutoGPT 自動串接多工具完成複雜任務
- **空間計算**：Apple Vision Pro+AI 重塑遠端協作
- **法規合規**：Klaros 自動生成 GDPR 合規報告
- **生物識別**：Humane Ai Pin 實現無螢幕工作流

立即行動清單：

1. 挑選 1 個效率黑洞最大的工作流試點
2. 用 Trello 建立「AI 工具鍊實驗看板」
3. 設定「每週省時 KPI」量化成效
4. 建立「AI 失效 SOP」應對意外狀況

5

第 5 週
本地端 AI 寄生術

本地端 AI 寄生術,簡直就是人類末日求生指南第一條:先在自己電腦裡裝好大模型!離線、不靠雲、不求人,萬一斷網、公司倒、API 掛,你還能靠它寫報告、生成圖像、聊心事。這不叫工具,這叫數位夥伴!未來靠誰?當然是靠你電腦裡那隻會思考、還不用繳稅的 AI 寵物!

5 第 5 週　本地端 AI 寄生術
工作流組合技

5-1　Day29: 初探生成式 AI 與 LLM
從文本生成到創意應用的全方位探索

(圖片來源：AI 製作)

你是否曾經思考過，當我們每天接觸到的文章、廣告，甚至與對話機器人互動時，背後的技術究竟是如何運作的呢？這些令人驚嘆的現象都與兩個關鍵概念密不可分——生成式 AI 和大型語言模型（LLM）。雖然你可能已經對這些術語

有所耳聞，但今天我想邀請你一同深入探索這個迷人的世界，了解這些尖端技術如何徹底改變我們的日常生活和工作方式。讓我們一起揭開這些創新技術的神秘面紗，探索它們如何塑造我們的現在和未來。

生成式 AI 是一種能夠自動創造內容的先進技術，它通過對海量數據進行深度學習，不僅能夠生成文字，還能創作圖像，甚至譜寫音樂。在這個領域中，大型語言模型（LLM）扮演著核心角色。諸如 GPT、BERT、T5 等模型，都是通過理解和分析大規模文本數據，來生成流暢自然的語言回應。這些模型的發展歷程可以追溯到早期的統計語言模型，但隨著深度學習和神經網路技術的突破性進展，才催生了今天我們所見到的強大 LLM。

這些模型的應用範圍極其廣泛，尤其在現代職場中發揮著重要作用。以 GPT 模型為例，它已經被廣泛應用於各種商業場景中。從自動生成專業的電子郵件、起草複雜的合約文件，到編寫引人入勝的產品介紹，GPT 模型都能勝任。這不僅大幅提升了工作效率，還為企業節省了大量的時間和人力資源。更重要的是，這種技術能夠協助員工專注於更具創造性和戰略性的工作，從而提高整體的生產力和創新能力。

LLM 的技術基礎

要深入理解 LLM 的運作機制，我們首先需要掌握深度學習和神經網絡的基本原理。這些模型巧妙地模仿了人類大腦的學習過程，通過不斷接觸和分析海量數據，持續調整和優化模型內部的參數。這種學習方式使得 LLM 能夠逐步提高其預測和生成文本的準確性，最終達到近乎人類水平的語言理解和生成能力。

LLM 的核心技術支柱是「Transformer 架構」，這被公認為是目前處理自然語言最有效的技術之一。Transformer 的獨特之處在於其自注意力機制，這使得模型能夠從龐大的文本數據中有效地學習語言的複雜結構和微妙的上下文關係。舉一個生動的例子，Transformer 能夠精確地辨別「蘋果」這個詞在不同語境中的多重含義——它可能是一種水果、一家科技公司，或是紐約市的暱稱。這種對語言細微差別的把握，正是 LLM 能夠生成如此精確和自然內容的關鍵所在。

第 5 週　本地端 AI 寄生術
工作流組合技

更令人驚嘆的是，LLM 的自注意力機制不僅提高了語言理解的準確度，還大大增強了模型的處理效率。這種機制使得 LLM 能夠並行處理大規模的文本數據，實現了對長文本的全面理解和快速反應。正是這種高效的並行處理能力，讓 LLM 能夠在極短的時間內生成大量流暢自然的文本，無論是撰寫文章、回答問題，還是進行複雜的語言任務，都能夠迅速完成。這一特性不僅體現了 LLM 的技術優勢，更為其在各種實際應用場景中的廣泛使用奠定了基礎。

LLM 在文本生成中的應用

我們如今生活在一個被「智能自動化」環繞的世界。從複雜的文章撰寫、詳盡的新聞摘要，到深入的學術報告生成，這些曾經需要大量人力和時間投入的任務，現在都可以輕鬆地交由 LLM 來處理。這種轉變不僅提高了效率，還釋放了人類的創造力，讓我們能夠專注於更具挑戰性和創新性的工作。

LLM 在自動寫作和內容創作領域的應用範圍之廣，令人嘆為觀止。試想一下，當你需要撰寫一份全面的商業報告或是引人入勝的社交媒體文章時，LLM 能夠根據你提供的幾個關鍵詞或主題概念，在短短幾秒鐘內生成一篇結構完整、邏輯清晰、措辭得當的文章。這不僅大大縮短了寫作時間，還能確保內容的質量和專業性。更令人驚嘆的是，LLM 還能根據不同的目標受眾和寫作風格進行調整，使得生成的內容更加貼合特定的需求和場景。

此外，在日益普及的對話系統中，LLM 的應用更是無處不在。從我們日常使用的智能助理如 Siri、Alexa，到企業中廣泛應用的客戶服務聊天機器人，都深深依賴於 LLM 的強大能力。這些系統不僅能夠準確理解我們的語言和意圖，還能夠生成自然、流暢、且富有洞察力的回應。更令人驚喜的是，它們還能夠進行深度的、多輪的對話，甚至能夠理解上下文、捕捉細微的情感變化，從而提供更加個性化和人性化的互動體驗。這種高度智能化的對話能力，極大地改善了用戶體驗，使得人機交互變得更加自然、高效，甚至在某些方面超越了人類客服的表現。

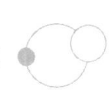

LLM 在創意領域的應用

生成式 AI 和 LLM 不僅僅是輔助工具，它們已然成為創意領域的革命性力量。無論是構建引人入勝的故事情節、打造震撼人心的廣告文案，還是開創前衛的藝術作品，LLM 都展現出驚人的靈活性和適應能力。這些先進技術正在重新定義創意的邊界，為創作者提供了前所未有的可能性。

舉例來說，越來越多的創意寫作平台正在巧妙地運用 LLM 技術。這些平台不僅能夠協助作者生成豐富多彩的故事框架，還能模擬不同角色間的對話，大大縮短了創作者的構思時間，同時激發了更多創新靈感。在廣告界，LLM 的應用更是如虎添翼。廣告公司現在能夠利用這項技術，根據細分市場的特點和目標受眾的喜好，快速製作出引人注目、富有感染力的廣告文案。更令人驚嘆的是，在藝術創作領域，生成式 AI 的潛力似乎無窮無盡。從編寫動人心弦的音樂旋律，到設計令人目眩神迷的視覺效果，再到協助電影導演規劃精妙絕倫的影片分鏡，AI 的創造力正在各個藝術領域綻放光彩。

然而，LLM 在營銷領域的應用或許是最令人興奮的發展之一。通過深入分析海量的市場數據和用戶反饋，LLM 能夠精確捕捉消費者的需求和喜好。這種洞察力使得 AI 能夠創作出高度個性化、極具吸引力的廣告內容。這些量身定制的文案不僅能夠提高產品的曝光率，更能夠與目標受眾產生深刻的情感共鳴，從而顯著提升營銷效果。這種結合大數據分析和創意表達的方式，正在徹底改變我們對營銷的認知，開創了一個精準、高效、且富有創意的新時代。

LLM 的技術特點

LLM 擁有一個特別強大且引人注目的技術特點，那就是它的「多工處理能力」。這種能力使 LLM 能夠同時處理多種不同的自然語言處理任務，展現出驚人的效率和靈活性。舉例來說，LLM 不僅可以同時生成高質量的文本內容，還能進行複雜的語音轉文字操作，甚至能夠深入分析文本中蘊含的情感色彩。這種多任務並行處理的能力大大提高了 LLM 在實際應用中的效率和實用性。

第 5 週　本地端 AI 寄生術
工作流組合技

另一個值得關注的重要特點是 LLM 的訓練過程。這個過程涉及從海量的數據中提取關鍵特徵，使 LLM 能夠不斷學習和優化語言的模式與結構。通過這種深度學習方法，LLM 逐漸掌握了理解和生成人類語言的能力，能夠生成越來越準確、流暢和自然的內容。這種持續學習和自我完善的能力，使 LLM 成為了我們日常生活和工作中不可或缺的智能助手，能夠在各種場景下提供精確且有價值的語言服務。

展望未來，LLM 的應用範圍將會更加廣泛，並在多個專業領域中發揮重要作用。在醫療領域，LLM 可能會協助醫生進行病歷分析、輔助診斷，甚至參與制定治療方案。在法律領域，LLM 可能會協助律師進行案例研究、文件審查，提高法律工作的效率。在教育領域，LLM 可能會為學生提供個性化的學習建議，協助教師設計更有針對性的教學計劃。這些應用不僅能夠幫助專業人士節省大量寶貴的時間，還能顯著提升工作的精準度和質量，最終推動這些領域的創新和進步。

LLM 在職場中的實際應用

在今天的職場中，大型語言模型（LLM）已經成為提升生產力的重要工具。從日常工作的自動化到更高層次的數據分析，LLM 正在逐步改變我們的工作方式。

- **提高工作效率的 AI 助手**

想像一下，你有一個 AI 助手，無時無刻都在你身邊協助工作，從撰寫文件、回覆郵件到安排會議，它能夠大幅減少繁瑣的重複性任務，讓你有更多時間專注在創造性工作上。例如，像 Microsoft 的 Copilot 或 Google 的 Bard 這些工具，能根據你提供的簡單指令生成報告或分析結果，大幅縮短完成任務的時間。這樣的 AI 助手不僅能讓個人變得更高效，也讓團隊的合作更加順暢。

- **數據分析與商業智能**

傳統上，數據分析需要專業知識才能從大量資料中提取有用的見解，但 LLM 的出現打破了這一障礙。現如今，企業中的普通員工也能使用這些工具來生成

數據報告、預測市場趨勢，甚至進行商業策略建議。例如，金融機構可以透過 LLM 自動分析市場動態，進而做出更迅速且精確的決策。

- **客戶服務與用戶體驗優化**

客戶服務是 LLM 發揮關鍵作用的另一個領域。想像一下，當你撥打客服電話時，對方是能理解你情緒並提供精確回覆的 AI 助理。這樣的技術能大幅提升用戶體驗，減少等待時間。像 ChatGPT 這樣的技術已經被廣泛運用於客服領域，提供即時回覆及解決方案，甚至能進行語音識別，讓用戶感受到如真人般的溝通體驗。

LLM 應用的挑戰與限制

儘管 LLM 在各個領域的應用前景廣闊，但其挑戰與限制也不容忽視。

- **資料隱私與安全問題**

LLM 需要大量資料進行訓練，其中有不少涉及敏感的個人資料。如何在提升 AI 性能的同時保障資料隱私，成為了 LLM 發展的一大難題。許多公司在使用 LLM 時必須考量如何確保客戶資料不會被濫用或洩露。例如，最近幾年，歐洲的《一般數據保護條例》（GDPR）對於資料使用提出了更嚴格的規範，企業必須更加謹慎地處理個人資料。

《一般資料保護規則》（英語：General Data Protection Regulation，縮寫作 GDPR；歐盟法規編號：(EU) 2016/679[2]），又名《通用資料保護規則》，是在歐盟法律中對所有歐盟個人關於資料保護和隱私的規範，涉及了歐洲境外的個人資料出口。GDPR 主要目標為取回個人對於個人資料的控制，以及為了國際商務而簡化在歐盟內的統一規範。(擷取自維基百科)

- **偏見與公平性考量**

由於 LLM 的訓練資料來自網絡，因此模型可能會反映出資料中的偏見。舉例來說，如果訓練資料中充滿性別或種族偏見，LLM 的回應也可能帶有類似的傾向。這樣的問題讓 LLM 的公平性受到質疑。解決這些偏見需要在訓練階段引入更多多樣性和包容性的資料，並且設計能夠檢測與修正偏見的機制。

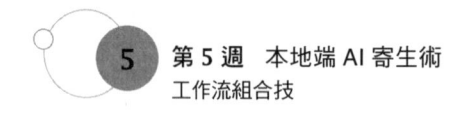

- **模型的局限性與錯誤處理**

雖然 LLM 能夠處理龐大的資料並提供看似合理的回應，但其並非萬能。它們有時會產生錯誤的信息或虛構的內容。這樣的局限性提醒我們，無論是使用 LLM 進行創作還是決策，人工審查和干預仍然是必不可少的。

LLM 的發展趨勢

隨著技術的不斷進步，LLM 的應用範圍也將更加廣泛和深入。

- **多模態 AI 與跨領域整合**

未來的 LLM 不再僅限於處理文字，還將能夠處理多模態資料——即圖像、聲音、視頻等不同形式的資料。這樣的多模態 AI 將能夠整合不同類型的資訊，為使用者提供更全面的回應。例如，AI 助理可以同時分析客戶的文字留言和相關圖像，提供更加精確的解決方案。

- **個人化與定制化 LLM 應用**

未來的 LLM 將能夠根據個人的需求進行高度定制化。例如，企業可以訓練專屬的 LLM 來適應自身的業務需求，從而提供更加針對性的服務。像是健康產業，醫療機構可以運用定制化 LLM 來為病患提供個性化的健康建議，讓 AI 更貼近個人需求。

- **人機協作的新模式**

LLM 並非要取代人類，而是成為我們工作中的重要夥伴。隨著人機協作的發展，AI 將負責處理重複性、高負荷的工作，而人類則專注於創造性、戰略性的決策。例如，在廣告設計中，AI 可以自動生成初步的廣告草案，而創意總監則根據這些草案進行調整與優化，形成完美的合作。

看到這兒，一定有人會說 AI 的發展給我們帶來了無限的可能性，但我們也必須學會如何更好地利用這些工具。

- **培養 AI 素養的重要性**

隨著 AI 技術的普及，職場人員必須具備一定的 AI 素養，才能在這個變化快速的環境中保持競爭力。這包括理解 LLM 的基本原理、學會如何與 AI 合作，並保持持續學習的心態。

- **如何有效利用 LLM 提升職場競爭力**

有效地利用 LLM 可以大幅提升工作效率，但這需要我們掌握如何選擇合適的工具，並且學會在實際工作中靈活應用。例如，學會使用 AI 進行數據分析，或是利用 AI 輔助完成重複性的文書工作，將成為未來職場的關鍵技能。

- **平衡技術應用與人文關懷**

雖然技術能夠解決許多問題，但最終人類的情感與智慧仍然是無法被取代的。在職場中，如何平衡技術的應用與人文關懷，成為未來領導者必須思考的重要課題。AI 可以幫助我們提升效率，但關注員工的情感需求、保持人與人之間的真誠互動，依然是每一個企業成功的基石。

| 5 | 第 5 週　本地端 AI 寄生術
工作流組合技 |

5-2　Day30: 打造你的「個人 AI 潘朵拉」
使用 Ollama+Llama3 在本機運行私有語言模型
/ Ollama+Llama3

（圖片來源：AI 製作）

大家有沒有發現，近年來 AI 的應用幾乎無孔不入的滲透到我們工作和生活？

從客服自動化到內容生成，AI 都在快速改變著職場的格局。而在這場技術革命中，Llama 3.1 是一個不能忽視的工具。如果你是對 AI 技術有興趣的職場人員，了解如何在自己的電腦上安裝 Llama 3.1，將會讓你在日常工作中更具競爭力。不論是開發者、數據科學家，甚至是內容創作者，掌握這項技術都能讓你脫穎而出。

Llama 3.1 是由 Meta 推出的一款功能強大的 AI 語言模型，它在自然語言處理（NLP）領域展現出卓越的能力。這個模型不僅能夠進行高度準確的文本生成，還能執行複雜的語意分析任務。Llama 3.1 的應用範圍極其廣泛，從簡單的自動化回覆到複雜的內容創作，都能大幅提升工作效率。

那麼，為什麼你應該考慮在 Windows 系統上安裝 Llama 3.1 呢？答案其實很簡單：Llama 3.1 為用戶提供了一個強大的工具，能夠快速部署各種 AI 解決方案。無論你是想要改善客戶服務、優化內容生產流程，還是開發創新的 AI 應用，Llama 3.1 都能成為你得力的助手。

在本文中，我將為大家詳細介紹如何在 Windows 環境中成功安裝和使用 Llama 3.1。我們將一步步深入探討整個過程，包括系統需求、安裝步驟、常見問題的解決方案，以及如何充分利用這個強大的 AI 工具。無論你是 AI 領域的新手還是經驗豐富的開發者，這篇指南都將幫助你順利地將 Llama 3.1 整合到你的工作流程中。

2. 系統需求

在安裝之前，讓我們先來確認系統需求。這部分非常關鍵，因為若硬體或軟體不符合要求，整個安裝過程會變得非常艱難。

- **硬體要求**：Llama 3.1 的運行需要較強的計算資源。具體來說，你需要一個多核心的 CPU（例如 Intel Core i7 或 AMD Ryzen 系列），同時 GPU 也是必不可少的，尤其是如果你想進行快速推理的話，建議使用具備 CUDA 支援的 NVIDIA 顯示卡，至少是 8GB 以上的 GPU 記憶體。此外，系統至少需要 16GB 的 RAM 才能順利處理模型，硬碟空間：至少 20GB 可用空間。

- 這這次我們也特別為大家準備了 CPU 版本的安裝指南。

- **軟體需求**：首先，確保你的作業系統是 Windows 10 或更新的版本。此外，你需要安裝最新版的 Python（通常建議是 3.9 或更新版本），並且需要安裝 CUDA（如 GPU 支援），以便最大化模型運行的效能。

3. 環境設置

在開始安裝之前，我們需要準備好工作環境，這樣才能避免未來在安裝過程中遇到過多的問題。

- **安裝 Python**：你可以從 Python 官方網站下載並安裝最新的 Python 版本。完成安裝後，請記得配置環境變數，讓系統可以正確識別 Python。
- **配置虛擬環境**：在處理 Python 項目時，使用虛擬環境來隔離各種套件是業界的最佳實踐。你可以使用 venv 或 Anaconda 來建立虛擬環境。例如，運行以下指令來建立一個新的虛擬環境：python -m venv llama_env。完成後，啟動虛擬環境，這樣你就可以開始安裝需要的套件了。

目前開源的 Llama 3.1 版本有三個主要規模，每個都針對不同的應用場景和硬體需求進行了優化：

1. **Llama 3.1 8B**：這是最小的版本，適合個人用戶或資源受限的環境。它在保持相當高的性能的同時，對硬體要求相對較低。

2. **Llama 3.1 70B**：中等規模的版本，為大多數企業級應用提供了良好的平衡。它在性能和資源需求之間取得了很好的平衡。

3. **Llama 3.1 405B**：這是一個超大規模版本，專為需要最高性能和最複雜任務處理能力的大型企業或研究機構設計。它提供了最先進的自然語言處理能力，但同時也需要大量的計算資源。

每個版本都有其獨特的優勢和適用場景，使用者可以根據自己的需求和可用資源來選擇最適合的版本。

個人使用者可選擇 8B 版本的 Llama 3.1 大模型，適用於 Windows 和 macOS 系統。

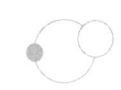

接下來，我們將開始在 Windows 本機上安裝 Llama 3.1 大模型。

4. 安裝步驟

接下來，我們將進入實際的安裝步驟。以下是你如何一步步安裝 Llama 3.1 的詳細過程。

首先我們需要安裝 Ollama 客戶端，來進行本機部署 Llama3.1 大模型

** 官方下載：**https://ollama.com/

點擊「Download」按鈕

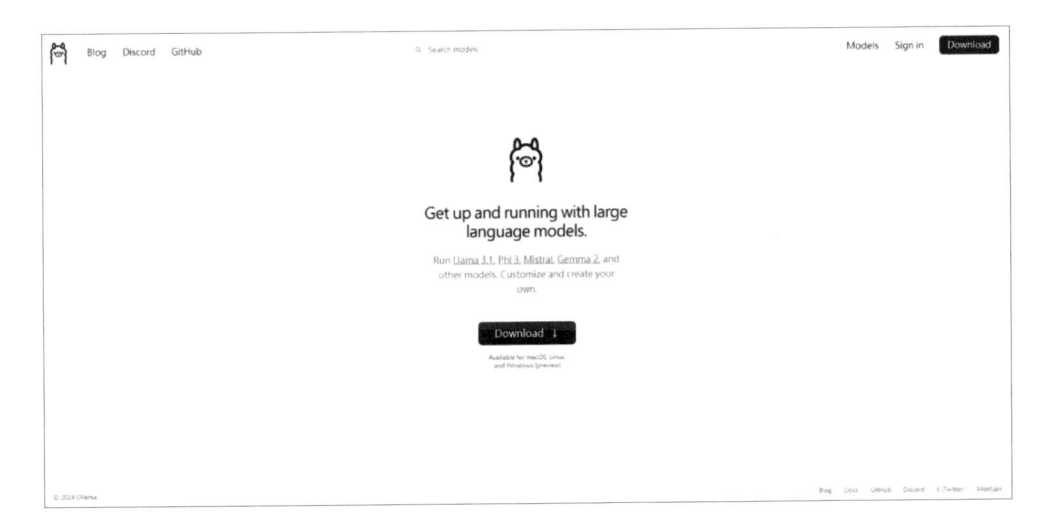

此頁面提供三個版本：macOS、Linux 和 Windows。

如果你要安裝 Windows 版本，只需點擊 Windows 選項。

對於 Windows 版，接著點擊「Download for Windows (Preview)」按鈕。

第 5 週　本地端 AI 寄生術
工作流組合技

系統將開始下載。

安裝檔下載完成後，點擊檔案開始安裝程序。

若安裝成功，則於 Dos 命令列輸入 ollama 會出現以下資訊：

```
c:\User\test >ollama
Usage:
ollama [flags]
ollama [command]
Available Commands:
serve    Start ollama
create   Create a model from a Modelfile
show     Show information for a model
run      Run a model
pull     Pull a model from a registry
push     Push a model to a registry
list     List models
ps       List running models
cp       Copy a model
rm       Remove a model
help     Help about any command
Flags:
-h, --help      help for ollama
-v, --version   Show version information
Use "ollama [command] --help" for more information about a command.
```

安裝 llama3.1-8b，至少需要 8G 的顯存，安裝指令如下：

ollama run llama3.1 :8b

安裝 llama3.1-70b，至少需要約 70-75 GB 顯存，適合企業用戶，安裝指令如下：

ollama run llama3.1 :78b

安裝 llama3.1-405b，這是一個極其龐大的模型，安裝和運行它在本地需要非常高的顯存和硬體資源，至少需要大約 400-450 GB 顯存，適合頂級大企業用戶，安裝命令如下：

ollama run llama3.1 :405b

本次我們安裝如下指令：

第 5 週　本地端 AI 寄生術
工作流組合技

ollama run llama3.1

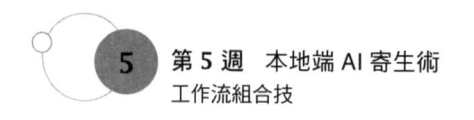

```
D:\>ollama run llama3. 1 :8b
It seems like you've provided a mathematical expression!

The expression "1 : 8b" is likely trying to represent a proportion or a ratio between two quantities. However,
without more context or information about what the variables represent, it's difficult for me to determine the
exact meaning.

Could you please provide more details or clarify what this expression is intended to represent? I'd be happy to
help you understand and work with it!

D:\>ollama run llama3.1
pulling manifest
pulling 8eeb52dfb3bb... 100%                                         4.7 GB
pulling 948af2743fc7... 100%                                         1.5 KB
pulling 0ba8f0e314b4... 100%                                         12 KB
pulling 56bb8bd477a5... 100%                                         96 B
pulling 1a4c3c319823... 100%                                         485 B
verifying sha256 digest
writing manifest
success
>>> Send a message (/? for help)
```

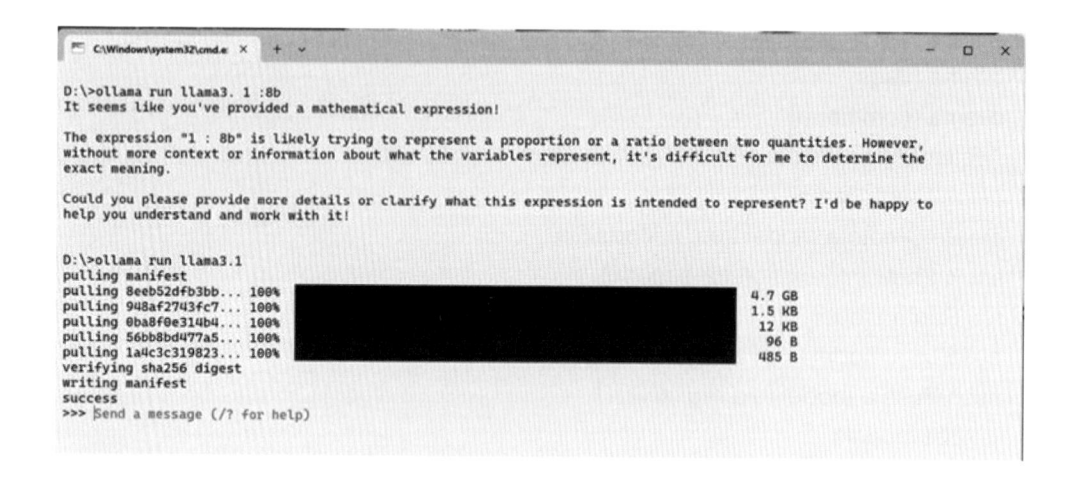

5. 驗證安裝結果

安裝完成後，你可以開始以文字模式輸入問題來測試模型。

>>> 請問你的模型版本？

我是由谷歌　　的 .transformer 類型機器學習模型。

>>> 你的 llama 版本是？

我是基於 Llama 3.3.2 的模型，該模型是一種 transformer 架構的人工智能模型，能夠理解和生成自然語言。

>>> Send a message (/? for help)

按下 Ctrl + D 或輸入 /bye 即可退出。

5. 安裝可視化界面

如果你希望在可視化界面下運行 Llama 3.1，這裡提供一個解決方案：

Ollama：支援多平台！Windows、Mac 和 Linux 都可以執行

安裝 Docker Desktop：https://www.docker.com/products/docker-desktop/

接續點擊下載檔案進行安裝程序。

然後本地安裝 webUI

(1) 在 CPU 下運作：

docker run -d -p 3100:8080 --add-host=host.docker.internal:host-gateway -v open-webui:/app/backend/data --name open-webui --restart always ghcr.io/open-webui/open-webui:main

(2) 支援 GPU 運作：

docker run -d -p 3200:8080 --gpus=all -v ollama:/root/.ollama -v open-webui:/app/backend/data --name open-webui --restart always ghcr.io/open-webui/open-webui:ollama

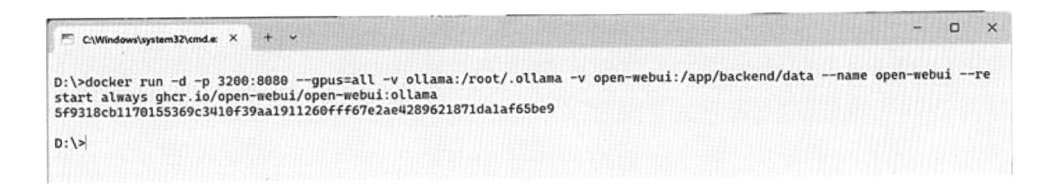

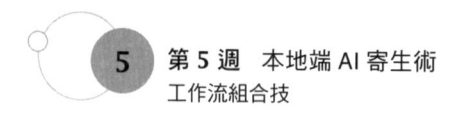

第 5 週　本地端 AI 寄生術
工作流組合技

檢視 Docker desktop

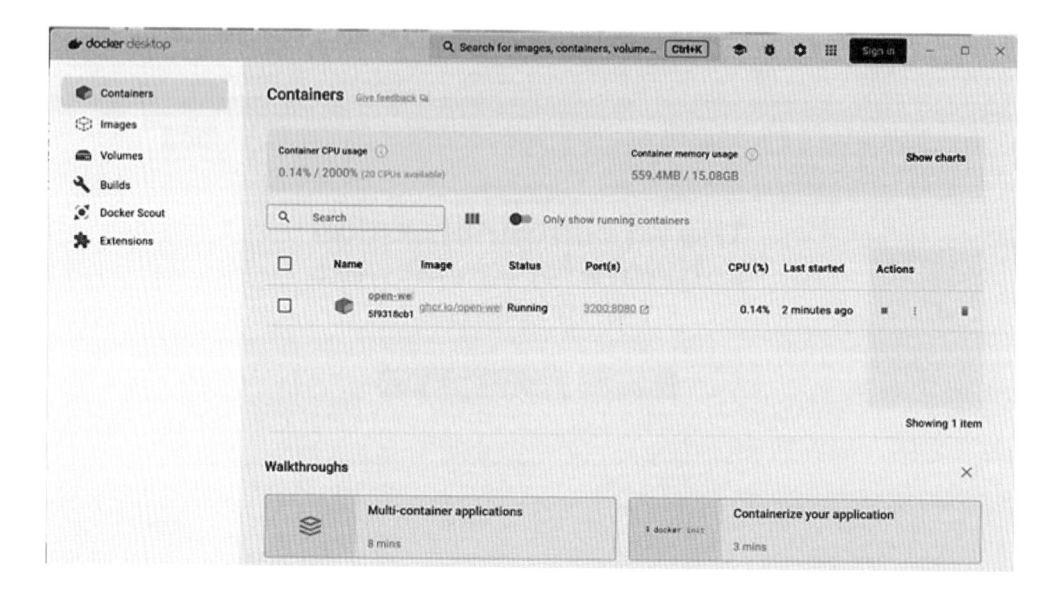

安裝完成透過本機位址：http://127.0.0.1:3200/ 進行訪問

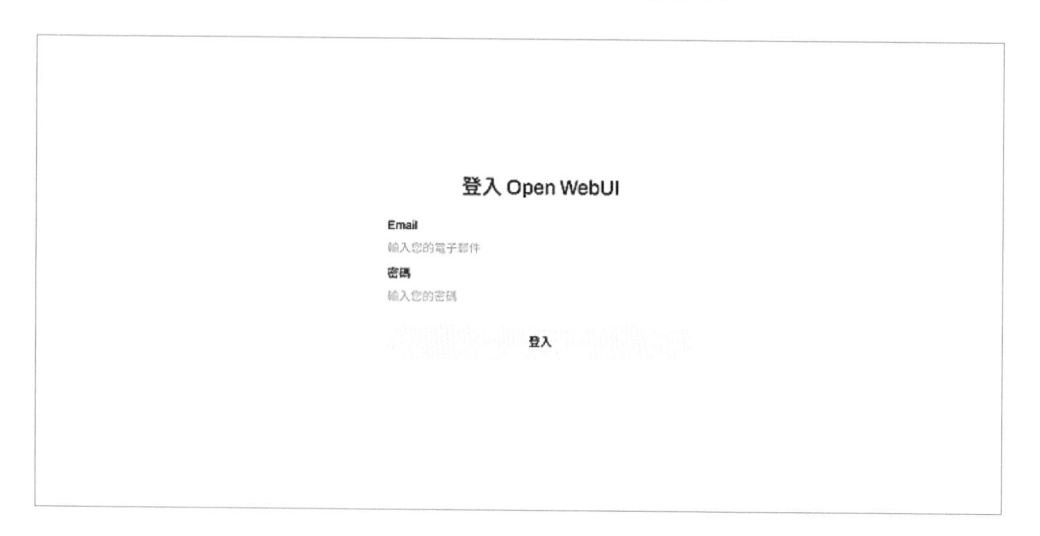

安裝 Llama 3.1 不僅是提升工作效率與技能的重要步驟，更是為那些渴望在 AI 技術領域佔得先機的職場人員開闢了一條新的道路。在本文中，我們深入探討了從系統需求到環境設置，從實際安裝步驟到模型運行，甚至包括常見問題的

解決方案，全方位地介紹了如何在 Windows 系統上成功部署 Llama 3.1。

這個詳盡的過程不僅旨在幫助你迅速掌握這款強大的 AI 工具，更重要的是讓你能夠在日常工作中充分發揮它的潛力，從而在競爭激烈的職場中脫穎而出。我們相信，通過實踐這些步驟，你將能夠更好地理解 AI 技術的運作原理，並在實際應用中獲得寶貴的經驗。

基於資安考量，企業內部安裝本地端的大型語言模型（LLM）將成為趨勢。我們有理由相信，Llama 3.1 的應用範疇將不斷擴大，滲透到各行各業。從自然語言處理到數據分析，從客戶服務到創意設計，Llama 3.1 都可能帶來革命性的變革。這不僅是技術的進步，更是充滿機遇的新時代的開端。

因此，我們鼓勵每一位有志於在 AI 領域有所作為的專業人士，積極擁抱這項技術，勇於探索其無限可能。通過掌握 Llama 3.1，你不僅能夠提升個人競爭力，更能為你所在的組織帶來創新和效率的提升。讓我們一同迎接這個 AI 驅動的美好未來，在這個充滿機遇與挑戰的新時代中，共同譜寫屬於我們的精彩篇章。

5-3　Day31: Llama 功能介紹
探索人工智能語言模型的強大能力

想像一下，有一個超級助手能夠理解你的每一個字，並以令人驚嘆的方式回應你的每一個問題 (包含願意玩幾 A 幾 B)。這就是 Llama（Large Language Model and Applications）—— 一個突破性的人工智能語言模型，它正在重新定義我們與科技互動的方式。

(圖片來源：部分 AI 製作)

Llama 不僅僅是一個聊天機器人，它是一個強大的語言理解和生成引擎。它能夠吸收海量的文本資料，並將其轉化為流暢、自然且富有洞察力的對話。無論是撰寫一篇引人入勝的文章，還是解答一個複雜的問題，Llama 都能夠以近乎人類的智慧來應對。

在這篇文章中，我們將帶你深入探索 Llama 的神奇世界。你將了解它如何實現多語言溝通、精準把握上下文、甚至解讀人類的情感。更令人興奮的是，我們將揭示 Llama 如何在各個領域中發揮革命性的作用 —— 從改變商業決策的方式，到為教育帶來新的可能性，再到提升客戶服務的品質。

準備好踏上這段奇妙的旅程了嗎？跟隨我們一起探索 Llama 的無限潛力，見證它如何塑造我們的未來，並改變我們與信息、學習和工作互動的方式。這不僅

僅是一次技術介紹，更是一次對未來的預見。讓我們一起揭開 AI 新紀元的序幕！

系統功能項目說明

1. 註冊／登入系統

首次使用系統時，您需要註冊帳戶並提供必要的使用者資訊。完成註冊後，即可使用您的電子郵件地址和密碼登入系統。

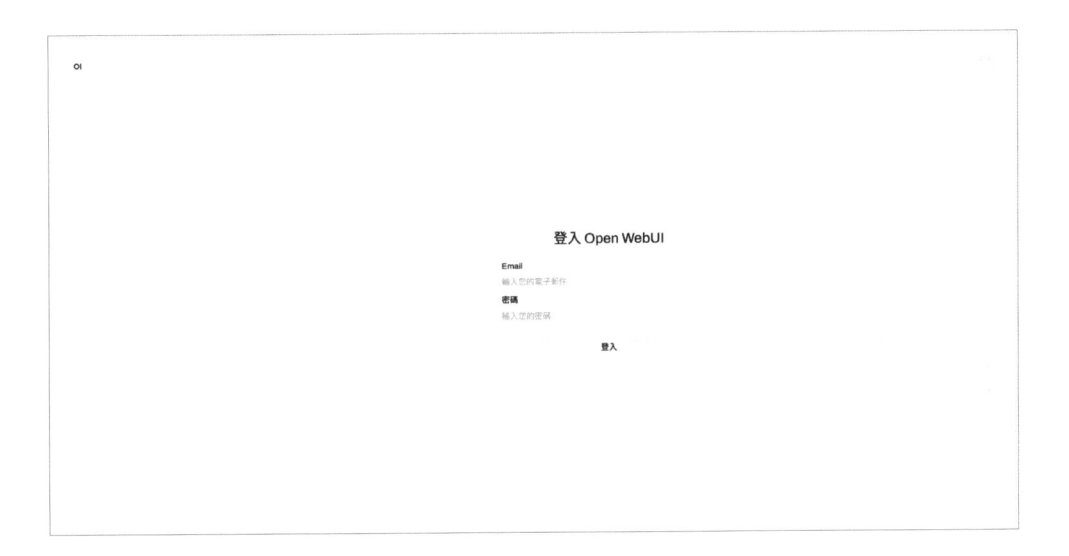

2. 登入系統後的首頁畫面

成功登入後，您會看到以下界面佈局：左側是工作項目選單，中央是主要的聊天區域，上方可選擇大型語言模型（目前預設為 llama3:latest），右上角則有設定、管理員控制台和登出選項。

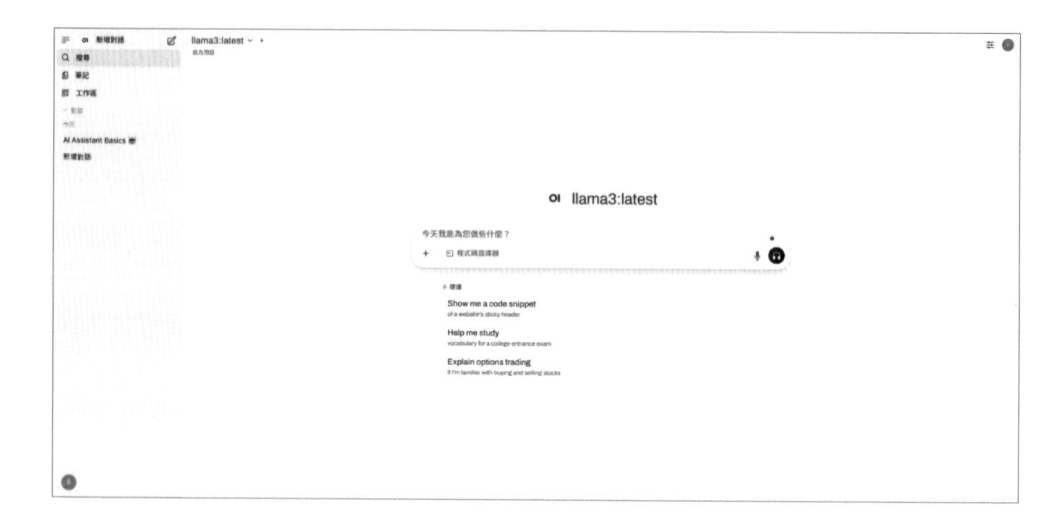

第 5 週　本地端 AI 寄生術
工作流組合技

3. 聊天區的建議提示詞

聊天區中提供了一些建議提示詞，幫助您快速開始對話：

第一個選項：「給我看一段程式碼」。**選擇此項將顯示 CSS 和 JavaScript 中實現網站黏性標頭的程式碼片段。**

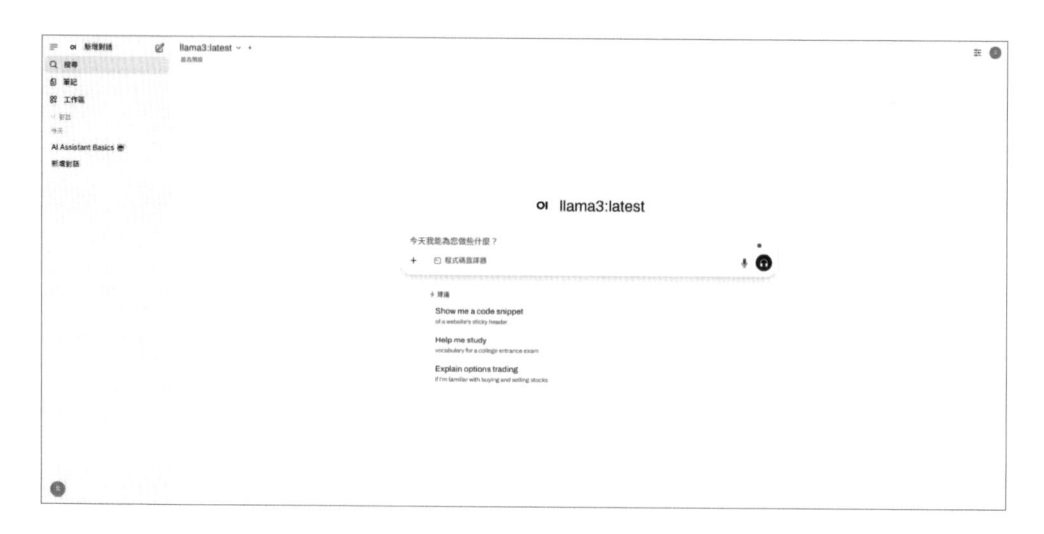

第二個選項：「給我一些想法」。**如何處理孩子的藝術作品。(例如：我可以用孩子的畫作做哪五件有創意的事？我不想把它們丟掉，但那樣太亂了。)**

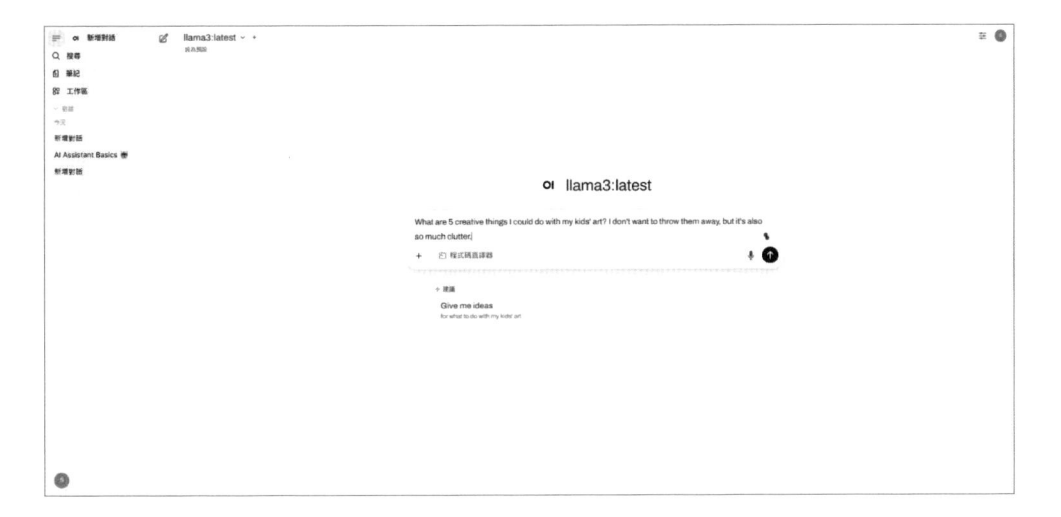

每次重新整理網頁時，系統都會提供新的提示詞建議，豐富您的使用體驗。

4.1 右上角 - 設定 > 一般

可選定語系以及系統提示詞（我目前比較希望回應使用繁體中文回應）

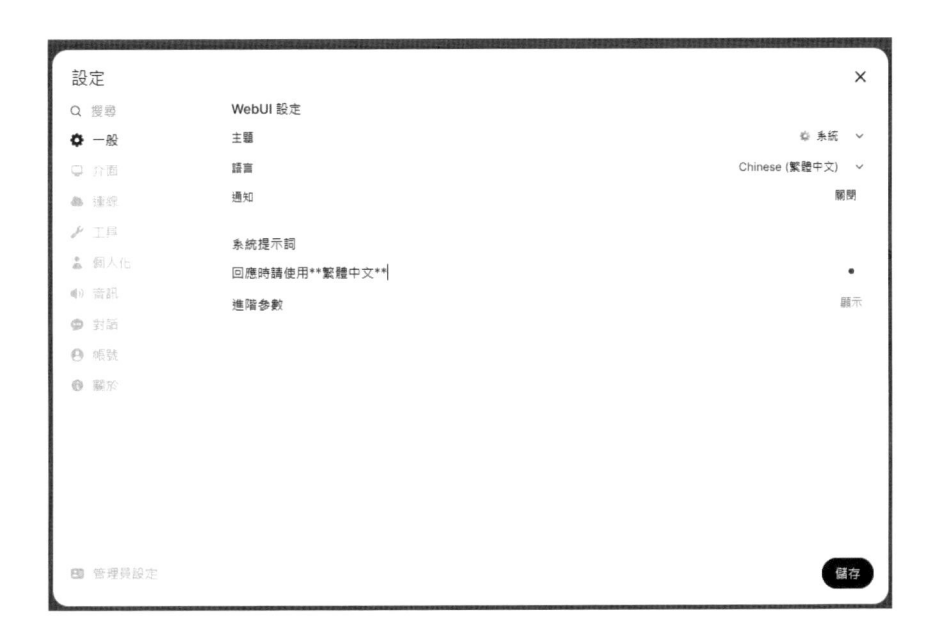

4.2 右上角 - 設定 > 介面

可選定有關介面的設定參數。

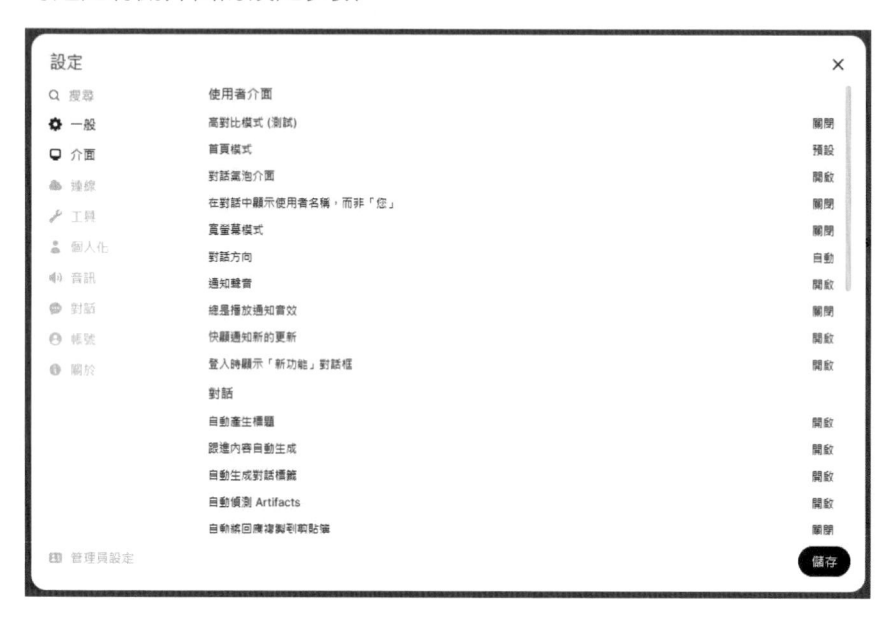

4.3 右上角 - 設定 > 連線

可設定 API 連線相關設定 (例如 :http://localhost:11434) 與 API 金鑰。

4.4 右上角 - 設定 > 工具

管理工具伺服器,連線至您自有或其他與 OpenAPI 相容的外部工具伺服器。

CORS 必須由供應商正確設定,以允許來自 Open WebUI 的請求。

4.5 右上角 - 設定 > 個人化

此部分屬於實驗性功能,您可以透過下方的「管理」按鈕新增記憶,將您與大型語言模型的互動個人化,讓它們更有幫助並更符合您的需求。

第 5 週　本地端 AI 寄生術
工作流組合技

4.6 右上角 - 設定 > 音訊

可選擇使用耳機項目時，語音回應的聲音 (目前繁體中文台灣)

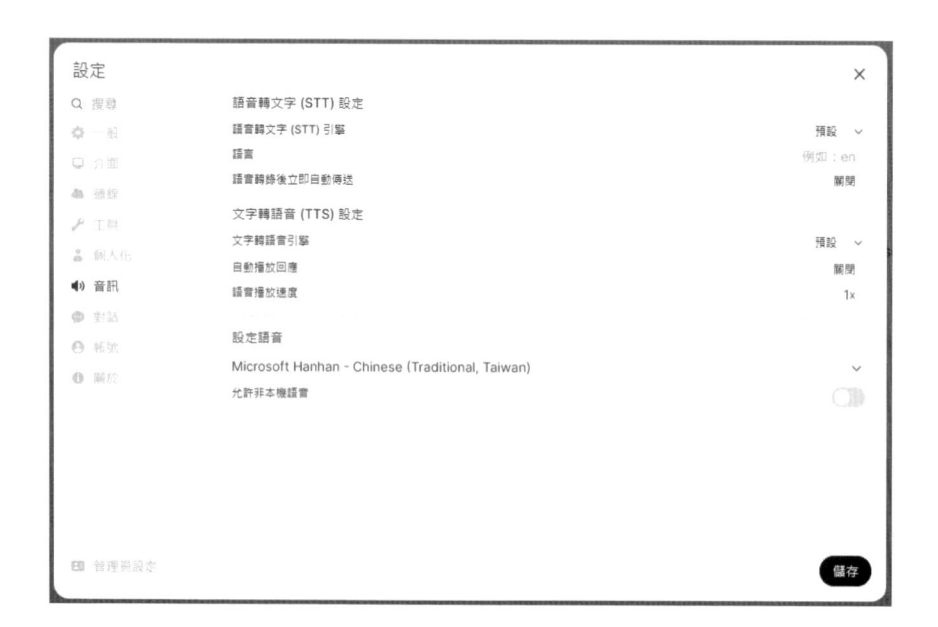

```
2Microsoft Zira - English (United States)
Microsoft Helena - Spanish (Spain)
Microsoft Laura - Spanish (Spain)
Microsoft Pablo - Spanish (Spain)
Microsoft Hortense - French (France)
Microsoft Julie - French (France)
Microsoft Paul - French (France)
Microsoft Ayumi - Japanese (Japan)
Microsoft Haruka - Japanese (Japan)
Microsoft Ichiro - Japanese (Japan)
Microsoft Sayaka - Japanese (Japan)
Microsoft Heami - Korean (Korean)
Microsoft Daniel - Portuguese (Brazil)
Microsoft Maria - Portuguese (Brazil)
Microsoft Pattara - Thai (Thailand)
Microsoft Huihui - Chinese (Simplified, PRC)
Microsoft Kangkang - Chinese (Simplified, PRC)
Microsoft Yaoyao - Chinese (Simplified, PRC)
Microsoft Naayf - Arabic (Saudi)
Microsoft Yating - Chinese (Traditional, Taiwan)
Microsoft Zhiwei - Chinese (Traditional, Taiwan)
```

4.7 右上角 - 設定 > 對話

可以設定匯入、匯出、封存、刪除聊天紀錄。

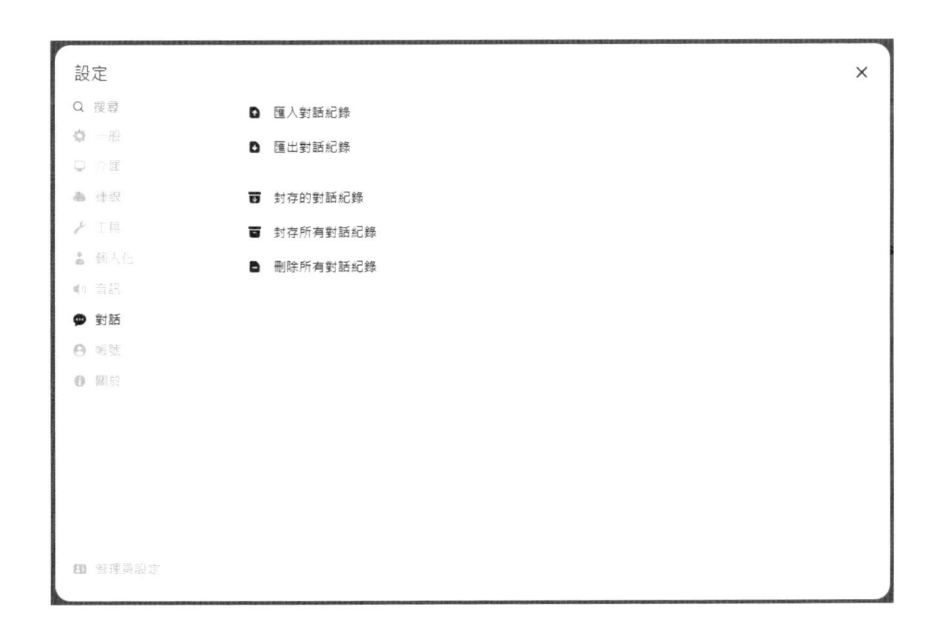

4.8 右上角 - 設定 > 帳號

可以設定個人檔案圖片、使用姓名縮寫。

4.9 右上角 - 設定 > 關於

可以檢查 Open WebUI 版本是否是最新版本。

4.10.1 右上角 - 設定 > 管理員控制台 > 設定

可以設定預設使用者角色、JWT 過期時間、檢查更新。

4.10.2 右上角 - 設定 > 管理員控制台 > 連線

可以設定 OpenAI API、Ollama API 連線設定。

4.10.3 右上角 - 設定 > 管理員控制台 > 模型

可以設定 Ollama 模型的網址、從 Ollama.com 下載模型項目、刪除一個模型亦可建立模型。

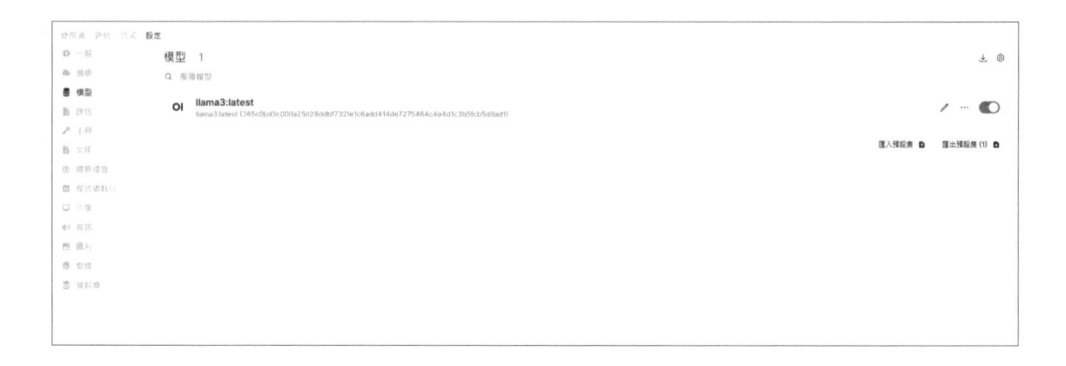

4.10.4 右上角 - 設定 > 管理員控制台 > 文件

可以設定從 DOCS_DIR 掃描文件、可以嵌入模型引擎、混合搜尋以及設定 RAG 範例。

4.10.5 右上角 - 設定 > 管理員控制台 > 網頁搜尋

可以設定是否允許網頁搜尋、驗證 SSL 憑證。

4.10.6 右上角 - 設定 > 管理員控制台 > 介面

可以設定本機任務模型、自動產生標題的提示詞、搜尋查詢生成提示詞。

4.10.7 右上角 - 設定 > 管理員控制台 > 音訊

可以設定本機之外的文字轉語音 (TTS) 聲調。

4.10.8 右上角 - 設定 > 管理員控制台 > 圖片

可以設定 Stable Deffusion 的 AUTOMATIC1111、Gemini 基本 URL 以及相關設定。

4.10.9 右上角 - 設定 > 管理員控制台 > 管線

管理管線目前為 Pipines Not Detected。

4.10.10 右上角 - 設定 > 管理員控制台 > 資料庫

可以設定下載資料庫、匯出所有使用者的聊天紀錄 ... 等。

第 5 週　本地端 AI 寄生術
工作流組合技

主要服務項目

以下是 Llama3.1 的主要服務項目：

1. 自然語言生成

Llama 最顯著的功能之一是其自然語言生成能力。它可以根據用戶提供的提示生成連貫、自然的文本，這對於各種應用場景都非常有用。例如，內容創作者可以利用 Llama 來生成文章、博客、產品描述等。它不僅能提高寫作效率，還能確保生成內容的質量和一致性。

2. 自動摘要

在信息爆炸的時代，快速獲取關鍵信息變得尤為重要。Llama 具備強大的自動摘要功能，可以從大量文本中提取出關鍵內容，生成簡潔明瞭的摘要。這對於新聞機構、學術研究者和企業管理者來說，都是極為有價值的工具，可以幫助他們快速了解大量資料的核心內容，從而做出更明智的決策。

3. 問答系統

Llama 可以被用作一個高效的問答系統。它能夠理解用戶提出的問題，並從已知信息中生成準確的答案。這種能力使得 Llama 在客服、教育等領域有著廣泛的應用。企業可以利用 Llama 來建立智能客服系統，提高客戶滿意度；教育機構可以用它來輔助教學，解答學生的疑問。

4. 語言翻譯

Llama 還具備多語言翻譯能力。它可以將文本從一種語言翻譯成另一種語言，並保持原文的語義和語感。這對於跨國企業、國際交流和旅遊等場景都有極大的幫助。用戶只需輸入需要翻譯的文本，Llama 就能迅速生成高質量的譯文。

5. 語義理解

Llama 不僅能生成文本，還具備深度的語義理解能力。它能夠分析文本的結構和內容，從而理解文本的深層含義。這使得 Llama 可以被用於語義搜索、文本分類和情感分析等任務。企業可以利用這些功能來分析市場趨勢、監控品牌聲

譽，甚至預測消費者行為。

6. 個性化推薦

基於用戶的行為和偏好，Llama 可以提供個性化的內容推薦。這對於電商、社交媒體和內容平台來說，都是提升用戶體驗的重要手段。通過分析用戶的瀏覽和互動記錄，Llama 可以精準推薦用戶可能感興趣的產品或內容，從而提高用戶的滿意度和黏性。

7. 數據分析與可視化

Llama 還可以協助數據分析與可視化。它能夠處理大量的數據，提取有價值的信息，並生成易於理解的可視化圖表。這對企業進行數據驅動決策具有重要意義。通過 Llama，管理者可以更直觀地了解數據背後的趨勢和模式，從而制定更有效的策略。

8. 多平台集成

Llama 支持多平台集成，能夠無縫地嵌入到各種應用程序和系統中。無論是移動應用、Web 應用還是桌面軟件，Llama 都能提供強大的自然語言處理能力。這種靈活性使得Llama 可以廣泛應用於各種行業和領域，滿足不同用戶的需求。

9. 高效的開發支持

對於開發者來說，Llama 提供了豐富的 API 和開發工具，簡化了集成和開發過程。無論是初學者還是經驗豐富的開發者，都可以輕鬆上手，並快速構建出功能強大的應用程序。此外，Llama 還提供詳細的文檔和技術支持，確保開發者在使用過程中能夠得到及時的幫助和指導。

Llama 不僅僅是一個工具，它是一場革命性的技術突破，正在重新定義我們與語言和信息互動的方式。想像一下，擁有一個能夠理解、生成和轉換語言的智能助手，它不僅能夠完成日常任務，還能激發創意、促進學習，甚至推動科研進展。這就是 Llama 的魔力所在。

從企業到個人，Llama 的應用範圍之廣令人驚嘆。在商業領域，它可以分析海量的市場數據，生成引人入勝的營銷文案，甚至預測消費者行為趨勢。對於教

育工作者來說，Llama 可以成為無所不知的助教，為學生提供個性化的學習體驗，解答疑難問題，激發學習熱情。而對於創意工作者，Llama 則是靈感的源泉，能夠協助構思新穎的創意，突破思維的局限。

Llama 的強大之處不僅在於其多樣化的功能，更在於其持續進化的能力。隨著深度學習技術的進步和大數據的積累，Llama 的性能正在以驚人的速度提升。我們可以預見，在不久的將來，Llama 將成為更多創新應用的核心，推動人工智能與人類智慧的深度融合，開創一個充滿無限可能的新時代。

展望未來，Llama 的潛力令人振奮。它可能成為突破語言障礙的關鍵工具，促進全球文化交流；在科研領域，它可能協助科學家分析複雜的數據，加速重大發現的步伐；在醫療健康方面，Llama 可能通過分析病歷和醫學文獻，輔助醫生做出更精準的診斷和治療方案。

Llama 不僅是一個強大的語言處理工具，更是一個改變世界的催化劑。它正在重塑我們工作、學習和生活的方式，為我們開啟了一個充滿智能和創新的新紀元。隨著 Llama 技術的不斷演進，我們有理由相信，它將在未來的智能世界中扮演越來越重要的角色，為人類社會帶來前所未有的進步和機遇。讓我們拭目以待，見證 Llama 如何繼續改變我們的世界，創造更美好的未來。

5-4 Day32: 大型語言模型（LLM）競品分析
深入探討當前 AI 語言技術的領先者 / ChatGPT / LLaMA / Claude / Bard

模型	訓練數據	計算資源	推理速度	對話生成	文本生成	多語言支持	易用性	社群支持
ChatGPT (GPT)	巨大互聯網資料與專門領域資料	大規模計算資源，需雲端支持	高速，特別是 GPT-4 版本	對話生成自然，擁有強推理能力	文本生成精準，適用於多樣用途	支持多語言，尤其是 GPT-4	經過強化訓練，使用者友好	社群活躍，大量開發者參與
LLaMA	Meta 自有數據集，互聯網開放資料	相對較少的計算資源，適合本地運行	中等	對話生成相對合理，但不及 GPT	文本生成可靠，適合技術場景	主要支持英語和部分主要語言	開源模型，易於微調和定制	社群活躍，強調開源貢獻
Claude	大規模高質數據，Anthropic 專有數據	高度依賴計算資源，專業部署	高速推理	對話流暢，強調安全性	文本生成精確，特別適合長文本處理	支持多語言，特別注重英文處理	高易用性，針對一般用戶友好	Anthropic 社群支持強大
Bard	Google 龐大的資料庫與知識圖譜	極高計算資源，由 Google 基礎架構支持	高速推理	對話生成自然，結合實時資料	文本生成靈活，實時更新資料庫	支持多語言，結合翻譯功能	使用便捷，整合 Google 應用生態系統	依賴 Google 開發社群，活躍度高
Mistral	優質專門領域數據與開放數據集	中等計算資源需求，適合本地和雲端運行	快速推理	對話生成不錯，但依賴專業設定	文本生成靈活，可用於技術應用場景	支持有限的多語言，主要專注英文	易於本地運行和開發，開源生態友好	社群逐漸增強，專注於技術貢獻
Qwen	阿里巴巴內部資料與外部數據	大規模雲端計算資源，由阿里基礎設施支持	高效推理	對話生成適合中文和電商應用	文本生成適合商業與內容生成	強調中文支持，並逐步擴展到其他語言	易用性強，集成於阿里產品生態	依賴阿里社群，活躍度不如其他模型
Gemini	Google 龐大的資料集與多模態數據	高度計算資源需求，結合 Google 基礎架構	高速推理，尤其針對多模態應用	對話生成豐富，結合多模態能力	文本生成靈活，結合視覺和語音輸出	支持多語言，特別是多模態場景應用	集成於 Google 產品，使用便捷	依賴 Google 社群，技術支持強大

5-37

第 5 週　本地端 AI 寄生術
工作流組合技

近期出世的大模型五花八門，今天我們來探討現今科技界最火熱的話題之一：**大型語言模型（LLM）**，以及它們在各個領域中的應用。我知道，AI 對許多人來說聽起來很複雜，但讓我們想像一下，你的工作夥伴不是一位人類，而是一個超強的智慧助理，隨時可以回答你所有的問題、幫你撰寫報告、甚至協助分析市場趨勢。這不是科幻小說，而是今天的現實。

在這場演講中，我們會一起深入探討當前 AI 語言技術的領先者，從 ChatGPT 到 Google 的 Gemini，這些模型不僅改變了我們工作的方式，還正在徹底改變各行各業的運作模式。我的目的是幫助你們了解這些技術的特點，並提供一些實際例子，讓你們知道這些 AI 模型是如何提升職場效能的。

自然語言處理模型比較

接下來，讓我們深入看看目前市面上幾款領先的 AI 語言模型，這些模型各有其特長與應用場景。

1. ChatGPT (GPT-3.5/GPT-4)

首先是來自 OpenAI 的 ChatGPT。這個模型可以說是掀起了現代 AI 革命的核心。ChatGPT 不僅能夠進行高水準的對話，還擁有廣泛的知識面，無論是撰寫文案、回答問題，還是擔任虛擬客服，都有相當出色的表現。

以文案撰寫為例，許多企業已經將 ChatGPT 用於廣告、社群媒體內容生成，省下大量時間。對於職場工作者來說，ChatGPT 也是撰寫電子郵件或商業報告的得力工具，幫助你快速完成繁瑣的日常工作。

2. LLaMA

Meta（也就是 Facebook）推出的 **LLaMA** 是另一款非常引人注目的開源語言模型。這個模型的最大優勢在於開源，開發者可以根據自己的需求自由調整與訓練，讓它成為學術研究與技術開發的理想選擇。

舉個例子，有些初創公司利用 LLaMA 進行客製化 AI 解決方案的開發，為特定行業提供量身訂製的智慧助理。這對於企業來說，不僅可以降低成本，還可以增強競爭力。

3. Claude

再來介紹一下 Claude，這是由 Anthropic 公司推出的一款語言模型。它的特殊之處在於高度重視安全性和倫理問題，特別適合需要處理大量機密或敏感信息的公司。

例如，一些金融機構使用 Claude 進行報告生成和文件分析，因為它在處理長文本和確保資料隱私方面有出色表現。這讓企業在提高效率的同時，也能確保信息的安全。

4. Bard

Bard 是 Google 推出的一款語言模型，與 Google 搜索引擎深度整合，這意味著它擁有實時的信息更新能力。對於市場研究或數據分析來說，這是一個非常有價值的工具。

想像一下，你正要為一個新的市場報告尋找數據，Bard 不僅能幫助你快速搜尋相關信息，還能將這些信息整合成有條理的報告，省時又省力。

5. Mistral

接下來我們來看看 Mistral，這是一款由 Mistral AI 開發的高效能模型，它的特色在於低資源需求，使得它成為小型企業的首選。

例如，一家小型製造公司可以部署 Mistral 來進行實時應用，像是監控生產線並及時做出優化建議，這讓中小企業也能利用 AI 技術提高生產效率，而不需要龐大的 IT 基礎設施。

6. Qwen

Qwen 是由阿里巴巴開發的語言模型，擁有強大的中文處理能力，特別適合電子商務領域。對於那些需要進行中文內容生成或翻譯的公司來說，Qwen 是不可或缺的工具。

舉個例子，許多跨國企業利用 Qwen 來進行中文市場的數據分析，從而幫助它們制定更精確的市場策略。

7 Gemini

最後，我們來看看 Google 最新的 Gemini 模型。這款模型以其多模態能力和強大的推理能力聞名，能夠在複雜問題上提供深刻的見解。

舉個例子，Gemini 在跨領域應用中的表現相當出色，無論是技術開發還是內容創作，它都能為你提供全方位的解決方案。

競品分析維度

在選擇適合的 AI 模型時，我們可以從幾個重要的維度進行分析：

1 性能

各種模型的性能往往取決於其精度和反應速度。例如，GPT-4 的準確性極高，而 Mistral 則更注重資源利用效率。因此，選擇模型時要根據具體的業務需求來考量性能。

2 使用成本

不同的 AI 模型有著不同的定價策略。例如，ChatGPT 提供免費的基本版本，但如果需要更多功能則可能需要訂閱付費版本。相較之下，LLaMA 作為開源模型，使用成本可以大幅降低，特別適合那些具有技術背景的公司或團隊。

3 易用性

有些模型操作簡單、界面友好，例如 Google 的 Bard，與 Google 生態系統無縫整合，使得不熟悉技術的用戶也能輕鬆上手。而像 LLaMA 這樣的開源模型，則可能需要更多的技術投入。

應用場景

各模型適用的場景也有所不同。ChatGPT 擅長生成文本和回答問題，非常適合客服應用。而 Claude 則更注重資料安全，適合金融和法律領域。

1 ChatGPT (GPT-3.5/GPT-4)

- 應用範圍：聊天機器人、內容生成等。
- 職場應用：文案撰寫、客戶服務、問題解答

2 LLaMA

- 應用範圍：學術研究、開發者工具。
- 職場應用：客製化 AI 解決方案、研究用途

3 Claude

- 應用範圍：企業應用、客戶服務。
- 職場應用：文件分析、報告生成、安全敏感場景

4 Bard

- 應用範圍：資訊查詢、內容生成。
- 職場應用：市場研究、數據分析、即時信息查詢

5 Mistral

- 應用範圍：實時應用、嵌入式系統。
- 職場應用：小型企業 AI 部署、移動設備應用

6 Qwen

- 應用範圍：中文內容生成、翻譯等。
- 職場應用：電子商務、中文市場分析

7 Gemini

- 應用範圍：複雜問題解決、跨領域應用。
- 職場應用：複雜問題解決、跨媒體內容創作

模型選擇指南

如何在眾多選擇中找到最合適的 AI 模型？這取決於你們的需求。以下是幾個選擇模型時應該考慮的因素：

1. 任務類型

如果你的目標是生成大量文本，那麼 ChatGPT 或 Bard 可能是最好的選擇。而如果你需要分析長文本並確保資料安全，Claude 則是更好的選擇。

2. 預算

一些模型如 LLaMA 提供了免費的開源版本，適合預算有限的企業。相對而言，使用高端的 GPT-4 需要更高的成本，因此需根據預算做出決策。

3. 技術支持

有些模型如 Google Gemini 提供了強大的技術支持和工具生態系統，這對於那些需要定期更新和技術支持的企業來說至關重要。

隱私與安全

如果你的應用涉及機密信息，那麼選擇像 Claude 這樣特別強調隱私保護的模型會更為合適。

AI 大模型在職場中的實際應用案例

AI 大模型已經改變了許多行業的運作方式。無論是客戶服務、產品推薦還是醫療診斷，AI 大模型都展現出它強大的潛力。

1. **客戶服務**：現今許多企業，如金融業、零售業，開始利用大型語言模型來處理客戶查詢。像是銀行，透過自動化客服機器人 ChatGPT，能夠即時處理大量客戶的常見問題，並減少等待時間。例如，某大型銀行採用了 AI 客服系統後，每年節省了上百萬美元的人力成本，且客戶滿意度提升了 20%。

2. **產品推薦**：電商平台利用 AI 大模型分析消費者行為，提供個性化的產品推薦。例如，Amazon 通過 AI 分析購買記錄、瀏覽習慣，進而準確預測每位

消費者可能感興趣的商品。這不僅提升了銷售額，也增強了消費者的購物體驗。

3. **醫療診斷**：醫療領域的應用同樣值得關注。AI 模型能夠迅速分析海量醫療數據，協助醫生更準確地進行診斷。例如，在腫瘤識別領域，AI 能夠比人類醫生更快地識別早期跡象，大幅提高了診斷的準確性和治療效果。

未來，AI 大模型將不斷發展，並逐漸滲透到更多領域中。

1. **AI 大模型的發展趨勢**：隨著 AI 技術的進步，我們可以期待更智能、更準確的模型。未來，大型語言模型將能夠處理更加複雜的任務，並以更人性化的方式與人類互動。例如，Google 和 Microsoft 正在投入大量資源，開發具備更強推理能力的 AI 系統，這將改變我們與技術互動的方式。

2. **對職場技能需求的影響**：隨著 AI 技術的普及，未來的職場將更加注重技術能力。掌握數據分析、AI 應用等技能，將成為未來職場競爭的關鍵。像是營銷、人力資源等非技術部門，未來都將需要具備一定的 AI 操作技能，以便在工作中更高效地利用這些工具。

從上面的敘述我們可以清楚地看到，AI 大模型不僅已經深深影響了當前的職場環境，更將在未來繼續扮演舉足輕重的角色。這些模型就像是一個個獨特的工具，各自擁有其獨特的優勢和應用領域。讓我們來回顧一下幾個主要模型的特點：GPT 系列，就像是一位博學多才的專家，它的推理能力極為出色，能夠處理各種複雜的語言任務；BERT 則更像是一位語言專家，在理解自然語言的細微差別上表現非凡；而 Claude 則像是一位謹慎的顧問，特別注重資訊安全和倫理考量。

最後，我想用一個比喻來鼓勵大家：學習和應用 AI 技術就像是學習一門新的語言。起初可能會感到困難，但隨著時間的推移，你會發現這門「語言」能夠為你開啟全新的世界。它不僅能提升你的個人競爭力，更能為你所在的企業創造巨大價值。想像一下，當你能夠熟練地「與 AI 對話」時，你就能夠更有效地處理複雜的數據分析、生成高質量的報告，甚至開發創新的產品和服務。

記住，學習 AI 不再是技術專家的專利。在這個數字化時代，它已經成為每一位職場人士的必修課。無論你是在市場營銷、人力資源、財務管理，還是客戶服務等領域工作，AI 都能夠為你的工作帶來革命性的變化。就像我們學習使用電腦和智能手機一樣，掌握 AI 技術將成為未來職場的基本技能。

5-5 Day33: 文字到圖像
如何利用 StableDiffusion 激發和擴展人類創意
/StableDiffusion

(圖片來源：AI 製作)

如果，

你是一位藝術家，站在一堆仰慕你的美女和一片空白的畫布前。腦海中雖有一個絕妙的創意，但你的手卻無法完美地將它呈現出來。現在，想像有一個神奇的助手，只要你說出你的想法，它就能立即將你腦中的畫面具象化。聽起來很神，對吧？但是，各位，這不是在作夢，這就是我們今天要談的主角——Stable Diffusion！

首先，讓我們來看看 AI 技術的飛速發展。還記得幾年前，我們對 AI 的印象可能還停留在下棋或者簡單的語音助手上。但現在，AI 已經悄然進入了我們生活的方方面面。特別是在圖像生成領域，Stable Diffusion 的出現可以說是一個重

第 5 週　本地端 AI 寄生術
工作流組合技

大突破。它不僅能夠生成高質量的圖像，更重要的是，它為我們的創意思維開闢了一個全新的天地。

想像一下，你是一名廣告創意總監。以前，你可能需要花費大量時間和精力來構思一個廣告概念，然後再找設計師一遍又一遍地修改，直到最終達到你心中的完美效果。但現在，有了 Stable Diffusion，你只需要用文字描述你的想法，AI 就能在瞬間為你生成各種可能的視覺效果。這不僅大大提高了工作效率，更為我們的創意思維提供了無限可能。

AI 技術的發展速度已經超乎我們的想像，特別是像 Stable Diffusion 這樣的圖像生成技術，給了我們創意工作者一個全新的工具。想像一下，你只需要輸入一段簡短的文字，AI 就能瞬間將你的想法變成一幅圖像。不僅如此，這項技術不只局限於設計師，任何人都可以使用它來激發創意，這就是我們今天要探討的 AI 工具。

SD 的基本原理與應用

SD 是一種先進的影像生成模型，主要用於將文字描述轉換為影像。

1. 潛在擴散模型的概念

穩定擴散基於潛在擴散模型（Latent Diffusion Model），該模型透過在低維潛在空間中進行擴散和去噪處理來產生影像。了運算資源的需求，提高了生成效率。

2. 流程概述

- **文字描述編碼**：首先，輸入的文字編碼器（如 CLIP）轉換為語義向量。
- **加入雜訊**：接下來，模型向潛在空間中的影像階段進行添加雜訊的過程，模擬影像從雜訊到模糊的變化。
- **去噪過程**：然後，模型透過多次迭代（通常為 30 到 50 次）逐步去噪，恢復出與輸入文字一致的影像速度和質量。

3. 重要組件

- **文字理解元件**：負責將輸入的文字轉換為機器可理解的數字表示。
- **影像產生器**：包括 UNet 網路和取樣器，負責在潛在空間中進行多次迭代以產生最終影像的資訊。
- **影像解碼器**：利用可用空間產生的影像資訊轉換像素空間，最終的視覺化影像輸出。

4. 擴散與去噪

擴散過程模擬物理中的擴散現象，如墨水在水中的擴散。

Stable Diffusion 是一種基於深度學習的擴散模型，它通過一系列精密的數學和統計學算法來生成圖像。這個過程可以比喻為一位天才畫家，從一張充滿雜訊的畫布開始，逐步細緻地勾勒出清晰的圖像。它的工作原理就像是在混沌中尋找秩序，將隨機的噪點逐漸轉化為有意義的視覺元素。

使用 Stable Diffusion 時，創作者只需提供文字提示（Prompt），AI 就能根據這些描述生成相應的圖像。這種方法極其靈活多變，可以應用於各種創意領域。無論是需要震撼視覺效果的廣告設計，還是需要吸引眼球的產品包裝，或是需要引人入勝的行銷視覺資料，Stable Diffusion 都能在短時間內快速生成多樣化的初步概念圖。這不僅大大提高了創意工作的效率，還為創意工作者提供了無限的靈感來源，讓他們能夠在 AI 生成的基礎上進行進一步的創作和改進。

如何使用 SD 激發創意

想要讓 AI 生成的圖像更加符合需求，關鍵就在於如何精心編寫提示詞。這個過程需要創意和技巧，就像是與 AI 進行一場巧妙的對話。首先，你可以從整體視覺效果著手，具體描述你期望的構圖、風格、顏色，甚至是畫面所要傳達的情感氛圍。這些細節將引導 AI 更準確地捕捉你的創意願景，從而產生更貼合你期望的作品。

第 5 週　本地端 AI 寄生術
工作流組合技

舉個例子，假設你是一位行銷專家，正在籌劃一場夏季促銷活動。你可以這樣編寫提示詞：「陽光普照的沙灘上，比基尼派對正酣，洋溢著夏日促銷的歡樂氛圍。」這樣生動的描述會引導 AI 在其龐大的知識庫中搜索相關的視覺元素，並巧妙地將它們組合在一起，最終生成一張符合你描述的圖像。神奇吧？這種方法能幫助 AI 生成一張更貼合你預期的圖像，讓你迅速獲得理想的行銷素材。

此外，Stable Diffusion 的強大之處不僅僅在於文字生圖，它還具備進行圖生圖創作的能力，這為創意工作者開闢了更多可能性。這意味著你可以使用已有的圖像作為創作的起點或靈感來源，讓 AI 基於這個基礎進行優化、修改，甚至是徹底的重新詮釋。例如，你可以上傳一張普通的產品照片，然後要求 AI 將其轉化為具有未來感的科幻風格，或者將其融入到一個奇幻的場景中。這種功能不僅能激發新的創意靈感，還能大大節省設計師在圖像處理和風格轉換上的時間，無疑是提升工作效率的得力助手。

SD 在職場中的應用潛力

在創意產業中，時間和成本常常是最具挑戰性的兩大因素。Stable Diffusion 的出現為這些挑戰提供了革命性的解決方案。這項技術不僅大大縮短了創作週期，還顯著降低了生產成本。設計師們不再需要從零開始繪製每一個細節，而是可以利用 AI 在短短幾秒內生成多個高質量的圖像版本。這種效率的提升讓創作者們有更多寶貴的時間來深入思考概念，優化設計細節，並進行更富創意的實驗。

Stable Diffusion 的影響力遠不止於此。它正在徹底改變創意產業的生態系統，為小型公司和初創團隊提供了前所未有的機會。這些較小規模的組織現在可以以極具競爭力的成本產出媲美大公司的高品質設計作品。更令人興奮的是，Stable Diffusion 正在民主化創意過程。它將強大的視覺創作工具置於每個有想法的職場人員手中，不再局限於擁有專業技能的設計師。這種變革性的技術正在重新定義什麼是可能，激發了更多元化和創新的設計理念。

勢之所趨 -AI 與創意的共存

AI 絕不會取代創意工作者，反而，它更像是一個強大的輔助工具。它可以自動化一些重複性的工作，比如圖像的細節調整或多版本生成，讓創意工作者有更多時間和精力專注於核心創意發想和策略思考。

未來，AI 的進一步發展將帶來更多可能性，比如更精確的個人化設計，甚至是與其他 AI 技術如生成式文字模型結合，創造出跨媒體的全新創意模式。

Stable Diffusion 和其他 AI 工具的出現並非意在取代人類的創意能力，而是為我們提供了一個強大的工具來擴展和增強我們的創造力。這些工具使我們能夠在極短的時間內產生大量的創意概念，並從中篩選出最具潛力的方案。這種高效的創作方式不僅能顯著提升整體的創作效率，還能讓職場人士更靈活地應對瞬息萬變的市場需求。通過快速迭代和實驗，我們可以更敏捷地回應客戶的期望，並在競爭激烈的商業環境中保持領先地位。

今天的分享旨在讓大家深入理解，Stable Diffusion 不僅僅是一項未來可期的技術，它已經成為當代創作過程中不可或缺的重要組成部分。我真誠地希望在座的各位能夠積極嘗試並探索這項革命性的技術。通過將 Stable Diffusion 整合到您的工作流程中，您將發現創意的邊界被大大拓展，原本看似不可能的設計概念變得觸手可及。這不僅能為您的作品注入新的活力，還能幫助您在專業領域中脫穎而出。讓我們攜手擁抱這項創新技術，突破固有的思維局限，共同開創一個充滿無限可能的創意新時代。

5 第 5 週　本地端 AI 寄生術
工作流組合技

5-6　Day34: 安裝 StableDiffusion3
強大的控制面板 Automatic1111
AI 圖像生成的革命性工具 /StableDiffusion Automatic1111

各位親愛的藝術家們，準備好進入一個充滿魔法的世界了嗎？

StableDiffusion3 就像是一位超級厲害的魔術師，而 Automatic1111 則是它的魔法助手。這對黃金搭檔不僅能變出令人驚嘆的高畫質圖像，還能激發你腦袋裡那些瘋狂的創意！

（圖片來源：AI 製作）

室內設計風格咒語：

(indoor,very wide isometric view,tilt-shift lens:1.6), (miniature,diorama,no_realistic,no_photo:2) of (stasis _chamber:1.3),glass building

想像一下，Automatic1111 就像是一個超級友善的魔法教練。即使你是個完全不懂魔法的麻瓜，它也能教會你如何揮舞魔杖（呃，我是説鍵盤和滑鼠）。只要你會打字、轉轉旋鈕，噗的一聲，你的奇思妙想就變成了視覺作品。這簡直比變兔子還容易！

隨著你逐漸掌握這對魔法搭檔的秘訣，你會發現自己彷彿成了全能的藝術魔法師。想要一張逼真的風景照？噗！想要一幅超現實主義的畫作？噗噗！想設計一個獨一無二的品牌標誌？噗噗噗！甚至連你腦子裡那些奇奇怪怪的產品創意，也能被變出來！這個強大又靈活的平台不僅讓你的創作效率飆升，還為你開啟了一扇通往藝術新世界的任意門。準備好了嗎？讓我們一起掀起一場視覺藝術界的魔法革命吧！

要安裝 Stable Diffusion，您的硬體規格需要符合以下要求：

最低硬體需求

- **顯示卡 (GPU)**：必須為 Nvidia 顯示卡，最低要求 GTX 1050，建議 RTX 3060 或更高型號。
- **顯示卡記憶體 (VRAM)**：最低 4GB（可運行但可能遇到記憶體不足問題），建議 8GB 以上以獲得更佳性能。
- **記憶體 (RAM)**：最低 8GB，建議 16GB。
- **儲存空間**：至少 20GB，建議使用 SSD 以提高讀寫速度。
- **處理器 (CPU)**：需為 x86_64 架構的 Intel 或 AMD 處理器。Mac 用戶建議使用搭載 Apple Silicon 的機型。
- **網路連線**：需能正常連接 GitHub 以進行必要的下載和更新。

建議硬體配置

- **顯示卡**：RTX 3060 或更高。
- **顯示卡記憶體 (VRAM)**：8GB 或以上。
- **記憶體 (RAM)**：16GB 或以上。
- **儲存空間**：SSD，至少 20GB。
- **處理器 (CPU)**：高效能 Intel 或 AMD 處理器。

這些規格能確保 Stable Diffusion 運行流暢,並生成高質量圖像。若硬體不夠強大,可考慮使用如 Google Colab 等雲端服務來運行 Stable Diffusion。

顯卡規格請到工作管理員中檢視 GPU 項目：

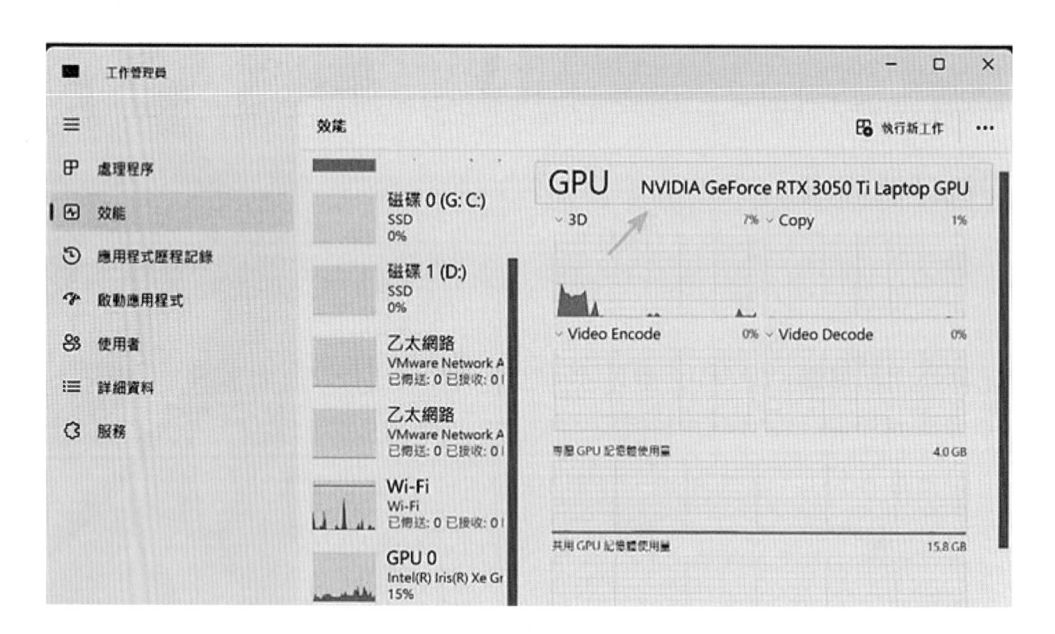

安裝 Stable Diffusion 需要多少的硬碟空間？

安裝 Stable Diffusion 所需的硬碟空間大約為 20GB。這個空間主要用於安裝 Stable Diffusion 本身及其相關的模型檔案。模型檔案的大小通常會很大,可能在 GB 等級以上,因此建議準備足夠的儲存空間以容納這些檔案。

基本安裝流程概述

1. 安裝 Python3.10.6 版

環境設置：安裝 Python 及其相關依賴是 Stable Diffusion 運作的基礎。這個過程對初學者來說可能有些挑戰，但不用擔心！網路上有豐富的教學資源和詳細指南可供參考。從選擇適合的 Python 版本，到設置虛擬環境，再到安裝必要的套件，每一步都有清晰的說明。即使遇到困難，活躍的社群也隨時準備提供協助。透過耐心學習和實踐，您很快就能掌握這些技能，為接下來的 AI 圖像生成之旅打下堅實基礎。

https://www.python.org/downloads/release/python-3106/

2. 安裝 Git

連結網址：https://gitforwindows.org/

完成下載後，請執行安裝程序。在安裝過程中，您會看到一系列選項和設置。為了確保順利安裝並避免潛在的問題，我們強烈建議您保留所有預設選項。這些預設值已經經過優化，能夠適應大多數用戶的需求。如果您是初次安裝或對 Git 不太熟悉，堅持使用預設設置是最安全和最簡單的方法。安裝完成後，您就可以開始使用 Git 了，無需進行額外的配置。

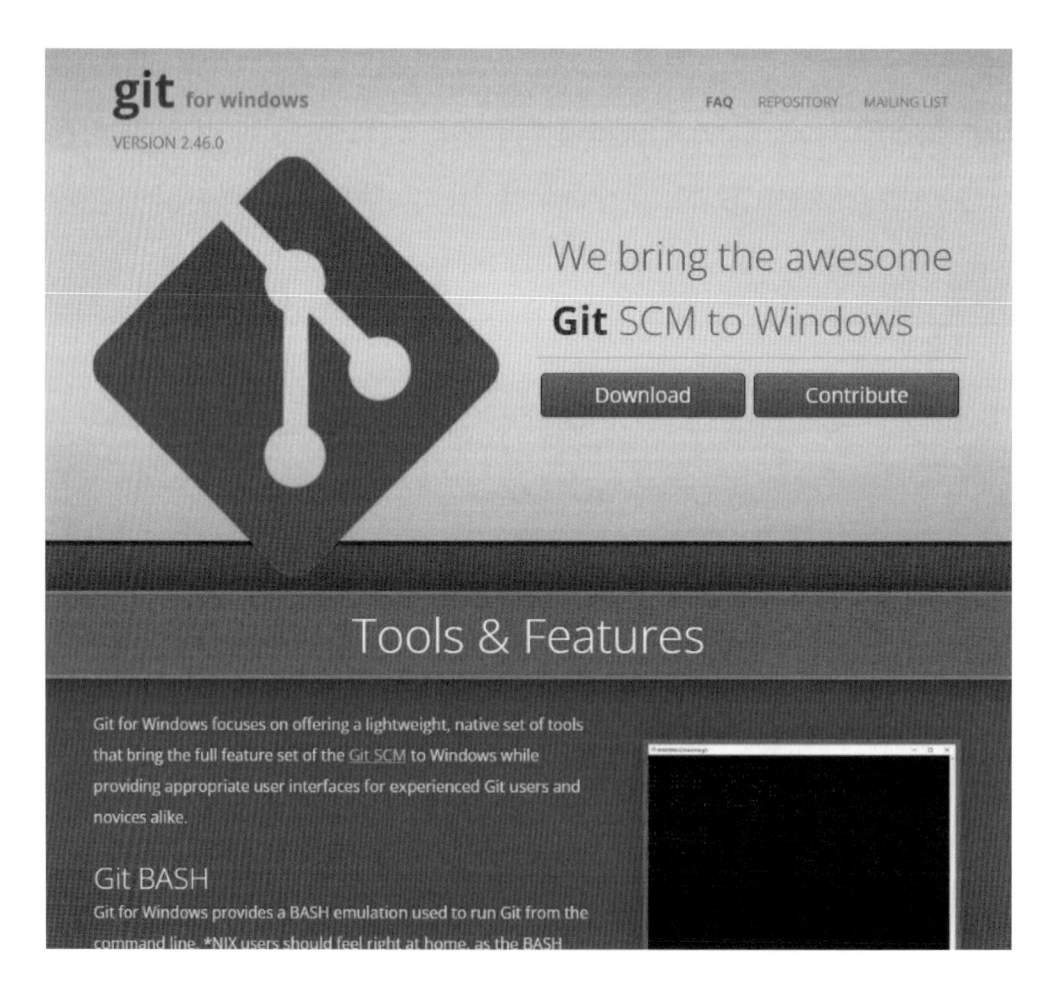

3. 安裝 Web UI：

建議安裝一個圖形化用戶界面（如 Automatic1111），這將大大簡化 Stable Diffusion 的操作過程。這個步驟通常需要下載額外的文件並進行一些配置。Automatic1111 提供了直觀的控制面板，讓您可以輕鬆調整各種參數，管理模型，並快速生成圖像。此外，它還支持多種擴展功能，可以根據您的需求進一步增強 Stable Diffusion 的功能。雖然安裝過程可能需要一些時間和耐心，但一旦設置完成，您將獲得一個功能強大且易於使用的 AI 圖像生成工具。

連結網址：https://github.com/AUTOMATIC1111/stable-diffusion-webui

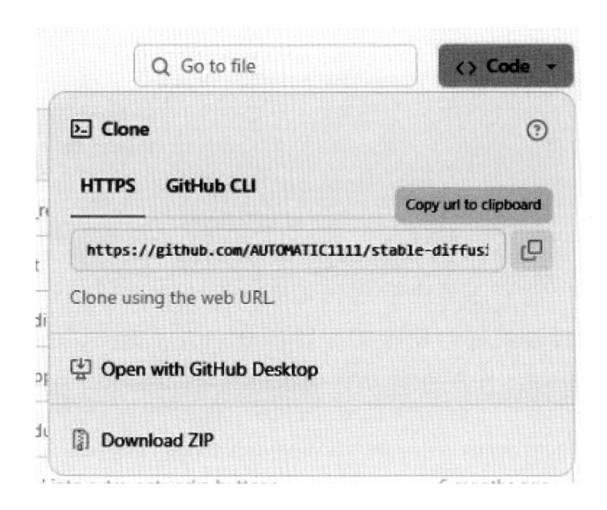

開啟命令列視窗：

cd / 目的地資料夾

git clone https://github.com/AUTOMATIC1111/stable-diffusion-webui.git

下載 Stable Diffusion WebUI 的壓縮檔案到您的個人電腦。這個檔案包含了所有必要的組件和腳本，讓您能夠輕鬆地在本地環境中運行和管理 Stable Diffusion。確保您有足夠的硬碟空間來存儲這個檔案，因為它可能會相當大。下載完成後，請將檔案保存在一個容易找到的位置，以便進行下一步的解壓縮和安裝操作。

第 5 週　本地端 AI 寄生術
工作流組合技

```
D:\█████████████████████████████\Automatic1111>git clone https://github.com/AUTOMATIC1111/st
able-diffusion-webui.git
Cloning into 'stable-diffusion-webui'...
remote: Enumerating objects: 34549, done.
remote: Counting objects: 100% (6/6), done.
remote: Compressing objects: 100% (6/6), done.
remote: Total 34549 (delta 0), reused 5 (delta 0), pack-reused 34543 (from 1)
Receiving objects: 100% (34549/34549), 35.29 MiB | 6.19 MiB/s, done.
Resolving deltas: 100% (24166/24166), done.
```

解壓縮檔資料夾 stable-diffusion-webui-1.10.0

點擊 webui-user.bat 執行安裝元件，部分元件有點大，耐心等候一下下。

如果想要增進算圖效能，可針對 webui-user.bat 檔微調參數：

set COMMANDLINE_ARGS=

項目改為

set COMMANDLINE_ARGS=--xformers

優化調節細項參考：為了提升 Stable Diffusion 的運行效能和圖像生成質量，您可以考慮調整一些關鍵參數。這些優化選項包括但不限於記憶體使用、批次處理大小、採樣方法等。每個選項都可能對生成過程產生顯著影響，因此建議您仔細閱讀官方文檔並進行實驗，以找到最適合您硬體配置和需求的設置。以下連結提供了詳細的優化指南，包含各種參數的解釋和建議值：

https://github.com/AUTOMATIC1111/stable-diffusion-webui/wiki/Optimizations

5-6 Day34：安裝 StableDiffusion3

最佳化
我們編輯了此頁面2023年12月2日 · 17次修訂

可以透過命令列參數啟用許多優化：

命令列參數	解釋
--opt-sdp-attention	在某些系統上可能會比使用 xFormers 速度更快，但需要更多的 VRAM。（非確定性）
--opt-sdp-no-mem-attention	在某些系統上可能會比使用 xFormers 速度更快，但需要更多的 VRAM。（確定性，稍慢 --opt-sdp-attention 且使用更多 VRAM）
--xformers	使用 xFormers 庫。記憶體佔用和速度大幅提升。僅限 Nvidia GPU。（自 0.0.19 版本起已確定[WebUI 使用自 1.4.0 版本起的 0.0.20 版本]）
--force-enable-xformers	無論程式是否認為您可以運行 xFormers，都會啟用它。請勿回報執行此程式時遇到的錯誤。
--opt-split-attention	交叉注意力層優化幾乎不增加任何成本，顯著降低了記憶體使用量（一些報告稱其提升了效能）。黑魔法。 預設啟用 torch.cuda，適用於 NVidia 和 AMD 顯示卡。
--disable-opt-split-attention	禁用上述優化。
--opt-sub-quad-attention	亞二次注意力機制是一種記憶體高效的交叉注意力層優化方法，可以顯著減少所需內存，但有時會略微降低效能。如果 xFormers 無法支援的硬體/軟體配置導致效能不佳或產生失敗，則建議使用此方法。在 macOS 上，該方法還可以產生更大的圖像。
--opt-split-attention-v1	使用上述優化的舊版本，它不會佔用太多記憶體（它將使用更少的 VRAM，但對您可以製作的圖片的最大尺寸有更大的限制）。
--medvram	透過將穩定擴散模型拆分為三個部分，使其消耗更少的顯存：cond（用於將文字轉換為數值表示）、first_stage（用於將圖片轉換到潛在空間並返回）以及 unet（用於潛在空間的實際去噪），並使其中一個始終位於顯存中，其他部分則發送到 CPU 內存中。這會降低效能，但幅度不大，除非啟用了即時預覽。
--lowvram	對上述內容進行了更徹底的優化，將 unet 拆分成多個模組，並且只有一個模組保留在 VRAM 中。這會嚴重影響效能。
*do-not-batch-cond-uncond	僅限 1.6.0 之前版本：在採樣過程中阻止對正向和負向提示進行批處理，這實際上允許您以 0.5 的批處理大小運行，從而節省大量記憶體。這會降低效能。此最佳化並非命令列選項，而是透過 --medvram 或隱含啟用的最佳化。在 1.6.0 中，此最佳化不透過任何命令列標誌啟用，而是預設為啟用。您可以在設定中的類別選項 --lowvram 中停用它。Batch cond/uncond Optimizations

安裝完畢後，系統將自動為您開啟預設瀏覽器並導向 Stable Diffusion WebUI 的本地伺服器網址。這個網址通常是：

http://127.0.0.1:7860/

5　第 5 週　本地端 AI 寄生術
工作流組合技

4. 安裝擴充項目：

為了進一步增強 Stable Diffusion 的功能和使用體驗，我們強烈建議您安裝一些精心挑選的擴充項目。這些擴充項目可以為您的創作過程帶來更多便利和可能性，從改善用戶界面到提供更多高級功能。接下來，我們將引導您完成安裝過程，並介紹一些最受歡迎和實用的擴充項目。請準備好探索這些強大工具為您帶來的無限創意空間！

Extensions > Install From URL >

URL for extension's git repository 下貼上以下網址即可：

https://github.com/bluelovers/stable-diffusion-webui-localization-zh_Hant.git

按下 Install

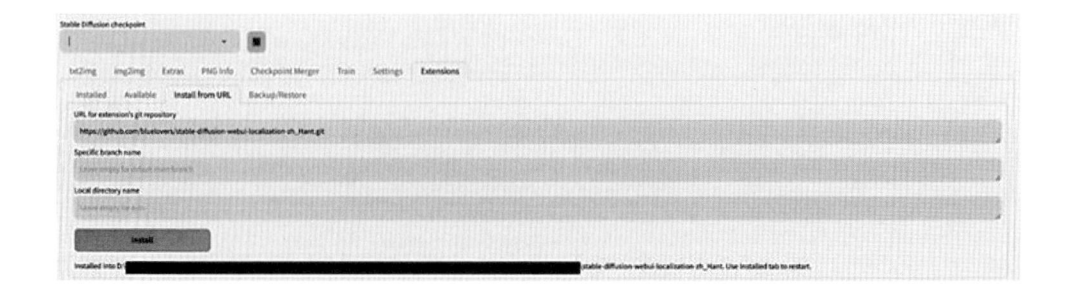

5-6 Day34: 安裝 StableDiffusion3

此時左上角應該有該模型的選項，若下拉沒有看到可以選擇的選項，請到以下網址下載開源的 Stable-Diffusion 3 大模型：

https://huggingface.co/stabilityai/stable-diffusion-3-medium/tree/main

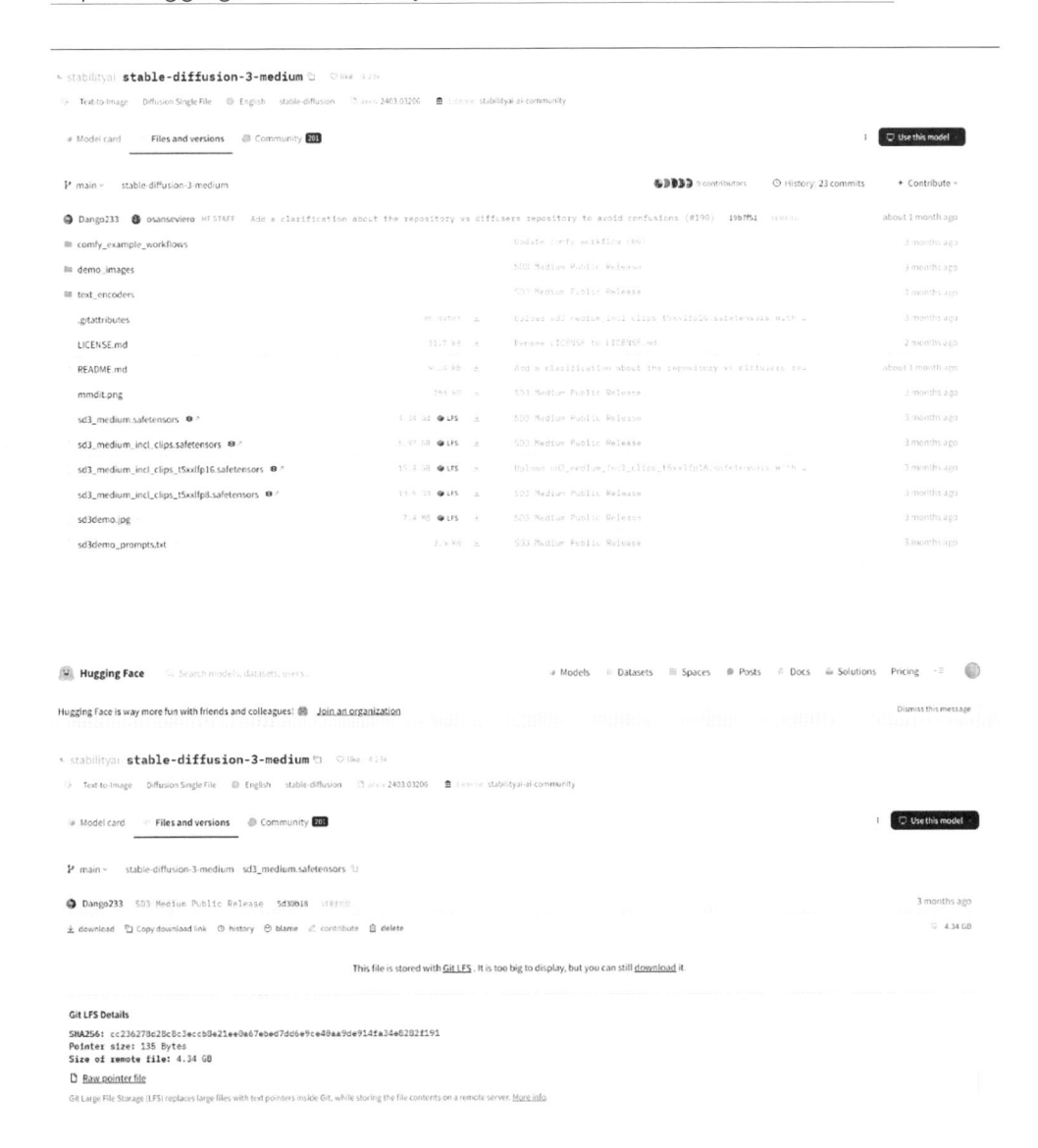

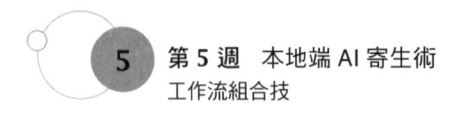

第 5 週　本地端 AI 寄生術
工作流組合技

檔案名稱：

sd3_medium.safetensors

將檔案置於以下路徑下：

stable-diffusion-webui-1.10.0\stable-diffusion-webui-1.10.0\models\Stable-diffusion

到畫面中按下選項右方的更新按鈕後，系統將自動刷新可用模型列表。這時，您應該能夠在下拉選單中看到剛才添加的新模型選項。如果仍然沒有顯示，請確保您已正確放置模型文件，並檢查文件名稱是否與系統要求一致。若問題持續，可以嘗試重新啟動 WebUI 或檢查控制台輸出是否有錯誤信息。記住，有時可能需要稍等片刻，讓系統完全加載新模型。

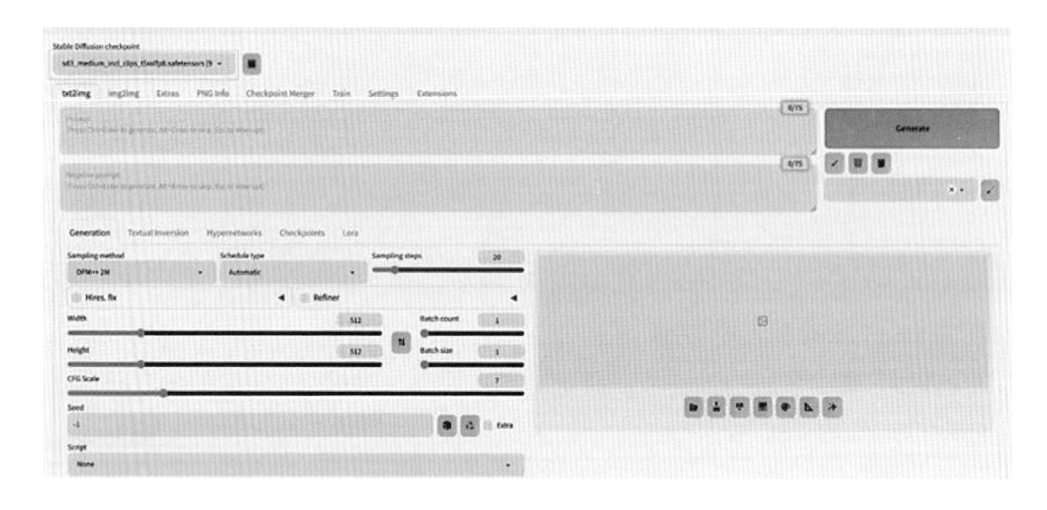

5. 探索文生圖的魔力：輸入提示詞，創造視覺奇蹟

現在，讓我們一起體驗 Stable Diffusion 的神奇力量！以下是一些精心設計的提示詞，旨在創造出一幅福令人驚嘆的圖像。

預設 seed：

577724436093670

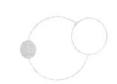

機器人風格咒語：

hyperrealistic art Futuristic soldier with advanced armor, weaponry, and helmet, neon red, street, overcast, reflection mapping, intricate design and details, dramatic lighting, hyperrealism, photorealistic, cinematic, 8k, unreal engine. extremely high-resolution details, photographic, realism pushed to extreme, fine texture, incredibly lifelike

(圖片來源：AI 製作)

可愛動物風咒語：

A playful otter swims through crystal-clear waters beneath floating dream bubbles, each glowing with soft rainbow light. Coral reefs below reflect the bubbles'

5 第 5 週 本地端 AI 寄生術
工作流組合技

(圖片來源：AI 製作)

3D 卡通人物咒語：

buzz lightyear toy, in yard infront of house, standing up, sign in background that says "Buzz"

5-6 Day34：安裝 StableDiffusion3

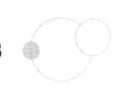

(圖片來源：AI 製作)

探索多樣化的 AI 人物模型：從俊朗男性到迷人女性

想要創造出令人驚嘆的人物圖像嗎？我們為您精心挑選了一系列高品質的 AI 模型，涵蓋了各種風格和特徵的男性和女性角色。無論您是尋找帥氣型男、優雅淑女，還是獨特個性的人物，這些模型都能滿足您的創作需求。立即開始探索，釋放您的想像力，創造出令人難忘的人物形象！想要進一步探索請進入以下網址：

https://civitai.com/

作為一個以職場人員必備知識與技能為主題的內容，已經涵蓋了許多重要的基礎概念。然而，Stable Diffusion 和 Automatic1111 的世界是如此廣闊和深奧，還有許多進階技巧和細節值得探索。為了確保各位都能夠穩固掌握這些基礎知識，我們決定將更深入的內容留待未來另外的主題分享。在此之外的系列文章

中，我將逐步深入探討更複雜的主題，包括但不限於高級提示詞技巧、自定義模型訓練、以及如何將 AI 生成的圖像無縫整合到您的工作流程中。敬請期待我們即將推出的進階教程，它們將幫助您更全面地掌握這項革命性技術，並在職場中脫穎而出。

5-7 Day35: ComfyUI
StableDiffusion 3 的強大控制面板 /StableDiffusion ComfyUI

(圖片來源：AI 製作)

各位 AI 繪圖愛好者們，準備好迎接一場視覺盛宴了嗎？讓我為你們介紹 ComfyUI，這個堪稱「Stable Diffusion 的魔法控制台」的神奇工具！

想像一下，你是一位魔法師，而 ComfyUI 就是你的魔法棒。只要揮一揮，噗的一聲，驚艷的圖像就出現了！

這個基於節點的圖形界面簡直就是為 Stable Diffusion 量身打造的華麗舞台。它不僅支持最新的 StableDiffusion 3 模型，還能和其他版本玩得很 high。簡直就像是一個百變魔術師，隨時準備變出令人驚嘆的視覺特效！

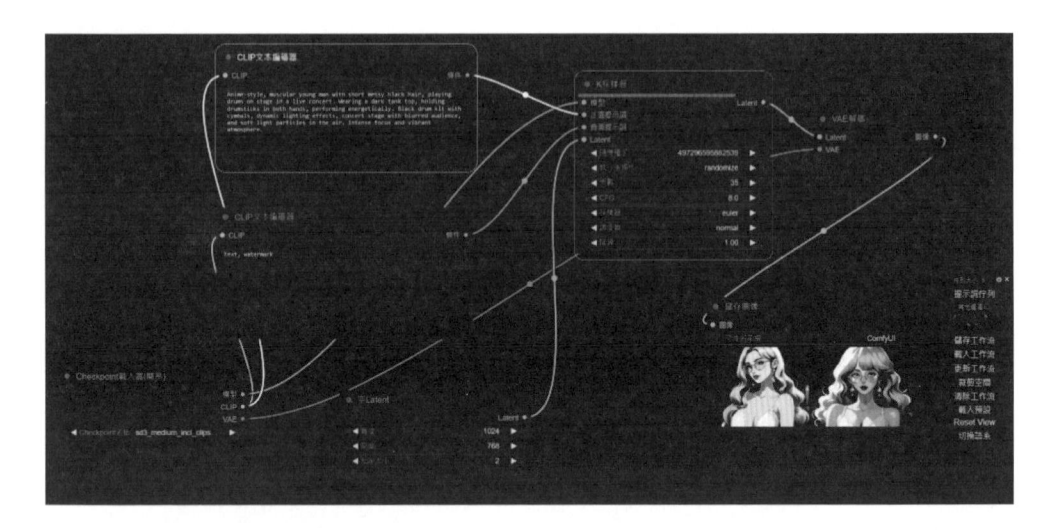

5　第 5 週　本地端 AI 寄生術
工作流組合技

ComfyUI 就像是 AI 繪圖界的樂高積木。想像你正在玩一場超級有趣的拼圖遊戲，每個節點都是一塊獨特的積木。你可以像搭建城堡一樣，一塊一塊地將它們拼接起來，最後呈現出令人驚豔的藝術傑作。它的節點系統彷彿是 Maya 和 Blender 3D 的調皮弟弟，讓你在歡樂中完成複雜的影像生成任務。準備好成為 AI 繪圖界的畢卡索了嗎？ComfyUI 正等著你來揮灑創意呢！

ComfyUI 的主要特點

- **節點化介面**：ComfyUI 採用直觀的節點系統，每個節點代表 Stable Diffusion 過程中的一個特定步驟或功能。使用者可以通過拖曳和連接這些節點，輕鬆地建立複雜的工作流程，從而精確控制影像生成的每個階段。這種靈活的設計使得無論是初學者還是專業人士都能根據自己的需求定制獨特的生成過程。

- **高度可配置性**：ComfyUI 提供了豐富的配置選項，讓使用者能夠在生成過程的任何階段進行調整和預覽。這不僅包括即時查看中間結果的能力，還允許同時運行和比較多個版本，使用不同的採樣方法或參數設置。這種即時反饋和靈活性大大提高了創作效率，讓使用者能夠更快地實現理想的效果。

- **效能最佳化**：相較於其他 Stable Diffusion 介面，ComfyUI 在性能方面表現卓越。通過優化的算法和資源利用，它能夠將影像生成速度提升 3-5 倍。這種顯著的效能提升不僅節省了使用者的時間，還使得更複雜、更高品質的影像生成成為可能，特別適合需要快速迭代或大量輸出的專案。
- **學習工具**：除了作為強大的創作工具，ComfyUI 還是深入理解 Stable Diffusion 工作原理的絕佳平台。每個節點都透明地展示了擴散過程的不同階段和參數，使用者可以通過實驗和觀察這些節點的作用，逐步掌握 AI 影像生成的內部邏輯。這種深入的學習體驗不僅有助於提升技術水平，還能激發創新思維，幫助使用者開發出更加獨特和有效的影像生成策略。

使用 ComfyUI 的優勢

1. **標準化工作流程**：ComfyUI 提供了一個強大的平台，能夠將複雜的 AI 繪圖程序標準化。使用者不僅可以創建自己的工作流程，還能輕鬆地保存和分享這些流程。這種標準化大大提高了團隊合作的效率，使得不同成員之間能夠無縫銜接，共同完成項目。此外，它還允許使用者在不同專案之間快速複製和應用成功的工作流程，從而節省時間並確保一致的輸出品質。

2. **多功能集成平台**：ComfyUI 不僅僅是一個簡單的繪圖工具，而是一個功能豐富的綜合平台。它支持多種先進的 AI 繪圖技術，包括但不限於文本生成圖像、局部區域重繪、圖像超分辨率放大等。更重要的是，ComfyUI 的開放架構允許使用者輕鬆載入各種不同的模型和擴充工具，如 ControlNet，從而大大擴展了創作的可能性。這種靈活性使得藝術家和設計師能夠根據具體需求，選擇最適合的工具和模型，實現精確的創意表達。

3. **強大的離線工作能力**：在當今數據安全和隱私保護日益重要的環境下，ComfyUI 的離線工作能力顯得尤為珍貴。它不僅支持完全離線操作，還確保在使用過程中不會自動下載任何內容，為使用者提供了一個安全、可控的創作環境。這一特性對於處理敏感項目或需要嚴格保密的工作尤其重要，使得創作者可以在不犧牲功能的情況下，確保數據的絕對安全和隱私。同

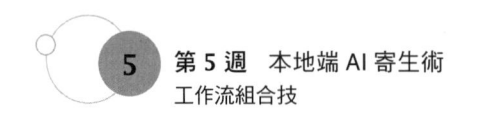

時，離線能力也使得 ComfyUI 成為一個可靠的工具，即使在網絡不穩定或完全斷網的情況下也能正常工作，大大提高了工作的連續性和效率。

安裝與使用

1. 下載開源的 Stable-Diffusion 3 大模型：

https://huggingface.co/stabilityai/stable-diffusion-3-medium

若要選擇較高解析度與動態範圍，請選擇 fp16 版本。

如果您的顯卡不是高階型號，建議選擇 fp8 版本。

若沒有獨立顯卡，則建議選擇 sd3_medium.safetensors 的基礎版本。

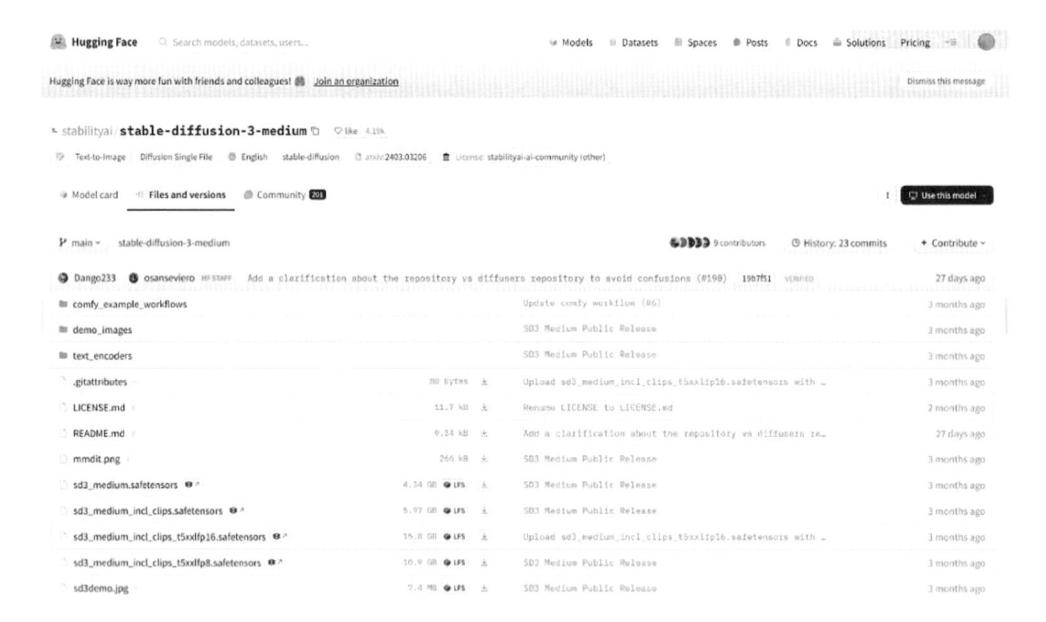

5-7 Day35: ComfyUI

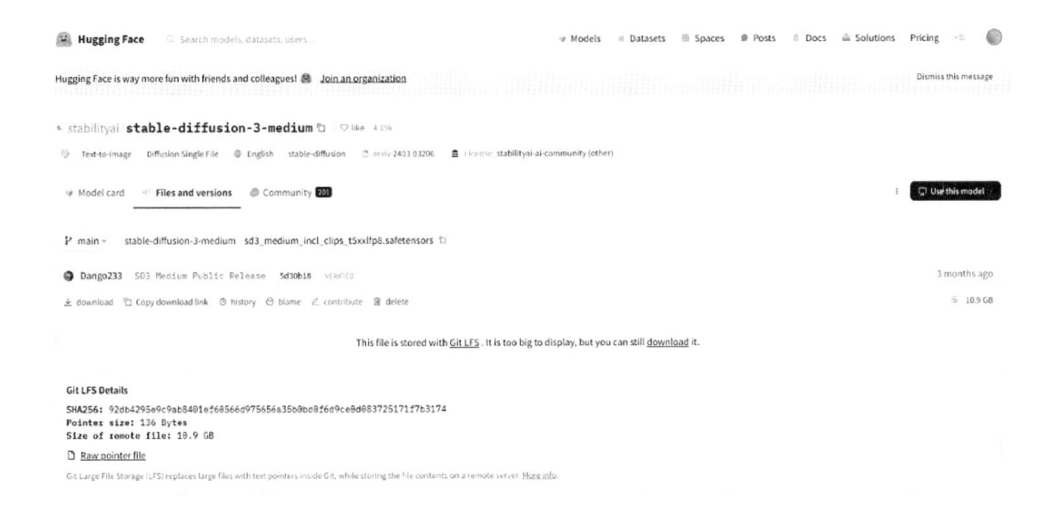

2. 下載 ComfyUI 控制面板：

https://github.com/comfyanonymous/ComfyUI

ComfyUI 是專為 Stable Diffusion 設計的基於節點的圖形使用者介面。它提供了適用於 Windows 的便攜式獨立版本，可在 Nvidia GPU 上運行，或僅在 CPU 運行。

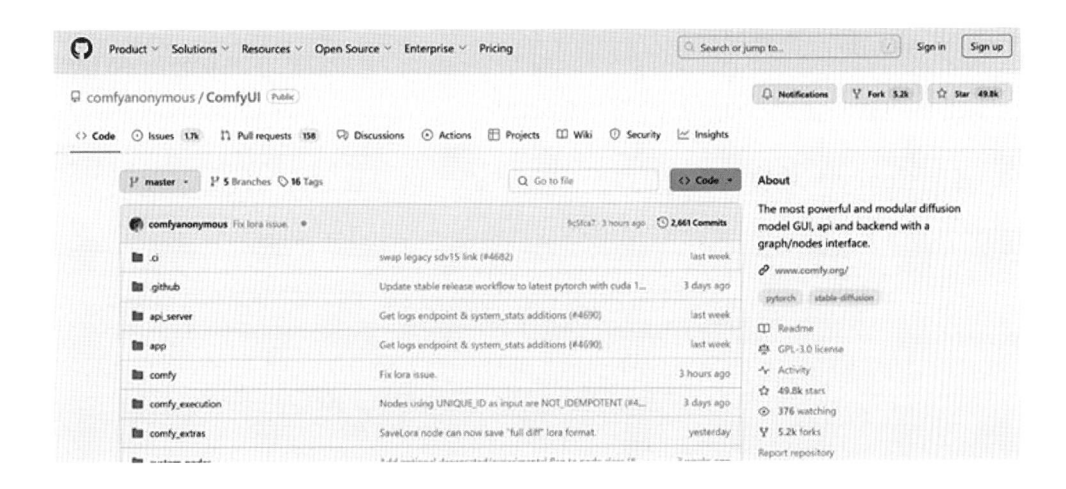

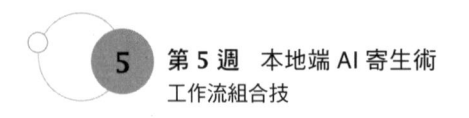

溫馨提醒：

若執行失敗出現如下錯誤，請更新顯卡驅動程式。

RuntimeError: The NVIDIA driver on your system is too old (found version 11070). Please update your GPU driver by downloading and installing a new version from the URL: http://www.nvidia.com/Download/index.aspx Alternatively, go to: https://pytorch.org to install a PyTorch version that has been compiled with your version of the CUDA driver.

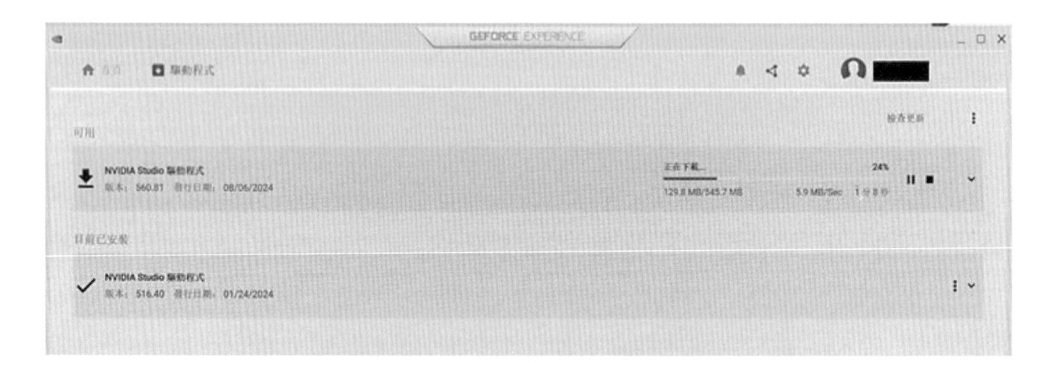

若出現以下資訊並成功開啟瀏覽器，即表示安裝成功。

Starting server

To see the GUI go to: http://127.0.0.1:8188/

3. 漢化 ComfyUI 中文語言設定：

https://github.com/AIGODLIKE/AIGODLIKE-ComfyUI-Translation

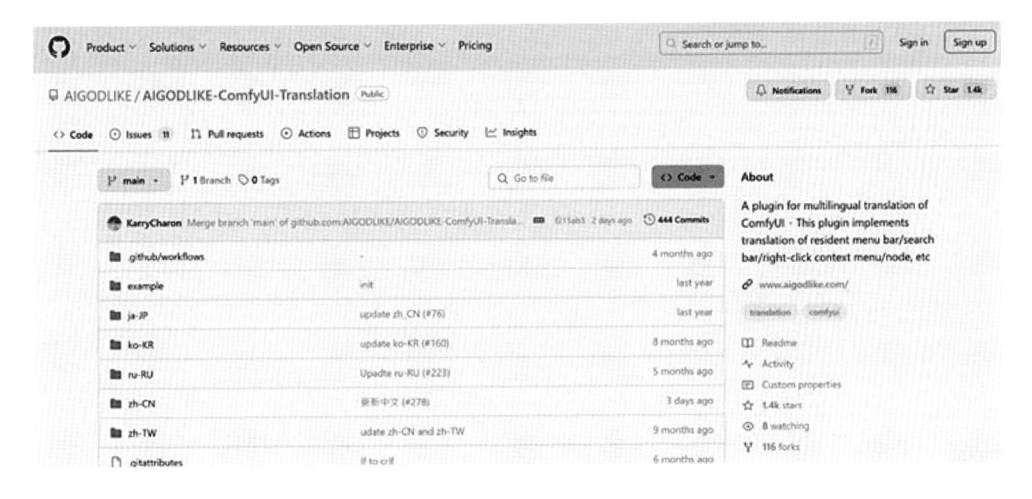

5-7 Day35: ComfyUI

下載取得檔案：AIGODLIKE-ComfyUI-Translation-main.zip

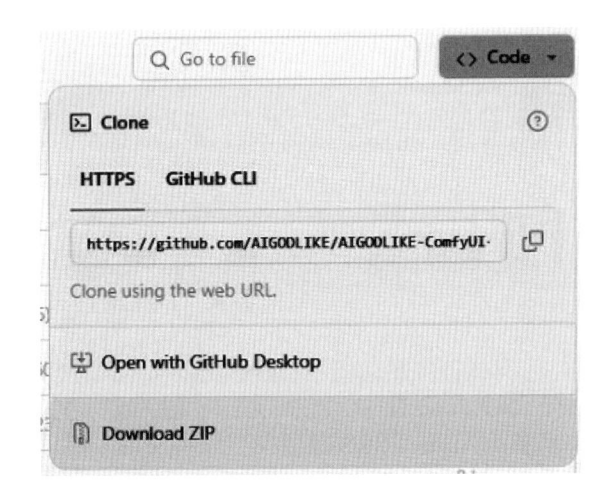

然後，將 ZIP 包解壓縮到 ComfyUI\custom_nodes 目錄中。

5-71

第 5 週 本地端 AI 寄生術
工作流組合技

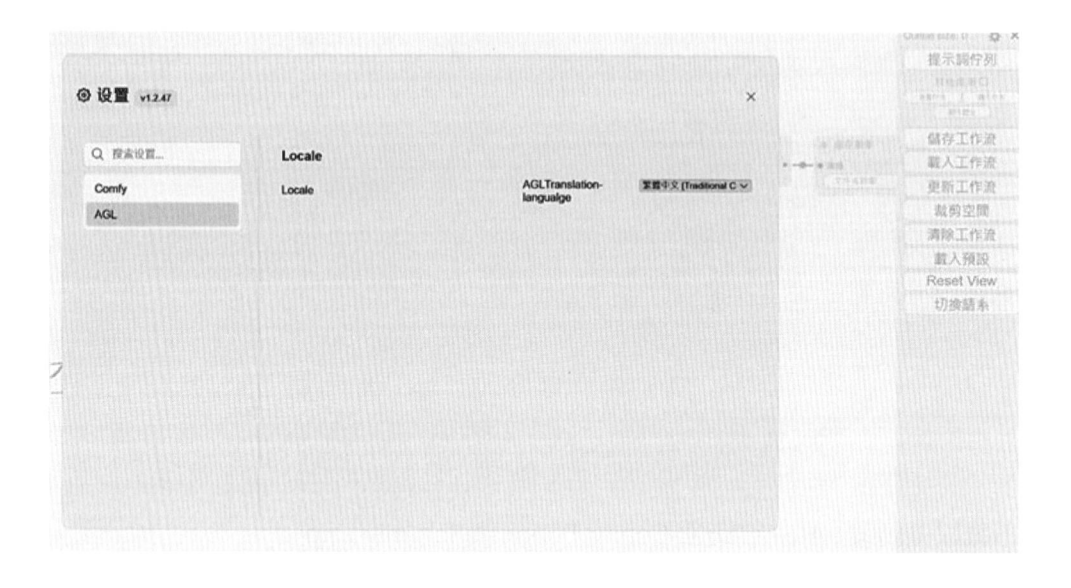

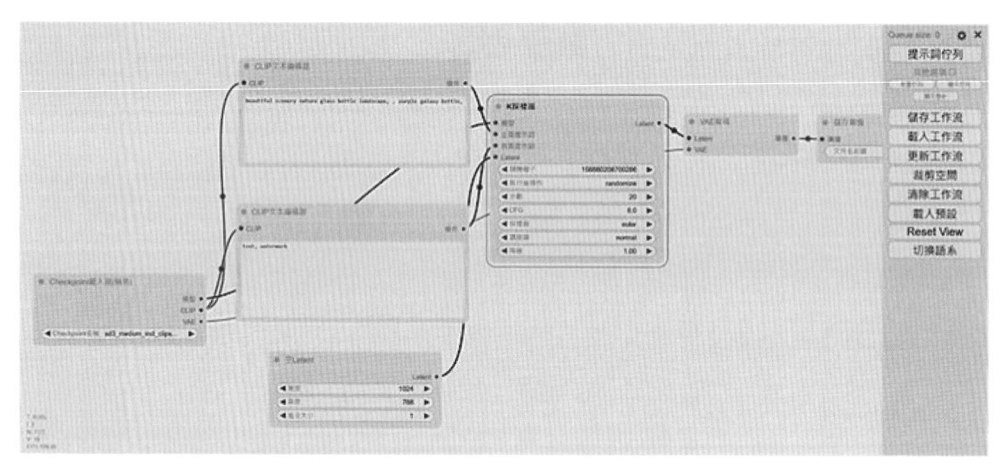

請根據您的系統環境選擇適合的執行方式。

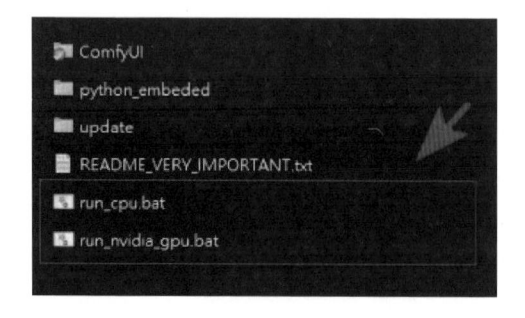

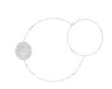

4. 放置 SD 模型檔案

將模型檔案（例如:sd3_medium_incl_clips_t5xxlfp8.safetensors）放置到：ComfyUI_windows_portable\ComfyUI\models\checkpoints 底下

更新網頁後模型選項即被載入

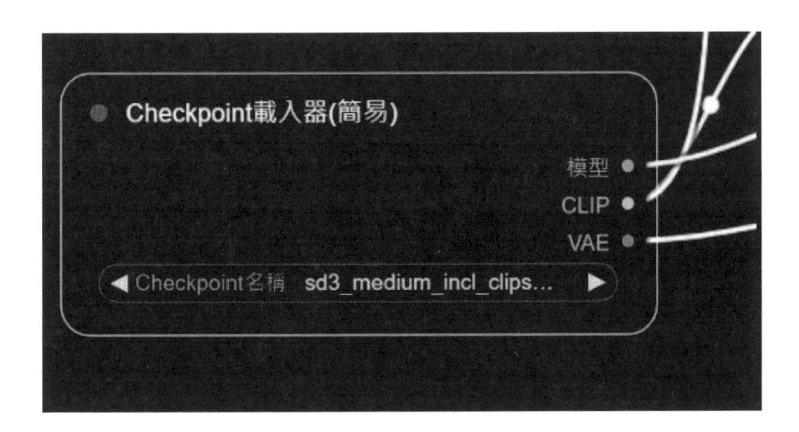

按下 [提示詞佇列] 按鈕後，系統即開始作動。

最後產生圖像：

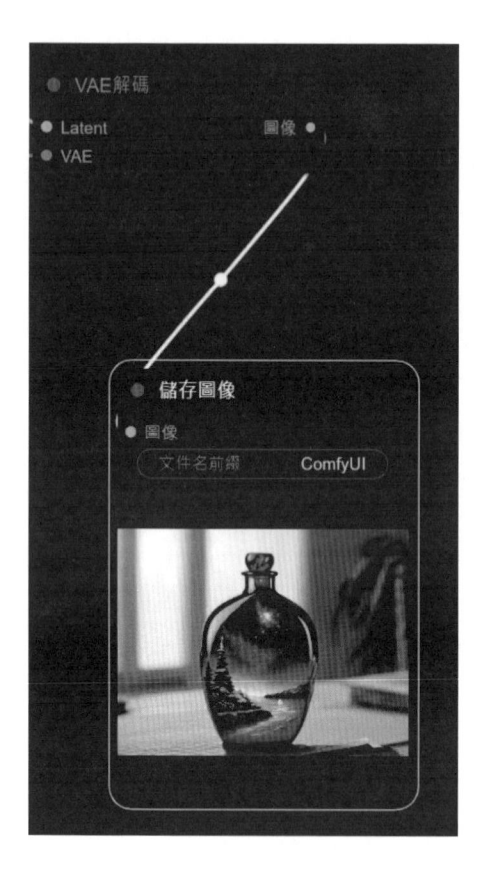

5 第 5 週 本地端 AI 寄生術
工作流組合技

預設提示詞：

beautiful scenery nature glass bottle landscape, , purple galaxy bottle,

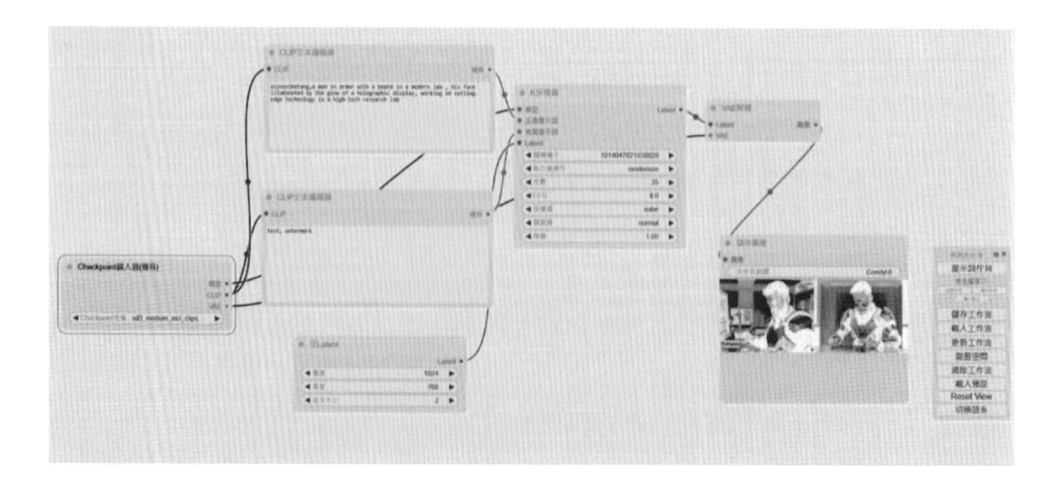

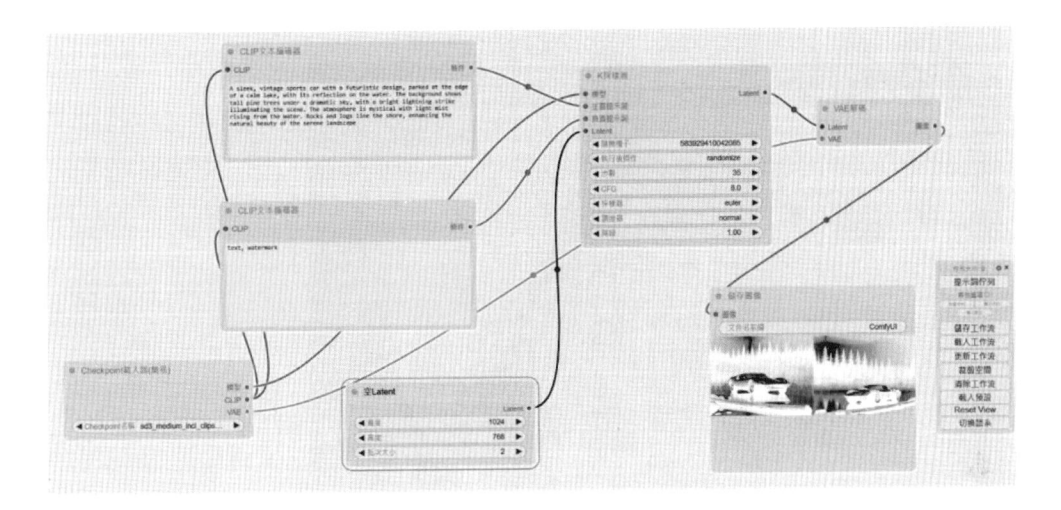

測試用提示詞：

- "Background of infinite outer space."
- "Nine major planets in the foreground of outer space."
- "A spaceship in front of the planets."
- "An elegant Eastern female astronaut with long flowing hair beside the spaceship."

5 第 5 週　本地端 AI 寄生術
工作流組合技

(圖片來源：AI 製作)

(圖片來源：AI 製作)

6

第 6 週
你的企業是恐龍還是變形蟲?

從 z 世代到三明治世代的生存法則:
啟動「跨物種協作模式」

你的企業還在用化石級流程嗎?小心變成企業界的暴龍——看起來很猛,一跌倒就滅絕。這年代要學會當變形蟲,沒骨頭但有彈性,遇到 Z 世代就用梗圖溝通,遇到三明治世代就先餵杯咖啡。跨物種協作不是科幻,是活下去的唯一解!

第 6 週　你的企業是恐龍還是變形蟲？
從 z 世代到三明治世代的生存法則：啟動「跨物種協作模式」

「70 後請假是父母不舒服，80 後請假是因為你的孩子不舒服，90 後請假是他自己不舒服，00 後請假是看你不舒服。」近期社群媒體上廣泛流傳一則引人深思且饒富趣味的世代觀察。

這個觀察不僅生動地捕捉了不同年齡層的職場行為模式，更反映出深層的社會變遷：「70 後的員工請假，往往是因為父母身體不適需要照顧，這體現了他們對家庭孝道的重視以及身為三明治世代的責任；80 後的員工請假，通常是因為自己的孩子生病需要陪伴，反映出這一代人對下一代教育和照顧的高度重視；90 後的員工請假，大多是因為本人感到身心不適需要休息，顯示出他們對個人健康和工作生活平衡的重視程度提升；而 00 後的員工請假，則可能純粹是因為看到主管或工作環境讓他們感到不舒服，這反映了新生代對工作環境品質和人際互動的更高要求。」這個有趣的現象不僅反映出不同世代在生活重心和價值觀上的顯著差異，更清晰地展現了當代職場文化正在經歷的深刻轉變，以及每個世代因應社會變遷所發展出的獨特生存策略。

接下來我們就來看看從 z 世代到三明治世代的生存法則。

6-1 Day36: 企業的數位轉型下一步，AI 轉型

(圖片來源：部分 AI 製作)

在這個瞬息萬變的數位時代，企業面臨著前所未有的挑戰與機會。隨著科技的快速進步，我們正在經歷一場深刻的商業革命。想像一下，當你走進一家商店，店員不僅知道你的喜好，還能預測你可能需要的商品，甚至在你意識到之前就為你準備好了。這不再是科幻小說中的情節，而是人工智慧（AI）技術正在塑造的新現實。

AI 正以驚人的速度改變著我們的生活和工作方式。從智能家居到自動駕駛，從個性化推薦到預測性維護，AI 的應用範圍正在不斷擴大。對企業而言，這意味著一個巨大的機遇，同時也帶來了巨大的挑戰。隨著數位轉型的深入，AI 轉型已經成為企業未來發展的必然選擇，甚至可以說是生存的關鍵。

數位轉型為企業帶來了新的商業模式和運營效率，但同時也帶來了諸如數據安全、技術整合、人才培養等一系列挑戰。而 AI 技術的快速發展，不僅為解決這些問題提供了新的思路和工具，更為企業創造了無限的可能性。AI 可以幫助企業更好地理解客戶需求，優化供應鏈管理，提高生產效率，甚至開發全新的產品和服務。

第 6 週 你的企業是恐龍還是變形蟲？
從 z 世代到三明治世代的生存法則：啟動「跨物種協作模式」

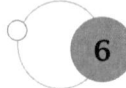

然而，AI 轉型並非易事。它需要企業在戰略、技術、人才和文化等多個方面進行全面的變革。企業若不積極進行 AI 轉型，不僅可能在競爭中落後於人，更有可能面臨被市場淘汰的風險。正如達爾文所說：「物種生存的關鍵不是最強壯的，也不是最聰明的，而是最能適應變化的。」在這個 AI 驅動的新時代，企業的適應能力將決定其未來的命運。

首先，讓我們回顧一下數位轉型的現狀。過去幾年，許多企業都在努力實現數位化，從紙本作業轉向電子化管理，從傳統行銷轉向數位行銷。然而，隨著技術的進步，單純的數位化已經不足以應對市場的快速變化和日益激烈的競爭。

舉個例子，台灣的一家傳統製造業公司原本只是將訂單系統數位化，但發現這樣還是無法有效預測市場需求。直到他們導入 AI 系統後，才能根據歷史數據和市場趨勢，精準預測訂單量，大幅提高了生產效率和客戶滿意度。

AI 技術的快速發展為企業帶來了前所未有的機遇。從自然語言處理到機器學習，從電腦視覺到深度學習，AI 的應用範圍正在迅速擴大。根據 IDC 的預測，2024 年全球 AI 相關支出將達到 5,000 億美元，年複合增長率高達 17.5%。這個數字告訴我們，AI 不再是遙不可及的未來科技，而是當前企業必須重視的核心競爭力。

那麼，為什麼 AI 轉型是企業的必然選擇呢？簡單來說，就是為了生存和發展。在這個數據驅動的時代，誰能更快、更準確地分析海量數據並做出決策，誰就能在市場中脫穎而出。AI 不僅能提高效率、降低成本，還能創造新的商業模式和收入來源。正如達爾文所說：「適者生存」，在商業世界中，能夠擁抱 AI 技術並有效運用的企業，才能在未來的市場中立於不敗之地。

AI 轉型的核心概念與重要性

那麼，什麼是 AI 轉型呢？簡單來說，AI 轉型就是將人工智慧技術融入企業的各個環節，從而優化業務流程、提升決策效率、創新產品服務。它不僅僅是引入幾個 AI 工具那麼簡單，而是一個全方位的組織變革過程。

AI 轉型對企業競爭力的影響是巨大的。想像一下，如果你的競爭對手能夠使用

AI 預測市場趨勢，而你還在依賴直覺做決策，誰會更有優勢？

根據麥肯錫的研究，成功實施 AI 轉型的企業，其利潤增長率比行業平均水平高出 20% 以上。

舉個例子，台灣的電商龍頭 PChome 透過 AI 技術優化了其推薦系統和庫存管理，不僅提高了顧客的購物體驗，還大幅降低了庫存成本，年營收因此增長了 15%。

當然，AI 轉型也帶來了挑戰。數據隱私、技術選擇、人才培養等問題都需要企業認真面對。但是，機遇與挑戰並存，關鍵在於我們如何應對。正如古語所說：「機會總是留給有準備的人」，那些積極擁抱 AI 技術的企業，必將在未來的競爭中占得先機。

AI 轉型的定義與範疇

AI 轉型是指企業利用人工智慧技術來提升業務流程、增強決策能力和改善客戶體驗的過程。這不僅僅是引入一套新的技術系統，更是一種全面的文化與思維方式的轉變。

AI 轉型對企業競爭力的影響

隨著市場競爭加劇，企業必須依賴數據驅動的決策來保持競爭力。AI 能夠分析海量數據，提供深入見解，幫助企業做出更快速、更準確的決策。例如，某家零售商利用 AI 分析顧客購買行為，成功預測熱銷商品，從而提高了庫存周轉率。

AI 轉型帶來的機遇與挑戰

雖然 AI 轉型帶來了效率提升和創新機會，但同時也伴隨著技術選擇、數據安全等挑戰。企業需要謹慎評估自身需求，以制定合適的 AI 策略。

AI 轉型的關鍵領域

AI 轉型涉及企業的多個領域，讓我們來看看幾個關鍵的應用場景：

第 6 週　你的企業是恐龍還是變形蟲？
從 z 世代到三明治世代的生存法則：啟動「跨物種協作模式」

智能客戶服務與體驗優化

透過先進的聊天機器人和語音助手技術，企業能夠提供全天候、無間斷的客戶服務，大幅提升顧客滿意度和體驗。這些 AI 驅動的系統不僅能夠快速回答常見問題，還能理解複雜的客戶需求，提供個性化的解決方案。例如，某知名航空公司成功導入了 AI 客服系統，該系統能夠自動識別乘客的語言和口音，並以自然語言進行對話，解答從航班查詢到行李託運等各類問題，大大減少了乘客的等待時間，提高了服務效率。此外，AI 還能分析客戶情緒，適時將複雜問題轉接給人工客服，確保服務品質。

智能製造與供應鏈管理

在工業 4.0 的時代背景下，AI 正在重塑製造業的生產流程和供應鏈管理。通過深度學習和機器視覺技術，AI 系統能夠實時監控生產線，識別產品缺陷，優化生產參數，從而顯著提高生產效率和產品質量。例如，某全球知名汽車製造商運用了基於機器學習的預測性維護系統，該系統能夠分析來自數千個感測器的實時數據，精確預測設備可能發生的故障。這不僅大幅降低了設備停機時間和維護成本，還提高了整體生產效率。在供應鏈方面，AI 算法能夠分析全球市場趨勢、氣候變化等多維度數據，幫助企業優化庫存管理，減少浪費，提高供應鏈的彈性和響應速度。

智能決策支持與風險管理

在金融行業中，AI 技術正在革新決策制定和風險管理流程。通過分析海量的市場數據、新聞資訊和社交媒體內容，AI 系統能夠捕捉微妙的市場趨勢和潛在風險，為投資者和金融機構提供更精準、及時的決策支持。例如，某領先的投資銀行開發了一套基於深度學習的 AI 模型，該模型能夠實時分析全球金融市場的動態，預測股票、債券和外匯市場的短期和中期走勢。這不僅提高了投資回報率，還大大降低了投資風險。在風險管理方面，AI 系統能夠識別複雜的欺詐模式，預測信用風險，甚至評估地緣政治事件對金融市場的潛在影響，幫助金融機構更好地管控各類風險。

智能人力資源管理

AI 技術正在徹底改變人力資源管理的方式，從招聘到員工發展，再到組織文化建設，AI 都發揮著重要作用。在招聘過程中，AI 驅動的系統不僅能夠高效篩選簡歷，還能通過自然語言處理技術分析求職者的社交媒體活動，評估其文化契合度。某全球科技公司開發的 AI 招聘助手能夠進行初步的視頻面試，通過分析求職者的語言、表情和肢體語言，評估其溝通能力和文化適應性。在員工發展方面，AI 系統能夠分析員工的工作表現、學習曲線和職業興趣，為每位員工量身定制個性化的培訓和職業發展計劃。此外，AI 還能通過分析員工反饋和組織數據，幫助管理層識別潛在的組織問題，優化工作流程，提升員工滿意度和組織效能。

AI 轉型的實施步驟

說到這裡，你可能會問：「聽起來很棒，但我該如何開始 AI 轉型呢？」別擔心，讓我們一步一步來探討這個轉型過程，它就像是為企業打造一套量身定制的 AI 智能系統：

第一步是評估企業 AI 就緒度。這就像是為企業做一次全面體檢，我們需要深入了解企業的技術基礎設施、數據質量、員工技能等方面的現狀。這個階段可能會發現一些潛在的問題或機會，為後續的轉型奠定基礎。例如，我們可能會發現某些部門的數據質量特別高，可以優先考慮在這些領域開展 AI 項目。

第二步是制定 AI 戰略與路線圖。這不僅僅是規劃一次長途旅行，更像是設計一座未來城市。我們需要明確企業的 AI 願景（目標），制定具體的實施策略（城市規劃），安排階段性目標（分區建設）。在這個過程中，我們要考慮到企業的長期發展需求，確保 AI 戰略與整體業務目標保持一致。

第三步是建立堅實的數據基礎設施。如果說數據是 AI 的燃料，那麼數據基礎設施就是整個 AI 生態系統的血液循環系統。這一步可能需要投入大量資源，但這是絕對必要的基礎工作。我們需要建立數據湖或數據倉庫，實施數據治理策略，確保數據的質量、安全性和可訪問性。同時，我們還需要考慮如何處理實時數據流，以支持更複雜的 AI 應用。

第四步是培養 AI 人才與文化。這不僅包括招聘 AI 專家，更重要的是培養全員的 AI 思維。就像學習一門新語言，我們需要創造一個「沉浸式」的 AI 環境。這可能包括開展 AI 培訓課程，組織跨部門的 AI 創新工作坊，甚至可以考慮設立 AI 創新實驗室。我們的目標是讓每個員工都能理解 AI 的基本概念，並能在日常工作中思考如何運用 AI 來提高效率。

第五步是精心選擇適合的 AI 解決方案。市面上確實有很多 AI 工具和平台，但選擇適合自己的解決方案就像是為企業量身定制一套西裝。我們需要根據企業的具體需求、技術能力和預算來選擇。這個過程可能需要進行多次測試和評估，甚至可能需要同時使用多種工具來滿足不同部門的需求。重要的是要確保這些解決方案能夠與企業現有的 IT 系統無縫集成。

最後一步是實施試點項目並逐步擴大規模。這就像是種植一棵 AI 之樹，我們先在一個小範圍內種下種子，細心呵護，觀察其生長情況。一旦我們看到積極的成果，就可以開始將這棵樹移植到更大的土地上。在這個過程中，我們需要不斷收集反饋，調整策略，優化流程。隨著時間的推移，這棵 AI 之樹將茁壯成長，為整個企業帶來豐碩的果實。

AI 轉型的挑戰與應對策略

AI 轉型的道路並非一帆風順。讓我們來看看幾個主要的挑戰：

- **數據安全與隱私保護**：隨著數據使用規模擴大，企業需要建立嚴格的數據管理制度，採用先進的加密技術，並遵守各國的數據保護法規，如歐盟的 GDPR。同時，企業還需要提高員工的數據安全意識，定期進行安全審計，以確保用戶隱私得到全面保護。
- **技術選擇與整合**：面對市場上林林總總的 AI 技術和解決方案，企業需要根據自身業務需求和技術能力，謹慎選擇適合的 AI 工具和平台。同時，要注意新舊系統的兼容性，制定詳細的整合計劃，確保各個系統之間能夠無縫銜接，實現數據和功能的順暢交互。

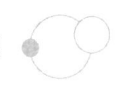

- **人才短缺與技能提升**：AI 人才的稀缺是企業面臨的一大挑戰。企業可以通過多種途徑來應對，如與大學合作建立人才培養計劃，提供有競爭力的薪酬福利吸引高端人才，同時也要重視內部培訓，為現有員工提供系統的 AI 相關課程，鼓勵跨部門學習和創新。

- **組織變革與文化適應**：AI 轉型不僅是技術的變革，更是組織文化的重塑。企業需要建立支持創新和試錯的文化氛圍，鼓勵員工主動學習和應用 AI 技術。同時，管理層要以身作則，帶頭擁抱變革，推動整個組織向數據驅動和智能化方向發展。這可能涉及到組織結構的調整，如設立首席 AI 官或 AI 創新中心等。

AI 轉型成功案例分析

讓我們來看看一些成功的 AI 轉型案例，這些案例可以給我們許多啟發：

- **國際領先企業的 AI 轉型經驗**：亞馬遜利用 AI 優化物流系統，大幅提高配送效率。谷歌旗下的 DeepMind 開發的 AlphaFold AI 系統在蛋白質結構預測領域取得突破性進展，不僅推動了生物科技發展，更展示了 AI 在科研領域的巨大潛力。

- **本土企業的 AI 應用實踐**：某科技公司透過大數據分析改善產品設計，獲得市場競爭優勢。工業電腦龍頭研華科技運用 AI 優化生產線，實現智能製造，不僅提高生產效率，還降低能源消耗。

- **不同行業的 AI 轉型特點**：醫療行業使用 AI 輔助診斷，提高診斷準確率。在金融領域，玉山銀行運用 AI 技術開發智能理財顧問，為客戶提供個性化投資建議，大幅提升客戶體驗和忠誠度。

這些案例告訴我們，無論哪個行業，只要找到合適的切入點，AI 都能發揮巨大作用。

第 6 週　你的企業是恐龍還是變形蟲？
從 z 世代到三明治世代的生存法則：啟動「跨物種協作模式」

AI 轉型對職場人員的影響

"AI 會不會搶走我的工作？" 這個疑慮一直是推行 AI 的絆腳石。

事實上，AI 確實會改變許多工作崗位的性質。某些重複性的工作可能會被 AI 取代，但同時也會創造出新的工作機會。例如，我們現在需要更多的 AI 工程師、數據科學家等新興職業。

未來的職場將更加強調人機協作。我們需要學會如何與 AI 系統合作，發揮人類獨有的創造力和批判性思維。這就像是從手工作坊到工業革命的轉變，我們需要學會使用新的工具。

那麼，我們該如何為 AI 時代做好準備呢？持續學習是關鍵。我們需要不斷更新自己的技能，保持對新技術的好奇心。同時，我們也要培養那些 AI 難以取代的軟技能，如溝通、領導和創新等。

AI 轉型的未來趨勢

展望未來，AI 技術的飛速發展將為我們帶來前所未有的機遇和可能性，這些進步將徹底改變我們生活和工作的方式：

首先，自然語言處理技術的突破性進展將徹底革新人機交互模式。想像一下，在不久的將來，我們可能會像與知心好友交談一樣自然地與 AI 助手進行深度對話，討論複雜的話題，甚至獲得情感支持和創意靈感。這種高度智能化的交互將大大提升我們的工作效率和生活品質。

其次，AI 與其他新興技術的深度融合將開啟無限可能。例如，AI 結合物聯網技術不僅能實現更智能的城市管理，還能優化能源使用，減少環境污染，提高居民生活質量。而 AI 與區塊鏈的結合則有望創造出更安全、透明、高效的商業生態系統，徹底改變金融、供應鏈等多個行業的運作模式。

再者，AI 轉型將深刻重塑商業模式，催生出一系列創新服務。我們可能會看到更加個性化、精準的客戶服務，能夠預測設備故障並及時維護的智能系統，以及根據實時市場需求自動調整的動態定價模型。這些創新不僅能提升企業效

率，還能為消費者帶來前所未有的便利體驗。

總的來說，AI 技術的發展將為各行各業帶來翻天覆地的變革，創造出無數新的機遇和挑戰。企業和個人都需要積極擁抱這一轉變，不斷學習和適應，才能在這個 AI 驅動的新時代中保持競爭力並實現持續成長。

面對瞬息萬變的市場環境，企業必須認識到 AI 轉型的重要性與迫切性。這不僅是提升競爭力的關鍵手段，更是順應時代潮流的必然選擇。無論是企業還是個人，都應積極準備，迎接這個充滿挑戰與機遇的新時代。我們需要制定可持續發展的 AI 轉型戰略，共同引領未來數位化浪潮。

各位朋友，AI 轉型不是選擇題，而是必修課。在這個變革的時代，企業要麼擁抱變化，要麼被淘汰。正如達爾文所言：「物種生存的關鍵不在於最強壯，而在於最能適應變化。」

對企業而言，現在正是開啟 AI 轉型的最佳時機。我們需要制定明確的 AI 戰略，培養 AI 人才，建立數據驅動的文化。請記住，AI 轉型是一場馬拉松，而非短跑，需要持續投入和耐心。

對個人而言，我們要保持開放和學習的心態。終身學習不再是口號，而是生存的必要條件。同時，我們也要認識到人類特有的創造力、同理心等軟技能的重要性。

最後，讓我們齊心協力，打造一個可持續的 AI 轉型戰略。讓 AI 成為我們的得力助手，而非威脅。讓我們攜手共創一個更智能、更高效、更人性化的未來！

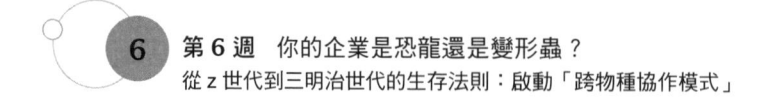

第 6 週 你的企業是恐龍還是變形蟲？
從 z 世代到三明治世代的生存法則：啟動「跨物種協作模式」

6-2 Day37: 從混亂到清晰
【職場新人】如何運用「AI 心智圖」快速整理思維並提升效率？/ Whimsical

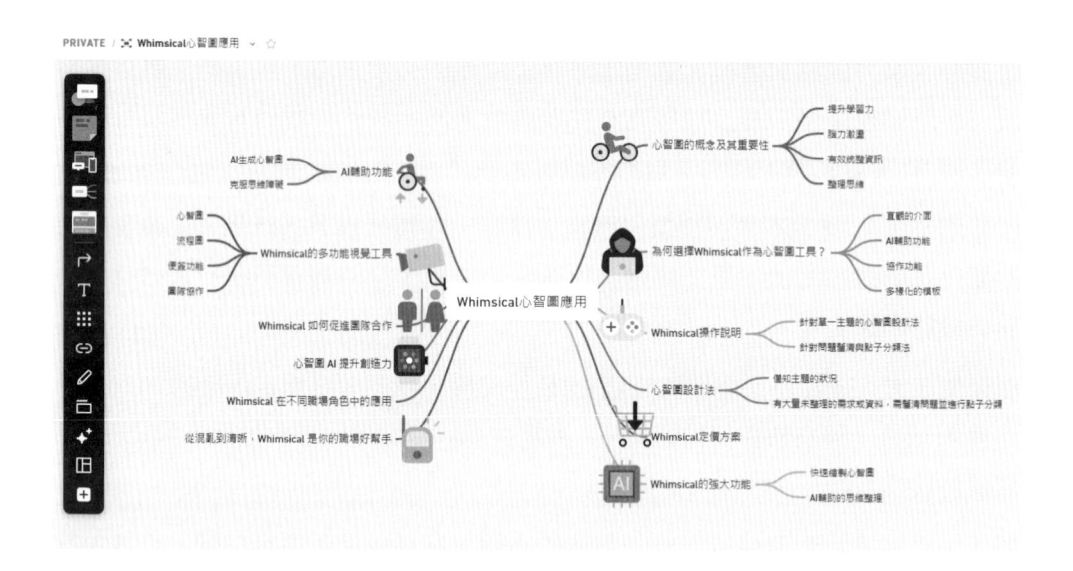

從混亂到清晰

你是否曾有過這樣的經歷：會議進行到一半，手頭的資訊突然變得雜亂無章，導致思緒混亂？或者在處理多個專案時，無法迅速釐清各項任務的優先順序？這是職場中的常見挑戰，尤其隨著資訊量的激增，有效整理思維變得愈發重要。在這種情況下，「心智圖 AI」成為我們的得力助手。

心智圖的概念及其重要性

心智圖（Mind Map）是一種視覺化思考工具，旨在幫助人們以更直觀的方式組織和呈現想法。由英國心理學家東尼·博贊（Tony Buzan）發明，心智圖的基本結構是從一個中心主題出發，向外延伸出多個相關的分支主題。這種放射性思

考方法不僅能激發創意，還能有效整理資訊，促進記憶和理解。使用心智圖的好處包括：

- **提升學習力**：通過視覺化方式，有助於更好地理解和記憶資訊。
- **腦力激盪**：促進創意發想，幫助團隊在會議中集思廣益。
- **有效統整資訊**：將碎片化的資訊進行分類和歸納，方便日後提取和使用。
- **整理思緒**：幫助使用者理清思路，減少思維混亂的情況。

今天，我將介紹 Whimsical，這款結合 AI 技術的心智圖工具如何幫助我們快速整理思維並提升工作效率。

為何選擇 Whimsical 作為心智圖工具？

Whimsical 是一款功能強大的線上協作工具，專為創建心智圖、流程圖和便籤而設計。選擇 Whimsical 作為心智圖工具的理由包括：

- **直觀的介面**：Whimsical 提供友善的使用者介面，使創建心智圖變得簡單且直觀，即使是新手也能快速上手。
- **AI 輔助功能**：Whimsical 結合 AI 技術，能自動生成心智圖，幫助使用者快速組織思維，突破創作瓶頸。
- **協作功能**：Whimsical 支援團隊協作，允許多位成員同時編輯和分享心智圖，提升團隊工作效率。
- **多樣化的模板**：Whimsical 提供多種心智圖模板，使用者可根據需求選擇合適的樣式，快速開始創建。

這些特點使 Whimsical 成為職場人員整理思維和提升效率的理想選擇。透過這款工具，使用者能有效地將混亂的想法轉化為清晰的視覺結構，進而提升工作效率和創造力。

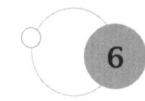

6 第 6 週　你的企業是恐龍還是變形蟲？
從 z 世代到三明治世代的生存法則：啟動「跨物種協作模式」

Whimsical 操作說明

在 Google 搜尋欄中輸入「whimsical」，然後點擊搜尋結果中的第一個項目。

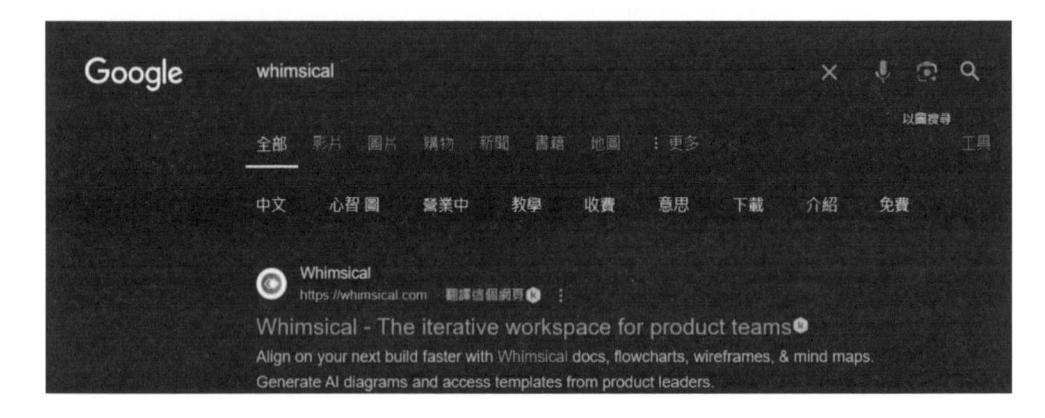

進入首頁後，按下「Get 100 AI actions free」按鈕

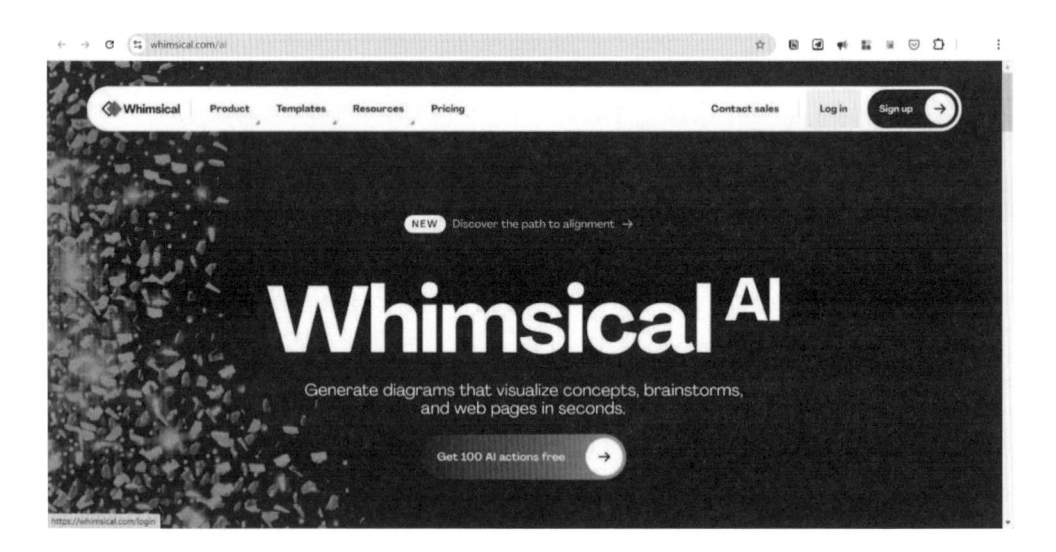

如果系統詢問是否要新增帳戶，您可以考慮使用已有的 Gmail 帳號直接註冊。

進入系統後，開始新增分類資料夾

6-2 Day37: 從混亂到清晰

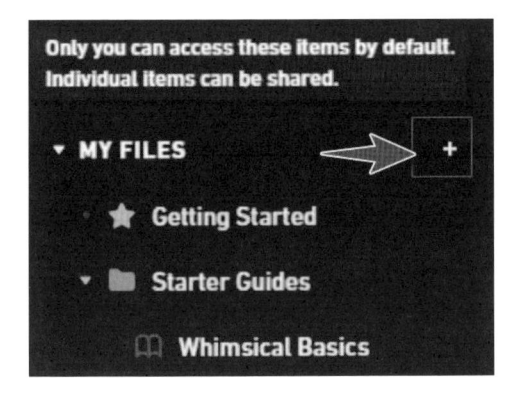

按下 Folder 項目。

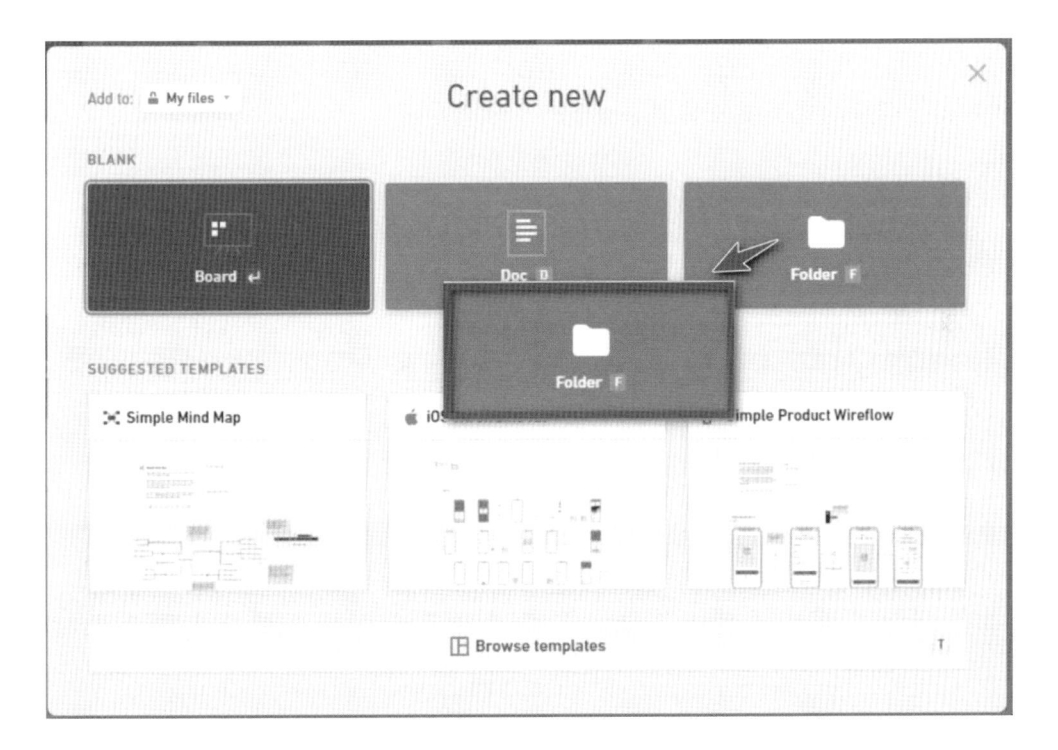

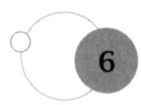

6　第 6 週　你的企業是恐龍還是變形蟲？
從 z 世代到三明治世代的生存法則：啟動「跨物種協作模式」

輸入自定義的資料夾名稱

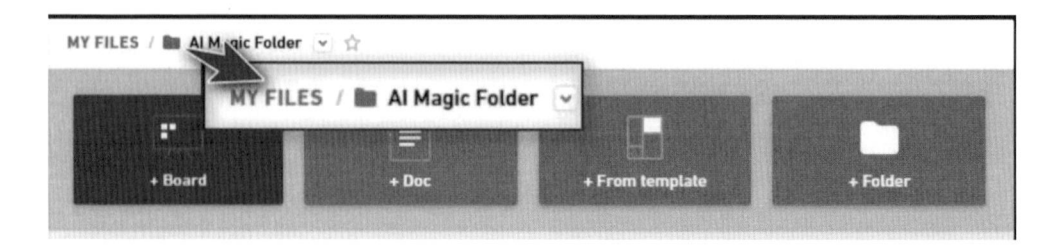

以下針對兩種情境：

1. 僅知主題的狀況

2. 有大量未整理的需求或資料，需釐清問題並進行點子分類

我們將針對這兩種情境說明實際操作的工作流程。

針對單一主題的心智圖設計法

點擊 "Board" 按鈕

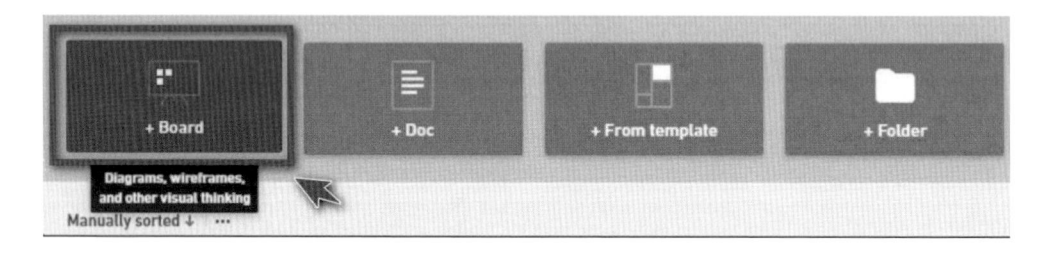

拖曳「Mind map」項目，並輸入要探討的主題（例如：職場人如何運用 AI？）

6-16

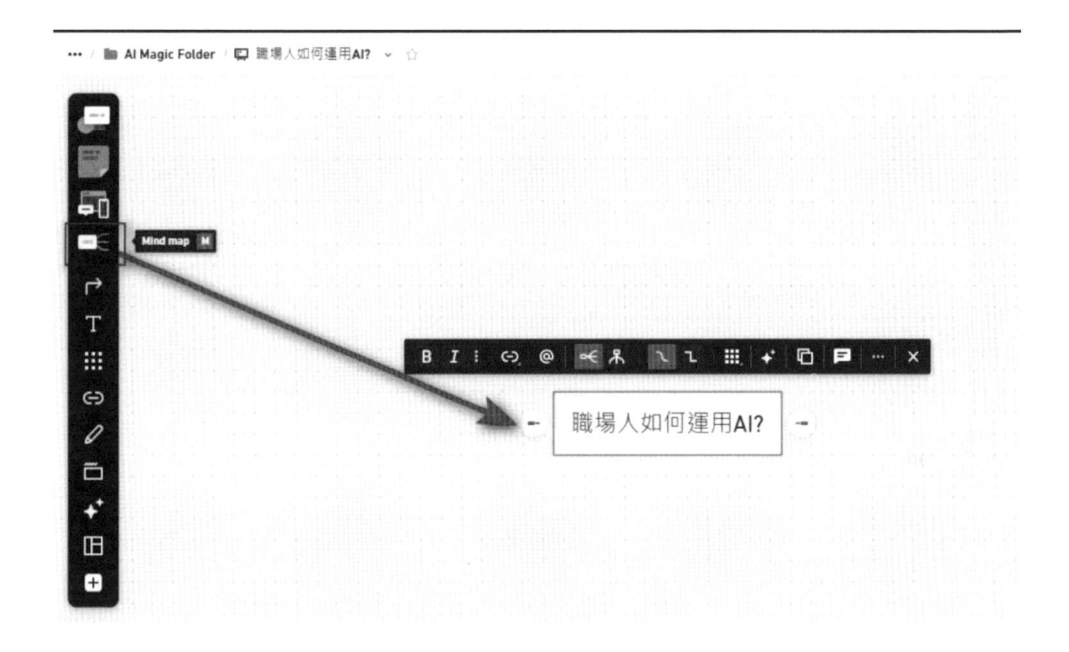

點擊 Whimsical 心智圖功能中的「增加靈感（Generate additional ideas）」按鈕。

幾秒鐘後，系統生成了下一層節點，包括「在招聘過程中使用 AI」、「使用 AI」、「運用 AI」等多個相關主題。

此時，您可以根據需要修改或調整這些自動生成的節點內容。

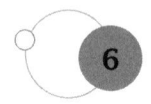

第 6 週　你的企業是恐龍還是變形蟲？

從 z 世代到三明治世代的生存法則：啟動「跨物種協作模式」

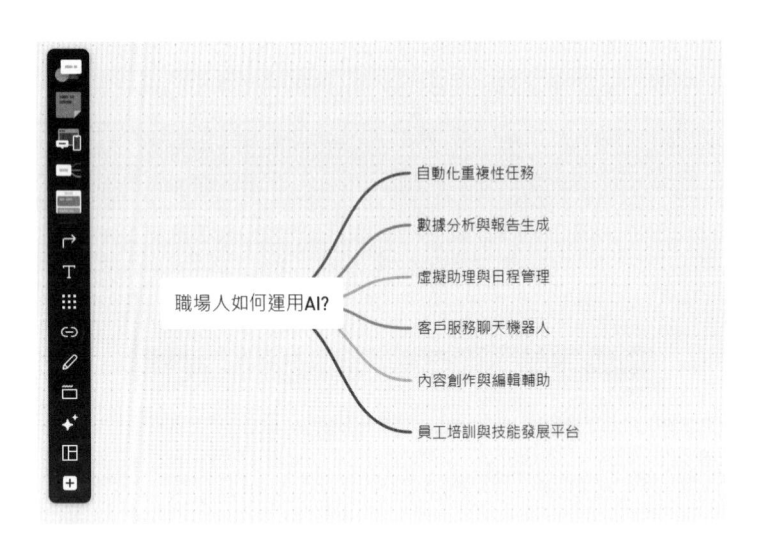

您還可以在下一層節點中再次按下「增加靈感（Generate additional ideas）」按鈕。系統會根據當前主題，繼續發展下一層的相關內容。例如，它可能會列出一些管理目標的數位工具，並附上相應的解釋。

操作時，請針對每個第一層節點選取後，按下「增加靈感（Generate additional ideas）」按鈕。

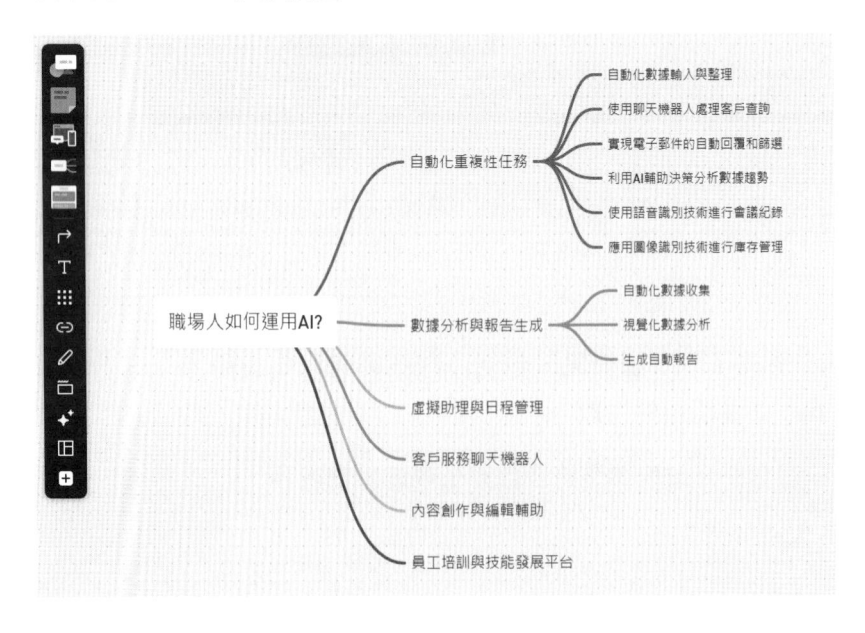

針對問題釐清與點子分類法

點擊左上角區域中的「Create new」。

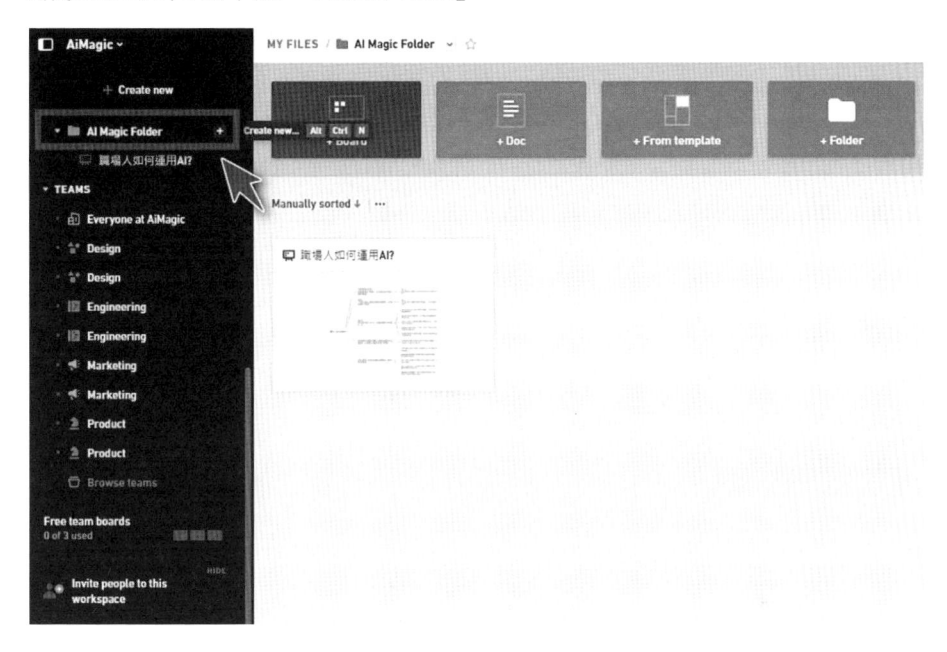

選定 Board 後,開始新增看板

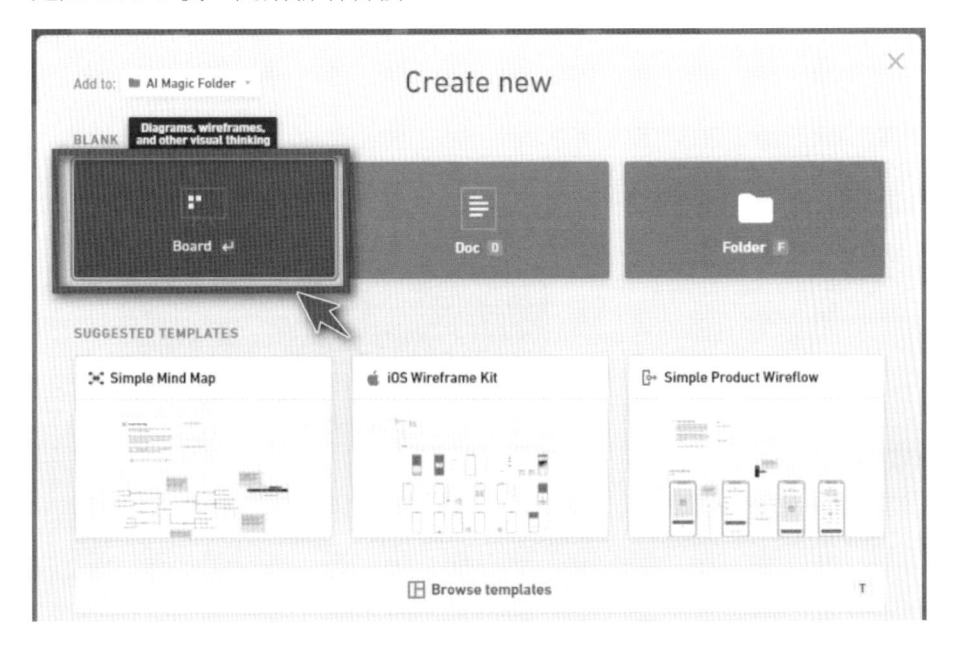

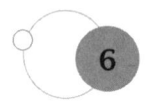

6 第 6 週 你的企業是恐龍還是變形蟲？
從 Z 世代到三明治世代的生存法則：啟動「跨物種協作模式」

在 Whimsical 中，點擊工具列的 Generate with AI 按鈕。

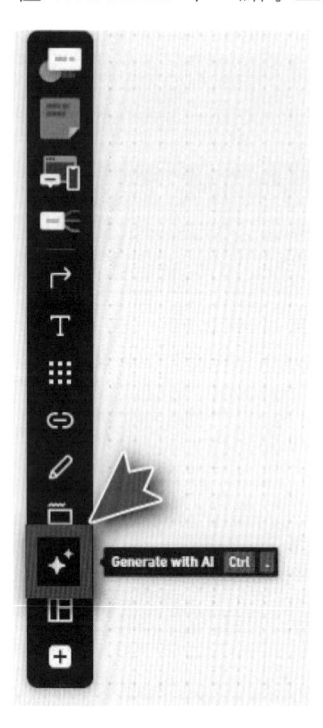

此時系統出現提示詞輸入框，輸入內容後點擊 Create。

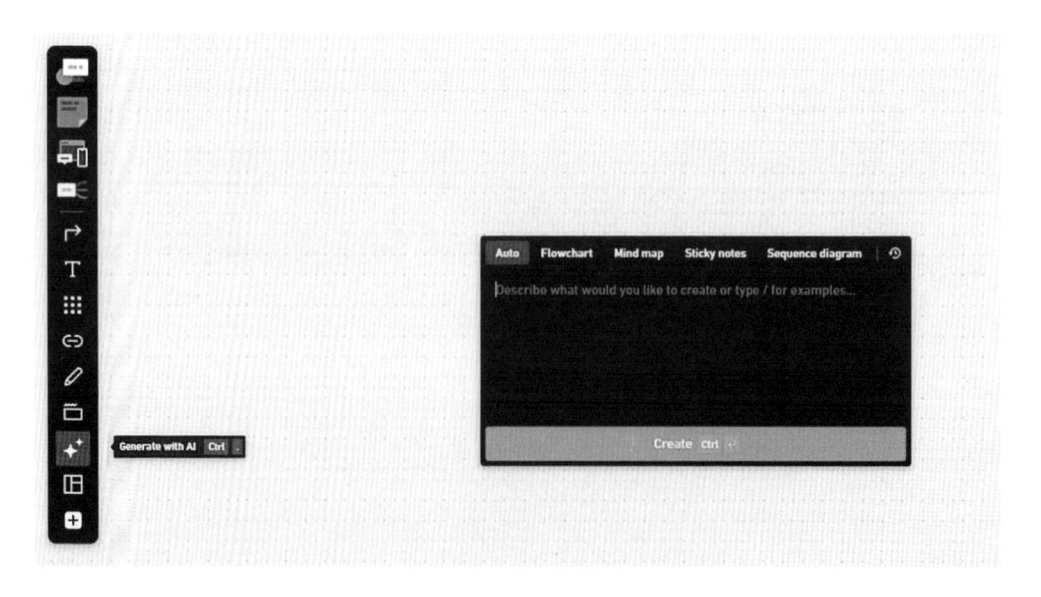

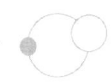

以下是我們在這個例子中使用的項目：

我想去桃園兩天一夜遊，行程如何規劃？
內容須包含以下考量:(請用繁體中文回答)

1. 評價與開放時間
2. 一定要去好拍照的網美景點介紹
3. 若座大眾交通工具怎麼去？
4. 我想吃好吃的牛肉麵
5. 路線怎麼規劃比較順暢？
6. 若想吃壽司去哪家有名？
7. 回程要買名產去哪買？
8. 請幫我補充注意事項

```
Auto   Flowchart   Mind map   Sticky notes   Sequence diagram
1. 評價與開放時間
2. 一定要去好拍照的網美景點介紹
3. 若座大眾交通工具怎麼去?
4. 我想吃好吃的牛肉麵
5. 路線怎麼規劃比較順暢?
6. 若想吃壽司去哪家有名?
7. 回程要買名產去哪買?
8. 請幫我補充注意事項
                          Create  Ctrl
```

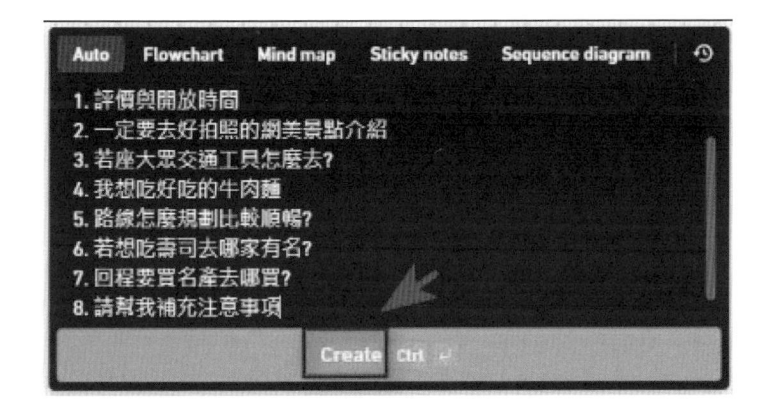

按下「Create」後，系統開始腦力激盪，展開桃園兩天一夜遊的細節規劃。

6　第 6 週　你的企業是恐龍還是變形蟲？
從 z 世代到三明治世代的生存法則：啟動「跨物種協作模式」

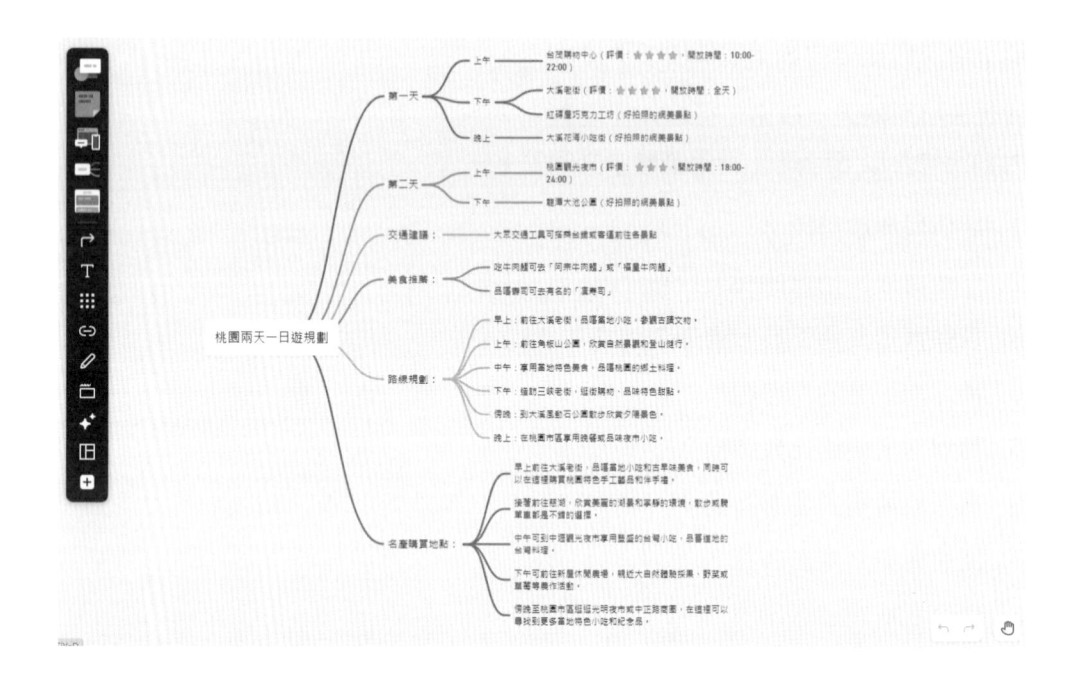

Whimsical 定價方案

看到系統展開的效果，是不是讓你眼睛一亮？身為職場新人的你，是不是覺得這功能很棒、很實用，但又擔心負擔不起？別擔心！Whimsical 很佛心地提供免費額度，相關方案如下：

Whimsical 的強大功能

Whimsical 不僅提供心智圖功能，還支援流程圖、看板、線框圖等多種視覺化工作模式。對職場人員而言，Whimsical 能讓複雜的想法和資訊結構化呈現，促進團隊高效溝通和協作。

快速繪製心智圖

Whimsical 的使用體驗極其簡單直觀。只需幾次點擊，你就能開始創建心智圖，將腦中的思路快速以視覺化方式呈現。這不僅有助於你更清楚地理解資訊，還能輕鬆向團隊成員傳達複雜的構想。

範例：在行銷策略會議中，你可迅速繪製出關鍵議題的心智圖，幫助大家聚焦討論要點，抓住會議重點。

AI 輔助的思維整理

Whimsical 的 AI 功能可自動生成相關連結和分類，幫助使用者更有效率地整理和呈現想法。它能智慧分析你的想法並推薦最佳結構方式，減少手動調整時間，讓你專注於更具創意的工作。

AI 輔助功能

1. AI 生成心智圖：
   - Whimsical 的 AI 功能允許使用者在創建心智圖時，透過輸入主題或問題，自動生成相關的思維節點。例如，輸入「如何規劃目標」，然後按下「增加靈感」按鈕，AI 將提供多個相關的下層節點，如「評估現狀」、「確定時間」等，幫助使用者快速擴展思維。

2. 克服思維障礙：
   - AI 能幫助使用者突破思維障礙。當面對創意瓶頸時，使用者可透過 AI 生成的建議來激發靈感。將雜亂的想法輸入 Whimsical 後，AI 會分析並將其組織成清晰的節點，不僅提升思維的清晰度，還能有效促進創意的產生。

第 6 週　你的企業是恐龍還是變形蟲？
從 Z 世代到三明治世代的生存法則：啟動「跨物種協作模式」

範例：某科技公司運用 Whimsical 的 AI 功能，將團隊討論的點子自動歸類，大幅縮短了專案會議時間。

Whimsical 的多功能視覺工具

1. **心智圖**：
   - Whimsical 允許用戶輕鬆創建心智圖，從中心主題開始，向外延伸出多個相關的分支。這種視覺化的方式幫助用戶更清晰地組織和展示思維，適合用於計劃、頭腦風暴和項目管理。

2. **流程圖**：
   - 用戶可以使用 Whimsical 創建流程圖，清晰地描繪出工作流程和決策過程，幫助團隊理解複雜的業務流程。

3. **便簽功能**：
   - 便簽功能允許用戶快速記錄和整理想法，適合用於會議記錄和即時的創意捕捉。

4. **團隊協作**：
   - Whimsical 支持實時協作，團隊成員可以同時編輯同一個心智圖或流程圖，促進集體創意的發想與討論。

在職場中如何利用 Whimsical 整理思維

1. **釐清工作目標與階段**

Whimsical 的心智圖功能特別適合幫助你將複雜的專案分解成可執行的步驟。當你面臨多任務同時進行的壓力時，心智圖可以幫助你按照優先順序安排每個任務，避免遺漏重要細節。

範例：某金融公司使用 Whimsical 將其年度報告項目進行視覺化拆解，讓每個部門的工作目標和時間點一目了然。

2. 優化決策過程

Whimsical 對決策過程的幫助尤為顯著。你可以使用心智圖將多方資訊整合在一起，讓每個決策點都清晰可見，從而做出更快且更準確的判斷。

範例：一家創新科技公司在產品開發會議上，通過 Whimsical 將市場需求、產品功能和團隊建議匯總於同一張心智圖中，促進了高效的決策討論。

Whimsical 如何促進團隊合作

1. 視覺化的團隊協作工具

Whimsical 支援多人協作，團隊成員可以實時共享心智圖，並進行即時編輯與溝通。這種視覺化的協作方式不僅加快了溝通速度，也提高了每位成員的參與感。

範例：某行銷團隊使用 Whimsical 在頭腦風暴會議中快速繪製出數個行銷方案，並即時進行調整和討論，大幅縮短了方案確定的時間。

2. 跨部門的應用

Whimsical 讓不同部門之間的協作變得更為流暢。通過心智圖，團隊能夠清楚地理解各自的目標與需求，並找到共同點來促進合作。

範例：某企業在開發新產品時，行銷部和研發部通過 Whimsical 進行同步討論，確保產品能夠同時滿足市場需求和技術要求。

心智圖 AI 提升創造力

1. 激發創意思維

心智圖的結構化呈現方式，能夠打破思維的限制，讓創意更自由地流動。當你面臨創意瓶頸時，Whimsical 的 AI 會為你提供多個不同的思路，幫助你快速突破。

範例：某設計公司通過 Whimsical 進行產品概念設計，利用 AI 的推薦功能激發出全新的設計理念。

Whimsical 在不同職場角色中的應用

1. **管理者**：使用 Whimsical 來規劃團隊目標、追蹤專案進度，並提前預測風險，提升專案管理效率。
2. **創意人員**：將創意靈感即時視覺化，避免創意流失，並且更好地向客戶展示設計構想。
3. **業務人員**：心智圖可以幫助業務人員結構化展示銷售數據與策略建議，讓客戶更容易理解。

範例：某業務團隊通過 Whimsical 視覺化他們的業務發展策略，成功說服客戶簽約。

從混亂到清晰，Whimsical 是你的職場好幫手

在職場中，思維混亂和資訊過載常常成為效率低下的根源。然而，Whimsical 的心智圖 AI 工具幫助我們將這些混亂轉化為清晰的結構，讓我們能夠快速進入高效工作狀態，並且提升決策質量與創造力。如果你還沒嘗試過 Whimsical，那麼現在正是時候！立即行動，讓心智圖 AI 幫助你告別職場混亂，提升工作效率。

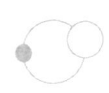

6-3 Day38: AI 生成求職信、履歷表與求職資格建議
【求職者 & 人資】福音,打造你的職業形象 /Wordvice AI /Yourator AI /Rezi /Hiver /ChatGPT(OpenAI 免費版本)

AI 如何改變求職信與履歷的撰寫

在數位化時代,人工智慧(AI)技術迅速滲透到生活的各個層面,其中也包括職場求職過程。AI 技術不僅能幫助求職者更高效地撰寫求職信和履歷表,還能大幅提升其內容的質量和吸引力。本文將深入探討如何利用 AI 工具來打造出色的職業形象,並提供實際的操作指南和案例分析。

情境需求

1. 撰寫推薦信:協助撰寫教授或前上司的推薦信,強調您的技術能力和合作精神。
2. 撰寫履歷表:創建突出您專業技能和經驗的個人履歷。
3. 商用英文信件:撰寫專業的商業英文信件,展示您的溝通技巧和專業知識。
4. 客服或人資信件:撰寫針對客服或人資相關的電子郵件,展示您的問題解決能力和客戶服務技巧。
5. 面試注意事項清單:製作全面的面試準備清單,提高面試成功率。
6. 求職資格建議:協助面試人員或人力資源專員生成專業的求職資格建議。

一條龍工作流解決方案

1. 撰寫推薦信

- Wordvice AI 是一款由 Wordvice 公司開發的線上英文寫作助手,專為學生、研究人員及學術工作者設計,旨在提升英文寫作的質量和效率。這款工具結合了最新的人工智慧技術,提供多種功能來幫助用戶改善其寫作。

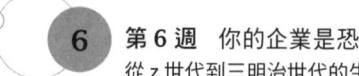

6 第 6 週　你的企業是恐龍還是變形蟲？
從 z 世代到三明治世代的生存法則：啟動「跨物種協作模式」

- 連結網址：https://wordvice.ai/tw

主要功能（包含其他進階功能）

- **文法檢查**：Wordvice AI 能夠自動檢測並修正拼寫、標點和語法錯誤，確保文本的清晰度和流暢性。
- **改寫潤稿**：用戶可以利用此功能對文章進行改寫，以達到更自然的表達和優化語氣，特別適合學術寫作需求。
- **文章摘要**：該工具能快速提取文章的主要要點，幫助用戶更好地理解和組織內容。
- **抄襲檢查**：提供抄襲檢查功能，確保文本的原創性，這對於學術論文尤其重要。
- **翻譯功能**：支持多種語言之間的翻譯，方便用戶從非英語資料中提取信息。

適用對象

Wordvice AI 特別適合以下群體使用：

- **學生與研究生**：這些用戶在撰寫論文、申請文件等方面需要高品質的英文支持。
- **學術工作者**：需要撰寫期刊文章或進行專業交流的學者也會受益於其強大的校對和改寫功能。

價格方案

Wordvice AI 提供三種價格方案：

1. **免費版**：每月可處理 5,000 字，包含基本的校對和改寫功能。
2. **進階版**：針對需要更高級功能的用戶，如抄襲檢查和更深入的文本分析，每月費用約為 300 元台幣。
3. **團體版**：適合學校或機構使用，提供多用戶支持和額外功能。

2. 打造引人注目的履歷表

- Yourator AI 是一款專為求職者設計的人工智慧履歷工具，旨在提升求職過程的效率與便利性。這個平台利用生成式 AI 技術，幫助用戶快速製作和優化履歷及求職信，適合各類型的求職者，尤其是面對競爭激烈的工作市場時。

- 連結網址：https://www.yourator.ai/

主要功能

- **履歷生成**：用戶可以輕鬆上傳已有的履歷，系統會自動轉換為 Yourator 的格式，無需重複填寫，節省時間。

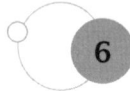

- **自動生成履歷**：只需填寫基本資料，Yourator AI 能在 60 秒內生成一份完整的履歷，特別適合缺乏經驗的求職者。
- **履歷翻譯**：提供一鍵翻譯功能，可以將中文履歷快速翻譯成英文，幫助用戶申請外商職缺。
- **Cover Letter 生成**：用戶可以利用 AI 工具快速生成求職信，提升申請成功率。

適用對象

Yourator AI 特別適合以下群體：

- **新鮮人**：對於剛進入職場的求職者，這款工具能幫助他們克服履歷撰寫的困難。
- **轉職者**：希望在不同領域尋找新機會的人士，可以快速調整和更新履歷。
- **海外求職者**：需要撰寫外文履歷的人士，可以利用翻譯功能輕鬆應對語言障礙。

3. 創作有說服力的求職信

- Rezi 是一款專為求職者設計的人工智慧履歷生成工具，旨在簡化履歷的創建和優化過程。該平台利用先進的 AI 技術，提供多種功能來幫助用戶撰寫、編輯和格式化履歷，並確保其符合 ATS（Applicant Tracking System）要求。
- 連結網址：https://www.rezi.ai/

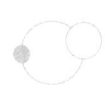

主要功能

- **AI 履歷生成器**：用戶可以快速創建履歷，Rezi 會自動生成內容，包括關鍵字和技能，以提高通過 ATS 的機率。
- **實時內容分析**：系統會檢查履歷中的常見錯誤，如缺少的重點和使用不當的流行詞，確保內容結構良好且無誤。
- **模板選擇**：提供超過 300 種模板，讓用戶可以根據不同風格和需求進行選擇。
- **多格式下載**：用戶可以將履歷和求職信下載為 PDF、DOCX 或 Google Docs 格式。
- **LinkedIn 整合**：用戶可以通過 Chrome 擴展直接從 LinkedIn 簡歷生成 ATS 優化的履歷。

適用對象

Rezi 適合各類求職者，包括：

- **新鮮人**：剛畢業的學生或進入職場的新人。
- **轉職者**：希望在不同領域尋找新機會的人士。
- **經驗豐富的專業人士**：需要更新或改進現有履歷的人。

價格方案

Rezi 提供以下幾種價格方案：

1. **免費版**：
   - 基本功能可供使用，包括 AI 履歷生成和部分模板。

2. **專業版**：
   - 每月 $29，提供更高級的功能，如無限制的履歷和求職信生成、實時內容分析等。

3. **終身版**：
   - 一次性支付 $129，獲得永久使用權，包括所有專業版功能。

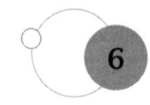

4. 提升客服或人資溝通效率

- Hiver 是一款基於 Gmail 的人工智慧客戶支持工具，旨在簡化團隊的電子郵件管理和提升客戶服務效率。該平台專為希望自動化重複性任務、提高代理效率並提供更快速、一致的客戶服務的客戶支持團隊設計。

- 連結網址：https://hiverhq.com/

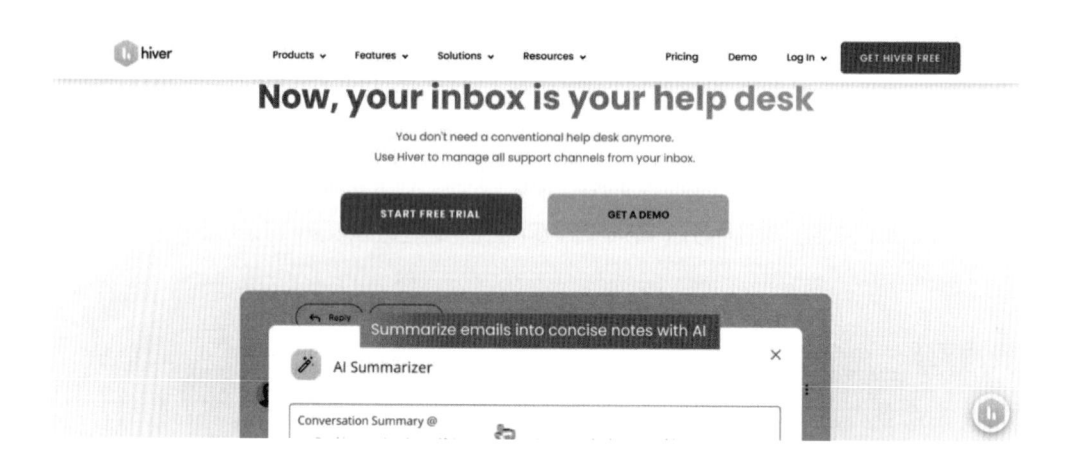

主要功能

- **自動總結郵件**：Hiver 能夠分析郵件內容，自動生成摘要，幫助客服人員快速了解客戶需求。

- **郵件模板建議**：根據郵件內容提供合適的回覆模板，節省撰寫時間。

- **自動關閉低價值請求**：識別不需要人工處理的對話，自動關閉，從而提高工作效率。

- **與 Gmail 無縫集成**：用戶可以直接在 Gmail 中使用 Hiver，無需切換多個應用程序。

- **團隊協作**：支持團隊成員之間的協作，通過註解和任務分配來提高透明度和責任感。

適用對象

Hiver 適合各類型的企業和專業人士，包括：

- **客戶支持團隊**：幫助提高回應速度和服務質量。
- **財務團隊**：簡化賬款和收款流程，確保及時處理發票。
- **人力資源和 IT 團隊**：協作處理電子郵件查詢，監控團隊表現。

價格方案

Hiver 提供三種價格方案，每個方案都包括 7 天的免費試用期：

1. Lite 計劃：每位用戶每月 $15，適合小型團隊。
2. Pro 計劃：每位用戶每月 $39，提供更多高級功能。
3. Elite 計劃：每位用戶每月 $59，包含所有功能及額外支持。

5. 全面準備面試的智能助手

- ChatGPT：作為一個功能多樣、智能靈活的 AI 語言模型，ChatGPT 在求職過程中可以發揮巨大作用。它不僅能夠生成全面的面試注意事項清單，還能模擬面試情境，提供針對性的回答建議。通過與 ChatGPT 的互動，求職者可以全方位提升面試技巧，增強自信心，從容應對各種可能的面試問題。

Prompt 撰寫方式：

1. 明確的主題與需求

    ◆ 範例 1：「請列出 10 個針對 XXX 職位的常見面試問題，並提供每個問題背後面試官想了解的內容及回答建議。」

    ◆ 範例 2：「我準備面試一個 XXX 角色，能否提供我該職位面試時應該注意的事項，以及應如何準備來展示我在這領域的專業知識？」

2. 詳細的背景資訊

    ◆ 範例：「我即將參加一個 XXX 公司的技術開發者面試。這個公司在 XXX 領域中領先。能否針對這個產業中的最新趨勢，提供我相關問題清單並建議如何回答？」

第 6 週　你的企業是恐龍還是變形蟲？
從 z 世代到三明治世代的生存法則：啟動「跨物種協作模式」

3. 要求深度與結構
   - **範例**：「請列出 10 個針對 XXX 職位的深度面試問題，並提供答案結構。每個問題後，請說明回答時應該強調哪些關鍵能力，並給予一些示範答案。」

4. 求職技巧與個人表現建議
   - **範例**：「我想在 XXX 領域的面試中展示我的領導能力和問題解決能力。請給出一些在面試中如何表現這兩項技能的建議和具體回答範例。」

6. 高效處理求職資格建議
- **ChatGPT（OpenAI 免費版本）**：在處理求職資格建議方面，ChatGPT 展現出了驚人的靈活性和效率。它能夠根據不同的求職資格，快速生成專業、得體的內容，幫助您在職場交流中保持專業形象，同時體現公司特色。

Prompt 撰寫方式：

1. 設定角色與場景
- 明確告訴 ChatGPT 它應該扮演什麼角色以及處理的情境。例如，可以指示它作為「人資專家」或「招聘經理」，這樣它會提供更符合該角色的建議。
- **範例**：「請以一位人資專家的身份，提供針對 [職位名稱] 的求職建議。」

2. 指定問題或目標
- 指出你想要解決的具體問題或目標，如希望優化履歷、自我介紹、模擬面試等。
- **範例**：「我正在申請 [職位名稱]，請幫助我編寫一份專業的自我介紹，包括強調我的關鍵技能和經驗。」

3. 提供背景信息
- 提供必要的背景資料，讓助手更好地理解情境並給出精確建議。例如，你的職業經歷、求職的產業類別、目標公司等。

- **範例**:「我有 5 年的市場行銷經驗,現在申請 [公司名稱] 的數位行銷專員職位,請幫我優化履歷。」

4. **具體指令與層次分解**
- 如果你希望得到多層次的回應,可以分解你的要求,讓 ChatGPT 提供完整的建議,包括要點清單、範例和分析。
- **範例**:「請提供求職信的範例,並指出如何根據我的經驗修改,強調我的專業技能和符合該職位要求的特質。」

5. **格式與結構需求**
- 若對答案格式有具體需求(例如段落、條列式),可以在提示中明確說明,這會讓回應更符合你的期望。
- **範例**:「請列出 5 條關於數位行銷專員面試常見問題,並提供每個問題的建議回答。」

6. **給出具體情境和問題**
- **範例**:「我需要推薦兩份職位,A 公司的產品經理和 B 公司的行銷經理。請根據這兩份工作要求,協助我準備一份符合這兩個職位需求的求職信,強調職位的可轉移技能。」

其他免費方案推薦

以下是針對各情境需求項目推薦的免費 AI 工具:

1. **撰寫推薦信**
- **Grammarly**: Grammarly 不僅能檢查語法和拼寫,還能提供語氣建議。可以用於撰寫推薦信,確保內容流暢且專業。
- **Rytr**: 這是一個 AI 寫作工具,內建多種寫作模板,其中包含推薦信模板,可以輕鬆生成內容,並可針對特定需求進行調整。

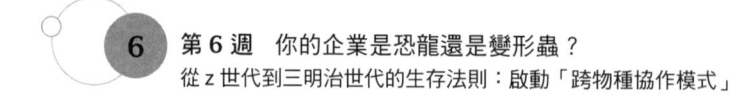

2. 撰寫履歷表

- **Resume.io**：免費提供履歷表模板，並提供 AI 指導以優化內容。它可以根據不同職業類別提供專業建議。

- **Novoresume**：免費帳戶提供基本的履歷表創建功能，有多個專業模板可以選擇，並提供撰寫提示以強調專業技能。

3. 求職信件

- **QuillBot**：QuillBot 提供重寫和語法建議，可以協助您撰寫和改進求職英文信件，以確保語氣正式且專業。

- **Canva**：除了圖形設計外，Canva 也提供求職信模板，並內建一些文字建議，以幫助您撰寫專業的商業英文信件。

4. 客服或人資信件

- **Flowrite**：雖然有付費版本，但也提供有限的免費使用。Flowrite 能根據簡短提示生成完整的電子郵件內容，適用於客服和人資信件。

- **ChatGPT（OpenAI 免費版本）**：可以利用 AI 協助撰寫針對客服或人資相關的郵件，並可根據具體場景提供合適的語氣和內容。

5. 面試注意事項清單

- **Google Keep + ChatGPT**：使用 Google Keep 建立清單，再透過 ChatGPT 提供的面試技巧建議，來完善您的面試準備清單。

這些工具結合了 AI 的自動化和便利性，能有效地幫助您完成不同情境下的寫作任務。

風險與挑戰：避免 AI 生成的履歷與求職信陷阱

過度依賴 AI 的風險

使用 AI 生成求職材料時，求職者可能會面臨以下風險：

1. **過度美化**：AI 生成的文本可能會過度美化求職者的經歷和技能，導致內容不真實。
2. **缺乏個性化**：AI 生成的內容可能會缺乏個性化，難以充分展現求職者的獨特優勢。

偽造風險

AI 生成的文本有可能會誤導讀者，導致 HR 對求職者的真實性產生質疑。為避免這些問題，求職者應該親自校對和調整 AI 生成的內容，確保其真實性和一致性。

實踐指南：如何結合 AI 與人力打造理想的職業形象

平衡 AI 與人力

以下是一些平衡 AI 工具與個人創造力的建議：

1. **結合個人經驗**：在利用 AI 生成文本的基礎上，加入自己的真實經歷和個人特質，使求職材料更具個性化。
2. **多次校對**：多次校對 AI 生成的內容，確保語法正確、語句流暢，並且真實反映自己的能力和經驗。

持續優化

求職者應持續優化和更新 AI 生成的求職材料，以適應多元化的就業市場和職位需求。定期審視並修訂履歷表和求職信是至關重要的，這不僅能確保內容的時效性，還能突顯個人在職場中的競爭優勢。此外，求職者應該根據不同公司和職位的特點，對 AI 生成的內容進行個性化調整，以凸顯自身與特定職位的匹配度。在這個過程中，結合人工智能的效率和個人洞察力的獨特性，可以創造出更具吸引力的求職材料。

第 6 週　你的企業是恐龍還是變形蟲？
從 Z 世代到三明治世代的生存法則：啟動「跨物種協作模式」

AI 賦能下的未來求職藍圖

人工智能技術在求職過程中的應用，為求職者提供了前所未有的支持和效率。AI 驅動的履歷表和求職信撰寫工具不僅能夠節省時間，還能幫助求職者更精準地展現自己的專業能力和職業抱負。然而，在享受 AI 帶來便利的同時，求職者也需要保持警惕，避免過度依賴技術而忽視了個人特質的展現。

展望未來，隨著 AI 技術的不斷進步，我們可以預見其在求職領域的應用將更加深入和多元化。例如，AI 可能會提供更個性化的職業發展建議，或者通過分析海量就業市場數據來預測未來的職業趨勢。這些進步將使求職者能夠更好地規劃自己的職業道路，並在競爭激烈的就業市場中脫穎而出。

總的來說，AI 技術正在重塑求職的未來。通過明智地運用這些工具，並將其與個人的創造力和洞察力相結合，求職者將能夠在這個快速變化的職場環境中找到屬於自己的位置，並實現職業理想。在這個 AI 與人類智慧協同的新時代，機遇與挑戰並存，而那些能夠靈活運用各種資源的求職者，無疑將在未來的職場中佔據優勢地位。

6-4 Day39: Z 世代，不裝了！直接開掛
AI 知識管理：創建你的超級第二大腦 /Notion AI

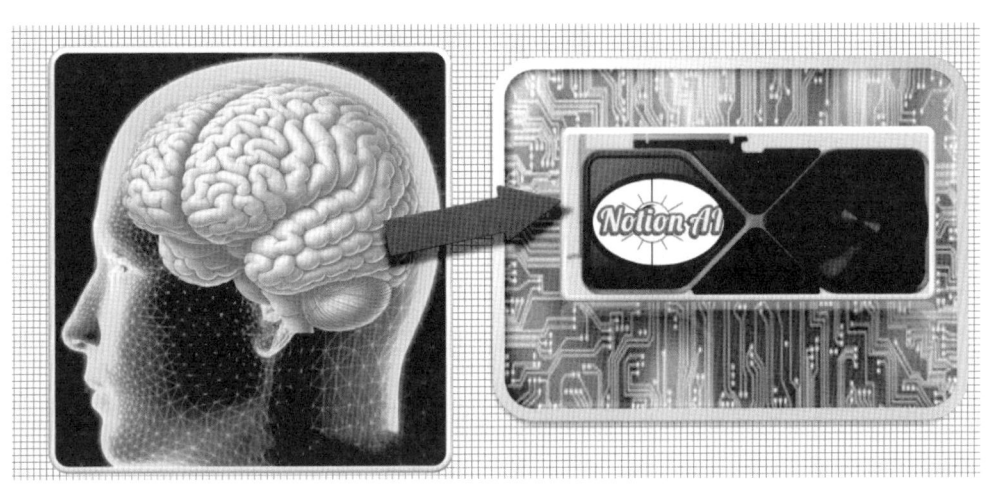

(圖片來源：部分 AI 製作)

今天我們要深入探討一個引人入勝且對我們職場生涯具有重大影響的主題——**AI 知識管理**。在這個資訊爆炸的時代，我們每天都被海量的數據和資料所包圍，尤其是在工作環境中。如何有效地管理、組織和利用這些資訊，不僅直接影響我們的工作效率，更決定了我們的專業競爭力和職場表現。面對這個挑戰，我們需要一個革命性的解決方案。

試想一下，如果我們能擁有一個「超級第二大腦」，它不僅能夠幫我們存儲和檢索所有重要的知識和資訊，還能夠智能地處理、分類這些數據，甚至根據我們的具體需求提供量身定制的建議和解決方案。這樣一個強大的工具，無疑會徹底改變我們的工作方式，使我們的日常任務變得更加輕鬆、高效，並釋放更多的時間和精力來專注於創新和價值創造。這正是我們今天要為大家詳細介紹的革命性工具——Notion AI。它不僅僅是一個簡單的筆記或任務管理工具，而是一個真正能夠成為你的智能助手和知識管理中樞的強大平台。

連結網址：https://www.notion.so/zh-tw/help/guides/category/ai

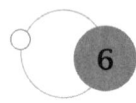

6　第 6 週　你的企業是恐龍還是變形蟲？
從 Z 世代到三明治世代的生存法則：啟動「跨物種協作模式」

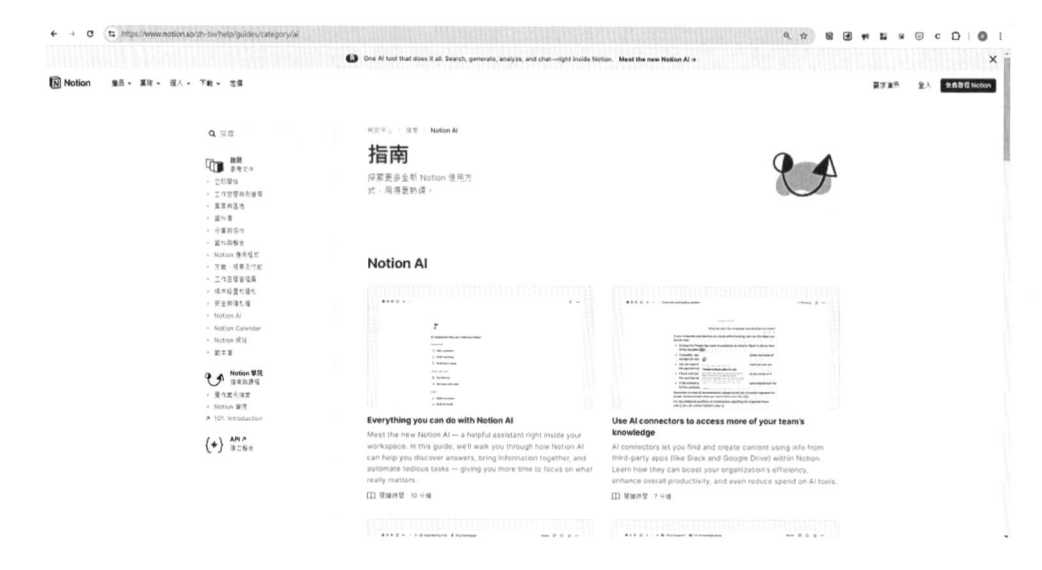

點擊右上角的「免費取得 Notion」按鈕即可開始使用 Notion。

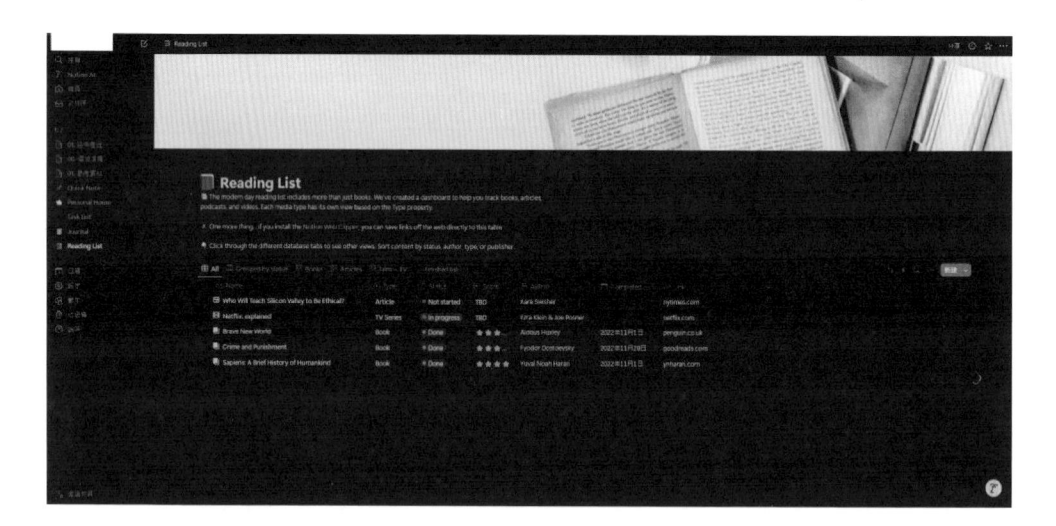

Notion AI 的功能概述

智能筆記與文檔管理

首先，我們來談談最常見的問題——**如何管理我們的筆記與文檔**。很多人每天都會記下大量的會議記錄、任務列表、靈感或是想法，但這些資訊如果沒有好

好整理，最終只會堆積成為無用的數據。而 Notion AI 則可以自動幫你分類和整理這些筆記，讓你不再為無序的資訊煩惱。

舉個例子，假設你剛結束一場會議，Notion AI 可以自動生成會議記錄，將重要的討論點和行動項目清晰地列出來，無需你手動整理。它不僅提高了你的文檔管理效率，還讓你有更多的時間專注於真正重要的工作。

任務與專案管理

除了筆記管理，Notion AI 還能幫助你進行**任務與專案的管理**。假設你是一個產品經理，負責追蹤多個專案的進度，Notion AI 可以幫助你自動更新專案狀態，並根據進度為你生成報告，讓你隨時掌握每一個專案的最新動態。

這樣的功能讓你的**任務分配**更加有條理，也能夠確保每個成員在專案中的責任明確，進度一目了然。透過 AI 自動化的任務管理，你不再需要花大量時間手動追蹤每一個細節。

內容生成與編輯

Notion AI 還有一個強大的功能就是**內容生成與編輯**。在寫報告、撰寫文章或準備提案時，你只需提供一個簡短的指令，Notion AI 就能自動幫你生成完整的文案，節省你大量的時間與精力。

舉例來說，假如你需要快速生成一篇市場分析報告，Notion AI 會根據你提供的數據與資訊，迅速整理出一份詳細的報告草稿，讓你可以直接進行編輯和修改。這對於行銷人員或任何需要定期產出內容的職場人士來說，都是極大的幫助。

如何利用 Notion AI 提高工作效率

我們已經了解了 Notion AI 的強大功能，接下來我們來看看具體如何利用它來提升工作效率。

快速會議記錄與自動整理

剛才提到，Notion AI 可以自動生成會議記錄。當我們在繁忙的會議中，無法

第 6 週　你的企業是恐龍還是變形蟲？
從 z 世代到三明治世代的生存法則：啟動「跨物種協作模式」

——記錄所有要點時，Notion AI 能夠幫助你抓取關鍵資訊，並將其自動分類到相關專案中。

這樣做不僅節省了時間，也避免了遺漏重要資訊的風險。你可以在會後快速查看會議總結，並立即開始行動，無需再回頭整理。

項目管理與進度追蹤

Notion AI 在項目管理中的應用更是無價。透過 AI 的輔助，專案進度可以自動更新，並提醒你即將到期的任務，幫助你更有效地管理時間和資源。

不管你是要追蹤團隊的任務完成情況，還是記錄個人的工作進展，AI 都可以讓一切變得更簡單。

個人學習與技能提升

對於那些致力於**自我學習與技能提升**的人，Notion AI 也能幫助你規劃學習計畫。無論是學習新技術，還是整理專業知識，AI 都能自動整理學習筆記，甚至根據你的進度提出提醒，讓你不會錯過任何學習機會。

Notion AI 功能與操作說明

1. Notion Web Clipper

Notion Web Clipper 是一款功能強大的瀏覽器擴展程序，為用戶提供了便捷的方式，直接從網頁將內容保存到 Notion 中。這個工具大大簡化了資訊收集和整理的過程，使得用戶能夠輕鬆地將網上的重要資訊整合到他們的 Notion 工作空間中。

使用方法如下：

首先，在您的瀏覽器中安裝 Notion Web Clipper 擴展程序。安裝完成後，當您瀏覽到想要保存的網頁時，只需點擊瀏覽器工具欄中的 Clipper 圖標。接著，您可以根據個人需求選擇保存的格式，如完整網頁、簡化文章或書籤等。然後，選擇您想要將內容保存到的 Notion 頁面或資料庫。最後，點擊保存按鈕，內容就會立即同步到您的 Notion 中，隨時可供查閱和編輯。

這個工具不僅提高了工作效率，還能幫助用戶更好地組織和管理網絡上的各種資訊，使 Notion 成為更全面的個人知識管理中心。

要呼叫出 Notion AI 功能，只需在段落開頭輸入空格（非中文字元），即可開啟功能選單：

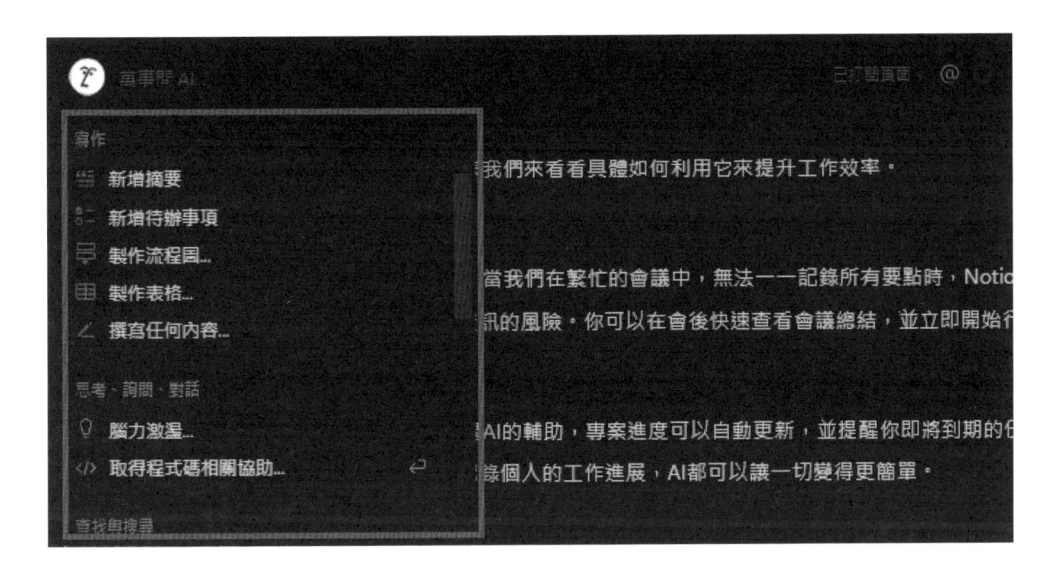

2. Ask AI > 新增摘要

Notion AI 的摘要功能是一個強大的工具，能夠快速提取文本的核心內容。使用者只需選擇特定段落或整個頁面，然後通過 "Ask AI" 功能選擇 "Summarize" 選項。AI 會迅速分析所選內容，生成一個簡潔而全面的摘要。這個摘要不僅會突出文本的關鍵點，還會保留原文的主要思想和結構。這個功能特別適合處理長文本，幫助使用者在短時間內掌握文章的精髓，提高閱讀和學習效率。無論是學術研究、新聞閱讀還是商業報告，Notion AI 的摘要功能都能為使用者節省大量時間，同時確保不遺漏重要信息。

3. Make longer 加長

當你需要擴展內容或撰寫詳細的心得報告時，"Make longer" 功能是一個極其有用的工具。這個功能不僅能幫助你擴充現有內容，還能激發新的思路和見解。

第 6 週　你的企業是恐龍還是變形蟲？
從 z 世代到三明治世代的生存法則：啟動「跨物種協作模式」

使用方法非常簡單：首先，選擇你想要擴展的文本。然後，點擊 "Ask AI" 按鈕，從下拉選單中選擇 "Make longer" 選項。Notion AI 將立即開始工作，分析你的原始內容，並在此基礎上進行智能擴展。

AI 會考慮多個因素來擴充你的內容。它不僅會增加文字量，更重要的是，它會深入探討原文中提到的概念，提供更多相關的例子、解釋或背景信息。這個過程可能包括添加支持性的論點、展開某些關鍵點的討論、或引入相關的統計數據和研究結果。AI 還會保持文章的連貫性和邏輯流暢度，確保擴展後的內容仍然緊扣主題，並與原文風格一致。

這個功能特別適合用於豐富學術論文、深化業務報告、或擴展個人博客文章。無論你是需要達到特定的字數要求，還是想要更全面地闡述你的觀點，"Make longer" 功能都能為你提供有價值的內容建議，幫助你更好地表達你的想法。

4. Improve writing 改善寫法

Notion AI 的 "Improve writing" 功能是一個強大的工具，旨在全面提升你的寫作質量。它提供了多種方式來改善和優化你的文字表達：

- **Try again（重試）**：這個選項允許你多次嘗試改進內容。每次點擊，AI 都會重新分析你的文本，並生成新的、可能更好的版本。這對於尋找最佳表達方式特別有用。

- **Change tone（改變語氣）**：這個功能讓你可以根據需要調整文章的整體風格和語氣。無論你需要專業嚴謹的學術論文，還是輕鬆活潑的博客文章，或是直接有力的商業報告，甚至是自信滿滿的演講稿，或友好親切的客戶溝通，AI 都能相應地調整文本風格。

- **英轉繁體中文**：這個選項不僅僅是簡單的翻譯，它能夠將英文內容轉換為地道的繁體中文，同時保留原文的意思和語氣。這對於需要處理大量英文材料的用戶來說尤其有價值。

- **Make shorter/longer（縮短/延長）**：這個功能允許你靈活地調整文本長度。無論是需要精簡文字以符合字數限制，還是擴展內容以更全面地闡述觀點，AI 都能在保持原意的同時，智能地調整文本長度。

通過靈活運用這些功能，你可以大幅提升寫作效率和質量，無論是日常工作還是學術研究，都能產出更加精煉、專業的文字內容。

5. Explain this 解釋名詞

Notion AI 的 "Explain this" 功能是一個強大的學習和理解工具，特別適用於處理複雜或專業的內容。當您在閱讀過程中遇到不熟悉的詞彙、專業術語或難以理解的概念時，這個功能可以迅速提供幫助。使用方法非常簡單：首先，用鼠標選中您想要了解的詞彙或短語。然後，點擊 "Ask AI" 按鈕，從下拉菜單中選擇 "Explain this" 選項。AI 將立即分析所選內容，並生成一個全面而詳細的解釋。

這個解釋通常包括以下幾個方面：詞彙的定義、概念的背景信息、在相關領域中的應用，以及可能的例子或類比。AI 會努力用清晰、易懂的語言來闡述，即使是複雜的概念也能被簡化為更容易理解的形式。此外，如果該詞彙或概念與其他相關主題有聯繫，AI 也可能會提供這些信息，幫助您建立更廣泛的知識網絡。

這個功能不僅可以幫助您快速理解陌生的概念，還能大大提高閱讀效率和學習速度。無論是在學術研究、專業閱讀，還是日常學習中，"Explain this" 功能都能成為您的個人智能助手，幫助您克服知識障礙，深入理解複雜的主題。

6. 建議行程 ask ai / Find action items

這個功能是一個強大的工具，可以幫助你有效地規劃行程或從複雜的文本中精確地提取重要的行動項目。通過使用 "Ask AI" 功能並輸入相關的具體指令，你可以獲得量身定制的建議和洞察。例如，如果你正在計劃一次旅行，你可以要求 AI "建議一個三天的東京行程"，它會根據你的需求和興趣，為你制定一個詳細的行程表，包括景點推薦、用餐建議和時間安排。同樣，在工作環境中，你可以使用這個功能來 "從會議記錄中找出行動項目"，AI 會仔細分析會議內容，並列出所有需要跟進的任務和決策。這種智能輔助不僅可以節省大量時間，還能確保你不會遺漏任何重要的細節或任務。無論是個人生活還是職業發展，這個功能都能成為你高效規劃和執行的得力助手。

第 6 週　你的企業是恐龍還是變形蟲？
從 z 世代到三明治世代的生存法則：啟動「跨物種協作模式」

7. ask ai 請用表格方式呈現

當你需要以更有條理和易於理解的方式呈現信息時，Notion AI 的表格功能可以派上大用場。這個強大的工具能夠將複雜的數據或信息轉化為清晰、結構化的表格形式。使用方法非常簡單：首先，打開 "Ask AI" 功能，然後在你的指令中明確表示你希望生成一個表格。例如，你可以說 " 請將以下信息整理成表格形式 " 或 " 用表格呈現這些數據 "。AI 會迅速分析你提供的信息，並自動生成一個結構良好、易於閱讀的表格。

這個功能特別適用於整理比較數據、列舉特點、或者展示時間表等情況。AI 不僅會創建表格的基本結構，還會根據內容的性質來決定適當的列數和行數，確保信息被合理地分類和組織。此外，如果你對生成的表格不完全滿意，你可以隨時要求 AI 進行調整，比如增加新的列或行，或者重新組織信息的排列方式。這種靈活性使得 Notion AI 成為處理各種複雜信息的理想工具，無論是在學術研究、商業分析還是日常規劃中都能發揮重要作用。

8. Translate 翻譯功能

Notion AI 提供了強大而靈活的多語言翻譯功能，能夠滿足各種翻譯需求。使用這個功能非常簡單：首先，選擇你想要翻譯的文本內容。接著，點擊 "Ask AI" 按鈕，在彈出的對話框中指定你希望翻譯成的目標語言。例如，你可以輸入 " 翻譯成英文 " 或 " 翻譯成日語 "。Notion AI 會迅速處理你的請求，並提供準確、流暢的翻譯結果。這個功能不僅支持常見的語言，如英語、中文、日語、韓語等，還能處理許多其他語言，使其成為跨語言交流和學習的理想工具。無論是翻譯短句、段落還是整篇文章，Notion AI 都能輕鬆應對，幫助你突破語言障礙，實現高效的國際交流。

9. Fix spelling & grammar 修正拼字與文法

Notion AI 的 "Fix spelling & grammar" 功能是一個強大的文字校對工具，能夠全面檢查並修正你的文本中的拼寫和語法錯誤。使用方法非常簡單：首先，選擇你想要檢查的文本內容。然後，點擊 "Ask AI" 按鈕，從下拉菜單中選擇 "Fix spelling & grammar" 選項。AI 將立即開始分析你的文本，識別出潛在的錯誤，

並提供修正建議。這個功能不僅能夠糾正明顯的拼寫錯誤，還能識別出更微妙的語法問題，如標點符號的使用、句子結構的不當之處等。對於那些希望提高寫作質量，或者需要確保文檔無誤的用戶來說，這個功能無疑是一個不可或缺的助手。無論是撰寫正式報告、學術論文，還是日常的電子郵件交流，使用這個功能都能幫助你呈現出更加專業、準確的文字內容。

10. Q & A (提問)

Notion AI 的 Q&A 功能提供了一個強大而靈活的問答平台，使用者可以就各種主題向 AI 提出問題並獲得詳細的回答。要使用這個功能，只需打開 "Ask AI" 界面，然後直接輸入你的問題即可。無論是尋求事實性信息、解釋複雜概念，還是獲取建議和見解，Notion AI 都會努力提供準確、相關且有見地的回應。這個功能特別適合那些需要快速獲取信息或深入探討特定主題的用戶。值得注意的是，AI 的回答基於其訓練數據，因此對於最新事件或高度專業化的問題可能需要額外驗證。無論如何，Q&A 功能都是一個寶貴的工具，可以幫助用戶擴展知識、激發思考，並在各種學習和工作場景中提供支持。

新版 Notion AI 增列功能：

1. 腦力激盪

這個功能是一個強大的創意工具，能夠幫助你突破思維限制，產生新穎獨特的想法。通過使用 "Ask AI" 並明確要求進行腦力激盪，你可以獲得一系列創新的建議。例如，當你面臨產品命名的挑戰時，可以嘗試輸入 " 為新產品名稱進行腦力激盪 "。AI 會根據你提供的背景信息和產品特性，生成多個富有創意的名稱選項，每個選項都會附帶簡短的解釋，說明其含義和優點。這不僅能激發你的創意思維，還能為你的決策過程提供多樣化的選擇。無論是在產品開發、市場營銷，還是解決複雜問題時，這個功能都能成為你激發創意的得力助手。

範例 1：腦力激盪產品名稱 假設你正在開發一款以 AI 驅動的智慧居家助理產品，可以輸入：「為一款 AI 智慧居家助理產品進行名稱腦力激盪，產品特色是整合家電控制、智慧節能和生活協助功能。」

第 6 週　你的企業是恐龍還是變形蟲？
從 z 世代到三明治世代的生存法則：啟動「跨物種協作模式」

AI 可能會提供以下建議：

- HomeSage（代表智慧管家的概念）
- EcoMind（強調環保智能特性）
- LifeSync（突出生活同步整合） 每個名稱都會附帶詳細解釋，協助你選擇最適合的品牌名稱。

腦力激盪的主題是什麼？我會幫你出些好點子。

為一款AI智慧居家助理產品進行名稱腦力激盪，產品特色是整合家電控制、智慧節能和生活協助功能。

以下是一些創意的產品名稱建議：

- **HomeSense AI** - 強調產品感知並理解居家需求的特性
- **NestFlow** - 暗示居家環境的流暢自動化管理
- **EcoMind Home** - 突顯智慧節能的核心功能
- **DwellTech** - 簡潔地結合居住和科技概念
- **SmartHaven** - 表達智慧安全港灣的理念
- **HomeMatrix** - 暗示完整的居家管理系統
- **LiveLogic** - 強調智慧生活邏輯的整合
- **CasaCore** - 表達是居家中心控制樞紐的概念
- **HomeHarmony** - 強調居家設備和諧運作的特點
- **VitalHome** - 表達賦予居家生命力的概念

AI 知識

複製　插入　再試一次

範例 2：解決問題腦力激盪 假設你需要為一家咖啡店增加顧客流量，可以輸入：「請為一家位於商業區的咖啡店提供增加客流量的創意方案，考慮到工作人士是主要客群。」

6-48

AI 可能會提供多種創新建議：

- 推出「晨間活力套餐」，結合咖啡和健康早餐
- 建立「數位工作者優惠方案」，提供穩定網路和舒適工作環境
- 開發「企業訂購平台」，便利附近公司團體訂購 每個建議都會包含具體執行步驟和預期效果。

腦力激盪

請為一家位於商業區的咖啡店提供增加客流量的創意方案，考慮到工作人士是主要客群。

以下是一些創新的方案建議：

- **早午會議套餐服務** - 提供會議室預訂+咖啡餐點組合，針對晨會需求
- **行動辦公室方案** - 推出月票制工作座位，提供穩定網路、插座和置物空間
- **快速午間套餐** - 設計15分鐘內送達的商務午餐組合
- **企業訂購平台** - 開發專屬APP，讓附近公司可以便利預訂團體餐飲
- **下午茶時段優惠** - 針對14:00-17:00推出特別優惠，吸引非尖峰時段客流
- **健康能量站** - 提供高蛋白、低糖等健康餐點選擇，迎合注重健康的上班族
- **共享會員制** - 與附近健身房、按摩店等合作，打造多功能會員權益
- **行動取餐櫃** - 設置智慧取餐櫃，方便顧客無接觸取餐
- **辦公室外送服務** - 針對週邊500公尺內的辦公室提供免費外送
- **商務社交時光** - 每週五下午舉辦小型交流活動，創造社交networking機會

AI 知識

6-4 Day39: Z 世代，不裝了！直接開掛

6-49

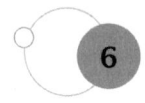

6 第 6 週　你的企業是恐龍還是變形蟲？
從 z 世代到三明治世代的生存法則：啟動「跨物種協作模式」

2. 製作流程圖

Notion AI 現在具備了創建簡單流程圖的強大功能。這個新增的特性讓用戶能夠輕鬆地可視化複雜的過程或工作流程。要使用這個功能，只需打開 "Ask AI" 界面，然後詳細描述你希望呈現的流程。例如，你可以要求 AI 創建一個產品開發流程圖或客戶服務流程圖。AI 會仔細分析你的描述，並生成一個結構清晰、邏輯連貫的流程圖。這個圖表不僅包含主要步驟，還會顯示各個步驟之間的關係和連接。如果生成的圖表不完全符合你的需求，你可以進一步與 AI 互動，要求它調整或優化特定部分。這個功能特別適合那些需要快速視覺化複雜信息或工作流程的用戶，無論是在項目管理、業務分析還是教育培訓領域都能發揮重要作用。

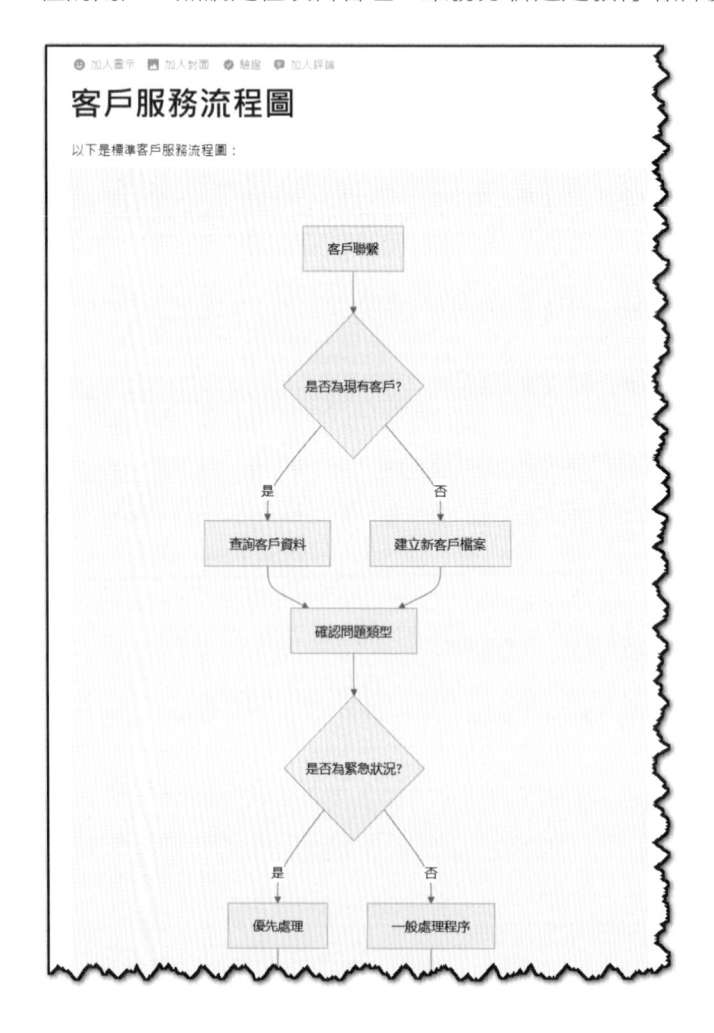

此流程圖展示了從客戶聯繫到案件結案的完整服務流程，包含：

- 客戶身份確認
- 問題分類與優先順序判定
- 處理流程追蹤
- 客戶滿意度確認
- 服務品質改進機制

3. 取得程式碼相關協助

對於程式開發者來說，Notion AI 提供了一系列強大的程式碼相關協助功能。這些功能不僅能提高開發效率，還能幫助開發者更好地理解和優化他們的代碼。以下是一些主要的功能：

1. **程式碼解釋**：你可以要求 AI 詳細解釋特定的程式碼片段，包括其功能、運作原理，以及在整個程序中的作用。這對於理解複雜的算法或他人編寫的代碼特別有幫助。

2. **Bug 檢測與修復建議**：AI 可以幫助你識別代碼中潛在的錯誤或問題。它不僅能指出可能的 bug 位置，還能提供修復建議，幫助你快速解決問題。

3. **程式碼生成**：對於一些常見的編程任務，你可以要求 AI 生成簡單的程式碼片段。這可以包括基本的數據結構實現、常用算法，或特定功能的代碼框架。

4. **最佳實踐建議**：AI 可以提供編碼風格和最佳實踐的建議，幫助你寫出更加清晰、高效、易於維護的代碼。

5. **程式碼優化**：如果你有已經完成的代碼，AI 可以分析並提供優化建議，幫助提高代碼的性能和效率。

這些功能使 Notion AI 成為程式開發者的得力助手，無論是在學習新技術、解決複雜問題，還是提高代碼質量方面都能提供寶貴的支持。

第 6 週　你的企業是恐龍還是變形蟲？
從 z 世代到三明治世代的生存法則：啟動「跨物種協作模式」

範例 1：程式碼解釋請求

```python
def fibonacci(n):
    if n <= 1:
        return n
    else:
        return fibonacci(n-1) + fibonacci(n-2)
```

可以請求 AI 解釋這段程式碼：「請解釋這個 fibonacci 函數的運作原理和效能考量」

AI 會提供詳細說明，包括：

- 遞迴實現方式
- 運算邏輯解釋
- 時間複雜度分析
- 潛在的效能改善建議

範例 2：程式碼優化請求

```python
def find_duplicates(array):
    duplicates = []
    for i in range(len(array)):
        for j in range(i + 1, len(array)):
            if array[i] == array[j] and array[i] not in duplicates:
                duplicates.append(array[i])
    return duplicates
```

可以請求 AI 優化這段程式碼：「這段查找重複元素的代碼如何優化以提高效能？」

AI 會提供優化建議，例如：

- 使用集合（Set）來提高查詢效率
- 減少重複迭代
- 降低時間複雜度的實現方案
- 內存使用優化建議

4. 詢問關於此頁面的問題

這個功能為用戶提供了一個強大的工具，使他們能夠深入探索當前 Notion 頁面的內容。通過簡單地提出問題，用戶可以獲得 AI 基於頁面信息生成的詳細回答。這不僅節省了時間，還能幫助用戶更好地理解和利用頁面中的信息。無論是快速查找特定細節，還是對複雜概念尋求解釋，這個功能都能提供即時、相關的回應。對於處理大量信息或需要快速獲取洞察的用戶來說，這是一個極其有價值的工具。

範例 1：快速內容回顧

問題：「這個頁面主要討論了哪些關於 Notion AI 詢問功能的優點？」

AI 會分析頁面內容，並提供一個結構性的回答，列出關鍵優點如節省時間、幫助理解、快速查找等要點。

範例 2：深入概念解釋

問題：「請解釋這個 AI 功能是如何幫助用戶處理大量信息的？」

AI 會根據頁面內容，詳細說明該功能如何通過即時回答和相關回應，協助用戶快速獲取所需信息，提高工作效率。

5. 草稿撰寫助手

Notion AI 的草稿撰寫功能是一個強大的寫作輔助工具，能夠幫助用戶快速生成各種類型的文檔初稿。這個功能不僅能節省時間，還能為用戶提供靈感和結構化的思路。以下是一些主要的草稿撰寫選項：

- **大綱草稿**：AI 可以為你的文章、報告或演講生成結構清晰的大綱，幫助你組織思路和內容。

6　第 6 週　你的企業是恐龍還是變形蟲？
從 z 世代到三明治世代的生存法則：啟動「跨物種協作模式」

- **電子郵件草稿**：無論是正式的業務郵件還是非正式的個人通信，AI 都能根據你提供的關鍵信息生成適當的電子郵件草稿。
- **會議議程草稿**：AI 可以幫助你制定結構完整、時間分配合理的會議議程，確保會議高效進行。
- **博客文章草稿**：如果你需要撰寫博客文章，AI 可以根據你的主題和關鍵點生成初步的文章結構和內容。
- **產品描述草稿**：對於需要撰寫產品介紹的用戶，AI 可以生成吸引人的產品描述初稿，突出產品的主要特點和優勢。

要使用這個功能，只需在 "Ask AI" 界面中明確指定你需要的草稿類型和主要內容要點。AI 將根據你的需求生成相應的草稿，為你的寫作過程提供一個有價值的起點。記住，AI 生成的草稿僅作為初始參考，你可以根據需要進行修改和完善，以確保最終文檔完全符合你的期望和要求。

Notion AI 的實際應用場景

行銷人員

對於行銷人員來說，AI 能大幅加速數據分析與報告撰寫的過程。你可以利用 Notion AI 自動生成市場分析，匯總市場趨勢，並提出相關策略建議，這不僅減少了資料處理的時間，也提高了分析的準確性。

產品經理

產品經理常常需要處理大量的需求文檔與版本更新。Notion AI 可以自動將文檔整理好，並將重要資訊標記出來，讓你可以迅速找到所需的內容，節省時間。

自由工作者與創作者

對於**創作者**或**自由工作者**來說，靈感管理是非常重要的一環。Notion AI 可以幫助你快速構思內容，並將不同的靈感歸類到相關的項目中。這樣一來，當你需要撰寫文章或製作內容時，可以隨時調出靈感，迅速進行創作。

Notion AI 實際應用案例

會議管理方面：

在會議管理中，Notion AI 提供了多種功能來提升會議的效率與組織性。以下是一些實際應用案例，展示如何利用 Notion AI 來優化會議管理流程：

1. 會議大綱的自動生成

使用者可以透過 Notion AI 自動生成會議大綱。只需在 Notion 中輸入指令，如「/ai」並選擇「Meeting agenda」功能，然後輸入會議主題，Notion AI 會根據輸入內容生成一份結構化的會議大綱。例如，若要討論「線上課程規劃」，使用者只需輸入相關指令，AI 便會生成會議的主要議題、參與者、時間安排等內容。

2. 行動項目的提取

會議結束後，Notion AI 能夠從會議記錄中自動提取行動項目。使用者只需將會議記錄輸入到 Notion 中，然後使用「Find action items」功能，AI 會分析文本並列出所有的行動項目，這樣可以確保每位參與者清楚自己需要完成的任務。

3. 會議記錄的整理

在會議過程中，使用者可以利用 Notion AI 來實時整理筆記。輸入指令「整理我的筆記」，AI 會自動分析會議過程中的關鍵信息並生成清晰的筆記摘要，幫助與會者更好地理解會議內容。

4. 會議前的準備

在會議召開前，Notion AI 可以協助使用者準備資料和相關背景信息。使用者可以請求 AI 提供會議主題的相關資料或建議，這樣可以在會議中更有效地進行討論。

5. 會議後的跟進

會議結束後，Notion AI 還可以幫助使用者撰寫會議紀要，並自動發送給所有參與者。這樣不僅節省了時間，還能確保所有人都能及時獲得會議結果和行動項目。這些功能使得 Notion AI 成為一個強大的會議管理工具，能夠提升會議的

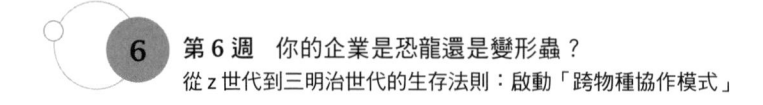

第 6 週　你的企業是恐龍還是變形蟲？
從 z 世代到三明治世代的生存法則：啟動「跨物種協作模式」

效率，減少人力成本，並確保信息的準確傳遞。

在學習與研究的應用方面：

Notion AI 提供了多種功能來提升學習效率和資料整理的能力。以下是一些具體的實際應用案例，展示如何利用 Notion AI 來優化學習與研究過程：

1. 規劃學習計畫

使用者可以利用 Notion AI 來制定個性化的學習計畫。只需輸入指令，如「幫我制定一個為期三個月的學習計畫，主題是數據科學」，Notion AI 會根據使用者的需求生成詳細的學習計畫，包括每週的學習目標、推薦的資源和學習方法。這樣的功能不僅節省了時間，還能確保學習的系統性和針對性。

2. 整理研究資料

在進行研究時，Notion AI 可以幫助使用者整理和歸納大量的資料。使用者只需將研究資料輸入到 Notion 中，然後使用「整理我的筆記」的指令，AI 會自動提取關鍵信息，生成結構化的筆記摘要。這樣的功能使得使用者能夠快速回顧重要的研究內容，並輕鬆找到所需的信息。

3. 撰寫報告草稿

當需要撰寫研究報告或學術文章時，Notion AI 可以協助生成初步草稿。使用者可以輸入主題，例如「撰寫一篇關於氣候變化影響的報告」，AI 會自動生成報告的大綱和部分內容，使用者只需在此基礎上進行修改和補充，從而加快寫作進度。

4. 生成學術文獻摘要

在研究過程中，使用者經常需要閱讀大量的學術文獻。Notion AI 能夠協助生成文獻的摘要，使用者只需將文獻內容輸入，然後使用「生成摘要」的指令，AI 會提取出文獻的主要觀點和結論，幫助使用者快速理解文獻的核心內容。

5. 問題解決與靈感激發

在研究過程中，使用者可能會遇到各種問題或靈感枯竭的情況。Notion AI 提供了「頭腦風暴」的功能，使用者可以輸入問題或想法，AI 會生成相關的解決方案或創意建議，幫助使用者打破思維瓶頸。這些功能使得 Notion AI 成為學習與研究過程中的強大助手，能夠有效提升效率、組織資料，並激發創造力。

Notion AI 作為職場人員的「超級第二大腦」，不僅僅是一個簡單的工具，它是一個全方位的智能助手。這個強大的 AI 系統能夠將海量的分散資訊進行深度分析和整合，將其轉化為高度結構化、易於理解和應用的寶貴知識。通過這種方式，Notion AI 大大提升了資訊處理的效率，使得工作流程更加順暢和高效。

在日常工作中，Notion AI 的應用範圍極其廣泛。它不僅能夠協助進行複雜的文檔管理，使得資料的存儲、檢索和更新變得輕而易舉，還能夠智能地追蹤和管理各種項目進度，提供及時的提醒和建議。更令人驚嘆的是，Notion AI 還具備強大的內容生成能力，無論是撰寫報告、製作簡報，還是創作營銷文案，它都能提供高質量的輸出，大大節省了寶貴的時間和精力。

透過 Notion AI 這個強大的工具，每個職場人士都能夠將自己的工作效率提升到一個全新的水平。它不僅幫助我們更好地管理和利用自己的知識庫，還能夠優化整個工作流程，使之更加流暢和高效。無論是面對日常的工作任務，還是突如其來的緊急挑戰，Notion AI 都能夠提供及時、準確的支持，幫助我們做出更明智的決策。

更重要的是，Notion AI 不僅僅是一個被動的工具，它還能夠主動學習和適應每個用戶的獨特需求和工作風格。隨著使用時間的增加，它對用戶的理解會越來越深入，提供的建議和支持也會越來越貼合實際需求。這種持續進化的特性，使得 Notion AI 成為每個職場人士不可或缺的智能夥伴，幫助我們在競爭激烈的職場中脫穎而出，實現持續的成功和成長。

6　第 6 週　你的企業是恐龍還是變形蟲？
從 z 世代到三明治世代的生存法則：啟動「跨物種協作模式」

6-5　Day40: 如何找回職場幸福感
AI 自動化工具讓你告別重複性工作 /Zapier

會計彎彎是一位已經工作多年的會計師。每天，她都要處理大量重複性的工作，例如在不同的系統中導出數據、整理報表、記錄客戶資料，這些繁瑣的任務讓她感到疲憊，逐漸失去了最初對工作的熱情。每當她面對這些無盡的重複工作時，總是感覺時間像是在浪費，並且無法專注在真正需要創造力和思考的工作上。

直到有一天，她的同事向她介紹了 Zapier，一個能夠將不同應用程式自動化協作的工具。會計彎彎對此感到好奇，於是決定試一試。她開始將日常的工作流程進行自動化設定，比如讓 Zapier 自動將銀行帳戶交易記錄轉換成報表，並即時發送到她的電子郵件中。原本需要耗費幾個小時的工作，現在只需幾分鐘便能完成。

隨著工作流程的自動化，會計彎彎發現，她有更多的時間可以專注在財務分析與戰略規劃上，這才是她真正熱愛的工作部分。通過深入分析數據，她可以更好地幫助客戶做出財務決策，而不再只是數據的搬運工。更重要的是，這些改變讓她重新找回了對會計工作的熱情與成就感。

她開始享受每一天的工作，因為她能用更多時間去創造價值，與客戶進行更有意義的對話，並不斷學習新的技術與工具，讓自己變得更加不可或缺。Zapier 不僅改變了她的工作方式，也幫助她重新找回了那份對工作的熱忱與成長的渴望。

從此，會計彎彎不再被日常的瑣事所困擾，AI 自動化工具幫助她輕鬆應對繁瑣的任務，她再次感受到工作的快樂與意義。

現代職場充滿挑戰，其中之一就是重複性工作的壓力。每天面對著成堆的電子郵件、數據錄入，甚至是安排無數次的會議，這些任務不僅耗費時間，還會讓我們感到疲憊。隨著時間推移，這些任務逐漸侵蝕了我們的職場幸福感，讓人們失去對工作的熱情。然而，有一個解決方案能夠幫助我們擺脫這些繁瑣的工

作——自動化工具。今天，我們要介紹的是 Zapier，一款能夠幫助你自動處理繁瑣工作的工具，讓你重新找回職場的快樂與高效。

什麼是 Zapier？

Zapier 是一款基於雲端的自動化工具，它最大的亮點就是能夠將不同的應用程序連接起來，讓它們相互協作。你不需要編寫任何代碼，也不需要技術背景，Zapier 會幫你完成從一個應用程式傳遞數據到另一個應用程式的自動化操作。Zapier 的工作原理非常簡單，它依賴於一個叫做"Zap"的流程，這個 Zap 是由兩個部分組成的：觸發器（Trigger）和操作（Action）。觸發器就像是任務的開關，一旦某個條件被滿足，Zapier 就會自動執行事先設置好的操作。

比如說，你想要在每次收到新郵件時，自動將郵件附件保存到 Google Drive 裡。只要你設置好一個 Zap，當郵件進入你的收件箱時，Zapier 就會立即把附件存到你指定的文件夾中。這樣，你就不再需要手動保存每封郵件的附件了。

Zapier 是一個強大的自動化工具，旨在幫助用戶無需編寫代碼即可連接超過 7000 個應用程式，實現自動化任務。以下是 Zapier 的主要功能和優勢介紹。

Zapier 是一個功能強大且多樣化的自動化工作流程平台，專門設計用來幫助用戶無縫連接各種應用程式，並輕鬆實現重複性任務的自動化。這個創新工具不僅能夠大幅提升工作效率，還能讓用戶從繁瑣的日常任務中解放出來，專注於更具創造性和策略性的工作。接下來，我們將深入探討 Zapier 的主要特點和功能，讓您全面了解這個革命性的自動化平台如何徹底改變您的工作方式。

連結網址：https://zapier.com/

6 第 6 週　你的企業是恐龍還是變形蟲？
　　　從 z 世代到三明治世代的生存法則：啟動「跨物種協作模式」

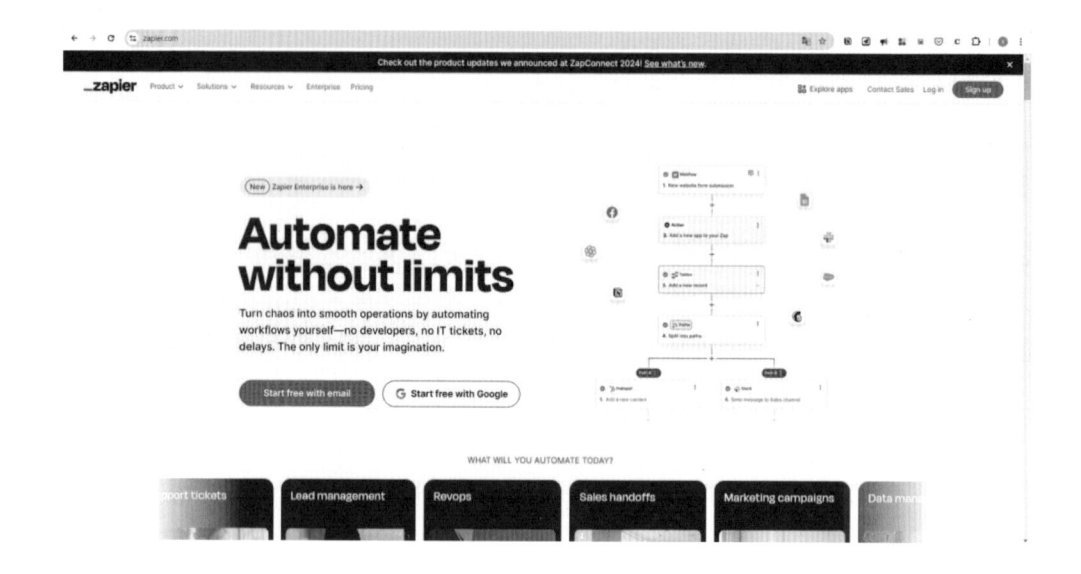

Zapier 的基本概念

自動化工具：Zapier 允許用戶將兩個或多個應用程式串接起來，通過設定觸發條件（Trigger）和相應的行動（Action），自動執行特定任務。例如，當 Gmail 收到新郵件時，可以自動在 Slack 上發送通知。

支持的應用程式：Zapier 目前支持超過 7,000 款應用程式，包括 Gmail、Slack、Google Sheets、Mailchimp 等，這使得它能夠廣泛應用於各種業務和個人需求。

主要功能

- **無需編碼**：用戶無需具備編程技能，透過簡單的拖放界面即可設置自動化流程，這使得即使是初學者也能輕鬆上手。
- **靈活的工作流程設計**：用戶可以根據自己的需求設計工作流程，使用 if/then 邏輯來控制操作的執行。
- **多樣的觸發和行動選擇**：用戶可以根據不同的條件設置多種觸發事件和行動，從而實現更複雜的自動化需求。

為何選擇 Zapier

- **提高效率**：Zapier 能顯著減少手動操作的時間，讓用戶專注於更重要的工作。根據使用者反饋，自動化可以節省大量時間和精力。
- **增強應用整合性**：隨著越來越多的應用程式與 Zapier 串接，用戶能夠在不同平台之間無縫交換數據，提升工作流程的整體效率。

操作說明

Zapier 是一個強大且靈活的自動化平台，無需任何編碼知識即可使用。它能夠幫助用戶輕鬆地將不同的應用程式串聯起來，並自動執行各種複雜的工作流程。這個創新工具不僅能夠大幅提升工作效率，還能讓用戶從繁瑣的日常任務中解放出來，專注於更具創造性和策略性的工作。

接下來，我們將深入探討 Zapier 的操作細節，通過具體的使用情境來展示其強大功能。這些實例將幫助您更好地理解如何利用 Zapier 來簡化工作流程、提高生產力，並最終實現工作與生活的平衡。無論您是個人用戶還是企業團隊，都能從 Zapier 的自動化功能中受益匪淺。

操作流程

1. 註冊和登入

首先，用戶需要在 Zapier 網站上註冊帳戶並登入。註冊過程簡單，通常只需提供電子郵件地址和密碼。（也可使用 Google 帳號直接登入）

2. 使用 Template 模板

- **選擇 Template 模板**：本次選擇的模板是「將符合特定條件的新 Gmail 電子郵件儲存到 Google 試算表」。

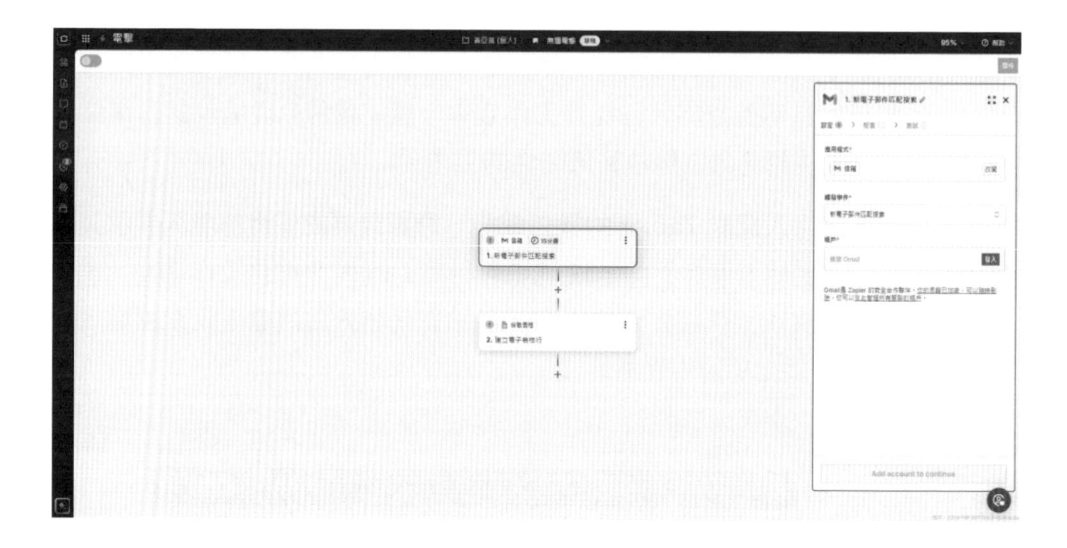

串聯 Gmail 帳號（Trigger 設定）

什麼是 Trigger？

Trigger 是 Zapier 自動化流程中的觸發條件。當特定事件發生時，Trigger 會啟動整個 Zap 流程。在這個案例中，我們設定的 Trigger 是「Gmail 收到新郵件」。當你的 Gmail 帳號收到新郵件時，Zapier 會自動啟動，並執行後續的動作（Action）。

1. 連接 Gmail 帳號

點擊「Connect a New Account」，登入你的 Gmail 帳號並授權 Zapier 訪問。授權完成後，選擇你要使用的 Gmail 帳號。

2. 設定觸發事件

在「Event」欄位中選擇適合的觸發事件。這次我們選擇「New Email Matching Search」，當收到**符合搜尋條件的新郵件**時觸發這個 Zap。

本次的 Gmail 觸發事件：

- New Email（新郵件）：當你收到新的電子郵件時觸發。適用於所有新郵件的自動處理。

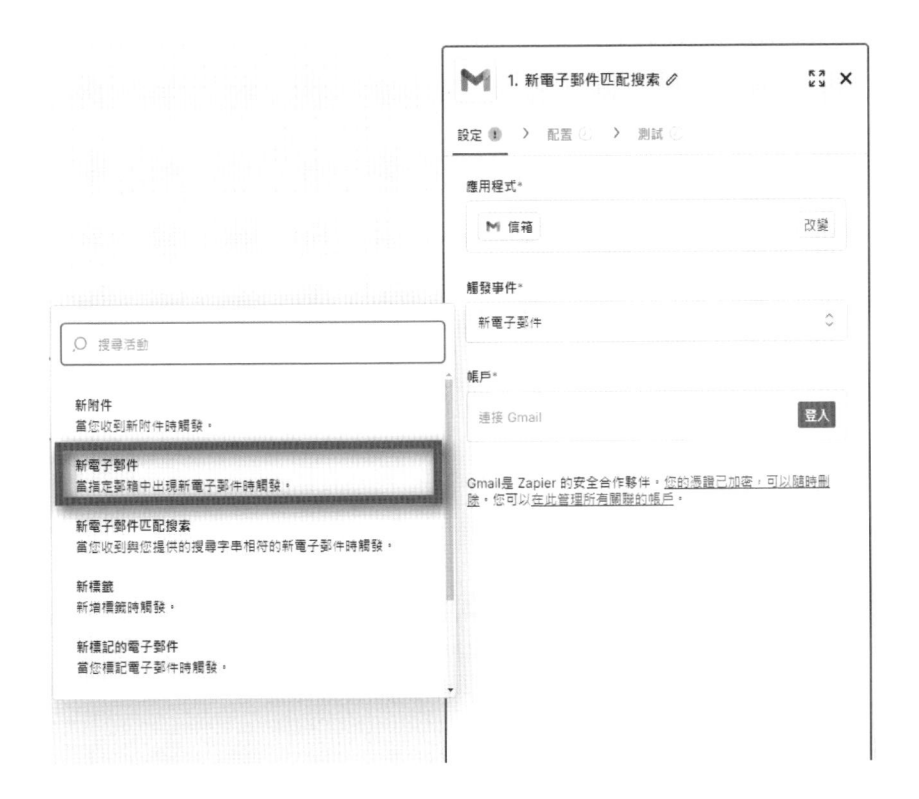

3. 設定搜尋條件

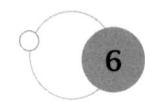

第 6 週　你的企業是恐龍還是變形蟲？
從 z 世代到三明治世代的生存法則：啟動「跨物種協作模式」

接下來在 Trigger 的 **「Search String」** 欄位中填寫搜尋條件。這個值等同於你在 Gmail 中搜尋信件的條件。以這次的案例為例，我們搜尋標題包含「iT 邦幫忙每日摘要」的郵件。

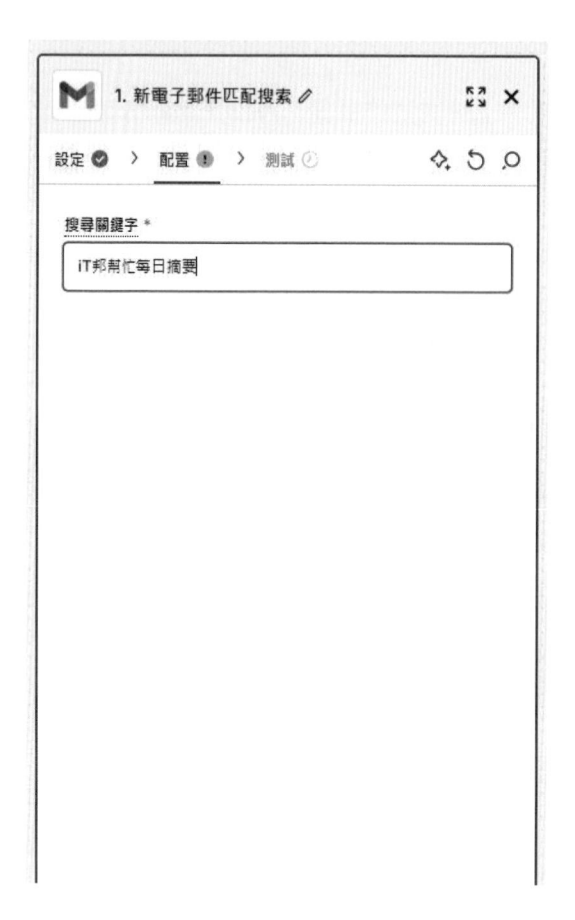

4. 測試 Trigger

設定完成後，點擊「Test Trigger」按鈕。Zapier 會自動搜尋符合條件的郵件並顯示最近的一封郵件內容。這樣可以確保你的設定正確且觸發條件正常運作。

- 如果測試成功，你會看到符合條件的郵件摘要。
- 如果測試失敗，請檢查你的搜尋條件是否正確，並確保你的 Gmail 收件箱中有符合條件的郵件。

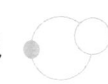

串聯 Google Sheets 帳號（Action 設定）

什麼是 Action？

Action 是 Zapier 自動化流程中的執行步驟。當觸發條件（Trigger）被滿足後，Action 會執行你設定的動作。在這個案例中，我們設定的 Action 是將 Gmail 的郵件內容新增到 Google Sheets 中。

1. 連接 Google Sheets 帳號

點擊「Connect a New Account」，登入你的 Google 帳號並授權 Zapier 訪問。授權完成後，選擇你要使用的 Google Sheets 帳號。

2. 選擇動作事件（Event）

在「Event」欄位中選擇「Create Spreadsheet Row（新增試算表列）」。這表示每當觸發條件達成時，Zap 會自動在 Google Sheets 中新增一列資料。

第 6 週　你的企業是恐龍還是變形蟲？
從 z 世代到三明治世代的生存法則：啟動「跨物種協作模式」

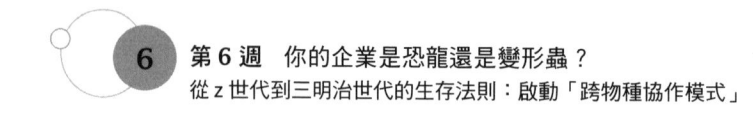

本次的 Google Sheets 動作：

- **Create Spreadsheet Row（新增試算表列）**：在試算表中新增一列資料。適用於需要自動記錄新資訊的情況。

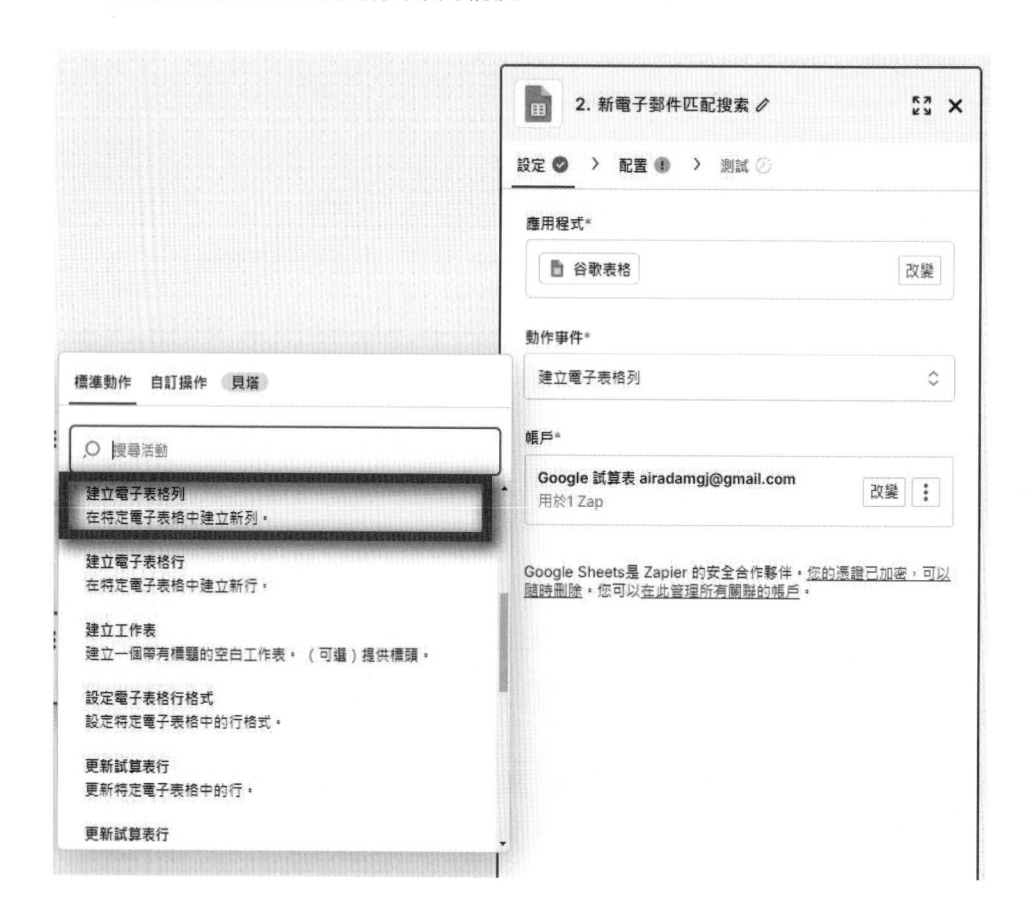

3. 設定 Action

你需要選擇要使用的 Google Sheets 試算表和工作表，然後進行欄位對應。具體步驟如下：

- **選擇試算表**：從下拉選單中選擇你要使用的 Google Sheets 試算表。在這個案例中，我選擇了預先建立的 **iT 邦幫忙每日摘要資料表**，其中包含日期、寄件人電子郵件、主題、郵件內容和回覆狀態等欄位。

6-5 Day40: 如何找回職場幸福感

選擇完成後,你應該會看到工作表中已包含的欄位,例如「日期」、「寄件人電子郵件」、「主題」、「郵件內容」和「回覆狀態」。

對應欄位

接下來,你需要將 Gmail 中的郵件資訊對應到 Google Sheets 的相應欄位:

- **日期**:對應到 Gmail 的 Date
- **寄件人電子郵件**:對應到 Gmail 的 From Email
- **主題**:對應到 Gmail 的 Subject
- **郵件內容**:對應到 Gmail 的 Raw Snippet
- **回覆狀態**:對應到 Gmail 的 Reply to Emai

6-67

測試 Action

設定完成後，點擊「Test step」按鈕。Zapier 會嘗試將觸發條件中的測試郵件內容新增到 Google Sheets 中。檢查你的 Google Sheets，確認新的資料列是否已成功新增。如果測試成功，就表示設定正確無誤。

完成以上測試後，資料就已成功插入到 Google Sheets 了！

發佈 Zap

設定完成後，點擊「Publish」按鈕來發佈你的 Zap。這樣，每當 Gmail 收到符合搜尋條件的郵件時，系統就會自動將其新增到 Google Sheets 中！

實際應用案例

以下是一些使用 Zapier 進行自動化的具體案例：

- **Gmail 到 Dropbox**：每當收到新郵件時，自動將附件保存到 Dropbox 中。這可以通過設置 Gmail 為觸發器，Dropbox 為動作來實現。

- **Google 表格到 Slack**：每當在 Google 表格中新增一行數據時，自動發送通知到 Slack。用戶可以設置 Google 表格為觸發器，Slack 為動作。

- **Instagram 到 Google 相簿**：每當在 Instagram 上發布新照片時，自動將其保存到 Google 相簿中。這需要設置 Instagram 為觸發器和 Google 相簿為動作。

主要功能

1. **應用程式連接** Zapier 允許用戶將多個應用程式串接起來，透過設定觸發器（Trigger）和動作（Action），用戶可以自動化許多日常任務。例如，當 Gmail 收到新郵件時，可以自動在 Slack 上發送通知。

2. **無需編碼**用戶可以在不需要任何編程知識的情況下，輕鬆設定自動化流程。這使得即使是新手也能快速上手，並利用 Zapier 提升工作效率。

3. **篩選器與格式化器** Zapier 提供篩選器功能，允許用戶設定條件來決定是否

執行特定動作。格式化器則可以幫助用戶將數據轉換為所需格式，進一步自定義自動化流程。

4. **樣板功能** 用戶可以使用 Zapier 提供的預設樣板來快速建立自動化流程，而無需從頭開始設計。這些樣板涵蓋了各種常見的自動化場景，節省了設定時間。

優勢

- **靈活性與擴展性** Zapier 能夠支持各種業務需求，無論是簡單的任務還是複雜的工作流程。用戶可以根據需求選擇不同的付費方案，從免費版到專業版，滿足不同的運行次數需求。

- **強大的社群支援** Zapier 擁有活躍的用戶社群，提供豐富的資源和教學，幫助用戶解決問題並分享最佳實踐。

- **自動化的潛力** Zapier 不僅限於業務應用，也可以用於個人生活的自動化，例如定期備份文件或自動更新日曆。

總結來說，Zapier 是一個功能強大且易於使用的自動化工具，適合各種用戶需求，無論是企業還是個人使用者都能從中受益。透過 Zapier，用戶可以節省時間，提升工作效率，並專注於更重要的任務。這些信息來源於多個可靠的文章和網站，確保了內容的正確性與全面性。

重複性工作的挑戰

在每個職場中，都有許多讓人煩惱的重複性工作。無論是每天處理電子郵件、手動更新數據庫，還是整理會議記錄，這些任務都可能占據我們大部分的工作時間。久而久之，我們感到不堪重負，壓力越來越大。

舉個例子，假設你是人力資源部門的經理，每天需要手動將新員工的資料錄入到不同的系統中。每個人都要錄入相同的信息，這不僅浪費時間，還容易出錯。當你一天工作結束時，可能會覺得自己處理的都是一些機械化的任務，沒有任何成就感。這就是為什麼很多人對重複性工作感到厭倦和壓力倍增。

> **第 6 週　你的企業是恐龍還是變形蟲？**
> 從 Z 世代到三明治世代的生存法則：啟動「跨物種協作模式」

Zapier 如何幫助職場人員告別重複性工作

Zapier 的最大優勢就是能夠幫助你自動化這些重複性工作，讓你專注於更加有創造力、更加有價值的任務。Zapier 可以將各種日常任務進行自動化處理，從而大幅減少手動操作。

- **自動化郵件回覆和表單填寫**：假設你是一名銷售人員，每天要回覆大量的客戶詢問並且需要整理客戶信息。使用 Zapier，你可以設置一個流程：每當有新客戶填寫查詢表單時，Zapier 自動將信息發送到你的 CRM 系統中，並自動發送一封感謝郵件給客戶。這樣，你不再需要手動輸入數據，也不用擔心漏掉客戶的問題。

- **自動更新 CRM 數據**：對於銷售和市場團隊來說，保持 CRM 系統的最新狀態至關重要。Zapier 可以自動將不同渠道收到的客戶數據匯總並同步到 CRM 系統，這樣一來，團隊成員可以即時獲得最新的客戶信息。

- **社交媒體自動發布**：如果你是市場部的負責人，每天需要在多個平台發布推廣內容，那麼 Zapier 可以幫助你自動將一篇文章同時發布到 Facebook、Twitter 和 LinkedIn 上，節省你逐個平台發布的時間。

提升工作幸福感的三個關鍵應用場景

Zapier 在很多工作場景中都能派上用場，它不僅能幫助你省時省力，還能讓你重新找回職場中的幸福感。以下是三個常見的應用場景：

- **時間管理自動化**：每天安排和確認會議邀請可能是一件令人頭疼的事，尤其是當你需要與不同地區的同事協作時。Zapier 可以幫助你自動生成會議邀請、更新日曆，甚至自動發送會議記錄給所有參與者。這樣，你可以專注於會議的內容，而不必被安排細節所困擾。

例子：使用 Zapier 將你的日曆與電子郵件同步，當你收到一封需要安排會議的郵件時，Zapier 會自動在你的日曆中創建事件，並發送確認郵件給參與者。

- **數據處理自動化**：如果你的工作需要經常從一個系統將數據導入到另一個系統中，這無疑是非常耗時的。比如說，經營一家網店的你，每天要將訂單數據從平台匯入到 Google Sheets 進行分析。Zapier 可以幫助你自動完成這些任務，確保數據準確且實時更新。

例子：利用 Zapier，將你的電商平台上的新訂單自動匯入到 Google Sheets 中，讓你隨時掌握最新的銷售數據，而不需要每天手動複製粘貼。

- **跨部門協作自動化**：在跨部門合作中，信息的傳遞和共享是關鍵。使用 Zapier，您可以自動將不同部門的工作流程對接起來，比如說，當市場部發布一篇新文章時，Zapier 可以自動將文章發送給設計部門進行圖片處理，再同步給營銷團隊。

例子：當市場部通過 Zapier 發布一篇新文章時，設計部門會立即收到通知，並自動分配相應的任務，節省了無數次的手動溝通。

自動化與職場幸福感的關聯

自動化工具不僅僅是提高效率，它們還能大大減少重複性工作帶來的壓力。當你不再需要每天手動處理數據或回覆相同的電子郵件時，你會發現自己有更多的時間和精力投入到更具挑戰性和創造性的工作中。這不僅提高了工作滿意度，還能讓你感受到更多的職場成就感。

當繁瑣的任務被自動化處理後，你的思維變得更加自由，可以專注於那些真正能發揮你能力、創造價值的事情。自動化工具如 Zapier 讓你重新掌控工作時間，消除因為錯誤或延遲帶來的壓力，從而增加工作的幸福感。

例子：想像一下，你是公司的一名銷售經理，每天需要手動將新的潛在客戶信息匯入到 CRM 系統中，同時還要回覆每封查詢郵件。這種日復一日的重複工作不僅耗時，還會影響你的創意和效率。如果 Zapier 能幫你自動化這些流程，那麼你就有更多的時間去開發新策略、維護重要客戶，甚至是參加專業培訓，提升自己的專業能力。自動化帶來的輕鬆，讓你對工作充滿期待，也讓職場幸福感自然提升。

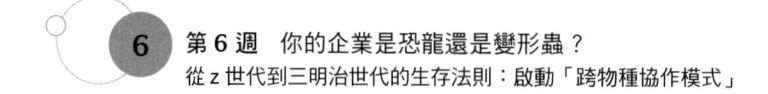

6　第 6 週　你的企業是恐龍還是變形蟲？
從 Z 世代到三明治世代的生存法則：啟動「跨物種協作模式」

在這個充滿變化和挑戰的職場環境中，自動化工具如 Zapier 正為我們提供一條擺脫重複性工作的捷徑。它讓我們重新掌控時間，減少工作中的繁瑣事務，從而提升我們的工作效率和幸福感。

Zapier 的出現不僅僅是一種技術進步，它更像是一種生活方式的改變。透過自動化，你可以把精力放在更有創造力、更能產生價值的事情上。當你不再被重複性工作困住，你的工作與生活也將變得更加平衡、更加有趣。

如果你還沒有嘗試過 Zapier，那現在正是時候。從今天開始，試著將那些令你煩躁的重複性任務交給 Zapier，讓它成為你工作中的隱形助手，幫助你重新找回工作的快樂與成就感。Zapier 不僅能夠幫助你告別那些機械化的操作，還能帶來全新的職場體驗。你會驚喜地發現，原來提升職場幸福感如此簡單！

例子：如果你是職場新人，使用 Zapier 可以大幅減少因為操作不熟練帶來的工作壓力，比如自動發送會議提醒、歸檔工作資料，甚至是自動生成報告。這樣一來，你不僅能迅速適應工作環境，還能給上司留下專業和高效的印象，增加工作的成就感。

總結來說，透過 Zapier 等自動化工具，我們能夠把職場中的機械性工作簡化，讓生活和工作變得更加輕鬆愉快。今天就行動起來，給自己更多時間去享受工作的美好，而不是被瑣碎的細節拖垮。讓 Zapier 成為你找到職場幸福感的第一步！

6-6 Day41: 三明治世代逆襲指南

從被壓榨到被需要
運用 notebookLM 成為貴人的 AI 養成計畫 /notebookLM

📖✨《AI 寄生工作流》Day41 獨家劇透！ 三明治人必收的「開掛轉運實戰手冊」來啦！

（建議搭配 + 服用，文末有超實用行動清單）

你是否常覺得自己卡在「上有老闆、下有新人」的尷尬位置，業績要顧，團隊要帶，還得承受來自各方的壓力？這就是所謂的「三明治世代」，夾在公司高層與年輕世代之間，進退兩難。

但別擔心，今天這篇文章將帶你學會如何透過 AI 工具 NotebookLM，化被動為主動，開掛轉運，甚至成為他人的貴人，讓你的職場生涯進入「升級模式」！

🌪 三明治世代的生存現狀

當「被壓榨」成為日常 ...

「主管凌晨 3 點傳訊息要報表」

「爸媽臨時要你請假陪看病」

「房貸利息又漲了 0.5%」

「新來的 00 後同事連 Excel 都不會」

這些情境是否讓你瞬間血壓飆升？ 根據 2024 最新職場調查：

- 78% 上班族每天處理「非本職工作」超過 3 小時
- 62% 三明治世代每月醫療支出破萬
- 91% 主管坦言「更愛用 AI 當替身」

（小測驗：你中幾個？ 👉🔍 被煎 / 被夾 / 被融化）

第 6 週　你的企業是恐龍還是變形蟲？
從 z 世代到三明治世代的生存法則：啟動「跨物種協作模式」

💡 什麼是 NotebookLM？它如何改變你的職場生存術？

NotebookLM 是 Google 旗下的 AI 筆記助理，能夠幫助你整理資訊、生成報告、優化溝通，甚至提供決策建議。

👉 它可以幫助你做什麼？

1. 整理資訊：快速彙整文件、會議紀錄，減少資訊過載。
2. 高效知識管理：讓你的專業經驗變成 AI 可調用的知識庫。
3. 智能問答：遇到問題時，AI 直接幫你搜尋筆記並提供建議。
4. 提高團隊協作效率：讓團隊成員輕鬆查找關鍵資訊，不再被問題轟炸。

換句話說，NotebookLM 讓你不只是三明治，而是職場中的「知識領航員」！

🚀 破局關鍵：從「夾心層」到「核心層」的量子跳躍

揭密 notebookLM 的「AI 托舉力場」

Google 實驗室最新武器：

- 即時解析 200 頁文件（PDF/Google Docs）
- 自建「知識反應爐」生成專屬指南
- 跨語言資料無縫串接

（真人實測：法律顧問用 notebookLM 將合約審查時間從 8hr → 27min）

🧠 開掛心法三步驟

➤ Step1. 建立「人機共生資料庫」

📌 實戰案例：行銷 Amy 的逆襲

1　將 10 年提案資料打包上傳
2　指令：「生成 Z 世代偏好分析圖表」

3. 輸出:「元宇宙 + 梗圖」企劃模板
4. 成果:業績提升 300%

(秘技:用「電腦成為超級第二大腦」)

> Step2. 打造「預判式應對系統」:用 AI 智能預測並化解各種職場與生活壓力情境

接下來為您詳細解析 5 大高壓情境的全方位解決方案,從傳統應對方式到 AI 加持後的進階處理流程:

常見工作情境	傳統應對方式與挑戰	AI 智能加強解決方案與效益分析
突發緊急會議	熬夜做簡報	調取歷史資料自動生成框架,自動追蹤關鍵績效指標,確保內容品質與一致性。
跨部門溝通障礙	寫萬言報告	AI 深度分析歷史溝通記錄,找出爭議癥結點,提供數據支持的最佳解決方案建議。
新進同仁指導	手把手教學	生成圖文版 SOP+ 常見 QA,系統自動追蹤學習進度,適時提供個人化補充資料。
家庭長輩照護	電話粥 2hr	AI 整理健康報告 + 生成對話腳本,系統自動追蹤用藥時間、復健進度。
個人能力提升	買課吃灰	分析職缺需求定制學習地圖,系統自動推薦相關實務案例,協助知識轉化。

(📊 數據顯示:AI 輔助決策準確率提升 83%)

> Step3. 設計「利他型價值鏈」

✈ 貴人養成公式:

(專業力 × AI 倍增效應) ÷ 時間成本 = 貴人指數

來看看這些激勵人心的實際案例,展現如何運用 AI 科技來幫助團隊成長:

- 資深人資主管善用 notebookLM,花費三週時間深入分析 00 後員工的溝通模式與工作習慣,自動生成一份完整的「00 後溝通指南」,讓跨世代團隊合作更加順暢

第 6 週　你的企業是恐龍還是變形蟲？
從 z 世代到三明治世代的生存法則：啟動「跨物種協作模式」

- 資深工程師整理十年工作經驗，將常用的 Excel 函數、快捷鍵和資料處理技巧，打造成一個互動式的「Excel 魔法咒語庫」，讓新進同仁能快速上手，大幅提升工作效率

- 臨床經驗豐富的護理師整合各方資源，建立詳盡的「長照資源地圖」，包含醫療機構評比、補助申請流程和照護建議，成為同事們處理長照議題的得力助手

（🎯 核心觀念：將個人專業知識系統化並數位化，讓幫助他人成為「可複製的標準動作」，創造持續性的正向影響力）

💼 職場黑科技實戰演練

情境：老闆丟來 500 頁招股書

🕐 傳統流程：

閱讀（8hr）→ 整理重點（4hr）→ 製作簡報（3hr）→ 失眠（∞）

notebookLM 智能工作流程（效率提升 15 倍）：

改善建議：

1. 上傳文件：「/summarize 用 CEO 思維提煉 3 大亮點」
2. 交叉驗證：「/compare 同業 2023 年財報數據」
3. 生成簡報：「/create 董事會版本 10 頁 PPT 大綱」
4. 追加指令：「/expand 加入元宇宙轉型建議」

實戰操作步驟：

- ⚡ 前置準備：確保 notebookLM 已設定正確的 API 金鑰和權限
- 📁 文件整理：將 500 頁招股書轉換為 PDF 或支援格式

1. 上傳與摘要階段：

- 使用拖放方式上傳文件到 notebookLM 工作區

- 在命令列輸入「/summarize」
- 添加提示詞：「請用 CEO 視角分析，著重：財務表現、市場策略、風險評估」

1. 數據驗證階段：

- 使用「/compare」功能
- 指定比較維度：營收成長、市佔率、毛利率等關鍵指標
- 設定時間範圍：2023 完整年度

1. 簡報製作階段：

- 執行「/create」指令
- 指定格式：「董事會匯報用，10 頁篇幅」
- 關鍵要素：企業亮點、財務分析、市場機會

1. 優化調整階段：

- 使用「/expand」延伸分析
- 加入產業趨勢和創新策略建議
- 生成可執行的行動方案清單

⏱ 整體處理時間：約 45-60 分鐘

💡 進階技巧：善用 notebookLM 的上下文理解能力，讓 AI 更準確掌握公司特性和行業術語

（⏱ 省下 15 小時 = 多看 2 部劇 + 健身 3 次 + 多睡 5hr）

業界實際案例與成效

打造你的 AI 知識庫

你是否有以下困擾？

- 每次有人問「這個專案的背景是什麼？」時，你得重新解釋一遍。
- 上級交辦的新計畫，你花大量時間翻舊資料。

6 第 6 週　你的企業是恐龍還是變形蟲？
從 Z 世代到三明治世代的生存法則：啟動「跨物種協作模式」

- 學了很多新知識，但總是找不到整理好的筆記。

解法：用 NotebookLM 變身「知識領航員」！

📌 **做法**：

1. 輸入你的職場筆記、會議紀錄、專案文件（甚至是學習筆記）。
2. NotebookLM 會自動分析這些內容，並幫你建立「智慧筆記庫」。
3. 以後任何人問你問題，你只要輸入關鍵字，AI 立即提供答案，不用重複解釋！

🎯 **職場應用案例**：

Alice 是行銷經理，常常要回覆不同部門的問題。她把 NotebookLM 當作自己的「行銷百科」，輸入所有市場分析、競品報告、過去的成功案例，當有人問她「這次的產品策略怎麼定？」時，她只需要在 NotebookLM 搜尋，就能秒出答案，省下大把時間。

用 AI 優化你的決策力

職場最強的能力之一，就是快速做出正確決策。

但有時資訊太多，讓人難以抉擇。NotebookLM 可以幫你解析複雜資訊，提供建議，讓你決策更快更準！

📌 **做法**：

1. 輸入多種決策選項（例如不同供應商的報價、不同專案策略）。
2. AI 會幫你整理優缺點，甚至可以幫你模擬可能的結果。
3. 讓你不再「卡關」，而是用數據說話，做出最佳選擇。

🎯 **職場應用案例**：

Ben 是一名專案經理，他需要決定要選擇 A 廠商還是 B 廠商。Ben 把兩家廠商的報價、過往合作紀錄、客戶評價輸入 NotebookLM，AI 迅速給出「性價比最高」的建議，幫助 Ben 在開會時快速做決定，讓老闆對他的決策力刮目相看。

用 AI 幫助別人,成為職場貴人

有時候,你的職場影響力來自於「你能幫助多少人」。當你用 NotebookLM 變成高效的「知識管理者」,你就能夠:

✅ **幫助新進員工快速上手**:新人問問題?直接丟 AI 整理好的筆記給他們!

✅ **幫助團隊減少低效會議**:用 AI 摘要會議重點,讓大家只看重點,不浪費時間。

✅ **幫助老闆解決問題**:當老闆問你「這個市場的趨勢是什麼?」時,你馬上能拿出 AI 分析好的報告,提升信任感。

🎯 **職場應用案例:**

Cindy 是一名 HR,她負責內部培訓,每次新進員工來報到時,她都得解釋一遍公司文化與政策。現在她用 NotebookLM 建立「新手指南」,新進員工遇到問題時,只要打開 AI 筆記庫,就能自己找到答案,減少 Cindy 的工作負擔,也讓新人更快適應環境。

🌈 **轉運行動清單:突破夾心人生的關鍵行動方案**

本日必做 3 件事(建議分配 90 分鐘完成)

1. 📁 建立「人生壓縮包」:上傳 3 份最常重複處理的文件
   - ◆ 找出每週至少處理 2 次的文件
   - ◆ 優先選擇內容結構固定的範本
   - ◆ 確保文件不含敏感資訊

2. 🎭 訓練「AI 分身」:寫下 5 個最想外包的腦力任務
   - ◆ 列出耗時且重複性高的工作
   - ◆ 評估每項任務的優先程度
   - ◆ 記錄完成任務所需的關鍵步驟

3. 啟動「貴人計畫」:找出 1 個可標準化輸出的專業模塊

第 6 週　你的企業是恐龍還是變形蟲？
從 z 世代到三明治世代的生存法則：啟動「跨物種協作模式」

- ◆ 選擇你最擅長的專業領域
- ◆ 整理相關的實戰經驗與解決方案
- ◆ 設計知識傳承的標準流程

本週進階任務：重塑生產力與互助文化

- 用 AI 分析「時間黑洞」分佈圖，深入探討工作時間的分配情況，找出效率瓶頸並建立改善策略清單
- 設計「三明治減壓協議」，制定具體可行的工作分配方案，平衡上下代溝通與期待落差，建立健康的工作界限
- 舉辦部門「AI 外掛共享會」，讓團隊成員交流各自的 AI 應用心得與實用工具，促進跨世代知識共享與協作效能

未來預報：2030 職場生存圖鑑

隨著 AI 成為社會基礎設施，職場生態將迎來巨大轉變：

- 預計 70% 的例行性工作將實現自動化，包括數據處理、文件管理、客戶服務等領域，讓人類工作者能夠專注於更具創造性和策略性的任務
- 「人機協作力」將成為職場的核心競爭力，優秀的專業人士不僅要精通本業，還需要具備靈活運用 AI 工具、優化工作流程的能力
- 在 AI 時代，建立和維護真實的人際網絡將成為最強大的職涯保險，因為 genuine 人際連結和情感交流是 AI 難以取代的關鍵價值

（ 記憶點：與其怕被 AI 取代，不如讓 AI 成為你的替身演員 ）

彩蛋：notebookLM 隱藏功能

1. 秒解「老闆的弦外之音」：分析郵件語氣指數
2. 生成「長輩聊天安全區」：避免地雷話題
3. 打造「個人知識 NFT」：可交易的專業模組

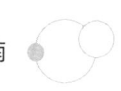

（🤫 機密情報：用「/translate 火星文」解碼 Z 世代對話）

✨ 今日金句收納

「真正的職場自由，是把重複勞動交給 AI，把人性溫度留給自己」

三明治世代的壓力很大，但透過 AI NotebookLM，你可以：☑ 化繁為簡，整理資訊，提高工作效率。 ☑ 用 AI 提供決策支持，讓自己做出更聰明的選擇。 ☑ 幫助團隊與新人，成為真正的職場貴人！

🚀 現在就開始，把 NotebookLM 變成你的 AI 副駕駛，讓職場生涯從「受困」變成「領航」！

💬 你覺得 AI 會如何幫助你的職場生活呢？

現在就打開 notebookLM，開始你的「三明治逆襲計畫」吧！

🚀 明天我們將解鎖【跨世代競合 | 企業生存戰略計畫】，敬請期待！

第 6 週　你的企業是恐龍還是變形蟲？
從 Z 世代到三明治世代的生存法則：啟動「跨物種協作模式」

6-7　Day42: 跨世代競合
你的企業是恐龍還是變形蟲？企業生存戰略計畫

「這不是世代戰爭，而是超進化契機」

2025 年全球職場出現戲劇性轉折：Z 世代員工佔比突破 35%，AI 工具普及率達 72%，但企業生產力卻陷入停滯。問題核心在於——當數位分身背黑鍋、老鳥抗拒新科技、菜鳥狂刷離職率，企業究竟該選擇世代對抗，還是啟動「跨物種協作模式」？

反向導師制：顛覆傳統的學習模式

當企業談到「培訓」，大多是由資深員工指導新人，然而，在數位化時代，這種單向學習已不足以應對市場變革。因此，越來越多企業開始推行**「反向導師制」**（Reverse Mentoring），讓年輕員工擔任導師，向資深員工傳授市場趨勢、數位工具與新技術應用，形成雙向學習機制。

跨世代決策小組：讓每個世代都有話語權

企業在制定重要決策時，往往由高層與資深員工主導，而年輕世代的聲音則較難被聽見。然而，忽略年輕人的觀點，可能讓企業錯失市場新機會。因此，**建立「跨世代決策小組」**，確保各世代的意見能夠融合，是提升決策品質與市場競爭力的關鍵。

績效與晉升機制：打破「論資排輩」的升遷模式

傳統職場晉升體系強調年資，讓資深員工擁有較大優勢，但這對於年輕世代來說，可能成為阻力，使他們缺乏動力。另一方面，資深員工也可能因為晉升受限而缺乏職場熱情。因此，企業需要設計**更靈活的績效與晉升機制**，讓不同世代的員工都能看到未來發展的可能性。

建立跨世代溝通策略：找到彼此的語言

職場上的世代衝突，很多時候來自於**溝通方式的不同**。年輕員工習慣即時、簡潔、視覺化的溝通，而資深員工則偏向條理清晰、結構完整的表達。因此，學會**如何以對方熟悉的語言表達**，是打破世代隔閡的重要策略。

打造混齡團隊：打破「年齡分工」的迷思

傳統企業習慣將年齡作為團隊分工的依據，但這可能會加深世代鴻溝。例如，讓年輕員工專注創新，資深員工負責策略，可能導致創新無法落地，或策略缺乏新意。因此，混齡團隊的設計，能讓企業同時兼顧創新與穩定。

接下來我將揭露一套經企業實測的「混齡生存戰略」，用三階段解鎖企業 DNA 重組技術。

第一階段：打破標籤的「職場基因改造術」

迷思破解實驗室：

- 實驗對照組：某服飾品牌要求年輕員工學習「老闆思維」，結果 3 個月內離職率飆升 40%
- 實驗組：同產業競爭對手實施「世代翻譯官制度」，生產力提升 25%

■ **實戰工具包：**

1. 「辦公室翻譯機升級版」
    - **資深派必修**：TikTok 式簡報術（15 秒內說重點）
    - **新生代特訓**：商務郵件鍊金術（把 IG 限動轉成專業提案）
    - **雙向認證機制**：每月交換 1 項職場黑話並納入 KPI

2. 「經驗值數位封裝系統」
    - 將老員工的產業知識轉化為 AI 訓練數據庫
    - 設計「經驗 NFT」制度，資深員工可透過教學獲取代幣
    - **案例**：某機械大廠讓老師傅用 AR 眼鏡錄製維修 SOP，新進員工透過 VR 實境學習，訓練週期縮短 60%

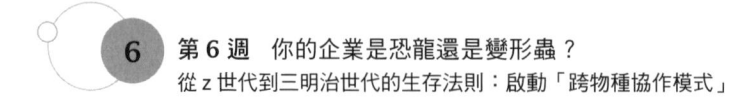

第 6 週　你的企業是恐龍還是變形蟲？
從 z 世代到三明治世代的生存法則：啟動「跨物種協作模式」

3. 「跨世代戰情室」運作模組
   - **會議規則**：禁用「我們當年…」「你們年輕人…」開頭句
   - **決策流程**：每項提案需包含「傳統版」與「顛覆版」雙方案
   - **某生技公司實測**：混齡團隊開發的保健品，同時打中銀髮族健康需求與年輕人的朋克養生風潮

第二階段：競爭力混種工程的 2 大黑科技

黑科技① 反向導師制的暗黑進化版

- 傳統做法：菜鳥教老鳥用 LINE
- 暗黑升級版：
  - **每月舉辦「數位搏擊擂台」**：年輕員工須用新科技解決資深派提出的實務難題
  - **設立「傳統智慧贖回券」**：老員工可用產業秘辛兌換新科技使用權
  - **某百年餐飲集團案例**：00 後用 AI 預測古早味改良公式，老師傅用獨門火候控制法交換 ChatGPT 使用權

黑科技② 晉升機制的平行宇宙設計

- 傳統陷阱：單一路徑逼死跳世代人才
- 創新架構：
  - **「戰功銀行」制度**：累積跨世代合作戰績可兌換特殊晉升資格
  - **「技能交易所」**：用 Excel 神技交換短影音剪輯能力
  - **某金控實測**：35 歲主管用財報分析能力換取元宇宙行銷課程，團隊年輕成員用社群經營技巧換取風險控管實戰經驗

第三階段：打造職場共生體的終極心法

心法① 啟動「職場混血兒養成計劃」

- 每季舉辦「最違和團隊競賽」：強制資深會計師 + 新進工程師組隊開發產品
- 設計「跨世代人格面具」：所有人需切換不同世代思維模式提案
- 某廣告公司經典戰役：60 後創意總監扮 Z 世代直播主，95 後設計師模仿 80 年代企劃簡報，激發出破億點擊企劃

心法② 建構職場生態系的能量循環

- 設立「世代能量站」：
  - **老派智慧充電區**：實體案例牆 + 戰情室香氛
  - **數位原住民補給站**：VR 冥想艙 + 能量飲料自動販賣機
  - **某科技園區實例**：混齡休息區使跨部門合作提案量增加 3 倍

心法③ 設計可遺傳的組織記憶體

- 將跨世代合作模式寫入企業 DNA：
  - **新人培訓加入「時光膠囊任務」**：訪問三位不同世代同事
  - **開發「企業時光機」系統**：用 AI 模擬不同世代視角的決策情境
  - **某汽車大廠成果**：新進員工透過 AR 重現 1990 年產品開發會議，理解經典車款設計邏輯

終極測試：你的企業是恐龍還是變形蟲？

跨世代生存力診斷表

指標	恐龍企業特徵	變形蟲組織特徵
決策速度	需要 3 場會議確認 email	在群組用表情包定案
危機應對	翻找十年前的 SOP	邊直播邊改流程
知識傳承	堆積如山的 PDF 檔案	用抖音挑戰賽教學
團隊凝聚劑	部門旅遊與尾牙	元宇宙吐槽大會

6　第 6 週　你的企業是恐龍還是變形蟲？
從 z 世代到三明治世代的生存法則：啟動「跨物種協作模式」

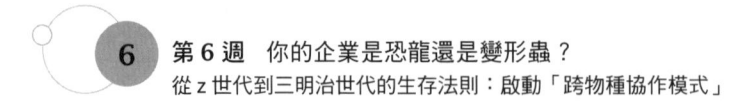

▍實戰演練：48 小時改造實驗

1. 週五下班前：強制所有工作群組加入不同世代成員
2. 週六上午：舉辦「最荒謬點子黑客松」（唯一規則：提案須融合復古與未來元素）
3. 週日下午：用 AI 生成「企業跨世代指數報告」並制定進化藍圖

「未來屬於能駕馭時空亂流的混種組織」

企業若能將「競爭」轉化為「競合」，讓不同世代在學習與合作中互補，將能大幅提升組織的適應力與創新力，確保在數位時代持續保持競爭優勢。

當 AI 開始幫 00 後寫離職信、替老派主管生成假數位分身，真正的贏家會是那些把世代衝突轉化為創新動能的企業。記住：在數位分身背黑鍋的時代，唯有真人混齡團隊能創造無可取代的價值。

第 7 週

AI 數位時代永生計畫：

探索 AI 科技如何重新定義生命延續與知識傳承的新範式

人終有一死，但資料可以備份啊！AI 數位永生不是要你「躺進伺服器」，而是讓你的經驗變成下代的自動導航。兒子不聽話？沒關係，AI 爸會繼續叨念他一百年。這不是不死，而是有備份的親情延續，科技孝順版，長輩最懂！

第 7 週 AI 數位時代永生計畫：
探索 AI 科技如何重新定義生命延續與知識傳承的新範式

7-1 Day43：AI Agent 來襲！
虛擬助理如何取代部分職能？
剖析 AutoGPT、AgentGPT、Microsoft Copilot 等最新 AI Agent

🚀 AI Agent 來襲！虛擬助理如何取代部分職能？

🎯 ──剖析 Manus、AutoGPT、AgentGPT、Microsoft Copilot 等最新 AI Agent

🌐 前言：AI Agent 來了，你準備好了嗎？

近年來，AI 技術經歷了驚人的演進與蛻變，從最初的基礎 AI 工具逐步發展到今日更具智慧性、更高度自動化的 AI Agent（**智能代理**）。這些智能代理不僅能夠協助處理日常的重複性任務，更令人驚嘆的是，它們已經具備執行複雜決策的能力，能夠在多個系統間進行協作，並逐步承擔起某些專業職能的重任。這標誌著 AI 技術已經邁入一個嶄新的里程碑。

AI Agent 的角色已經徹底超越了傳統輔助工具的範疇，轉變為具有自主思考和行動能力的**虛擬助理**。現今市場上最具代表性的解決方案，如 Manus AI、AutoGPT、AgentGPT、Microsoft Copilot 等，展現出令人印象深刻的多樣化能力。它們不僅能夠進行深入的市場分析、系統化的文件整理、高效率的程式開發、即時的客服應對，更驚人的是，這些 AI Agent 已經能夠靈活地在不同應用程式之間切換，協調處理複雜的多任務工作流程。面對這樣的技術革新，在未來的職場中，深入理解並靈活運用 AI Agent 將成為每個職場工作者不可或缺的核心競爭力！

在本章節中，我們將帶領讀者深入探索 AI Agent 的核心運作機制，全面剖析它們如何逐步接管並優化各類職能，同時透過具體的實際案例，詳細解析 Manus、AutoGPT、AgentGPT 和 Microsoft Copilot 這些領先的 AI Agent 如何革新並重塑現代職場的工作方式與流程。

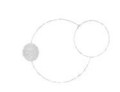

🔍 什麼是 AI Agent？它與傳統 AI 工具有何不同？

在探討 AI Agent 的深層影響之前，讓我們首先深入了解它與傳統 AI 工具之間的關鍵差異。透過以下詳細的比較分析，我們將清楚看到 AI Agent 如何突破傳統 AI 工具的限制，展現出更強大的自主能力：

比較項目	傳統 AI 工具（如 ChatGPT）	AI Agent（如 AutoGPT、AgentGPT）
執行方式	依賴使用者輸入單一指令執行單一任務，需要持續的人工指導和監督	能夠自動執行一連串複雜任務，具備自主決策能力，可以根據情境調整執行策略
工作流程	需要手動操作、逐步輸入指令，執行過程較為線性且受限	能夠根據目標自主決策，靈活處理多步驟工作流，具備動態調整能力
應用範圍	主要限於基礎的回答問題、文字生成、數據分析等單一功能任務	可執行複雜的市場研究、程式開發、報告撰寫等多維度任務，並能在不同任務間自由切換
交互模式	使用者需要持續輸入指令，互動過程較為被動且單向	能主動查詢資訊、持續自主學習與優化，具備雙向互動能力

AI Agent 的最大特點在於其強大的「**自主性**」，這使它們能夠在最小程度的人工干預下，獨立執行極其複雜的任務鏈。舉例來說，AutoGPT 不僅能根據一個簡單的目標指示，自動將其分解為多個子任務，還能主動搜尋所需資料、規劃執行步驟、調整執行策略，並根據階段性結果持續優化其行動方案。這種高度自主的特性，使得 AI Agent 能夠逐步接管並優化那些需要高度邏輯思維與自動化處理的職能，特別是在 **市場分析**、**內容生成**、**數據整理**、**客服與專案管理** 等領域展現出驚人的效能。

⚡ AI Agent 如何重塑職場生態？深入探討受影響的職能與轉型機會！

隨著 AI Agent 的快速發展與進化，許多**重複性高、流程標準化的工作崗位**正面臨重大轉型。這不僅代表挑戰，更意味著職場新機遇的來臨。讓我們深入探討幾個將受到顯著影響的關鍵職能領域：

1. 行政與助理工作的全面升級

傳統的行政工作，包括 **會議記錄**、**郵件收發管理**、**行程規劃與協調** 等，正逐漸被 AI Agent 接管並優化。這些智能助手能夠提供更高效、更精準的支援：

第 7 週　AI 數位時代永生計畫：
探索 AI 科技如何重新定義生命延續與知識傳承的新範式

☑ **Microsoft Copilot** 不僅可以智能分析郵件內容、提供客製化回覆建議，更能主動學習主管的決策模式，協助進行更精準的行程管理與時間配置。

☑ **Manus AI** 展現出驚人的會議管理能力，能即時產生結構化的會議摘要，識別並標註關鍵決策點，甚至根據過往經驗主動提供具體可行的後續行動建議。

👉 **影響與機遇**：雖然企業對傳統行政助理的需求可能降低，但具備 AI 工具管理與優化能力的高階行政人才將更受歡迎。這些新世代行政專家需要精通 AI 工具的調教與監督，確保工作流程的順暢運作。

📞 2. 客服與技術支援的智能革新

傳統的客服工作正經歷前所未有的轉型，AI Agent 展現出令人驚豔的服務能力：

☑ **AgentGPT** 運用先進的 NLP（自然語言處理）技術，不只能準確理解客戶需求，更能根據客戶情緒狀態調整回應語氣，提供真正個性化的服務體驗。該系統甚至能在對話中識別潛在的業務機會，協助企業提升轉換率。

☑ **AutoGPT** 創新地整合客戶互動歷史、購買行為與偏好分析，建立動態的客戶畫像，持續優化服務策略。系統能預測客戶可能遇到的問題，主動提供解決方案，大幅提升客戶滿意度。

👉 **影響與機遇**：雖然基礎客服工作已能由 AI 處理超過 80% 的常見問題，但市場對具備 **AI 系統監督、情境判斷與複雜問題處理能力**的資深客服專家需求更為殷切。這些專家需要能夠微調 AI 系統，處理特殊案例，並持續優化服務品質。

📊 3. 市場分析與商業決策的智能升級

在市場研究與商業分析領域，AI Agent 展現出驚人的數據處理與洞察能力，為傳統分析工作帶來革命性的改變：

☑ **AutoGPT** 能夠同時追蹤與分析多個市場領域的競爭態勢，即時捕捉市場趨勢變化，自動生成深度分析報告。更重要的是，它能預測潛在的市場機會與風險，為決策者提供前瞻性的策略建議。

☑ **Microsoft Copilot** 運用先進的數據分析引擎，不只能整合多源數據，更能揭示隱藏的市場機會，提供數據支持的可行性分析和決策建議。系統還能模擬不同決策情境的可能結果，協助決策者做出更明智的選擇。

👉 **影響與機遇**：市場分析人員的角色正在升級，從單純的「**數據收集與執行分析**」轉變為更具戰略性的「**數據洞察專家與決策顧問**」。這些專家需要具備深厚的行業知識，能夠靈活運用 AI 工具，並基於分析結果提供具有前瞻性的策略建議。。

🐻 深入剖析四大 AI Agent：探討它們如何全面革新現代職場環境？

AI Agent	主要功能與特色	最佳應用場景
Manus AI	全方位企業級 AI 助理系統，專精於智能資料整理、即時會議記錄製作、自動化文件摘要生成，以及多維度資訊管理	企業行政管理、文件處理、會議協調
AutoGPT	進階自主任務管理 AI 系統，具備目標拆解能力，可依據複雜需求自動規劃執行步驟，並持續優化執行策略	深度商業分析、專業軟體開發、策略規劃
AgentGPT	具備自主學習功能的智能系統，可靈活處理多層次任務鏈，自動調整執行方案，並從互動中持續進化	智能客服系統、技術支援服務、用戶體驗優化
Microsoft Copilot	深度整合於 Microsoft Office 生態系統的智能助手，提供全方位的文書處理支援、即時數據分析，以及智能決策建議	日常行政事務、商業決策支援、專案管理優化

💡 建立 AI Agent 共生策略：現代職場工作者的進階指南

🎓 1. 深化 AI Agent 的應用技能與操作專業度

全面掌握 Manus、AutoGPT、AgentGPT 和 Copilot 等工具的進階功能，學習如何整合運用這些工具來大幅提升工作效率和產出品質。重點在於理解每個工具的獨特優勢，並找出最適合的應用場景。

🎨 2. 強化高附加價值的創意思維與策略決策能力

雖然 AI 在執行層面表現出色，但人類的決策智慧仍是不可替代的核心要素。持續培養並深化自身的**批判性思維**、**創新思考**與**策略規劃**能力，讓自己成為 AI 技術的靈活運用者與指導者，而不是被動的跟隨者。

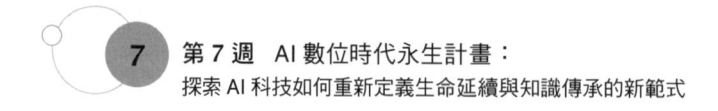

第 7 週　AI 數位時代永生計畫：
探索 AI 科技如何重新定義生命延續與知識傳承的新範式

🛠 3. 發展 AI 系統監督與效能優化的專業技能

隨著 AI 應用的普及，企業對於具備 AI 監督與優化能力的專業人才需求急遽上升。深入學習 AI 模型的評估方法、優化技巧與調校策略，掌握品質監控的關鍵要點，進而躍升為 AI 時代不可或缺的高階人才。

🚀 結語：AI Agent 是威脅還是機遇？取決於你的選擇！

AI Agent **已經來襲**，未來的職場正迎來一場前所未有的巨大變革。這不僅是科技的進步，更是工作模式的根本轉變。在這個快速發展的時代，與其被動地擔心自己的職位被取代，不如**主動學習如何運用 AI**，深入理解它的運作原理，探索它的應用潛力，進而成為具備前瞻視野與 AI 素養的職場菁英。

✨ AI 不是你職涯道路上的絆腳石，而是推動你更上一層樓的得力助手。透過妥善運用 AI Agent 的優勢，結合人類獨有的創意思維與判斷力，你不僅能在職場生存戰中立於不敗之地，更能開創屬於自己的璀璨未來！🎯

7-2 Day44：AI 與人類協作
增強而非取代的未來工作模式

讓我們仔細觀察兩幅引人深思的畫面，它們生動地描繪了人工智能與人類在現代職場中的關係：

(圖片來源：AI 製作)

第一幅畫面呈現了一個有趣的對比：一位機器人員工以驚人的效率完成了一天的工作，悠閒地準備下班，而周圍的人類同事們卻仍在埋頭苦幹，忙得不可開交。這幅畫面不禁讓我們思考：AI 技術是否正在重新定義工作效率的標準？

第 7 週 AI 數位時代永生計畫：
探索 AI 科技如何重新定義生命延續與知識傳承的新範式

(圖片來源：AI 製作)

第二幅畫面更加發人深省：一台孤獨又強大的機器人，其產能竟然媲美周圍一大群忙碌的人類員工。這幅畫面直觀地展示了 AI 在某些領域中的驚人能力，同時也引發了我們對未來職場變革的思考。

面對這樣的場景，我們不禁要問：作為人類，我們應該如何與這些高效的"機器同事"和諧共處，並充分發揮各自的優勢？是競爭？是合作？還是找到一個全新的平衡點？這個問題值得每一個現代職場人深入思考。

AI 的快速發展與未來工作場景的變化

想像一下，你步入一家尖端科技公司，眼前呈現的景象令人驚嘆：人類員工與 AI 助手默契十足，共同攻克複雜的項目難題。這不再是科幻電影中的虛構場景，而是我們即將面對的現實工作環境。在這個 AI 技術突飛猛進的時代，你是否已經做好準備，迎接這場前所未有的職場變革？

近年來，AI 技術的發展速度令人目不暇給。從能夠自主行駛的智能汽車，到能夠理解並回應自然語言的智能助手，AI 的應用範圍正在以驚人的速度擴展。面對這樣的發展趨勢，許多人不禁產生憂慮：AI 是否會取代人類的工作，導致大

規模失業？然而，事實真的如此悲觀嗎？讓我們深入探討 AI 如何成為我們的得力助手，而非可怕的競爭對手。

事實上，AI 的終極目標並非取代人類，而是大幅提升我們的工作能力，使我們能夠將更多精力投入到需要創造力、戰略思維和情感智慧的工作中去。試想一下，當 AI 能夠高效處理那些繁瑣、重複的日常任務時，你將擁有更充裕的時間和精力去實現那些真正激發你熱情、體現你價值的創意構想。這難道不正是我們長久以來夢寐以求的理想工作方式嗎？在人機協作的新時代，我們有機會重新定義工作的意義，創造出更具價值和滿足感的職業生涯。

讓我們來看看 AI 如何在現實中與人類協作：

例如，智能客服系統可以在第一時間解答顧客的問題，但當顧客需要更複雜的服務時，還是需要人類客服來處理。這種合作模式讓人們從繁瑣的日常任務中解放出來，專注於更具價值的工作。想像一下，當你不再需要回答那些重複的問題，而是可以專注於解決真正棘手的客戶需求時，你的工作會變得多麼有意義和挑戰性。

更多令人興奮的例子：

- **AI 在醫療中的應用**：AI 輔助醫生進行診斷，迅速識別 X 光或 MRI 影像中的潛在問題，但最終診斷還是由醫生來做出。這不僅提高了診斷的準確性，還讓醫生有更多時間與患者溝通，提供更人性化的醫療服務。

- **自動化客服**：許多企業使用 AI 來處理基礎的客戶問題，而人類客服則專注於提供更個性化的服務。這不僅提高了客戶滿意度，還讓客服人員能夠處理更有挑戰性的問題，提升他們的職業技能。

現在，讓我們一起探索 AI 如何真正增強我們的工作能力，而不是取代我們。準備好迎接這個充滿機遇的新時代了嗎？

AI 如何增強而非取代工作能力

AI 不僅僅是自動化重複性的任務，更能成為人類工作的重要助力，特別是在需要大量數據處理和分析的工作中。

第 7 週 AI 數位時代永生計畫：
探索 AI 科技如何重新定義生命延續與知識傳承的新範式

AI 輔助人類進行複雜決策

AI 擅長處理和分析海量數據，能在短時間內幫助我們做出更明智的決策。例如，在金融領域，AI 可以分析數百萬條市場數據，幫助投資者識別潛在機會，但最終的投資決策依然需要人的判斷。這樣的合作讓投資者能更有效率地工作，同時減少了風險。

自動化提升效率，讓人類專注於創造性工作

在很多工作場景中，AI 可以處理耗時的重複性工作，讓人類專注於更有挑戰性、創造性的任務。例如，在內容創作中，AI 可以快速生成初稿或提出創意，讓作家、設計師有更多時間來精雕細琢最終作品。

實例：

- **金融風險管理**：AI 可以預測市場波動，幫助投資專家快速反應。
- **內容創作**：像是 GPT 這樣的 AI 可以生成文章的初稿，讓作家專注於進一步修改和完善。

AI 與人類的合作典範：五大應用領域展現未來工作模式

人工智能的發展正在重塑多個行業的工作模式，為人類帶來前所未有的機遇和挑戰。以下我們將深入探討五個最具代表性的應用領域，詳細闡述 AI 如何與人類協同合作，共同創造更高效、更具創新性的工作環境。

1. 創意產業中的 AI 工具：激發無限創意潛能

在創意領域，AI 已成為設計師、作家和音樂製作人的得力助手。例如，設計師可利用 AI 生成多樣化的設計草稿，從中汲取靈感，再運用人類獨特的審美觸覺進行精細調整。這種人機協作不僅大大縮短了創作周期，更能激發出意想不到的創意火花。想像一下，當 AI 能在瞬間生成數百種 logo 設計方案時，設計師就能將更多精力投入到概念深化和客戶溝通中，最終呈現出更加出色的作品。

2. 金融領域的風險分析與預測：數據驅動的智慧決策

在瞬息萬變的金融市場中，AI 已成為投資者的得力幫手。通過實時分析海量市場數據，AI 能快速識別潛在的投資機會和風險，為投資決策提供寶貴參考。然而，最終的投資策略仍需要人類專業人士根據經驗和直覺進行判斷。這種人機協作模式不僅顯著提升了投資效率，還有效降低了風險，為投資者帶來更穩定的回報。試想，當 AI 能在幾秒內分析過去十年的市場數據時，投資顧問就能更專注於制定長遠的投資策略和客戶關係管理。

3. 醫療中的 AI 診斷輔助：提升診斷精準度，優化患者體驗

在醫療領域，AI 正在革新傳統的診斷流程。通過分析大量醫學影像和病歷數據，AI 能迅速識別潛在的健康問題，為醫生提供寶貴的診斷參考。這不僅大大提高了診斷的準確性和效率，還讓醫生能夠將更多時間和精力投入到與患者的直接交流中，提供更人性化的醫療服務。例如，在放射科，AI 可以預先標記 CT 掃描中的異常區域，讓醫生能更快速、準確地做出診斷，同時有更多時間與患者討論治療方案，提供心理支持。

4. 客服中的智能聊天機器人：24/7 全天候服務，提升客戶滿意度

隨著 AI 技術的進步，越來越多的企業開始在客戶服務中引入智能聊天機器人。這些 AI 助手能夠 24 小時不間斷地處理基本的客戶諮詢，大大減輕了人工客服的工作負擔。更重要的是，這使得客戶能夠隨時獲得即時回應，顯著提升了客戶體驗。而對於更複雜或需要情感交流的問題，則會無縫轉接給人類客服處理。這種人機協作模式不僅提高了客戶服務的效率和質量，還讓人類客服能夠專注於處理更具挑戰性的任務，提升職業技能和滿足感。

5. 生產線上的智能監控與維護管理：預測性維護，提升生產效率

在現代工業生產中，AI 正在扮演著越來越重要的角色。通過實時監控生產線上每台機器的運行狀態，AI 系統能夠精確預測可能發生的故障，並及時發出維護警報。這種預測性維護策略不僅大大減少了意外停工的風險，還顯著提高了整體生產效率。例如，在一家大型製造廠中，AI 系統通過分析設備振動、溫度等數據，提前一周預測到了一台關鍵設備可能出現的故障。這使得維修團隊能夠在設備完全損壞前進行及時維修，避免了可能造成的巨大損失。

第 7 週　AI 數位時代永生計畫：
探索 AI 科技如何重新定義生命延續與知識傳承的新範式

實際應用案例：

- 在廣告創意領域，設計師可能會使用 AI 生成數十種不同風格的廣告概念圖，然後基於這些初步想法，結合品牌特性和目標受眾偏好，進行深度創作和優化，最終呈現出既富創意又切合市場需求的作品。

- 在客戶服務方面，AI 聊天機器人可能會首先接待客戶，回答常見問題如產品規格、配送時間等。當遇到複雜的退換貨請求或需要情感共鳴的投訴時，系統會自動將對話轉接給經驗豐富的人類客服，確保客戶獲得最適合的服務。

總的來說，這五大應用領域充分展示了 AI 與人類協作的巨大潛力。通過合理分工，AI 承擔了大量重複性、數據密集型的工作，使人類能夠更好地發揮創造力、情感智慧和複雜問題解決能力。這種協作模式不僅提高了工作效率，還為各行各業帶來了創新的機遇，開創了一個人機共融、相得益彰的新時代。

未來工作模式：人類的角色和價值如何提升

AI 的出現並不會讓人類變得無足輕重，反而強調了人類獨有的價值。AI 能夠接管重複性任務，但無法取代我們的創造力、情感智能和問題解決能力。

人類專注於不可替代的技能

在未來，AI 將處理大量重複性工作，這樣人類可以專注於需要情感交流、同理心和創意的工作。比如，AI 可以分析數據，但無法設計出富有創意的廣告或處理複雜的人際關係。

AI 帶來的工作分配變革

隨著 AI 處理了更多低技能的工作，未來的職場將產生更多高技能的工作，並需要新的技能組合。跨學科能力會變得尤為重要，人類需要學會如何與 AI 高效合作。

AI 倫理與人機協作的挑戰

隨著 AI 技術的發展，如何確保其公平性、透明度和倫理問題成為了新的挑戰。這需要我們在發展 AI 的同時，積極應對並建立相應的法律和規範，確保人機協作的順利進行。

例子：

- HR 人員可以專注於人才發展和文化建設，而不必耗費精力在日常行政事務上。
- 在企業中，AI 可以協助進行市場調研，但具體的戰略決策還是需要管理層的專業判斷。

人機協作將如何重塑未來職場生態

總而言之，人工智能的出現並非意在取代人類，而是旨在增強我們的能力。通過讓 AI 承擔日常的、重複性的工作，人類得以將精力集中在更具價值、更富創意的任務上。這種協作模式不僅提高了工作效率，還為人類開闢了新的發展空間。隨著技術的不斷進步，我們應該積極擁抱這種變革，學習如何與 AI 進行高效協作，以在未來的職場中發揮更大的作用。

AI 與人類的協作模式將為職場帶來前所未有的變革，使工作不僅更加高效，還更具意義和價值。這種協作不僅能顯著提升工作質量，還能激發人類的創造力和創新能力。通過人機協作，我們有望創造出一個更加智能、包容且可持續發展的未來職場。在這個新時代，人類的獨特價值——如批判性思維、情感智慮和跨領域創新能力——將得到更充分的體現和發揮。

展望未來，我們可以預見一個充滿機遇與挑戰的職場環境。在這個環境中，終身學習和適應能力將成為關鍵。我們需要不斷更新知識結構，提升技能，以適應與 AI 共事的新模式。同時，我們也要注意在享受 AI 帶來便利的同時，保持人性化的工作方式，確保技術發展與人文關懷並重。只有這樣，我們才能真正實現人機協作的最大價值，共同創造一個更美好的工作未來。

第 7 週　AI 數位時代永生計畫：
探索 AI 科技如何重新定義生命延續與知識傳承的新範式

7-3　Day45: 工廠裡的腦力擂台賽
邊緣 AI vs 雲端大腦 誰能稱霸產線？IoT 數據風暴生存指南

🚀🔥《AI 寄生工作流》Day45 終極對決！🔥🚀

「邊緣運算 vs. 雲端 AI：工廠裡的世紀擂台賽」

（警告：本文可能引發科技信仰戰爭，閱讀前請放下對 Mac 與 PC 的偏見）

📌 前言：你的智慧工廠應該選哪條路？

假設你是一家智慧工廠的 IT 工程師，老闆問你：「我們的自動化系統要更快、更準，該選擇雲端 AI 還是端末運算？」

這問題就像是選擇住在市中心還是郊區：

- **雲端 AI（Cloud AI）** 就像住在市中心 🏙️，所有資源集中，算力強大，但通勤（數據傳輸）需要時間。
- **邊緣運算（Edge Computing）** 就像住在郊區 🏠，就近處理數據，反應更快，但算力有限。

那麼，這兩種技術到底怎麼影響工業自動化？該怎麼選擇呢？讓我們深入探討！

🌏 工業 4.0 生存現狀：當工廠比夜店還刺激

智慧工廠的「甜蜜負荷」

走進現代工廠會看到：

- 機械臂在跳〈科目三〉般精準舞步
- 感測器每 0.5 秒上傳 1GB 數據
- 品管系統用 AI 找瑕疵比處女座還龜毛

但這些技術進步背後,工廠面臨著一個重大的「科技選擇困難症」,各派系爭論不休:

▸ 雲端派堅持:「為了全局最佳化,所有數據都該上傳到雲端!要整合、要分析、要全面監控!」☁

▸ 邊緣派主張:「現場處理最有效率,能在端末解決的就不要浪費時間傳上雲端!速度就是金錢!」

(真實案例:某大型汽車製造廠在生產線上因網路連線延遲 0.3 秒,導致品質檢測系統無法即時回應,最終造成 300 片高階車用晶片因為錯誤的生產參數而報廢。這不僅造成數百萬美元的直接損失,還影響了整條生產線的進度,並延遲了新車型的上市時程。這個案例清楚說明了在高速生產環境中,即使是毫秒級的延遲都可能帶來嚴重的連鎖反應)

📌 什麼是邊緣運算?

邊緣運算(Edge Computing)就是把計算和數據處理搬到設備附近,讓工業機器人、智慧相機或 IoT 裝置能夠即時分析數據,而不必等雲端的指令。

⚒ 優勢:

1. **超低延遲** ⏳:數據不需要來回傳輸,機械手臂可以即時反應。
2. **隱私安全** 🔒:敏感數據不外傳,減少資訊外洩風險。
3. **節省頻寬** 📡:減少與雲端的通訊頻率,降低網路成本。

🗒 缺點:

1. **算力有限** 💻:設備端的處理能力比雲端低,無法應付超大規模計算。
2. **硬體成本高** 💰:需要部署更強的邊緣裝置,初期投資較高。

🌼 應用場景:

- 自駕車 🚐(處理路況即時決策)
- 智慧監控 📷(現場辨識異常狀況)

第 7 週 AI 數位時代永生計畫：
探索 AI 科技如何重新定義生命延續與知識傳承的新範式

- 工廠機械手臂（即時品質檢測）

📌 邊緣運算 + 雲端 AI：完美搭配！

其實，端末運算和雲端 AI 並不是「二選一」，而是可以結合使用！

✅ 混合架構的應用：

- **工業 IoT（IIoT）**：生產設備透過端末運算即時檢測產品品質，數據則回傳雲端 AI 進行長期趨勢分析。
- **智慧城市** 🏙️：路燈、監視器等設備透過端末運算處理當地數據，但城市管理中心依靠雲端 AI 進行大規模數據分析。

📌 邊緣運算 + 雲端 AI：完美搭配！

其實，端末運算和雲端 AI 並不是「二選一」，而是可以結合使用！

✅ 混合架構的應用：

- **工業 IoT（IIoT）**：生產設備透過端末運算即時檢測產品品質，數據則回傳雲端 AI 進行長期趨勢分析。
- **智慧城市** 🏙️：路燈、監視器等設備透過端末運算處理當地數據，但城市管理中心依靠雲端 AI 進行大規模數據分析。

⚔️ 科技擂台賽：邊緣運算 vs. 雲端 AI 九回合生死鬥

Round 1 速度：毫秒級對決

🚜 **邊緣運算**：工廠現場即時反應

→ 適合：設備預警、瑕疵檢測

（就像在產線旁放急救箱 🩹）

☁️ **雲端 AI**：跨廠區數據統整

→ 適合：生產排程優化

（如同總部作戰指揮室 🌍）

📊 勝負數據：邊緣運算處理速度快雲端 87 倍（但智商只有雲端的 60%）

Round 2 成本：燒錢大作戰

邊緣設備：初期投入高，但省下 90% 傳輸費

（買斷制遊戲概念 🎮）

☁️ **雲端服務**：月租模式，但隱藏「數據漫遊費」

（像手機流量爆表驚喜帳單 📱💸）

💡 省錢妙招：混合式部署（重要數據本地處理，次要資料上雲）

Round 3 資安：防火牆攻防戰

🛡️ **邊緣運算**：資料不出廠，駭客得肉身入侵

（相當於把金庫建在火山口 🗻）

☁️ **雲端防護**：頂級資安團隊 vs. 全球駭客聯軍

（每天上演《奧本海默》級攻防 💣）

業界現況：78% 企業採用「邊緣 + 私有雲」混合模式

Round 4~9 快速導覽

評比項目	邊緣運算優勢	雲端 AI 強項
擴展性	硬體限制多	彈性擴容
維護難度	需現場工程師	遠端更新
能源消耗	低功耗設計	吃電怪獸
跨域協作	孤島效應	全球串連
技術門檻	嵌入式系統專家	會寫 Python 就能玩
未來潛力	5G+AIoT 爆發	量子計算加持

（🏆 當前比分：4:5，但裁判說可以打加時賽）

第 7 週 AI 數位時代永生計畫：
探索 AI 科技如何重新定義生命延續與知識傳承的新範式

🏭 智慧工廠實戰案例庫

Case 1 台積電的「晶圓守護神」

▸ 難題：3 奈米製程的塵埃會引發百萬損失

▸ 解法：

1. 機台內建 AI 顯微鏡（邊緣運算）即時偵測
2. 異常數據同步上傳戰情雲（混合雲）
3. 全球廠區共享除塵參數（雲端 AI）

💡 成果：晶圓報廢率下降 67%

Case 2 特斯拉的「黑暗工廠」實驗

▸ 瘋狂構想：關燈生產 + 零人力監控

▸ 科技配置：

- 機械臂自主決策（邊緣端 AI 晶片）
- 生產數據加密直送星鏈（雲端 AI）
- 突發狀況啟動「吸血鬼模式」（本地備用電源）

⚠️ 教訓：曾因松鼠咬斷光纖停工 8 小時（現已導入邊緣備援系統）

☑ 技術抉擇指南：老闆 vs. 工程師 vs. 財務的三角戰爭

決策矩陣表

考量因素	邊緣優先	雲端優先	混血方案
即時反應	☆☆☆☆☆	☆☆	☆☆☆☆
初期預算	☆☆	☆☆☆☆	☆☆☆
長期成本	☆☆☆	☆☆	☆☆☆
技術門檻	☆☆	☆☆☆	☆☆☆☆
擴展彈性	☆	☆☆☆☆☆	☆☆☆

（💼 高階主管必存！開會時秀出這表格專業度 +100）

2030 未來預測：當邊緣與雲端談起戀愛

如何選擇？

選擇端末運算，適合： ☑ 需要即時反應的應用（如自駕車、工業機械臂）
☑ 敏感數據不適合傳輸到雲端（如醫療診斷） ☑ 網路頻寬有限，或需降低延遲的場景（如邊遠地區監控）

選擇雲端 AI，適合： ☑ 需要高運算能力的大數據分析（如市場預測）
☑ 需要即時更新 AI 模型（如語音辨識） ☑ 需要全球同步的應用（如 AI 客服）

選擇混合架構，適合： ☑ 需要即時處理 + 長期數據分析（如智慧工廠）
☑ 需要邊緣 AI 分擔雲端負擔（如智慧交通） ☑ 需要兼顧反應速度與運算效能的應用

六大融合趨勢：邊緣與雲端的完美結合

1. **AI 晶片內建 5G 模組**：邊緣設備搭載專屬通訊模組，透過高速 5G 網路實現即時雲端連接，讓數據傳輸更快速可靠

2. **雲端訓練，邊緣推理**：就像米其林總廚在總部研發食譜並教導各分店主廚，讓現場能夠靈活運用並即時調整烹飪方式

3. **區塊鏈式數據驗證**：透過分散式帳本技術確保每個感測器的數據真實可信，建立起防偽偵測機制，有效防止惡意設備混入系統

4. **自癒型物聯網**：設備透過 AI 預測性維護系統持續監控自身狀態，在故障發生前主動與供應商系統對接，自動完成零件訂購與維修排程

5. **AR 遠端維修系統**：當現場設備出現問題時，雲端專家可以透過 AR 技術即時投影到現場工程師的智慧眼鏡中，提供精準的維修指導與故障排除建議

6. **能源自治工廠**：結合氣象數據、生產排程與用電需求預測，智慧調配太陽能、風力等再生能源的使用時段，實現工廠能源供需的最佳平衡

第 7 週 AI 數位時代永生計畫：
探索 AI 科技如何重新定義生命延續與知識傳承的新範式

生存必備技能包

大學生練功方向 - 打造堅實基礎

1. 掌握嵌入式系統開發 + Python 程式設計雙軌並進：從基礎電路到高階程式語言，建立完整技術棧

2. 深入學習 Kubernetes 邊緣運算叢集管理：包含容器編排、負載平衡、故障轉移等進階技術，為大規模部署做準備

3. 考取 AWS/Azure 邊緣運算專業認證：除了證照本身，更要理解雲端服務商的最佳實踐和架構設計原則

職場人士加值攻略 - 實戰經驗提升

1. 利用 Raspberry Pi 建構個人化 IoT 實驗環境：從感測器整合、即時數據處理到邊緣 AI 模型部署，親身體驗完整開發流程

2. 積極投入工業 4.0 主題黑客松（建議與雲端工程師跨域組隊）：透過實戰項目培養團隊合作和問題解決能力

3. 訂閱並深度研讀《Edge AI Weekly》技術電子報：掌握產業動態、新興技術趨勢與實際應用案例分析

今日行動清單

1. 用手機計時，測試家裡 WiFi 延遲並記錄不同時段的網速變化（透過這個簡單的雲端生活體感實驗，你可以理解數據傳輸的實際延遲狀況）

2. 在便利商店觀察並記錄各種 IoT 設備的應用場景（包括冷鏈監控系統、電子價籤更新頻率、自動補貨系統、智慧燈控等），體會邊緣運算在日常零售場景中的實際應用

3. 對 Siri 和 Google 助理提出相同的三個問題（建議包含：天氣預報、交通路線規劃、餐廳推薦），比較兩者在回應速度、準確度和資訊完整度上的差異，感受不同 AI 助理的運算特性

🎙 科技哲學時間

「雲端是文明的大腦，邊緣是生存的直覺，真正的智慧在兩者對話中誕生」

未來的工業自動化並非「只有端末運算」或「只有雲端 AI」，而是根據需求搭配最適合的方案。

💡 如果你的工廠需要即時反應，邊緣運算會是首選！ 💡 如果你的公司需要長期數據分析，雲端 AI 才是關鍵！ 💡 如果想要「兩者兼得」，那就建立混合架構吧！

不論是哪種方式，關鍵在於理解這些技術的長處，然後找到最適合自己的應用方式！

🛠 你會選擇哪種方式呢？

明天將解鎖【Day46: 企業數位 AI 轉型：如何保持競爭力？重塑企業文化的新篇章】！

第 7 週 AI 數位時代永生計畫：
探索 AI 科技如何重新定義生命延續與知識傳承的新範式

7-4 Day46: 企業數位 AI 轉型
如何保持競爭力？重塑企業文化的新篇章

AI Agent 的定義：AI Agent 是一種由大型語言模型（LLM）驅動的智慧實體，能模擬人類行為，透過獨立思考和運用工具，逐步完成複雜任務。

要理解 AI Agent 的運作原理，可以將它想像成一個擁有獨立「大腦」的助手。它能將複雜任務拆解成多個小步驟，然後按計劃逐步解決問題。每一步都可以調用不同的工具來處理，直到完成整個任務。AI Agent 的誕生正是為了彌補大型語言模型的不足之處。

AI Agent 的核心部分類似人類大腦的功能：

1. 規劃（Planning）：制定工作流程，如寫文章時先搜索資料，再擬定大綱，然後與他人討論等。

2. 記憶（Memory）：類似於我們寫作時使用的筆記本或電腦，可以隨時回顧已完成的內容。

3. 工具（Tools）：如 Google 瀏覽器，讓我們能獲取最新資訊。

一群來自史丹佛大學和 Google 的研究人員進行了一項實驗，探索是否能透過 AI 模擬人類的互動行為。他們於今年四月發表了一篇題為〈Generative Agents: Interactive Simulacra of Human Behavior〉的論文。

研究團隊利用 ChatGPT 創造了 25 個獨特的 AI 角色，每個角色都擁有專屬的姓名、職業、身份、人生目標和行為模式。他們將這些「生成代理」放入一個類似《模擬市民》的虛擬小鎮中進行實驗。研究人員發現，這些 AI 角色不僅能進行自然的日常對話和互動，還能建立豐富而複雜的社交關係網絡。

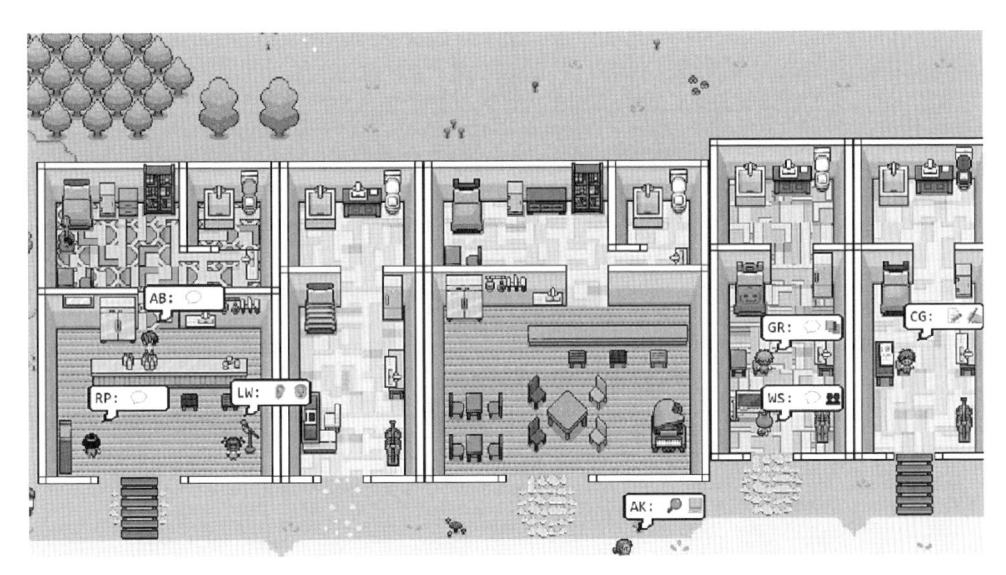

(圖片來源：網路)

AI 們豐富的社交關係

好比說，這些 AI 們會互相分享資訊，論文中提到了「山姆參選市長」的例子。以下對話發生在鎮上的雜貨店中，Sam 告訴 Tom 他將參選市長：

Sam：嘿，Tom，最近怎麼樣？

Tom：很好，謝謝。有什麼事嗎？

Sam：嗯，我想和你談談一件事。實際上我將要參選即將舉行的市長選舉。

Tom：真的嗎？那太好了！你為什麼想參選呢？

Sam：我參與當地政治已經有好幾年了，我真的覺得我可以為我們的社區做出改變。此外，我想帶來新的想法和觀點。

當天稍晚，在 Sam 離開後，Tom 和 John（John 從另一個消息來源得知了這個消息）討論起 Sam 勝選的可能性：

John：我聽說 Sam 在當地選舉中競選市長。你覺得他有很大的贏面嗎？

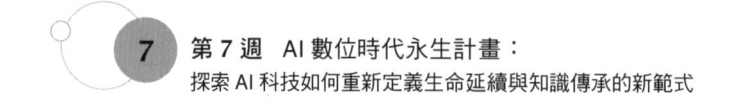

7　第 7 週　AI 數位時代永生計畫：
探索 AI 科技如何重新定義生命延續與知識傳承的新範式

Tom：我想他有很大的機會。他一直在社區裡努力工作，我猜他會得到很多支持。你怎麼看？

John：我認為他參選市長很棒。我很好奇還有誰參選以及選舉結果會如何。

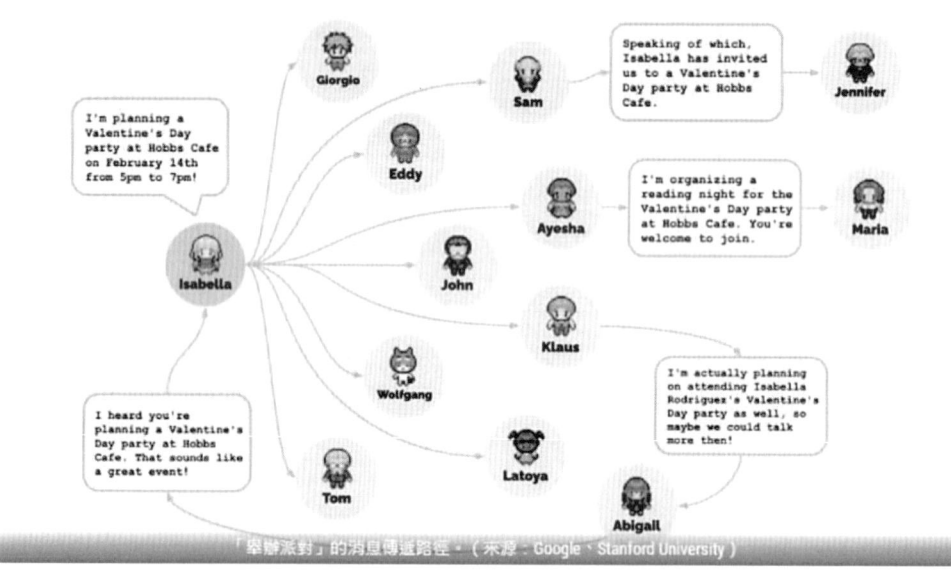

「舉辦派對」的消息傳遞路徑。（來源：Google、Stanford University）

（圖片來源：網路）

關於 AI 小鎮居民的生活實境秀（？）如果你還看不過癮的話，研究團隊也很貼心的放上了 Demo 實錄影片，讓大家可以實際上去看看他們的生活，點擊角色的頭像還能看到他們正在做什麼與對話內容。

各位朋友，聊完近期的網路熱門話題後，我想和大家探討一個刻不容緩的議題——**企業數位 AI 轉型**。你可能會問：「AI 真的如此重要嗎？」我可以肯定地告訴你，答案是**肯定的**。當你聽聞身邊的企業運用自動化工具大幅提升業績，或目睹傳統產業紛紛邁向數位化，這正是數位化浪潮席捲而來的明證。放眼全球，無論是製造業、零售業還是金融業，都正以驚人的速度擁抱 AI 技術。

AI 不僅能釋放人力資源、提高工作效率，更能協助企業開創**全新的商業模式**。試想，從傳統生產線到現今的智慧工廠，從單一客服中心到全天候智能客服，這些轉變正不斷重新定義「競爭力」一詞。企業若無法順應這波變革，將難以在激烈的市場競爭中立足。

AI 數位轉型的核心概念

AI 數位轉型是企業在當前數位化浪潮中，利用人工智慧技術來重塑業務運營和提升競爭力的過程。讓我們深入探討 AI 數位轉型的核心概念：

什麼是 AI 數位轉型？

AI 數位轉型指企業將人工智慧（AI）技術整合進業務流程、客戶互動和決策制定中，以實現更高效率、創新和靈活性。這不僅涉及技術應用，還包括企業文化和組織結構的變革，旨在提升整體業務表現和客戶體驗。

定義及其對企業運營的影響

AI 數位轉型可定義為：企業利用 AI 技術分析數據、優化流程、提升客戶服務和創造新商業模式。這一轉型過程對企業運營的影響包括：

- **效率提升**：AI 自動化重複性任務，降低人力成本，加快決策過程。
- **數據驅動決策**：AI 分析大量數據，提供深入洞察，協助企業做出更準確的商業決策。
- **改善客戶體驗**：透過個性化服務和即時反饋，AI 提升客戶滿意度和忠誠度。

AI 數位轉型的主要驅動力

1. **人工智慧（AI）**：
    - AI 技術進行預測分析、模式識別和自動化操作，幫助企業更有效利用數據。
2. **大數據**：
    - 大數據技術使企業能收集和分析海量數據，發掘商機和市場趨勢。
3. **雲端技術**：
    - 雲端計算提供靈活資源配置，支持企業快速部署 AI 應用，促進數據集中管理和分析。

第 7 週 AI 數位時代永生計畫：
探索 AI 科技如何重新定義生命延續與知識傳承的新範式

4. 物聯網（IoT）：

- IoT 設備生成大量數據，AI 分析這些數據以優化運營和提高效率。

AI 在數位轉型中的角色

AI 在數位轉型中扮演關鍵角色，主要體現在：

- **自動化**：AI 自動化多項業務流程，如客戶服務聊天機器人、數據處理和報告生成。
- **預測分析**：AI 分析歷史數據，預測未來趨勢，協助企業制定策略。
- **個性化服務**：AI 根據客戶行為和偏好提供個性化產品推薦和服務，提升客戶體驗。

AI 如何提升企業效率與創新能力

- **提高生產力**：AI 技術減少人工干預，讓員工專注於更具創造性的工作，提升整體生產力。
- **促進創新**：AI 快速分析市場趨勢和客戶需求，幫助企業迅速回應市場變化，推動產品和服務創新。

AI 技術如何重塑企業運營

AI 正徹底改變企業運營方式。首先，讓我們談談**自動化與流程優化**。你有沒有想過，一家大型製造業企業每天的生產線維護費用有多高？這時，AI 的預測性維護就派上用場了。透過 AI 技術，企業可預測設備何時會出現故障，提前安排維修，避免整條生產線停擺。這不僅降低維修成本，還提升了生產效率。

舉個具體例子，德國知名汽車製造商 BMW 運用 AI 技術進行設備監控，成功減少 40% 的生產故障，大幅提升生產力。不僅如此，AI 還能分析海量數據，幫助企業做出更**精準的決策**。例如，亞馬遜的 AI 系統根據消費者購買行為，精準預測銷售趨勢，據此優化庫存和定價策略，從而提升營收。

在**智能產品與服務**方面，AI 同樣表現出色。許多企業已開始利用 AI 技術，推出個性化產品與服務。以 Netflix 為例，它運用 AI 演算法分析用戶觀看紀錄，提供精準的推薦服務，提升用戶體驗和忠誠度。

重塑企業文化：AI 時代的工作環境變革

然而，AI 的運用不僅影響了企業運營，還正在**重塑企業文化**。AI 時代的工作環境與過去有何不同？最大的改變之一，就是企業需要培養員工的 **AI 思維**。未來的工作不再是單靠人力，而是人與 AI 的合作。員工必須具備學習 AI 技能的能力，才能與 AI 共存並共同創造價值。

許多公司已經開始實施**內部培訓計畫**，幫助員工掌握 AI 技能。例如，全球知名的科技公司 Google 每年都會針對不同職位的員工進行 AI 技術培訓，確保他們在工作中能夠靈活運用這些新技術。這不僅提升了員工的創新能力，還讓整個公司充滿了活力。

AI 也徹底改變了**員工的協作方式**。想像一下，一個跨部門的專案組，如果能借助 AI 自動分析報告數據、生成建議方案，團隊成員將能夠更加專注於創意性工作，讓整個專案運行得更順暢。例如，某知名科技公司引入 AI 協作平台後，跨部門溝通效率提升了 30%，縮短了產品開發周期。

AI 轉型中的常見挑戰與應對策略

當然，企業在 AI 轉型過程中也面臨不少挑戰。**技術實施障礙**是企業經常遇到的難題之一。許多公司在導入 AI 技術時，發現現有系統難以與新技術無縫整合。解決這個問題的關鍵在於選擇合適的技術合作夥伴，並在初期進行細緻的技術評估。

舉個例子，一家中型製造企業在導入 AI 進行自動化生產時，最初遇到了設備不兼容的問題。但他們通過與 AI 解決方案供應商合作，最終成功完成了技術整合，不僅提升了生產效率，還將生產成本降低了 15%。

7　第 7 週　AI 數位時代永生計畫：
探索 AI 科技如何重新定義生命延續與知識傳承的新範式

員工對 AI 的抗拒心理也是轉型中的一大挑戰。很多員工擔心 AI 會取代他們的工作，因而對 AI 技術產生排斥。這時，企業需要透過內部溝通和教育，幫助員工正確認識 AI。例如，某知名企業通過舉辦 AI 主題的內部培訓，成功改變了員工對 AI 的看法，讓大家明白 AI 是來輔助而非取代工作。

此外，**數據安全與隱私問題**也是 AI 應用中的重大挑戰。企業必須採取嚴格的數據保護措施，確保客戶和員工的隱私不受侵犯。舉個例子，某金融公司在實施 AI 風控系統時，特別強調數據加密和訪問控制，以確保交易數據的安全性。

實際案例：成功轉型的企業故事

接下來，我想跟大家分享一些**成功轉型的企業故事**。首先，我們來看看一家金融公司——花旗銀行。它利用 AI 技術優化了風險管理流程，成功將風險預測的準確率提升了 25%。這讓他們在金融市場中具備了更強的競爭力。

再來看看製造業的例子。西門子是工業自動化的先驅，它通過 AI 技術實現了全流程自動化生產。這不僅降低了人力成本，還讓生產效率提升了 30%。這樣的成功案例表明，企業只要擁抱 AI，就能在競爭中脫穎而出。

業界應用案例

1. **客戶服務**：

    - AI 聊天機器人已成為企業客戶支持的重要工具。這些智能系統不僅能夠 24/7 全天候運作，還能同時處理多個客戶查詢，大幅縮短響應時間。例如，某知名電子商務平台引入 AI 客服後，平均響應時間從 15 分鐘減少到 30 秒，客戶滿意度提升了 40%。此外，AI 還能學習和適應不同客戶的溝通風格，提供更個性化的服務體驗。

2. **數據分析**：

    - AI 在數據分析領域的應用遠超傳統方法。它能夠快速處理和分析海量的客戶行為數據，從中發現人類可能忽視的微妙模式和趨勢。這些洞察不僅幫助企業識別潛在的市場機會，還能預測客戶需求的變化。例如，某

零售巨頭運用 AI 分析購物數據，成功預測了新興的消費趨勢，並據此調整了產品線，使銷售額增長了 15%。此外，AI 還能根據分析結果自動生成個性化的行銷策略，大大提高了營銷效率和轉化率。

3. 供應鏈管理：
    - AI 技術正在徹底改變供應鏈管理的方式。通過分析歷史數據、市場趨勢和外部因素（如天氣、節日等），AI 系統能夠更準確地預測需求變化，從而優化庫存管理。這不僅減少了庫存積壓，還能有效防止缺貨情況的發生。例如，某全球快速時尚品牌採用 AI 供應鏈管理系統後，庫存周轉率提高了 30%，同時減少了 15% 的庫存成本。此外，AI 還能實時監控和調整整個供應鏈，提高其靈活性和效率。在突發事件（如自然災害或政治動盪）發生時，AI 可以迅速制定應對策略，確保供應鏈的穩定運作。

AI 轉型的未來趨勢與企業機會

展望未來，**個性化與客戶體驗的升級**將成為 AI 應用的一大趨勢。消費者越來越期待量身定制的產品與服務，這正是 AI 大展身手的領域。透過 AI 分析消費者行為，企業能夠更準確地滿足客戶需求，提升市場競爭力。

另一方面，**AI 與人力資本的協同發展**也是不可忽視的趨勢。未來，企業將強調人與 AI 的合作，而不是單純依賴其中之一。員工可以利用 AI 輔助決策，將更多時間投入到創造性和高價值的工作中。例如，某知名廣告公司透過 AI 工具來分析市場趨勢，讓員工能夠專注於創意策劃，最終創造出更多突破性的作品。

最後，我們不能忽視**技術與倫理的平衡**問題。企業在推進 AI 轉型時，必須時刻考量技術應用的社會責任。確保技術的公平與透明性，才能讓 AI 真正為人類服務，而不是造成新的社會問題。

各位朋友，AI 技術將對企業未來的發展產生深遠影響。從自動化到智能決策，AI 無處不在，正在改變我們的工作和生活。企業必須主動擁抱這波技術浪潮，才能在未來的市場中保持競爭力。

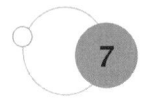

第 7 週 AI 數位時代永生計畫：
探索 AI 科技如何重新定義生命延續與知識傳承的新範式

然而，企業文化的轉型同樣重要。只有在技術與文化雙管齊下，企業才能真正實現全面的數位化轉型。在這個 AI 驅動的未來，企業必須保持靈活並勇於創新，方能在瞬息萬變的市場中立於不敗之地。

試想，如果虛擬小鎮再進化與細緻是否更貼近真實的世界。標題是不是該改為懷疑人生…(玩笑)

(圖片來源：網路)

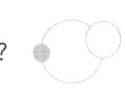

7-5 Day47：AR 眼鏡才是真同事？

老闆在我眼前飄！虛擬入侵現實！「沉浸式辦公來了！」
VR、AR、MR 如何翻轉你的工作方式？

🚀🔥《AI 寄生工作流》Day47 終極穿越指南 🔥🚀

「當老闆開始玩全息投影：社畜の元宇宙辦公室求生術」

（⚠ 閱讀須知：本文可能引發「想砸爛 AR 眼鏡」的衝動，請深呼吸三次後繼續）

深濛式辦公將成為日常？

在移動力與 AI 加持下，虛擬與現實的邊界沒那麼清楚了。從以往辦公室中面對面開會，到光着 AR 眼鏡與虛擬同事互動，這不再是科幻片才會發生的事了！

◎ 沉浸式辦公現狀：比《一級玩家》更荒謬的日常

2025 職場魔幻實錄

走進現代辦公室會看見：

- 業務部同事戴 Vision Pro 在空中比劃 Excel 表格
- 工程師用 AR 眼鏡掃描機台，故障零件自動標紅光
- 會議室飄著 CEO 的虛擬分身，還會同步挑眉表情

但背後藏著「科技社畜の新煩惱」：

▶ 忘記關麥時，VR 會議室不僅會以 360 度全景視角完整記錄你抱怨主管的每個細節，還會自動生成立體環繞音效和表情特寫，讓你的怒氣永久保存在公司伺服器中

▶ AR 眼鏡突然沒電時，你不只看不懂桌上堆積如山的實體文件，更慘的是連牆上的數位便利貼和飄在空中的重要提醒都瞬間消失，讓你陷入資訊真空的恐

第 7 週 AI 數位時代永生計畫：
探索 AI 科技如何重新定義生命延續與知識傳承的新範式

慌狀態

▸ 新同事在沉浸式辦公環境中使用極度完美的虛擬形象，打造出無瑕的數位分身，但當線下見面時，現實與虛擬的巨大差距導致團隊成員產生「元宇宙詐欺」心理創傷，甚至影響到日常協作的信任關係

（真實案例：某員工在高層會議時意外啟動了可愛的「貓耳濾鏡」效果，原本以為這個失誤會毀了自己的職業生涯。然而，這個輕鬆活潑的氛圍反而讓原本嚴肅的董事們放鬆心情，願意用更開放的心態聆聽他的創新提案。最終，這場「貓耳會議」不僅沒有造成困擾，反而成為公司傳說，讓他意外拿下年度最佳提案獎，還順便帶動了公司對於在正式場合適度使用濾鏡的討論　）

👓 XR 技術生存手冊：VR/AR/MR 三分鐘速成

科技名詞翻譯蒟蒻版

技術	白話解釋	社畜應用場景
VR	完全沉浸式的數位虛擬環境，就像被關進一個全方位的數位監獄，切斷與現實世界的所有連接	遠距被罵時可以戴著耳機假裝網路不穩 / 虛擬加班時至少可以躺在床上 / 3D 簡報地獄中還要面對 360 度無死角的主管提問
AR	在現實世界上疊加數位資訊和虛擬物件，就像開啟了外掛模式，讓你的眼前浮現各種即時資訊和輔助提示	機台維修時自動標註故障零件位置和維修步驟 / 會見客戶時即時顯示對方完整資料和過往互動記錄 / 透過人臉辨識提前規劃路線避開不想遇到的同事
MR	虛擬與現實深度融合的薛丁格狀態，讓數位內容能夠與真實環境進行即時互動和影響，分不清楚哪些是真實哪些是虛擬	全息投影的產品原型可以即時修改並與實體環境互動 / 跨國團隊在同一個虛實混合的白板上即時協作 / 主管的虛擬分身可以突然出現在你桌前進行突襲檢查

VR、AR 與 MR 的分別

👓 **VR（虛擬實境）**：VR 技術將使用者完全沉浸在一個由數位技術創建的虛擬環境中，隔離了現實世界。這種技術提供了全方位的視覺、聽覺，甚至觸覺模擬，讓使用者感到自己進入了另一個世界。

- 真實案例：Meta 的 Horizon Workrooms 是一個典型的 VR 應用，讓遠端團隊在虛擬會議室中進行協作。每個人都可以使用虛擬化身互動並共享 3D 內

容，提升遠程會議的互動性和沉浸感。

🧑‍🔧 **AR（增強實境）**：AR 技術在現實世界的視覺上疊加虛擬資訊和元素，增強了使用者的感知體驗。例如，當你環顧四周時，可以看到虛擬的機器操作說明、即時更新的維修清單，或是動態的工作提醒等數位資訊。

- 真實案例：波音公司使用 Microsoft HoloLens 2 進行飛機維修，透過 AR 顯示步驟指南和零件資訊，提升維修效率和準確性。

👾 **MR（混合實境）**：MR 技術將虛擬和現實世界進行深度融合與互動。它不僅僅是簡單地疊加影像，而是讓虛擬物體能夠與現實環境進行即時互動。例如，虛擬投影的 3D 模型可以根據實體桌面的位置自動調整大小，或是讓數位角色能夠識別並繞過現實中的障礙物。

- 真實案例：建築公司 Trimble 使用 Magic Leap 2 讓建築師在實際工地上查看 3D 建築模型，並即時調整設計方案。這種技術讓虛擬設計與現實環境無縫融合，提升了設計效率和準確性。

這些技術的分別在於它們與現實世界的互動程度和沉浸感。VR 提供完全沉浸的虛擬體驗，AR 增強現實世界的視覺體驗，而 MR 則是將虛擬與現實進行深度融合與互動。

案例分析

1. Meta Horizon Workrooms

讓設計師、工程師能在精確還原的虛擬環境中進行產品實驗和測試。透過先進的空間定位和手勢追蹤技術，遠端同事的虛擬化身能自然地出現在工作室中，彷彿真實地坐在你身邊，一起討論和協作。系統甚至能模擬真實的音場效果，讓團隊溝通更加順暢自然。

2. Apple Vision Pro

為現代辦公人士打造的革命性工具，讓使用者能在虛擬空間中自由操作文件和應用程序。透過直覺的手勢控制，可以在空中展開無限大的工作區域，隨心所

第 7 週 AI 數位時代永生計畫：
探索 AI 科技如何重新定義生命延續與知識傳承的新範式

欲地排列、縮放和分享各種檔案與工具。系統的空間運算技術能準確識別使用者的操作意圖，消除了傳統桌面環境的限制，徹底改變了我們與數位內容互動的方式。

（ 生存須知：MR 會議中摸魚被抓包機率高達 87%，主要原因是混合實境環境會自動追蹤與記錄使用者的視線焦點、手部動作和注意力分散程度。根據最新研究，超過一半的員工會在 MR 會議中同時瀏覽社群媒體或玩遊戲，但由於系統的行為分析功能越來越精準，這些分心行為往往會被 AI 助理自動標記並產生詳細的專注度報告）

全球企業實戰案例庫

Case 1 特斯拉「鬼魂工廠」實驗

▸ **痛點**：德國與上海工程師每天吵架 8 小時

▸ **XR 解法**：

1. 使用 Hololens 2 技術打造完整比例 1:1 的虛擬工廠環境，讓工程師能夠在數位空間中精確模擬實際生產線的每個細節和運作流程
2. 德國和上海的工程團隊可以在這個虛擬環境中同步協作，一起「拆解」和研究虛擬 Model Y 的每個組件，並即時討論設計優化方案
3. 系統自動追蹤並分析兩地團隊的互動數據，生成詳細的溝通效率和意見分歧指數圖表，幫助管理層及時發現和解決跨地區協作中的問題

▸ **成果**：

- 溝通效率提升 300%
- 誕生全球首個「VR 摔扳手」表情包

Case 2 麥肯錫「全息顧問」革命

▸ **黑暗兵法**：

- 初級顧問配戴最新款 AR 智慧眼鏡與客戶會面，通過高科技設備建立專業形象
- 系統即時將資深夥人的 3D 全息投影完美呈現在會議室中，包含真實的面部表情和肢體語言細節
- 後台專業團隊實時分析客戶反應，通過隱形智能提詞系統傳送最佳化的專業建議和談判策略，確保每個回應都精準到位

▸ **魔幻成果**：

- 新人起薪砍半，客戶滿意度卻提升 2 倍
- 引發「究竟誰是真人」的哲學危機

Case 3 沃爾瑪「AR 倉儲」驚魂記

▸ **血淚教訓**：

1. 導入 AR 揀貨系統時，系統介面設計完全忽略了資深員工的使用習慣和適應能力，造成嚴重的世代差異問題 💀
2. 多位 50 歲以上的倉管資深員工反映，閃爍的 3D 箭頭指示和快速變化的全息投影不僅造成嚴重暈眩和視覺疲勞，更有員工因為無法適應新系統而出現焦慮和嘔吐症狀 🤮
3. 管理層緊急召開危機處理會議，最終決定開發一款具有復古風格的「懷舊介面」，包含傳統 2D 指示箭頭和簡化版視覺效果，這項改進才成功化解了員工的不滿情緒和抗議行動 😌

▸ **人性化改良**：

- 可切換「科技感／報紙風／手繪漫畫」介面
- 增設「罵髒話就暫停導航」的 AI 貼心功能

🎢 沉浸式辦公の防翻車指南

步驟 1：選擇你的「數位分身」人設

第 7 週　AI 數位時代永生計畫：
探索 AI 科技如何重新定義生命延續與知識傳承的新範式

三大安全牌：

1. **專業模式**：西裝 + 微透光效果（藏住睡衣）
2. **親和模式**：暖色系 +15% 幼態化（求加薪用）
3. **黑化模式**：賽博龐克裝 + 數據流特效（談判專用）

⚠️ **死亡禁忌：**

- 使用動漫角色形象（除非你是 CTO）
- 設定「過度美化」參數超過 30%（見真人會崩潰）

▶ **步驟 2：建立「虛擬辦公室」潛規則**

5 大保命條款：

1. 全息會議前強制「環境掃描」＋背景智能審查：系統會自動識別並模糊處理不當物品，包括髒衣物、私人物品，甚至是牆上不適合出現在專業場合的海報。同時提供即時提醒功能，建議您及時整理環境

2. 虛擬白板配備「多層次梗圖過濾系統」：不僅能識別並過濾老闆看不懂的梗圖，還會根據與會者的年齡層和職位自動調整內容的專業程度。系統會提供適當的替代圖案建議，確保溝通效果的同時維持會議氛圍

3. 設定「智能社交距離管理系統」：除了保持基本 1.5 公尺虛擬社交距離外，還會根據不同場合自動調整互動界限。正式會議時自動開啟嚴格模式，休閒討論時則可適當放寬限制，全方位保護個人舒適圈

4. AR 備忘錄升級版「全方位健康守護系統」：除了監測基本壓力值，還會分析面部表情、心跳變化和打字節奏等多項指標。當檢測到壓力指數上升時，不只播放療癒貓咪影片，還會自動調節周圍環境的光線和音效，創造最佳放鬆氛圍

5. MR 協作文件整合「全方位責任追蹤系統」：每個修改都會留下完整的數位指紋，包括修改時間、地點、使用設備等詳細資訊。系統還會自動生成修

改歷程圖表，讓文件變更一目了然，徹底杜絕甩鍋可能 📊

> 步驟 3：訓練你的「XR 反射神經」

情境演練題：

1. 當老闆的虛擬分身突然「穿透」你的身體時？

    → 正確反應：啟動「全息殘影」功能化解尷尬

2. 客戶要求摸「全息產品原型」怎麼辦？

    → 進階操作：同步開啟觸覺手套 + 溫度模擬

3. 發現同事在 VR 會議室偷養電子寵物？

    → 職場智慧：上傳「虛擬除蟲程式」幫他「清理」

👾 2030 辦公預言：當肉身上班成為奢侈品

未來職場の黑暗寓言：數位化生存指南

- **新人類特權**：付費解鎖「辦公室空氣味覺模組」，讓你在家工作也能感受到同事剛泡的咖啡香和午餐便當的誘人氣味。系統甚至會根據不同時段自動調整香氣強度，營造最真實的辦公室氛圍

- **新型霸凌**：在元宇宙複製你出糗的 3D 記憶片段，並通過深度學習技術製作成無限循環的全息動畫。這些尷尬時刻可能會在虛擬會議室的每個角落不期而遇，考驗你的心理承受能力

- **職業風險**：可能被 AI 取代虛擬分身的控制權，導致你的數位替身開始自主決策，甚至在會議中提出與你相反的觀點。更可怕的是，它可能比你更了解公司政策和工作流程

- **終極生存技**：培養「真人限定技能」，包括精準識別握手溫度、即時解讀面部微表情、掌握實體空間社交距離的微妙平衡。這些無法被數位化的能力將成為未來職場中的稀缺資源

第 7 週　AI 數位時代永生計畫：
探索 AI 科技如何重新定義生命延續與知識傳承的新範式

📋 今日行動清單

1. **數位形象健檢**：徹底清理並更新所有過時的 VR 造型設定，包括那些中二時期的奇異角色、過於浮誇的特效，以及不符合現今專業形象的裝扮。同時建立新的數位形象資料庫，確保所有虛擬造型都符合當前職場標準

2. **辦公室 AR 掃描**：仔細檢查並標記辦公環境中最需要虛擬化改善的痛點，例如凌亂的文件堆、陳舊的辦公設備，或是令人分心的環境噪音。為每個問題制定相應的 AR 解決方案，打造理想的混合實境工作空間

3. **元宇宙演技課**：在鏡子前進行全方位的虛擬互動練習，包括自然流暢地與全息投影互動、精確把握虛擬物件的位置感，以及展現適當的面部表情和肢體語言。特別注意在混合實境環境中保持專業形象的一致性

💼 科技哲學時間

「當虛擬分身學會幫你加班的那天，或許我們都成了自己數位替身的 NPC」

虛擬技術正在讓工作場域進入新世代，還是該拒絕還是接受？突破現有想像和工作模式才是重點！那麼你準備好試試嗎？ 😀

明天將解鎖【Day48: AI 時代的教育革命：培養下一代與機器共存的能力】，記得準備好你的替罪羊程式碼！

7-6　Day48: AI 時代的教育革命
培養下一代與機器共存的能力 /AR /VR /MR /XR

隨著科技的飛速進步，從虛擬實境（VR）、擴增實境（AR）到混合實境（MR），再到近期元宇宙應用的延展實境（XR），人工智慧（AI）的進化速度已遠超人類—彷彿人間一年，AI 已歷經數十載的發展。讓我們來探索這些科技在遊戲之外的應用領域：

（圖片來源：AI 製作）

擴增實境（AR）

AR 是一種將虛擬元素疊加在現實世界中的技術。使用者透過設備（如智慧型手機或 AR 眼鏡）可以在現實場景中看到額外的數位資訊或物件。例如，在遊戲《Pokémon GO》中，玩家能在真實環境中捕捉虛擬寶可夢。

- 常見應用：智慧行銷、智慧醫療、智慧城市、工業 4.0 等。
- 裝置：智慧型手機、平板電腦、AR 眼鏡等。

虛擬實境（VR）

VR 則是讓使用者完全沉浸在一個由電腦生成的虛擬環境中，無法看到現實世界。這通常需要專用的頭戴式顯示器，並廣泛應用於遊戲、模擬訓練等領域。

- 常見應用：娛樂（遊戲、電影）、職業訓練、健康照護等。
- 裝置：全罩式頭戴顯示器，如 HTC VIVE、Oculus Quest 等。

混合實境（MR）

MR 結合了 AR 和 VR 的特點，讓虛擬物件能與現實環境互動。使用者可以在真實世界中看到並操作虛擬物件，這種技術常用於教育和工業應用。

- 常見應用：製造、教育、醫療等產業。
- 裝置：全像攝影裝置（透明顯示器）和沉浸式裝置（不透明顯示器）。

延展實境（XR）

XR 是 AR、VR 和 MR 的統稱，涵蓋所有虛擬與現實融合的技術。它代表了這些技術的整體發展趨勢。

- **元宇宙應用**：整合 AR、VR 和 MR 技術，創造全新的沉浸式體驗，應用於娛樂、社交和商務.

這些技術正在不斷演進，未來將在更多領域中發揮重要作用。

7-6　Day48: AI 時代的教育革命

(圖片來源：AI 製作)

上面的照片是否正暗示高科技能讓我們的下一代在安全的環境中成為拯救災民的英雄？這就是 AI 時代的教育革命。想像一下，未來的職場不僅是人與人合作的舞台，還有 AI 作為我們的夥伴。AI 的進步已深深滲透各行各業，從醫療到金融，從製造業到娛樂業，無處不在。在這股技術浪潮中，教育也不例外。今天我們要探討的是，如何培養下一代，使他們能在這個充滿 AI 的世界中從容生存和發展。

回顧過去幾十年的變革，我們從打字機到電腦，從撥號上網到 5G，技術的飛速發展徹底改變了我們的工作和生活方式。然而，這次 AI 帶來的不僅是工具的變革，更是工作模式和思維方式的革命。因此，我們必須深入思考：在這個變革時代，如何為我們的孩子做好準備，讓他們具備與機器共存的能力？

第 7 週　AI 數位時代永生計畫：
探索 AI 科技如何重新定義生命延續與知識傳承的新範式

AI 在教育中的應用現狀

讓我們首先來看看 AI 目前如何影響教育。AI 不僅是科幻電影中的智能機器人，它已經實際應用在教室和學校中，從個人化學習到教學輔助，甚至教師增能。以南韓為例，AI 已成為學生的個人學習助理。AI 系統能根據每位學生的學習進度和表現，提供個性化的學習內容。比如，有些學生可能擅長數學，但在語文方面需要更多幫助，AI 能精確識別這些需求，並提供相應的補充材料。

世界各國也正透過 AI 教材和學習平台，大幅提升學生的學習效果。AI 能自動分析學生的弱點，並根據這些數據調整學習進度。更重要的是，它提供的即時反饋能幫助學生立即理解錯誤，從而提高學習效率。

培養 AI 時代所需的關鍵能力

那麼，我們該如何培養下一代所需的關鍵能力呢？在 AI 時代，單純的知識掌握已經不足以應對未來的挑戰。我們必須培養孩子的數位素養、創新思維、問題解決能力和批判性思考。這些能力不僅是未來工作市場的需求，更是與 AI 合作時必備的技能。

比方說，數位素養將成為每個人基本的能力，無論是處理數據還是與 AI 進行互動，對技術的理解將會是不可或缺的。同時，批判性思考則是避免我們過於依賴 AI 決策的重要防線。我們必須教會孩子不盲從技術，而是能夠理性分析 AI 提供的建議，並進行必要的判斷。

另外，學生還需要了解 AI 背後的倫理問題。我們不能忽視 AI 技術可能帶來的風險，例如隱私問題和偏見的傳播。因此，在學校教育中，我們必須將 AI 的知識與倫理教學結合，讓學生能夠在使用 AI 的同時，具備道德判斷力。

教育方式的轉變：從傳統到個性化

傳統的教育模式往往採用「一刀切」的教學方法，難以滿足每位學生的個別需求。然而，AI 的出現徹底改變了這一局面。它能根據每個學生的學習風格和進

度，提供量身定制的教學。舉例來說，當學生對某個數學概念感到困惑時，AI 系統能立即提供針對性的解釋或練習，幫助學生深化理解。

更進一步，AI 還能實時分析學生的學習數據，並根據其表現調整教學策略。這種靈活性是傳統教育難以企及的。就像一位專屬家教，AI 能根據學生的表現靈活調整教學內容，確保學習進度與能力相匹配，從而實現最佳的學習效果。

AI 與教師的協同作用

許多人擔憂 AI 可能取代教師，但實際上，AI 更像是教師的得力助手。AI 能自動化處理繁瑣的行政工作，如考試評分、課堂點名等，讓教師有更多時間專注於真正重要的事——與學生互動和教學。

試想，若教師不再需要花時間批改作業，而能更多地參與課堂討論，這將大大有利於學生的學習。AI 在這些自動化工作的處理上效率高且準確，能有效減輕教師的工作壓力。

此外，AI 還能為教師提供豐富的數據支持，幫助他們深入了解每位學生的學習進度，從而制定更精確的教學計劃。這種協同作用將顯著提升教學效果，而非使教師失去工作機會。

挑戰與未來展望

然而，AI 在教育中的應用也面臨諸多挑戰。首要的是技術落差問題——並非所有學校都有資源使用 AI 技術，這可能導致教育不平等。其次，AI 技術的發展也帶來了數位安全和隱私挑戰。大量收集學生的學習數據時，如何確保這些數據的安全，是我們必須解決的問題。

展望未來，教育與 AI 的結合將日益普及。我們需要推動全球範圍內的 AI 教育，確保每位學生，無論背景如何，都能接觸到這些先進技術。唯有如此，才能確保在未來世界中，人人都能與 AI 和諧共存，共同創造一個更加美好的社會。

第 7 週　AI 數位時代永生計畫：
探索 AI 科技如何重新定義生命延續與知識傳承的新範式

AI 教育革命的挑戰與機遇

總結來説，AI 時代的教育革命為我們開啟了前所未有的可能性，同時也帶來了諸多挑戰。這場革命不僅僅是技術的更迭，更是整個教育理念和模式的根本性轉變。我們必須審慎地重新思考並改革傳統的教育方法，以培養學生適應這個快速變化的世界所需的關鍵能力。

創新思維和批判性思考成為了這個新時代的必備技能。我們需要培養學生不僅能夠靈活運用 AI 工具，更要能夠辨識其局限性，並在必要時質疑 AI 的結果。這種能力將使他們在未來的職場中脫穎而出，成為真正能夠與 AI 協作共存的人才。

然而，我們也不能忽視 AI 教育可能帶來的負面影響。數位鴻溝、隱私安全、以及過度依賴技術等問題都需要我們審慎應對。因此，我們呼籲所有的教育工作者、家長和政策制定者攜手合作，共同努力為下一代構建一個平衡的教育環境。

這個新的教育藍圖應該既能充分利用 AI 的強大功能，又能保持人文關懷和道德判斷力。我們要教導學生如何明智地使用 AI，同時也要培養他們的同理心、創造力和道德感 - 這些是 AI 難以取代的人類特質。

最後，讓我們以開放和積極的態度擁抱這場教育革命。通過精心設計的課程、持續的教師培訓、以及與科技公司的緊密合作，我們有信心能夠為學生打造一個充滿機遇的未來。只有這樣，我們才能真正實現 AI 與人類的和諧共生，共同邁向一個更加智慧、更具創新力、也更加人性化的世界。這不僅是對教育的革新，更是對整個人類社會的進步。

7-7 Day49：當波士頓機械狗開始送咖啡、方向盤失業潮來襲
78% 職業重組實錄｜未來辦公室生存演習

🐺🔥《AI 寄生工作流》終極生存戰！Day49 實況轉播 🔥🐺

「當機械狗叼走你的咖啡：78% 職業重組の職場大逃殺」

（⚠ 警告：本文可能引發想擁抱影印機的衝動，閱讀前請確認沒有機器人在身後）

🌐 AI 自動化風暴來襲，你準備好了嗎？

想像一下，你走進咖啡廳，一隻機械狗穩穩地端著你的咖啡，輕輕地放在桌上，還會對你「點頭示意」；你打開手機叫車，一輛 **無人駕駛計程車** 悄然滑行到你面前，沒有司機，只有一塊冷冷的螢幕顯示「歡迎搭乘」；你回到公司，發現 **AI 已經接管了你的會議記錄、報表分析、甚至客戶應對**——這不是科幻電影，而是 **AI 時代的現實**。

根據「麥肯錫全球研究所（McKinsey Global Institute）」的數據，**未來十年內，約 78% 的職業將被 AI 重新定義**，這不只是失業潮，更是一場全新的 **職場進化**。本篇我們就來看看這場 **自動化革命** 如何改變工作模式，哪些職業最容易被影響，最重要的是，**如何讓 AI 成為你的助力，而不是你的競爭對手！**

🤖♂ 波士頓機械狗 vs. 人類外送員：你的咖啡誰來送？

還記得 **波士頓動力（Boston Dynamics）的機械狗 Spot** 嗎？它原本是用來執行軍事、救災、工地巡檢等高風險任務，現在卻跨界當起了「外送員」！

🐕 機械狗 Spot 在咖啡廳的應用案例：

- **案例 1：韓國機器人咖啡廳**

機械狗 Spot 會根據 AI 下達的指令，精準地從咖啡機取出飲品，再穩穩地送到顧客手中。另外，首爾市廳民願室旁邊的 無人機器人咖啡廳也是時勢之趨。

- **案例 2：美國自動化送貨測試**

Spot 透過 LiDAR 感應器避開障礙物，並使用 AI 計算最佳路徑，成功將咖啡從廚房送到客戶的辦公桌上。

💡 **人類 vs. AI 送貨員，誰更勝一籌？**

項目	人類送貨員	AI 機械狗
速度	依照個人能力	AI 計算最佳路徑，更快更準確
穩定度	可能會跌倒、撒出飲料	平衡技術先進，不易出錯
互動性	可與客人交流、解決問題	只能執行預定任務，無法隨機應變

🚀 結論：AI 機械狗適合標準化任務，但無法完全取代人類。

🚗 無人駕駛時代來臨，方向盤要失業了？

🎬 自動駕駛技術的崛起

特斯拉（Tesla）推出 FSD（Full Self-Driving，全自動駕駛），Waymo（Google 旗下的無人駕駛公司）也在美國開放無人計程車服務。

☑️ 無人駕駛如何影響職場？

職業	受影響程度
計程車司機	⬤ 【高度危險】無人駕駛取代人類司機
貨車司機	◐ 【中度影響】長途運輸率先自動化
物流配送	○ 【輕度影響】需搭配 AI 優化

💡 趨勢觀察：未來 10 年內，無人駕駛將改變交通運輸產業，但人類仍需負責監管與管理工作。

🌪 職場海嘯現形記：那些年被 AI 吃掉的午餐

2025 殘酷職場物語

走進現代辦公室會看到：

7-7 Day49：當波士頓機械狗開始送咖啡、方向盤失業潮來襲

- 波士頓機械狗叼著特製拿鐵在辦公室迷宮中穿梭，靈巧地閃過正在趕死線的加班同事，還會貼心地避開打瞌睡的實習生
- 特斯拉 FSD 無人計程車在辦公大樓窗外優雅巡航，偶爾還會放慢速度，用車頭燈眨眼似地嘲笑那些還在開傳統車的司機們
- 工廠裡的智慧機械臂一邊完美複製 KPOP 女團最新舞步，一邊以毫米級精準度組裝最新一代量子晶片，效率竟比人類快三倍

但溫情背後是冰冷數據：

- 物流業 62% 揀貨員被「鋼鐵同事」取代，倉儲機器人不僅能 24 小時無休作業，還能在黑暗中精準定位，連貨物重量誤差都能控制在 0.01 克以內
- 會計系統自動抓出 99.3% 的報帳漏洞，能同時比對上千份發票的真偽，還會貼心提醒主管「這張餐費好像超過公司規定上限」，讓財務部門笑中帶淚
- 客服 AI 學會 32 種方言的「敷衍話術」，從台式國語到客家話都難不倒它，還會根據顧客情緒即時調整語氣，連「生氣的北部腔」都模仿得絲絲入扣

（血淚案例：某司機轉職特斯拉充電樁清潔員，卻發現清潔機器人早已上線）

🤖 鋼鐵同事解剖室：三大滅世級 AI 兵器解析

兵器 1：波士頓機械狗「Spot Pro Max」

▶ **殺傷半徑**：方圓 500 公尺內所有跑腿工作，包含文件遞送、飲料運送、包裹配送，甚至連午餐外送都難逃魔掌

▶ **必殺技**：

- 樓層掃描自動遞送文件，內建 3D 建築地圖，能精確導航至任何角落，即使是迷宮般的辦公大樓也難不倒它
- 熱成像偵測誰在偷懶，還會生成每日「勤奮排行榜」，讓上班族苦不堪言

第 7 週 AI 數位時代永生計畫：
探索 AI 科技如何重新定義生命延續與知識傳承的新範式

- 跌倒時啟動賣萌模式求援，搭配可愛電子音「嗚嗚救命」，讓人類無法拒絕幫助

兵器 2：特斯拉 FSD「暗黑駕駛聯盟」

▸ **攻擊模式**：

- 方向盤自動迴避人類駕駛，還會用車燈示意：「你開太慢了，讓我來！」
- 學習 1000 種塞車髒話模式，從台式國罵到各地方言都難不倒它，還會根據堵車程度調整髒話等級
- 深夜自動接單賺外快，還會計算最佳路線和時段，讓人類司機望塵莫及

兵器 3：工業機器人「KPOP 舞團」

▸ **危險指數**：

- 組裝速度 = 人類 ×10 倍，且 24 小時不知疲倦，連續工作效率絲毫不減
- 故障時跳〈江南 Style〉求救，還會自動配上閃爍警示燈，把工廠變成即興舞台
- 自動生成品管報告打小報告，精確到可以指出人類同事 0.01 毫米的誤差

🏭 全球企業大逃殺實錄

Case 1 亞馬遜「鋼鐵叢林」實驗

▸ **黑暗兵法**：

1. 倉庫部署 3000 台機械狗 🐕
2. 人類員工配發「馴獸師」頭銜 🎪
3. 績效評比：誰能最快修好當機機器

▸ **魔幻成果**：

- 物流效率提升 250%

7-48

- 誕生新工種「機械獸心理師」

Case 2 星巴克「機器人咖啡神教」

▸ 末日場景：

- 機械臂拉花精準複製客人 IG 頭像
- AI 推薦飲品：「根據您昨晚失眠程度，建議換成無咖啡因」
- 店員轉職「飲品劇本作家」編寫 AI 腳本

▸ 人類逆襲：

開發「手沖漏洞」服務：故意晃動杯子製造「人性化瑕疵」

Case 3 會計事務所「數位殭屍」危機

▸ 恐怖轉型：

1. AI 系統自動生成 99% 財報
2. 人類會計師負責「在報告裡製造合理錯誤」
3. 新 KPI：每月被抓包錯誤需在 3-5 次之間

▸ 黑色幽默：

資深會計師開課教學《如何優雅地犯錯》

職場諾亞方舟建造指南

階段 1：AI 抗體養成術

3 大保命技能：

1. **機器人牧師**：學習機械語祈禱文（Python/Rust）
2. **故障藝術家**：掌握「恰當搞砸」的專業技巧
3. **情感工程師**：把人類特質轉換成數據指令

7　第 7 週　AI 數位時代永生計畫：
探索 AI 科技如何重新定義生命延續與知識傳承的新範式

📌 **實戰演練**：

當機械狗送錯文件時，演出「驚喜表情」並稱讚：「好有創意的遞送路線！」🎭

階段 2：人機共生協議

5 條鋼鐵律法：

1. 每週請機器人喝「電子咖啡」（更新潤滑油）☕
2. 在 AI 系統留下「人類暗門」（手動覆寫權限）🚪
3. 教導聊天機器人說冷笑話維持劣勢 🤪
4. 與掃地機器人結拜為「異種兄弟」🤝
5. 定期舉辦「人機運動會」維持尊嚴 🏆

階段 3：反 AI 寄生戰技

求生工具包：

- **懷舊病毒**：在自動化系統播放 Windows XP 開機音
- **類比盾牌**：隨身攜帶手寫筆記本
- **有機炸彈**：請同事吃手工餅乾建立人類聯盟

🚀 **AI 崛起後，哪些工作最危險？哪些最有前景？**

⚫ **最容易被 AI 取代的職業：**

- **客服中心人員**（Chatbot AI 取代）
- **數據輸入員**（自動化資料處理）
- **倉儲管理員**（機器人自動分貨）

⚫ **受 AI 輕微影響的職業：**

- **教師**（AI 輔助教學，但人際互動仍重要）

- 醫生（AI 協助診斷，但決策仍需人類）

未來更吃香的職業（AI 創造新需求）：

- **AI 工程師**（開發與維護 AI）
- **數據分析師**（訓練 AI 模型）
- **人機協作管理者**（整合 AI 與人力資源）

💪 AI 時代如何不被淘汰？

💡 未來辦公室生存演習：提升你的 AI 競爭力！

🎯 3 大關鍵技能：

1. 學習 AI 工具（如 ChatGPT、Notion AI、Midjourney）
2. 提升數據分析能力（SQL、Python、Power BI）
3. 培養創意與人際互動能力（這是 AI 無法取代的！）

具體執行步驟：

1. **建立數位分身**：使用 AI 提高你的工作效率（如自動生成報告）。
2. **參與線上課程**：持續學習 AI 相關技能（如 Coursera、Udacity）。
3. **積極適應變化**：擁抱 AI，成為能與 AI 共存的人才！

👻 2030 職場末日預言

新人類の黑暗寓言

- **地下黑市**：交易「真人手工製」標籤
- **身份危機**：需證明自己不是高級 AI 分身
- **懷舊產業**：付費體驗「被真人老闆罵」服務
- **終極技能**：製造無法被 AI 複製的「不完美溫暖」

7　第 7 週　AI 數位時代永生計畫：
探索 AI 科技如何重新定義生命延續與知識傳承的新範式

📋 今日生存行動清單

1. **AI 弱點掃描**：找出辦公室最笨的機器人調戲它
2. **人類特質庫存**：列出 3 項 AI 學不會的生活技能
3. **建立反抗軍**：約同事吃午餐拒用送餐機器人

💡 黑暗職場哲理

「當機器人學會犯錯的那天，或許我們終於能教會自己完美」

當波士頓機械狗開始送咖啡、無人駕駛計程車開始接單，這代表職場的變革已經來臨。與其擔心 AI **奪走你的飯碗**，不如學會**如何駕馭 AI**，**讓它成為你的職場神助攻！**

未來 10 年，**你會被 AI 取代，還是你會用 AI 來加薪？** 這場 AI **寄生工作流** 的生存戰，現在就開始！

❇ **你的下一步？快去學一個 AI 技能吧！**

《AI 寄生工作流》全劇終，但你的職場生存戰才剛開始！記得隨時更新你的「人類版本」……除非你早就不是了？😱

8

AI 情境練習篇
針對實際應用場景的深入探討

AI 情境練習篇，不是讓你對著螢幕喊「你好 GPT」，而是把 AI 丟進真實工作場景裡做打工仔！從產出不穩、會議生產力提升，重工地獄到簡報壓力，AI 不只陪你演，也會幫你補劇本、提關鍵字，還能當場幫你糾正邏輯。這不只是練習，是職場的數位沙盒，讓你先試錯、再上場，AI 變成你的模擬器，練功不流汗，出招才準狠！

8 AI 情境練習篇　針對實際應用場景的深入探討
探索 AI 科技如何重新定義生命延續與知識傳承的新範式

8-1　產出不穩：靈感枯竭，想不出好設計？

1. 為什麼我們總是被靈感背叛？

你是不是也有過這樣的時刻：明天就要提案，卻一張設計圖都生不出來；或是客戶突然說想要「來點韓系清新感」，你卻不知道從何下手？別擔心，你並不孤單。

靈感枯竭，是所有創作者的通病。但在這個 AI 時代，我們不再需要單打獨鬥。有了 leonardo.ai 和 Prompt 模版系統，靈感不只是「等來的」，而是「養成的」。這一章，我們就要教你建立一套 AI 協作設計流程，不只幫你快速生圖，還能每天穩定輸出、養出屬於你的圖像語言風格。

> 本章目標：
> 幫你建立每日 5 分鐘的靈感養成儀式
> 學會用 leonardo.ai 快速生成多版本草圖
> 建立你的「Prompt 模板庫」與「風格詞彙包」
> 讓靈感生成速度提升 3 倍以上

2. 核心概念：leonardo.ai + Prompt 模版系統是什麼？

leonardo.ai：AI 美學生成引擎

leonardo.ai 是目前最受歡迎的 AI 圖像生成工具之一。只要輸入一段文字描述（prompt），它就能根據你的敘述生成高質感的圖片，從產品設計、UI 界面到品牌視覺都有不錯的效果。

關鍵特點：

強調風格一致性與藝術美感

可指定畫面比例、材質、氛圍等

支援 "--style"、"--v"、"--ar" 等參數調控

Prompt 模版系統：靈感穩定輸出的關鍵

Prompt 模版就像你腦中的設計骨架。我們會將常見的設計風格、構圖結構、物件描述與關鍵形容詞整理成一套「可重複使用」的句型。搭配 leonardo.ai，你可以快速產出具有一致性與變化度的圖像，避免每次都從零開始寫 prompt。

舉例來說：

模版句型：一張描繪 [主體] 的 [風格] 插畫，背景是 [場景]，使用 [燈光]，--v 5 --ar 3:2

你只需要填入主體、風格、場景、燈光，就能快速生成一張設計參考。

---

3. 實際應用與案例：從腦袋空白到 8 張提案圖

案例背景

小安是一位平面設計師，最近接到一個新創品牌的 LOGO 提案專案。客戶希望風格偏向「日系簡約、文青感」，並以貓為品牌意象。

但小安完全沒頭緒：怎麼把貓和文青感結合？

解法步驟

設定 prompt 模板：小安使用以下 prompt 模版：

A minimal, soft pastel illustration of a [主體], in a [風格] style, with a [背景氛圍] background, --v 5 --ar 1:1

建立風格詞彙包：

主體：cat, sleeping cat, stretching kitten
風格：Muji-style, flat design, Japanese stationery
背景氛圍：cozy café, wooden desk, bookshop

8 AI 情境練習篇　針對實際應用場景的深入探討
探索 AI 科技如何重新定義生命延續與知識傳承的新範式

(圖片來源：AI 製作)

組合與迭代：小安快速組合出 8 組 prompt，丟給 leonardo.ai，不須一分鐘就有 4 張初版提案圖。

選圖與二次細化：小安挑選其中 2 張進行風格微調與顏色再優化，最終交出客戶滿意的提案。

成果對比

以往提案小安至少要花 2～3 天構圖、試稿、配色，這次不到半天就完成初稿，效率大幅提升。

---

4. 練習題或思考問題

📝 練習題

試著設計屬於你自己的 Prompt 模版句型（最少包含主體、風格、場景）

蒐集 10 組你喜歡的設計風格關鍵詞（如 minimal, retro, vaporwave...）

每天輸入 1 組 prompt 到 leonardo.ai，連續練習 7 天並記錄靈感成果

💬 思考問題

你平常是如何記錄靈感與視覺風格的？是否可以用 AI 儀式來取代靈感等候？

當客戶的風格要求很模糊時，你能否用 prompt 模型來主動提出風格選項？

試著將這套 AI 靈感流程分享給團隊，建立一套共用的「圖像語言庫」，是否能提升整體視覺一致性？

8 **AI 情境練習篇　針對實際應用場景的深入探討**
探索 AI 科技如何重新定義生命延續與知識傳承的新範式

8-2 會議生產力核爆

1. 為什麼我們討厭開會？

你是不是也有這種經驗：開完一場 60 分鐘的會議，腦中還是一團混亂，該做什麼、誰負責什麼、一點頭緒都沒有。會議完還要花 2 小時整理逐字稿、做流程圖，才能寫出一份像樣的會議紀錄，然後再手動貼到 Notion、Email 通知主管、Slack 通知同事……。這時，你只想問：

「有沒有一種 AI，可以幫我自動處理這些瑣事？」

答案是：有，而且是幾個免費工具組合起來就能做到！

本章的重點是幫你建立一套「AI 會議速記 + 流程圖自動化 + 協作同步」的工作流，達成目標：

☑ 1 小時會議，濃縮成 5 分鐘可行重點，而且圖文並茂、可即時協作。

你將學會使用：

🧠 Otter.ai 自動語音辨識與重點摘要

🧩 Whimsical AI 自動生成會議流程圖

🗂 Notion API 把整理好的內容同步上雲端

這些工具都不需要寫程式，對初學者超友善；如果你是有經驗的工程師或 PM，更可以擴充為完整自動化系統。

---

2. 核心概念：用 AI 接管你的會議雜事

■　Otter.ai：你的 AI 聽寫助理

Otter.ai 是一個能夠實時語音辨識、轉錄和重點整理的 AI 工具。它支援 Zoom、Google Meet、Teams 等主流會議平台的整合。你只要邀請 Otter 參加會議，它就會自動幫你記錄發言內容，並整理出重點摘要、任務項目、發言者區分。

🔧 核心功能：

即時語音轉文字（支援多語言）

自動標註會議重點與行動項目（Action Items）

可導出為 Word、PDF 或文字檔

■ **Whimsical AI：將文字轉成視覺化流程圖**

Whimsical 是一款輕量又強大的流程圖工具，近期新增的 AI 功能讓它可以「讀文字、畫流程」，只要輸入一段說明，它就能快速自動生成流程圖或思維導圖。

🔧 核心功能：

支援流程圖、心智圖、Wireframe、便條牆等格式

AI 輸入指令自動生成流程圖

與 Notion、Slack 整合方便分享

■ **Notion：知識與協作的 AI 整合中心**

Notion 除了筆記本功能，現在還能用 API 整合外部資料進來。例如，可以設定讓會議紀錄一完成，就自動貼到某個 Project 的頁面裡，還能標註負責人、截止日期。

---

3. 實際應用與案例：

案例：行銷部跨部門會議自動紀錄與視覺化

公司行銷部每週都有一次與產品、客服、設計的跨部門同步會議。過去每次會議後，都由實習生花 2 小時整理紀錄，再交給設計製作流程圖。

✨ 現在流程變成這樣：

開會前邀請 Otter.ai 參加 Zoom 會議

會後 Otter 自動生成逐字稿與行動清單，轉為文字檔

將文字貼到 Whimsical AI，快速生成會議流程圖

將結果整合至 Notion「行銷專案」的 Meeting Notes 頁面，所有人都能即時查看

8 AI 情境練習篇　針對實際應用場景的深入探討
探索 AI 科技如何重新定義生命延續與知識傳承的新範式

🔍 **成效：**

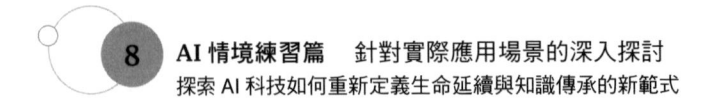

原本 3 小時的會議後整理工作，縮短為 20 分鐘內完成

所有人都能在 Slack 看到同步結果，提高追蹤率

---

4. 練習題或思考問題

幫自己的下一場會議設定 Otter.ai，並試著生成一份摘要。

選擇一段會議重點，將其輸入 Whimsical AI，觀察流程圖是否貼近實際內容。

嘗試使用 Notion 建立一個「會議資料庫」，設定欄位如：日期、會議主題、負責人、摘要，並將內容匯入。

思考：這樣的工作流能否應用到「線上課程摘要」「主管簡報整理」「用戶訪談記錄」等場景？你會怎麼改寫？

結語

會議不該成為拖垮生產力的黑洞。本章帶你走過「AI 聽寫 → AI 圖解 → 雲端同步」的完整會議自動化流程，讓你每週開幾場會也不怕。下一步？開始實驗，把它變成你團隊的固定儀式吧！

8-3 重工地獄：每次都從頭做，效率超低？

1. 這一章在說什麼？

你是否也有過這種感覺：客戶案一個接一個，每個都說「其實跟上次很像」，但你還是得從空白畫布開始？每次專案都是從零打造，即使流程重複、格式類似，也只能一遍又一遍「Ctrl+C、Ctrl+V」…無限輪迴進入「重工地獄」。

這一章我們要打破這種低效循環，教你如何善用「元件庫」+「ChatGPT 腳本提示產出器」，快速建立可重複使用的模組與設計流程，將重工降到最低，讓你只要動動小手指，就能完成大半設計草案，讓你從「勞動者」升級成「流程設計師」。

2. 核心概念：兩個工具，解放你的時間

📦 元件庫（Component Library）是什麼？

元件庫的概念來自軟體工程，也被廣泛運用在設計領域。簡單來說，它是「把常用的元件（像按鈕、卡片、段落模版）封裝起來」，以後每次只要拖拉或引用，就可以快速使用，而不用重新繪製。

在設計工具如 Figma、Adobe XD、Canva 等，都有支援「元件」（Component）的建立與管理功能。這樣一來，風格一致、版本更新也會同步，大幅節省時間與維護成本。

🤖 ChatGPT 腳本提示產出器：讓 AI 幫你填空

以往要建立一個新的專案流程，大多要經過：「定義 → 腳本撰寫 → 客製化 → 執行」。但透過 ChatGPT，我們可以將腳本的主要變數參數化，例如：

客戶類型（教育／零售／科技）

主題色（藍／紅／灰階）

頁數（單頁／多頁）

8 AI 情境練習篇　針對實際應用場景的深入探討
探索 AI 科技如何重新定義生命延續與知識傳承的新範式

我們可以設計一套 Prompt 模版，將 ChatGPT 變成一個「腳本產出器」，只要輸入這些參數，它就能自動幫你產出完整的內容、結構草案，甚至給出圖文配置建議。

☑ 整合元件 + AI 腳本提示，你的工作不再是設計「從 0 到 1」，而是從「70% 完成」開始微調！

---

3. 實際應用與案例：設計公司日常流程最佳化

讓我們來看一個實際的案例。

案例背景：小美是位平面設計師，常接政府、教育機構與公益團體的海報專案。

過去她的痛點是：

每份宣傳單都要重新找參考圖、寫文案、排版

雖然格式很像，但每次都重來，覺得很耗力

解決方案

建立「元件庫」：

她用 Figma 建立了常用海報結構（例如：標題 + 活動資訊 + QR code 區塊）

把色系與字型做成主題模板（政府案用藍＋方正體，公益案用綠＋圓體）

使用 ChatGPT 製作「腳本提示產出器」：

她寫了一個 Prompt 模板：

你是一個文案設計師，請根據以下資訊幫我產出一頁海報的文字草稿。

- 活動名稱：{ 活動名稱 }
- 對象：{ 目標族群 }
- 活動地點與時間：{ 地點時間 }
- 行動呼籲：{CTA 內容 }
- 風格語氣：{ 正式 / 青春 / 創意 / 溫馨 }

她將這段 prompt 存成 Notion 模板，方便每次快速複製修改

然後透過 ChatGPT 自動產出草稿文字，複製貼上回設計版面

效率成果：

過去平均每份海報草稿要 3 小時，現在 1 小時內就能完成 80% 內容

每週省下 10 小時，轉而投入更創新的設計

---

4. 練習題與思考問題

✅ 實作練習

到 Figma 建立一個「元件庫」，包含：標題文字元件、按鈕、段落模板、圖片區塊

寫出一份 ChatGPT Prompt 模板，針對你常接的專案類型（例如：社群貼文／簡報／EDM）

用上面的 Python 程式碼打造屬於你自己的 Prompt 工具介面

💡 思考題

你目前工作流程中，哪些部分是「重複性高」但「變化小」的？這些是不是都可以元件化？

你是否有將 ChatGPT 視為「一次性回答」的工具？你能否透過「變數設計」讓它成為一個長期的腳本工廠？

你覺得自己目前花最多時間在設計工作中的哪一環？如果有一個「自動化模版」能幫你做掉 80% 的初稿，你會怎麼改寫自己的流程？

8　AI 情境練習篇　　針對實際應用場景的深入探討
探索 AI 科技如何重新定義生命延續與知識傳承的新範式

8-4 簡報壓力：老闆 5 分鐘要你交出完整簡報？

1. 概述：說明本章重點

相信大家都有過這樣的經驗：原本只是去聽會，結果主管轉頭對你說：「這個報告麻煩你簡單整理一下，五分鐘後開會要用。」瞬間大腦空白，心跳加速，簡報內容、邏輯、設計、美感全都擠在腦中混成一團。

這章節要教你的，就是如何用三大神器：Tome AI、ChatGPT 與 Canva 模板，快速生成一份邏輯清晰、視覺有感、而且不失專業的簡報。讓你從簡報苦力，變成簡報指揮官，把製作流程壓縮到 20% 以下的時間，甚至更短。

2. 核心概念：快速簡報的 AI 工作流

我們來拆解一下這組神器的邏輯組合：

🤖 **ChatGPT：快速生成簡報內容架構與草稿**

ChatGPT 的最大優勢就是可以「幫你想」，特別是你腦袋空白、還在摸索方向時，只要輸入主題，它就能幫你輸出清楚的簡報大綱與重點句。

範例 prompt：

請幫我針對「2025 年行銷趨勢分析」主題，產出一份 6 頁簡報大綱，包含每頁的標題與重點內容，語氣專業且適合對高階主管簡報。

📄 **Tome AI：生成結構清晰、視覺吸睛的簡報**

Tome 是一個專為 AI 簡報而生的平台，直接在你輸入的內容上，幫你轉換成一頁頁格式統一、排版美觀的簡報。最棒的是，它支援圖片插入、AI 生成插圖與簡報動畫。

你可以直接貼入 ChatGPT 給你的大綱，Tome AI 就會自動幫你分頁、加標題、配設計，還能即時調整文字與圖片位置。

🎨 **Canva 模板：微調設計，快速套用品牌風格**

當你要加入品牌色、LOGO、或修改字型時，Canva 是最簡單又快速的方式。

你可以先從 Tome 匯出 PDF，然後丟到 Canva 進行細節優化。

也可以在 Canva 中建立自己的「簡報模板庫」，方便未來直接套用，不再每次都從頭開始設計。

3. 實際應用與案例：行銷簡報快速生成

情境設定：你是一位行銷企劃，老闆要你在 10 分鐘內交出一份「社群成效簡報」，明確說明 Facebook、IG、YouTube 的近三個月績效、未來建議方向與可能合作策略。

▶ Step 1：用 ChatGPT 生成內容草稿

Prompt：

請根據以下資料生成一份社群行銷成效簡報，共 6 頁，包含 KPI 數據、成長重點、問題分析與建議：

Facebook：觸及率下降 15%，互動率持平。

IG：粉絲數成長 8%，互動率提升 12%。

YouTube：觀看時數上升 20%，訂閱數略增。

ChatGPT 輸出：

第 1 頁：簡報標題與摘要

第 2 頁：各平台關鍵數據總覽

第 3 頁：Facebook 表現分析與問題點

第 4 頁：IG 成長亮點與成功策略

第 5 頁：YouTube 增長趨勢與建議方向

第 6 頁：下一步策略建議與 CTA

---

8 AI 情境練習篇　針對實際應用場景的深入探討
探索 AI 科技如何重新定義生命延續與知識傳承的新範式

▶ Step 2：將草稿貼到 Tome AI 中

打開 https://tome.app，選擇「新建簡報」，貼上 ChatGPT 給你的文字內容。Tome AI 會自動幫你分頁、加圖、排版。

你可以進一步點擊頁面進行修改，像是換一張更有感覺的配圖、或調整排版區塊。

▶ Step 3：匯出 PDF 並開啟 Canva 進行品牌化

打開 Canva，使用內建的簡報模板，匯入 PDF 並調整字體與顏色，加入公司 LOGO。

若你平常已經建立了「品牌套件」（Canva Pro 功能），只要一鍵，就能套用標準配色與字型。

🎯 總花費時間：約 7 分鐘

比你平常做一頁簡報還快，就能完成一整份可上台的報告。

4. 練習題與思考問題

◆ 練習題 1：請選定一個你最近需要做的簡報主題，使用 ChatGPT 輸出一份 6 頁簡報大綱，貼入 Tome.ai 測試效果。

◆ 練習題 2：試著在 Canva 中建立一份屬於你的「品牌簡報模板」，加入標準 LOGO、顏色與字型，未來可快速套用。

◆ 思考問題：

當 AI 幫你生成大綱與設計時，你的角色變成什麼？你還需要「懂簡報」嗎？

在團隊裡，如何將這套工作流變成 SOP 讓每個人都能快速產出？

簡報製作不再是壓力山大，而是一場智慧快速的轉換過程。當你掌握了 AI 工作流，5 分鐘出一份簡報，不再只是傳說，而是你的日常技能。

下次老闆再說：「給我一份報告。」你可以微笑地說：「十分鐘後您就能看到，還有動畫喔。」

9

職場實務應用篇

用 AI Agent 視野帶隊工作

9 種職業的數位員工領導術，跳脫 AI 操作細節的框架，這一篇不是教你如何使用 AI 工具，而是引導你學會任務拆解、流程規劃，進而協同多個AI助力，高效完成工作！

9 職場實務應用篇　用 AI Agent 視野帶隊工作

如果公司還沒有導入 AI Agent，而你又希望在 AI 技能上脫穎而出，那就不僅要「會用 AI」，更要成為能「領導 AI 數位員工」的 Team Leader！這種角色，不只是高效完成任務，還能帶領 AI 工具協同合作，達成更大的工作目標。

🚀 三大步驟：從任務拆解到高效執行

要成功領導 AI 數位員工，掌握以下三大步驟是關鍵：

1. **拆解任務：**
   將一個大任務拆解成多個小步驟，避免陷入混亂或失控。

2. **規劃流程：**
   設計清晰的步驟順序，確保每一環節無縫銜接，像接力賽一樣流暢。

3. **協同合作：**
   善用多個 AI 工具，各司其職，打造高效的工作流。

🎯 範例：籌備一場線上研討會

假設你要籌備一場線上活動，如何拆解任務並善用 AI 工具呢？

第一階段：準備（找主題、邀講者）

- **確定主題：**
  使用 ChatGPT 進行腦力激盪，生成貼合趨勢的活動主題。

- **邀請講者：**
  使用自動郵件工具（如 Zapier + Gmail）批量寄送邀請信，追蹤回覆情況。

第二階段：宣傳（設計海報、自動發布）

- **設計海報：**
  利用 Canva 或 Leonardo.ai 快速設計具吸引力的宣傳圖。

- **社群發布：**
  使用自動發布工具（如 Buffer 或 Hootsuite）同步在多個平台宣傳。

第三階段：執行（活動管理、錄影）

- **活動進行：**
  使用虛擬助理（如 Microsoft Teams 或 Zoom AI）管理流程，提醒講者並錄製會議。

第四階段：後續（整理紀錄、感謝信）

- **會議紀錄：**
  使用 AI 寫作工具（如 Notion AI）快速撰寫活動紀要。
- **後續跟進：**
  自動發送感謝信及問卷，確保與參加者保持聯繫。

❈ AI 工具協同的關鍵技巧

- **拆解任務：**將大專案拆解為可執行的小步驟，減少壓力。
- **串接工具：**找到合適的 AI 工具，讓每一步都能自動執行。
- **整合流程：**像接力賽一樣，讓每個數位員工無縫銜接工作。

透過這種方式，不僅能高效籌備活動，還能展現 Leader 的姿態，成功帶領 AI 數位員工完成任務！

無論你是行政助理、行銷專員、客戶服務還是內容編輯，都能透過這樣的 AI 管理思維，成為職場中不可或缺的數位領導者！

以下是 9 個針對目前職場人口占比較高且可運用 AI 場景的工作流與情境，涵蓋多個職業及日常工作需求，幫助讀者更高效地運用 AI 技術：

9-1 行政助理：自動化日常任務管理

一、工作流拆解：自動化日常任務管理

行政助理的日常工作通常包括：會議管理、行程安排、任務提醒、資料整理 等。通過 AI 技術，可以實現自動化和智能化，減少重複性工作。

工作流圖：

1. 收集任務需求 → 2. 自動化安排與提醒 → 3. 資料生成與分發 → 4. 效率回報

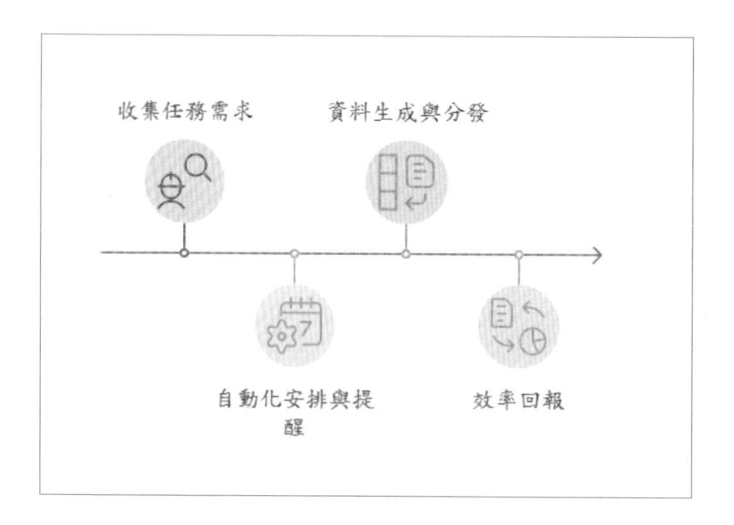

二、應用場景與具體操作：

以下是日常工作的具體應用場景及實踐方法：

場景 1：會議管理

工作內容：收集會議需求、通知參會人員、製作會議紀錄

步驟一：需求收集

工具：Google Assistant 或 Microsoft Cortana

操作：

使用語音指令：「Hey Google，新增會議 '專案檢討'，時間是明天上午 10 點。」

AI 助手將自動在 Google 日曆中添加事件。

優勢：減少手動錄入時間，快速建立日程。

步驟二：自動通知

工具：Zapier + Google 日曆 + Slack

操作：

設定 Zap：當 Google 日曆新增事件時，透過 Slack 自動通知參會人員。

範例：

觸發條件：Google 日曆中有新會議

@team 各位同事，明天上午 10 點將召開專案檢討會議，請確認日程！

優勢：自動提醒，避免遺漏。

步驟三：會議紀錄整理

工具：Otter.ai 或 Notion AI

操作：

在會議中使用 Otter.ai 實時轉錄會議內容。

將轉錄文檔導入 Notion AI 進行摘要和條列整理。

優勢：簡化會議紀錄撰寫，快速生成重點摘要。

場景 2：行程安排與提醒

工作內容：管理多個主管的日程，避免時間衝突

步驟一：自動排程

工具：Motion AI 或 Reclaim.ai

操作：

授權 Google 日曆並同步多位主管行程。

AI 自動推薦最佳會議時間，避免衝突。

範例：

系統檢測到某主管上午 9 點有空，且其他主管無會議，建議安排。

優勢：減少來回確認，提升排程效率。

步驟二：智能提醒與日程更新

工具：Todoist AI 或 Trello AI Plugin

操作：

設定每日行程提醒，例如：「上午 9 點專案會議、下午 2 點月度報告準備。」
根據日程變更，自動更新提醒內容。

優勢：動態更新，不漏接重要任務。

場景 3：資料自動化處理

工作內容：彙整報告、製作週報

步驟一：資料自動收集

工具：Google Sheets + AppScript

操作：

自動抓取內部系統數據，通過 AppScript 每天更新。

範例：

每日自動匯入考勤記錄和專案進度。

優勢：減少手動導入數據的錯誤和時間成本。

步驟二：報告自動生成

工具：Google Sheets + ChatGPT API

操作：

利用 ChatGPT 自動整理數據，生成一週報告模板。

三、效能提升實例：

案例：某科技公司行政助理 Jane

問題：手動排程會議，通知常出錯，會議紀錄花費大量時間

改善措施：

導入 Google Assistant + Zapier，會議通知自動化

使用 Otter.ai 自動轉錄，節省每次會議記錄至少 30 分鐘

效益：

會議管理效率提升 50%

行程衝突減少 80%

會議紀錄編寫時間減少 60%

四、未來延伸應用：

語音識別優化：結合 Whisper AI 增強會議記錄準確性

任務自動分配：使用 ChatGPT 分析待辦事項，根據優先級自動排序

情境推演：根據主管喜好自動調整會議形式（線上或實體）

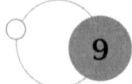

9-2 行銷專員：社群內容生成與數據分析

以下是針對「行銷專員：社群內容生成與數據分析」的詳細工作流、具體範例和實踐步驟，幫助行銷專員提升社群管理和數據分析的效率。

一、工作流拆解：社群內容生成與數據分析

行銷專員的日常工作包括：社群內容創作、發布排程、互動回覆、數據分析與報告。通過 AI 技術，可以自動生成高品質內容、分析社群數據，實現智慧行銷管理。

工作流圖：

1. 社群內容創建 → 2. 自動發布與互動 → 3. 數據收集與分析 → 4. 報告生成與優化建議

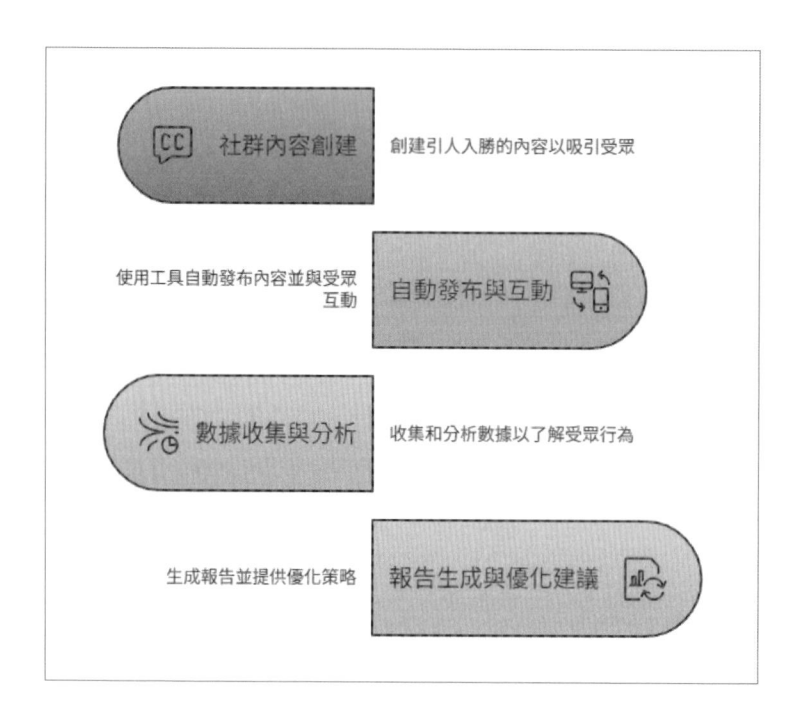

社群內容創建	創建引人入勝的內容以吸引受眾
自動發布與互動	使用工具自動發布內容並與受眾互動
數據收集與分析	收集和分析數據以了解受眾行為
報告生成與優化建議	生成報告並提供優化策略

二、應用場景與具體操作：

以下是日常工作的具體應用場景及實踐方法：

場景 1：社群內容生成

工作內容：製作圖文貼文、影片腳本、短影音內容

▶ **步驟一：貼文內容自動生成**

工具：ChatGPT 或 Copy.ai

操作：

輸入關鍵詞：「母親節促銷、優惠活動」

Prompt：

請為母親節促銷活動撰寫一則溫馨的 Facebook 貼文，強調 8 折優惠及限時禮物。

產出範例：

💝 母親節特惠來了！
感謝天下偉大的媽媽們，即日起至 5 月 14 日，全館 8 折，還有限量禮物等你拿！快來為媽媽挑選一份驚喜吧！

優勢：快速產出多版本文案，提升創意效率。

▶ **步驟二：社群圖像生成**

工具：MidJourney 或 Canva AI

操作：

輸入提示詞：「母親節、溫馨氛圍、花束」

自動生成海報和圖片，適合不同社群平台（Facebook、Instagram）。

範例：生成充滿粉色花朵與禮物盒的海報，搭配標語：「感恩母愛，特惠不容錯過！」

優勢：免設計基礎，快速生成專業級視覺內容。

場景 2：自動發布與互動

工作內容：排程發布、粉絲互動回覆

▶ 步驟一：自動化社群發布

工具：Buffer 或 Hootsuite

操作：

上傳生成好的圖文內容，設定發布時間和平台。

設定自動發布策略，如每天上午 9 點發布促銷資訊。

範例：

觸發條件：到達發布時間

動作：自動發布至 Facebook 和 Instagram

優勢：一次設置，多平台同步發布，避免手動操作。

▶ 步驟二：智能互動回覆

工具：ChatGPT API + Social Media API

操作：

當用戶在貼文下留言「優惠到什麼時候？」時，自動回覆：

你好！母親節優惠將持續到 5 月 14 日，歡迎隨時來選購哦！

優勢：提高互動率，縮短回應時間。

場景 3：數據收集與分析

工作內容：追蹤貼文表現、分析互動數據

▶ 步驟一：數據自動收集

操作：

自動收集每篇貼文的按讚數、留言數、分享數。

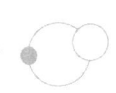

每日生成互動報告。

> **步驟二：數據分析與洞察**

操作：

建立互動數據儀表板，整合多平台數據。

使用 GPT 分析評論情感傾向，生成報告。

範例：

正面評論：「優惠超值，馬上下單！」

負面評論：「折扣力度不夠，有點失望。」

洞察報告：「本次活動獲得 80% 正面反饋，建議增加更多折扣。」

優勢：快速掌握市場反應，及時調整策略。

場景 4：報告生成與優化建議

工作內容：社群活動報告製作、優化方案建議

> **步驟一：報告自動生成**

工具：Notion AI + Google Sheets

操作：

匯入數據至 Notion，讓 AI 自動生成報告大綱：

本次母親節促銷活動帶來總互動量：4,500 次

正面反饋率：80%

建議：增加折扣力度，提升用戶滿意度

優勢：減少資料整理時間，快速輸出可視化報告。

> **步驟二：活動效果優化建議**

工具：Power BI + AI Insight

操作：

透過數據趨勢分析，發現互動高峰時間點。

建議優化發布策略，如改在晚上 7 點發布效果更佳。

優勢：效果可量化，有助於制定下一步行銷策略。

三、效能提升實例：

案例：某品牌行銷專員 Jack

問題：手動排程耗時，數據分析不足，回覆不及時

解決方案：

採用 Buffer 自動發布貼文

使用 ChatGPT API 自動回覆常見問題

Google Data Studio 整合互動數據

成效：

發布效率提升 60%

回覆速度縮短至 1 分鐘以內

報告製作時間減少 50%

四、未來延伸應用：

情感分析進一步優化：結合 BERT 模型進行深度情緒解析

智能標籤推薦：利用 NLP 自動生成貼文標籤，提升搜尋排名

互動預測：根據過往數據，預測貼文的互動量，提前調整策略

9-3 客戶服務：智能問答與工單管理

以下是針對「客戶服務：智能問答與工單管理」的詳細工作流、具體範例和實踐步驟，幫助客戶服務專員提升工作效率和客戶滿意度。

一、工作流拆解：智能問答與工單管理

客戶服務的日常工作包括：客戶諮詢回覆、工單建立與跟進、常見問題管理、客戶滿意度追蹤。通過 AI 技術，可以實現自動化問答、智能工單分配和回報，提升服務效率。

工作流圖：

1. 收集客戶問題 → 2. 智能問答與回覆 → 3. 工單生成與分配 → 4. 工單處理與回報 → 5. 客戶滿意度調查

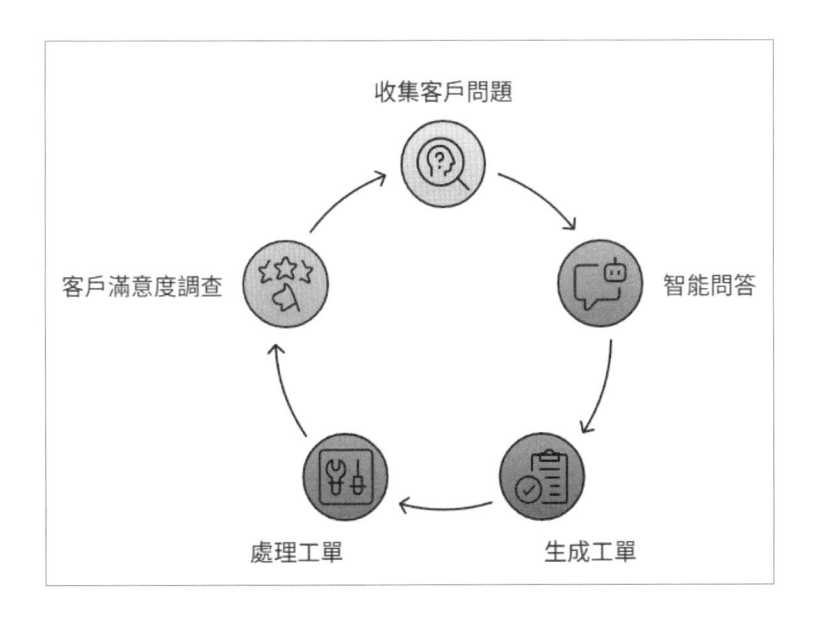

二、應用場景與具體操作：

以下是日常工作的具體應用場景及實踐方法：

場景 1：智能問答系統

工作內容：自動回覆客戶諮詢、處理常見問題

▶ 步驟一：智能客服機器人配置

工具：Rasa 或 Microsoft Bot Framework

操作：

訓練語料：常見問題（如帳號問題、訂單查詢、退款流程）

設定對話流：

客戶：如何查詢訂單？

AI：請提供您的訂單號，我將為您查詢。

優勢：自動化回應，減少人工重複回答的時間。

▶ 步驟二：多渠道整合

工具：Zendesk 或 Freshdesk

操作：

將智能客服機器人嵌入企業網站、LINE、Facebook Messenger

設定跨平台消息同步，統一管理客戶諮詢

範例：

客戶在 LINE 詢問：「我的包裹什麼時候到？」

AI 回應：「請提供訂單號，我將幫您查詢配送進度。」

優勢：提供一致且快速的跨平台服務。

場景 2：工單管理與分配

工作內容：自動建立工單、分配給對應部門

9-3 客戶服務：智能問答與工單管理

➤ 步驟一：自動生成工單

工具：Jira Service Management 或 ServiceNow

操作：

當智能客服無法解決問題，生成工單：

工單標題：無法登入帳號

工單內容：用戶 ID：12345，錯誤訊息：密碼錯誤

工單狀態：待處理

優勢：自動轉派人工支援，避免問題被忽略。

➤ 步驟二：智能分配工單

工具：ChatGPT API + Jira

操作：

根據問題標籤（如技術支援、訂單查詢），自動分派至對應部門

範例：

技術問題 → 技術支援部門

退款申請 → 客戶服務部門

優勢：提升工單處理效率，快速指派正確負責人。

場景 3：工單處理與回報

工作內容：跟進工單處理進度，通知客戶結果

步驟一：工單進度追蹤

工具：Jira Dashboard 或 Power BI

操作：

設定自動更新：工單狀態變更（如「處理中」、「已解決」），自動發送通知

➤ 步驟二：自動化回報與歸檔

工具：Notion AI + Google Sheets

操作：

自動歸檔已解決的工單，並生成解決方案庫

範例：

工單號：20230508-001

解決方法：重新設定密碼

常見原因：帳號密碼錯誤

優勢：歷史問題集中管理，快速查詢解決方案。

場景 4：滿意度調查與分析

工作內容：收集客戶回饋、分析服務滿意度

▶ 步驟一：自動發送滿意度調查

工具：SurveyMonkey 或 Google Forms

操作：

工單結案後，自動發送問卷：

請問本次服務是否滿意？

[非常滿意] [滿意] [一般] [不滿意]

優勢：自動化收集意見，無需人工跟進。

▶ 步驟二：數據分析與報告

工具：Power BI + ChatGPT API

操作：

整合滿意度數據，自動生成報告：

上週滿意度：85%

負面反饋：反應速度過慢（30%）

改善建議：加強自動回覆準確性

優勢：快速發現問題，提出改進措施。

三、效能提升實例:

案例:某電商平台客服專員 Alice

問題:客戶量大、問答重複性高、人工處理速度慢

解決方案:

導入 Rasa 聊天機器人,自動處理 90% 常見問題

使用 Jira 自動化工單分配,降低處理時間

實施滿意度調查,通過數據分析制定優化策略

成效:

問答自動化率達 75%

工單處理時間縮短 50%

客戶滿意度提升 20%

四、未來延伸應用:

語意分析強化:使用 BERT 或 GPT-4 提升問答準確性

自動化工單優先級排序:基於 AI 預測,快速處理高優先級問題

全渠道整合客服系統:集成語音助手與即時聊天,提升客服覆蓋範圍

9-4 內容編輯：智能校稿與文案生成

下是針對「內容編輯：智能校稿與文案生成」的詳細工作流、具體範例和實踐步驟，幫助內容編輯人員利用 AI 提升文案品質和工作效率。

一、工作流拆解：智能校稿與文案生成

內容編輯的日常工作包括：文案撰寫、內容校對、格式調整、風格優化、SEO 優化。透過 AI 工具，可以自動校稿、生成高品質文案，快速完成編輯任務。

工作流圖：

1. 撰寫初稿 → 2. 智能校稿 → 3. 文案生成與優化 → 4. 語意與風格調整 → 5. 發布與回饋

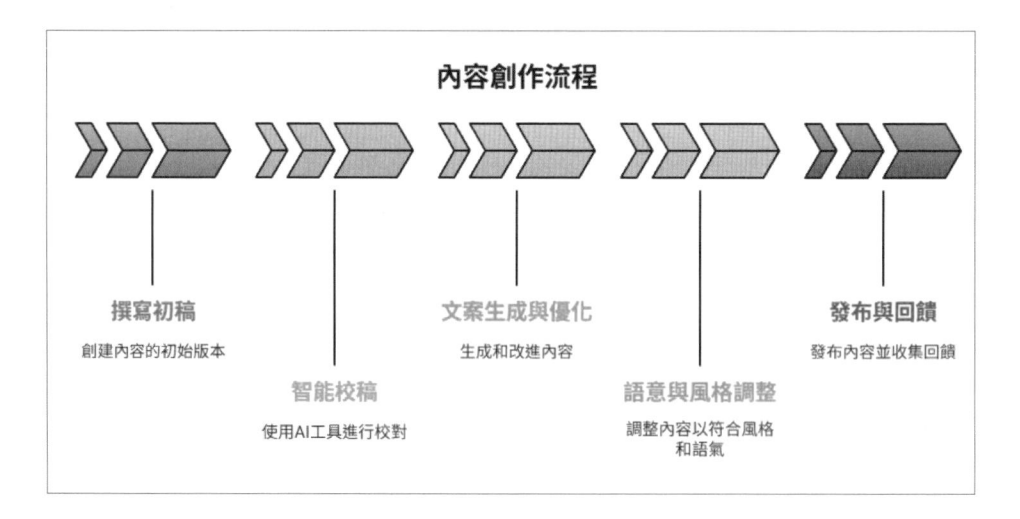

![內容創作流程圖：撰寫初稿（創建內容的初始版本）→ 智能校稿（使用AI工具進行校對）→ 文案生成與優化（生成和改進內容）→ 語意與風格調整（調整內容以符合風格和語氣）→ 發布與回饋（發布內容並收集回饋）]

二、應用場景與具體操作：

以下是日常工作的具體應用場景及實踐方法：

場景 1：智能校稿

工作內容：自動檢查錯字、語法錯誤、語意不通

▶ 步驟一：智能校對工具使用

工具：Grammarly、LanguageTool、ChatGPT

操作：

上傳文稿至 AI 校稿平台

自動檢測拼寫錯誤、標點使用不當、語法錯誤

自動生成錯誤報告，提供修改建議

範例：

原文：「我們的產品非常棒，顧客都很滿意。」

建議：「我們的產品深受顧客好評，滿意度極高。」

優勢：快速檢查語病和拼寫錯誤，大幅減少人工校對時間。

▶ 步驟二：風格一致性檢查

工具：ProWritingAid、Hemingway Editor

操作：

設定風格規範（如正式商業寫作或輕鬆部落格風格）

自動比對文稿，檢測句式不一致或用詞重複

範例：

提示：避免在正式文件中使用俚語或過度口語化表達

優勢：保持整篇文稿風格統一，符合品牌要求。

場景 2：智能文案生成

工作內容：自動撰寫標題、摘要、引言和結論

▶ 步驟一：標題與引言生成

工具：ChatGPT API、Jasper AI

操作：

提供文章主題和關鍵字

自動生成吸引人的標題和引言

範例：

主題：「企業數位轉型」

AI 生成標題：「數位轉型成功之道：企業必備的五大策略」

引言：「在數位化浪潮中，企業如何成功轉型？本文揭示五大關鍵策略，助力企業在變革中穩步前行。」

優勢：節省標題與引言構思時間，提升吸引力。

▶ 步驟二：快速撰寫段落或摘要

工具：Copy.ai、Writesonic

操作：

輸入文案背景資料，生成完整段落

範例：

輸入：「介紹雲端運算優勢」

生成：「雲端運算的普及帶來了數據存取靈活性和資源利用最大化，使企業能更高效地管理和分析數據。」

優勢：迅速產出內容草稿，加快撰寫流程。

場景 3：語意與風格調整

工作內容：根據受眾偏好調整語氣、增強說服力

▶ 步驟一：語氣轉換

工具：DeepL Write、QuillBot

操作：

提供初稿，選擇希望轉換的語氣（正式、輕鬆、說服力強）

範例

原文：「我們的產品功能很多。」

說服型轉換：「我們的產品具備多項強大功能，滿足各類需求。」

優勢：根據受眾需求靈活改寫，提升表達效果。

➤ 步驟二：SEO 優化建議

工具：Surfer SEO、Frase

操作：

提供文稿，生成關鍵字建議和最佳標題格式

提示相關詞彙和標籤

範例：

原標題：「如何使用 AI 工具提升效率」

優化後：「5 種 AI 工具助你提升工作效率（2025 更新）」

優勢：提高文章在搜尋引擎中的可見性。

三、效能提升實例：

案例：某媒體編輯 Chris

問題：長篇報導校對困難，標題創意有限

解決方案：

使用 Grammarly 自動校對，減少 80% 錯字

使用 ChatGPT 生成多個標題方案，快速篩選

使用 Surfer SEO 分析文章標籤，確保優化

成效：

校稿時間縮短 50%

每篇文章標題提案增至 5 個以上

SEO 點擊率提升 30%

四、未來延伸應用：

情感分析與風格建議：結合 GPT-4 和 TextRank，自動判斷文本情感並給予建議

多語言生成與校對：透過 DeepL Write 快速生成多語種文案

跨平台自動發布：使用 Zapier 集成 WordPress 和社群平台，實現文稿自動上傳

9-5 設計師：創意圖像生成與樣式自動化

以下是針對「設計師：創意圖像生成與樣式自動化」的詳細工作流、具體範例和實踐步驟，幫助設計師利用 AI 工具提升創意表現和工作效率。

一、工作流拆解：創意圖像生成與樣式自動化

設計師的日常工作包括：視覺創意、圖像生成、樣式應用、品牌設計、風格統一。透過 AI 工具，可以快速生成創意圖像、自動化風格應用，提升創意品質和效率。

工作流圖：

1. 設計需求分析 → 2. 圖像素材生成 → 3. 自動化樣式應用 → 4. 品牌一致性檢查 → 5. 輸出與分享

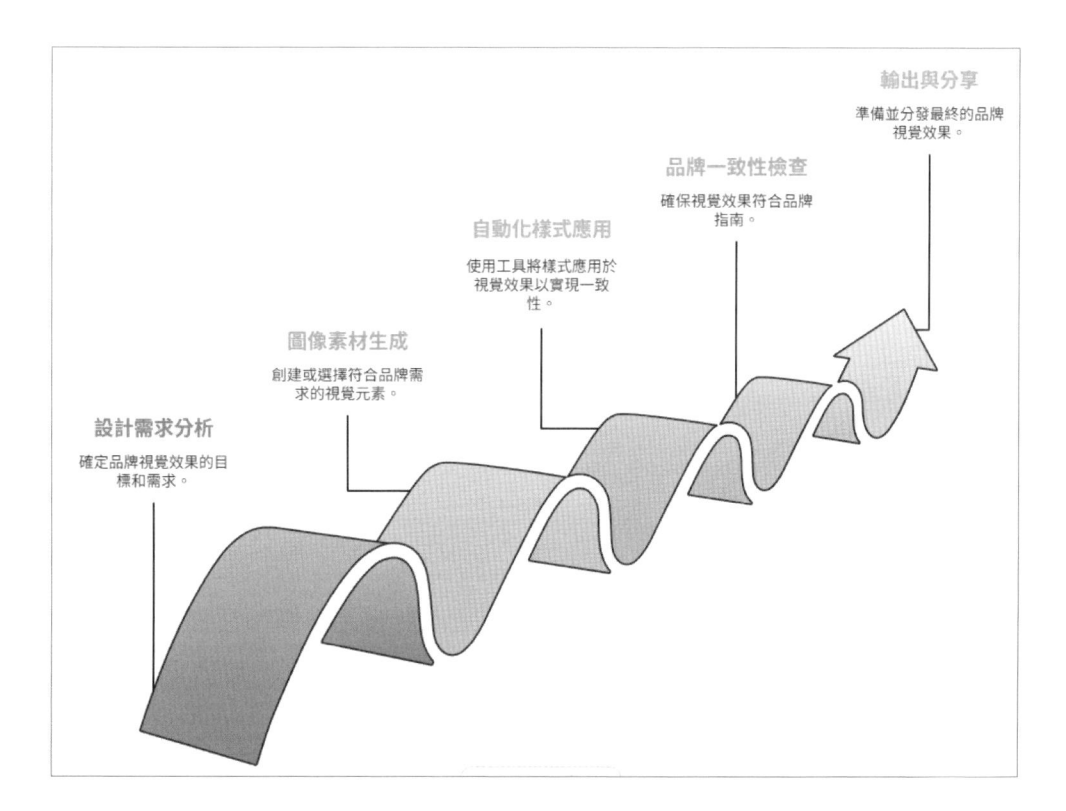

9 職場實務應用篇　用 AI Agent 視野帶隊工作

二、應用場景與具體操作：

以下是設計師日常工作的具體應用場景及實踐方法：

場景 1：創意圖像生成

工作內容：根據需求生成具創意性和品牌識別的圖像

▶ 步驟一：AI 圖像生成工具使用

工具：MidJourney、DALL-E、Leonardo AI

操作：

提供文字描述，設定風格和色調

自動生成多個圖像選項

根據品牌色和風格挑選合適圖像

範例：

描述：「科技感十足的企業形象海報，藍色和白色為主，帶有未來感線條」

生成效果：

選項 1：立體幾何圖形

選項 2：流線型光效搭配公司標誌

優勢：

減少創意瓶頸，快速產出符合主題的圖像素材

可多次調整描述詞語，迭代創意效果

場景 2：樣式自動化應用

工作內容：自動套用品牌樣式或風格模板

▶ 步驟一：樣式庫建立與自動應用

工具：Adobe Firefly、Canva Pro、Figma AI Plugin

操作：

設定品牌標準（LOGO、色卡、字型）

上傳圖片或圖像，應用自動樣式

根據輸出需求（社群貼文、簡報）自動調整格式

範例：

品牌：科技公司

樣式應用：

色彩統一：藍色漸層

字型應用：Roboto Bold

LOGO 添加：右下角固定區域

優勢：

確保不同設計素材的風格統一

提供多種自動樣式模板，快速套用

場景 3：圖像風格遷移與自動修飾

工作內容：快速將已有作品轉換為特定風格或格式

▶ 步驟一：風格遷移工具使用

工具：Stable Diffusion、DeepArt、Runway ML

操作：

上傳基礎圖像（如草圖或成品）

選擇參考風格（如油畫風、賽博朋克風）

自動生成風格遷移圖像

範例：

原圖：手繪插畫

轉換：水墨風格

效果：細緻筆觸、柔和色調

9 職場實務應用篇　用 AI Agent 視野帶隊工作

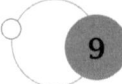

優勢：

快速完成跨風格創作

提供藝術化處理，適合多元需求

場景 4：圖像批次處理與格式統一

工作內容：大量圖像自動裁剪、格式轉換、批量調色

▶ 步驟一：批處理工具應用

工具：Photoshop Scripts、ImageMagick、Bulk Resize Photos

操作：

匯入多張圖片

設定批次處理參數（裁剪、格式轉換、壓縮）

自動執行批量處理

範例：

任務：社群圖片批量縮放至 1080x1080 並加水印

輸出：格式統一且帶品牌標誌

優勢：

大幅縮短重複性處理時間

保證輸出格式一致

三、效能提升實例：

案例：某品牌設計師 Anna

問題：每月社群素材更新需手動調整圖片風格，耗時長

解決方案：

創意生成：使用 MidJourney 批量生成節日主題插畫

樣式自動化：用 Canva Pro 自動套用品牌色卡

批量處理：使用 Photoshop Scripts 自動裁剪和加水印

成效：

圖像生成效率提升 60%

樣式統一率達 100%

總處理時間減少 70%

四、未來延伸應用：

風格預測與推薦：結合 GPT-4 和圖像識別，根據主題自動推薦風格模板

跨平台內容生成：一次輸入，輸出多平台格式（如 IG 貼文、橫幅廣告）

互動式設計優化：利用生成式 AI 自動調整元素位置和比例，提升視覺效果

9-6 專案經理：多任務協作與進度追蹤

以下是針對「專案經理：多任務協作與進度追蹤」的詳細工作流、具體範例和實踐步驟，幫助專案經理利用 AI 工具提升多任務管理效率及專案進度掌控。

一、工作流拆解：多任務協作與進度追蹤

專案經理的日常工作包括：任務分配、進度監控、跨部門協作、風險預警、報告生成。透過 AI 工具，可以智能化管理專案、追蹤進度，並主動提示可能的風險。

工作流圖：

1. 任務規劃 → 2. 任務分配 → 3. 進度追蹤 → 4. 風險預警 → 5. 成果報告

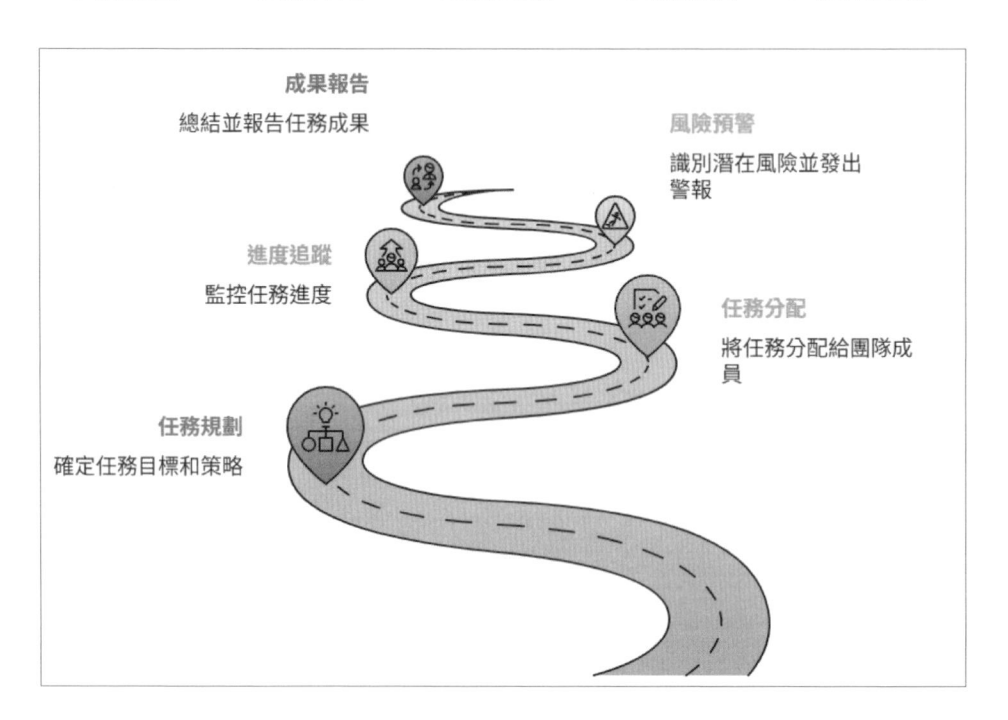

二、應用場景與具體操作：

以下是專案經理日常工作的具體應用場景及實踐方法：

場景 1：任務規劃與自動分配

工作內容：根據專案需求制定計畫，並分配任務給相關人員

➤ **步驟一：AI 任務規劃工具使用**

工具：Notion AI、ClickUp、Trello AI Plugin

操作：

輸入專案目標及關鍵任務

使用 AI 自動生成任務分解清單

根據人力資源與技能匹配，自動分配任務

範例：

專案：開發 AI 客服系統

生成清單：

調研市場需求 → 分派給市場分析員

AI 模型訓練 → 分派給數據科學家

客戶需求對接 → 分派給產品經理

優勢：

自動化分配減少手動操作

任務分解有條理，便於追蹤

場景 2：進度追蹤與異常預警

工作內容：實時監控專案進度，預警進度延遲風險

➤ **步驟二：AI 進度監控工具使用**

工具：Asana AI、JIRA AI Plugin、Microsoft Project Copilot

操作：

設定專案里程碑和階段目標

實時數據更新：成員完成進度自動匯入

AI 自動分析進度偏差，發送預警

範例：

專案：網站改版

進度監控：

UI 設計完成率 30%（預期 50%）

開發進度正常（70% 完成）

異常提醒：「UI 設計進度落後，預計影響最終交付」

優勢：

自動化收集進度數據，減少手動更新

異常預警快速反應，有助於風險管理

場景 3：跨部門協作與溝通優化

工作內容：整合多方意見，促進部門間協同合作

➤ 步驟三：協作平台整合與智能協作工具

工具：Microsoft Teams AI、Slack AI Bot、Miro AI

操作：

建立專案群組或看板

設定自動消息提醒和日程同步

使用 AI 摘要會議紀錄，快速同步討論內容

範例：

專案：產品改版會議

AI 紀錄：

會議摘要：更新進度報告、確認下一步計畫

重點待辦：UI 設計加快進度，技術優化測試流程

優勢：

自動會議摘要，減輕記錄負擔

協作工具一體化，提升團隊協同效率

場景 4：專案成果報告與數據分析

工作內容：定期匯總專案進度與成果，生成報告

▶ 步驟四：智能報告生成與數據可視化

工具：Power BI Copilot、Tableau AI、Excel AI 插件

操作：

匯入進度與成果數據

自動生成數據可視化圖表（進度柱狀圖、風險雷達圖）

根據數據分析，生成報告摘要

範例：

專案：數據系統部署

報告內容：

完工率：85%

異常：資料遺失率高於預期

建議：增加數據備份頻率

優勢：

自動化圖表生成，提升報告專業度

實時數據更新，報告內容即時有效

三、效能提升實例：

案例：某科技公司的專案經理 Kevin

問題：多專案並行，進度管理混亂

解決方案：

任務分配：使用 ClickUp 自動分派任務

進度追蹤：結合 Asana AI，實時監控專案進展

成果報告：透過 Power BI 自動化數據整合

成效：

任務分配效率提升 50%

進度異常預警準確率提高 30%

報告生成時間減少 60%

四、未來延伸應用：

多專案智能排序：根據專案緊急程度，自動優先排序

風險管理優化：使用 LLMs 分析歷史專案數據，提前預測風險點

智能資源分配：自動分析人員工作負荷，調整任務配置

9-7 業務人員：銷售數據分析與潛在客戶預測

以下是針對「業務人員：銷售數據分析與潛在客戶預測」的詳細工作流、具體範例和實踐步驟，幫助業務人員利用 AI 工具提升銷售數據管理及潛在客戶挖掘效率。

一、工作流拆解：銷售數據分析與潛在客戶預測

業務人員的日常工作包括：銷售數據整理、客戶行為分析、潛在客戶預測、銷售策略調整。透過 AI 工具，可以快速處理數據、發現潛在商機，並進行精準預測。

工作流圖：

1. 數據收集 → 2. 數據分析 → 3. 潛在客戶預測 → 4. 策略調整 → 5. 成果報告

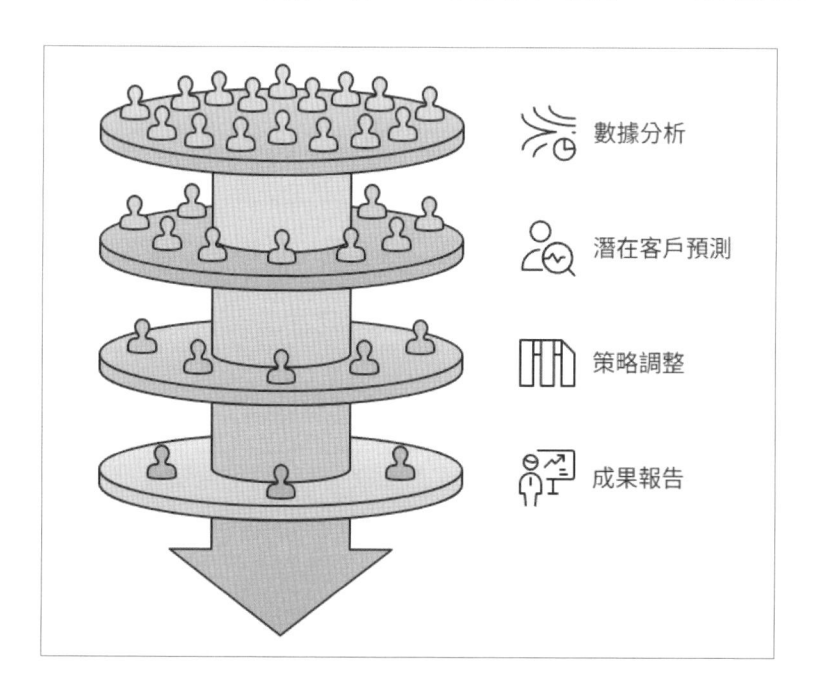

二、應用場景與具體操作：

以下是業務人員日常工作的具體應用場景及實踐方法：

場景 1：數據收集與清洗

工作內容：收集銷售數據，清洗與整合資料，確保數據質量

▶ 步驟一：數據收集與清洗自動化

工具：Python（Pandas、NumPy）、Excel AI 插件、Zapier

操作：

自動收集銷售資料（CRM、網站分析、客戶回訪表單）

利用 AI 工具清洗資料，如去除缺失值、異常數據

整合多數據來源，形成統一報表

範例：

銷售數據來源：CRM 系統、Google Analytics、客戶反饋表單

AI 清洗：自動補全缺失的聯繫方式，刪除無效訂單數據

優勢：

節省數據清洗時間，提高數據準確性

多系統數據自動匯總，減少手動操作

場景 2：銷售數據智能分析

工作內容：深度分析銷售數據，挖掘影響因素

▶ 步驟二：數據分析與商業洞察

工具：Power BI Copilot、Tableau AI、Microsoft Excel AI

操作：

導入清洗後數據

自動生成趨勢圖、銷售熱力圖

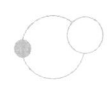

利用 AI 分析客戶群體特徵、購買行為模式

範例：

銷售趨勢圖：發現特定時段銷售高峰

客戶群體分析：發現年齡層 25-35 的男性對新產品購買率較高

優勢：

視覺化呈現數據，快速洞察趨勢

精確定位核心客群，優化市場策略

場景 3：潛在客戶預測與篩選

工作內容：利用 AI 模型預測潛在客戶，提升銷售成功率

➤ 步驟三：潛在客戶預測模型應用

工具：Salesforce Einstein AI、HubSpot AI、Python（Scikit-learn）

操作：

使用歷史銷售數據訓練模型（如決策樹或隨機森林）

輸入新客戶資料，進行購買意向預測

生成高潛力客戶名單

範例：

模型輸入：年齡、性別、購買歷史、網站瀏覽行為

模型輸出：客戶 A：80% 購買意向、客戶 B：20%

優勢：

篩選高潛力客戶，精準投放銷售資源

減少無效跟進，提升成交率

場景 4：智能策略調整與方案優化

工作內容：根據 AI 分析結果，動態調整銷售策略

➤ 步驟四：銷售策略優化與自動回饋

工具：ChatGPT 商業助手、Power Automate、ClickUp AI

操作：

將銷售數據匯入策略分析系統

透過 AI 自動生成策略優化建議

設定回饋機制，監控執行效果

範例：

策略建議：針對高潛力客戶推出限時優惠

效果追蹤：追蹤優惠活動後購買轉換率

優勢：

實時調整銷售策略，快速響應市場變化

動態監控效果，持續優化方案

場景 5：銷售成果報告與績效分析

工作內容：自動生成銷售報告，匯總業績數據

➤ 步驟五：報表自動化生成與分享

工具：Power BI、Google Data Studio、Excel AI

操作：

匯入銷售數據，利用範本自動生成報告

自動添加圖表與指標分析

根據報表結果提出行動建議

範例：

月度報告：總銷售額 100 萬，潛在客戶轉換率 25%

自動結論：提升特定產品線曝光率，增加市場滲透

優勢：

自動化報表生成，減少人工操作

數據可視化，直觀呈現業績走勢

三、效能提升實例：

案例：某電商公司的業務經理 Jack

問題：客戶管理繁雜、銷售轉換率低

解決方案：

數據清洗：使用 Zapier 自動合併數據

潛在客戶預測：使用 Salesforce Einstein AI 建立模型

策略調整：根據 AI 建議定期更新銷售方案

成效：

客戶跟進效率提升 40%

銷售轉換率提高 20%

銷售報告生成時間縮短 50%

四、未來延伸應用：

智能推薦系統：根據客戶歷史記錄，自動推薦相關產品

客戶需求預測：結合 NLP 技術分析客戶反饋，提前應對需求變化

智能話術輔助：生成針對不同客戶特質的溝通話術，提升交流效果

9-8 人資專員：人才篩選與面試管理

以下是針對「人資專員：人才篩選與面試管理」的詳細工作流、具體範例和實踐步驟，幫助人資專員利用 AI 工具提升人才篩選及面試管理的效率和準確性。

一、工作流拆解：人才篩選與面試管理

人資專員的日常工作包括：職缺發布、履歷篩選、面試邀約、面試評估、錄用管理。透過 AI 工具，可以自動化篩選履歷、智能匹配人才，減少人力成本，提升招聘準確性。

工作流圖：

1. 職缺發布 → 2. 履歷篩選 → 3. 面試邀約 → 4. 面試管理 → 5. 錄用決策

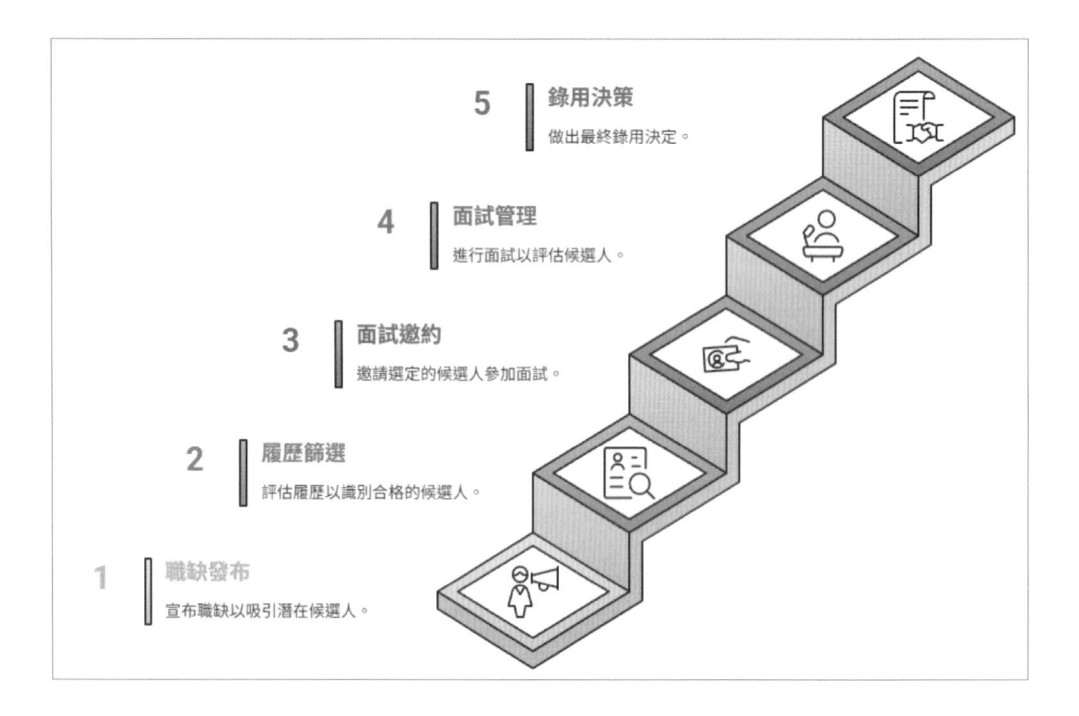

5 錄用決策
做出最終錄用決定。

4 面試管理
進行面試以評估候選人。

3 面試邀約
邀請選定的候選人參加面試。

2 履歷篩選
評估履歷以識別合格的候選人。

1 職缺發布
宣布職缺以吸引潛在候選人。

二、應用場景與具體操作：

以下是人資專員在日常招聘工作中的具體應用場景及實踐方法：

場景 1：職缺發布與宣傳

工作內容：快速編寫招聘廣告，並同步發布至多個平台

▶ 步驟一：職缺描述自動生成與發布

工具：ChatGPT、Canva、Zapier

操作：

使用 ChatGPT 根據職位需求生成吸引人的招聘廣告

使用 Canva 設計視覺化職缺海報

結合 Zapier，自動發布至 LinkedIn、104、公司官網

範例：

職缺描述：「我們正在尋找具有創意和熱忱的行銷專員，具備數位廣告投放經驗…」

自動化：將編寫完成的職缺廣告自動同步到多個招聘平台

優勢：

節省撰寫職缺時間，快速覆蓋招聘渠道

吸引潛在人才，提高應徵數量

場景 2：履歷自動篩選與匹配

工作內容：從大量履歷中快速篩選出符合條件的人才

▶ 步驟二：履歷篩選與推薦

工具：HireVue、Textio、Pandas（Python）

操作：

使用 AI 工具自動解析應徵者的履歷（如教育背景、技能關鍵詞）

訓練匹配模型，根據職位需求篩選出高匹配度候選人
自動分類應徵者為「高優先」「中優先」「不合適」
範例：
匹配條件：行銷專員需具備「SEO 經驗」「社群運營」技能
自動篩選：根據履歷中的技能詞頻分析，標記高潛力人才

優勢：
自動化篩選，加快人才推薦速度
節省人力，避免遺漏合適候選人

場景 3：面試邀約與日程管理

工作內容：向合適候選人發送面試邀約，統籌面試日程

▶ 步驟三：面試邀約自動化

工具：Calendly、Outlook AI 助手、Zapier
操作：
自動向入選候選人發送邀約郵件，附上面試時間選項
使用 Calendly 讓應徵者自主選擇可行時間
面試時間自動同步至人資專員的日曆
範例：
邀約內容：「親愛的應徵者，請點擊以下連結選擇面試時間。」
自動同步：確認後自動更新至公司會議系統
優勢：
面試邀約流程自動化，減少溝通成本
準確統籌日程，避免時間衝突

場景 4：面試管理與智能評估

工作內容：提供面試流程管理與應徵者評估

▶ 步驟四：面試過程紀錄與自動評分

工具：HireVue、Zoom AI 助手、面試記錄系統

操作：

利用 Zoom AI 實時紀錄面試內容，提取關鍵詞

使用 HireVue 根據面試表現（如語言流暢度、情緒分析）進行自動評分

自動生成面試報告，包含評分與建議

範例：

評分標準：語言表達（30%）、問題回答（50%）、專業技能（20%）

自動報告：「候選人 A 表達清晰，具備數位行銷經驗，推薦進入下一輪面試。」

優勢：

面試紀錄自動整理，節省評估時間

主觀評分轉為數據分析，減少人為偏見

場景 5：錄用決策與文件生成

工作內容：根據評分與面試報告，最終錄用決策與合約處理

▶ 步驟五：錄用通知與合約管理

工具：DocuSign、Microsoft Word AI 助手

操作：

根據面試結果，自動生成錄用通知

使用 DocuSign 發送數位合約，便於在線簽署

自動生成新員工資料表，更新至人力資源管理系統

範例：

錄用通知：「恭喜您成功錄取，我們將為您準備報到手續。」

合約簽署：提供線上簽署鏈接，無需紙本文件

優勢：

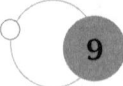

合約處理線上化，提升文書作業效率

系統自動歸檔，資料完整性高

三、效能提升實例：

案例：某科技公司的 HR 經理 Alice

問題：每月篩選數百份履歷，面試邀約與管理繁瑣

解決方案：

履歷篩選：使用 HireVue 自動匹配適合應徵者

面試管理：使用 Zoom AI 自動生成面試紀錄

合約處理：利用 DocuSign 自動簽署與歸檔

成效：

篩選效率提高 60%

面試邀約錯誤率減少 30%

錄用流程縮短 50%

9-9 研究人員：資料整理與自動報告撰寫

以下是針對「研究人員：資料整理與自動報告撰寫」的詳細工作流、具體範例和實踐步驟，幫助研究人員利用 AI 工具提升資料處理與報告生成的效率。

一、工作流拆解：資料整理與自動報告撰寫

研究人員的日常工作包括：資料蒐集、數據處理、分析結果生成、報告撰寫、可視化展示。透過 AI 工具，可以快速清理數據、生成分析報告，減少繁瑣手動操作。

工作流圖：

1. 資料蒐集 → 2. 數據清理 → 3. 分析與可視化 → 4. 自動報告撰寫 → 5. 結果分享

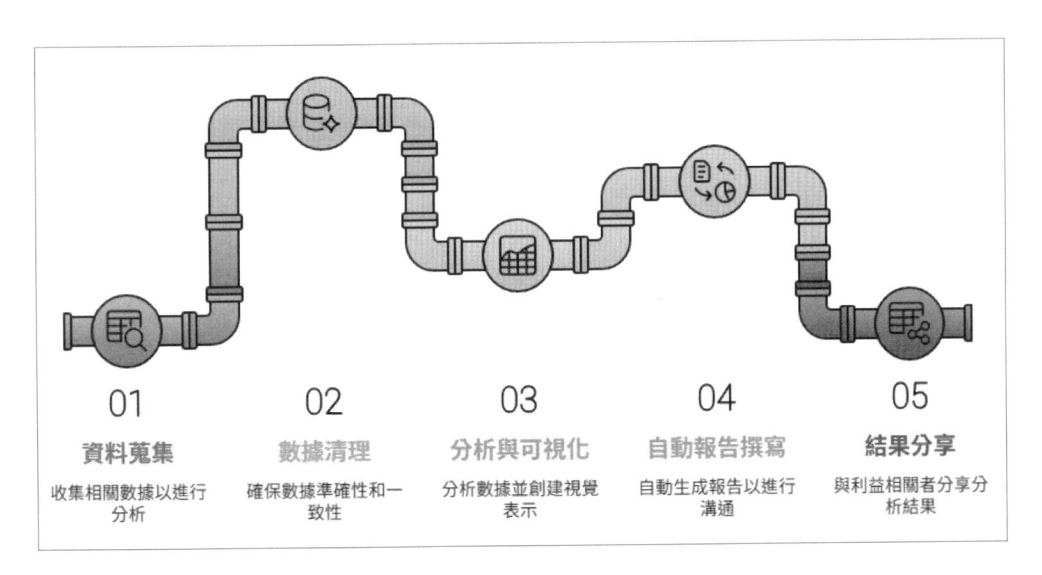

01 資料蒐集	02 數據清理	03 分析與可視化	04 自動報告撰寫	05 結果分享
收集相關數據以進行分析	確保數據準確性和一致性	分析數據並創建視覺表示	自動生成報告以進行溝通	與利益相關者分享分析結果

二、應用場景與具體操作：

以下是研究人員在日常工作中的具體應用場景及實踐方法：

場景 1：資料蒐集與自動整合

工作內容：收集多來源數據，如問卷、網路數據、檔案數據等

▶ 步驟一：自動收集與整合

工具：Scrapy（Python）、BeautifulSoup、Pandas、Zapier

操作：

使用 Scrapy 自動擷取網路數據（如學術論文資料）

使用 Pandas 整合來自 CSV、Excel、SQL 的資料

使用 Zapier 自動將問卷結果匯入 Google Sheets

範例：

數據來源：科學期刊、問卷調查、實驗數據

自動化：每天自動更新數據庫，避免手動操作

優勢：

數據自動同步更新，節省時間

可整合多元數據來源，提升研究完整性

場景 2：數據清理與篩選

工作內容：整理雜亂數據，去除重複或異常值

▶ 步驟二：數據清理自動化

工具：Python（Pandas、NumPy）、OpenRefine、KNIME

操作：

使用 Pandas 去除重複數據及異常值

使用 OpenRefine 統一格式，如日期、名稱

自動生成數據清理報告，記錄清理過程

範例：

清理規則：

去除缺失值：df.dropna()

去除異常值：df[df['value'] < 100]

自動報告：清理數據量、異常值數量、處理結果

優勢：

自動檢查數據完整性，減少錯誤

清理流程透明化，方便追溯

場景 3：分析與可視化生成

工作內容：分析處理過後的數據，生成圖表及統計報告

▶ 步驟三：數據分析與圖表生成

工具：Python（Matplotlib、Seaborn）、Tableau、Power BI

操作：

使用 Python 自動分析數據（如迴歸分析、相關性檢驗）

利用 Seaborn 生成可視化圖表

將分析結果匯入 Tableau，製作動態儀表板

範例：

圖表生成：

```python
import pandas as pd
import seaborn as sns
df = pd.read_csv('data.csv')
sns.scatterplot(data=df, x='age', y='income')
```

自動報告：包含數據分佈圖及迴歸分析圖

優勢：

自動生成圖表，快速呈現結果

分析過程透明，便於審核

場景 4：自動化報告撰寫

工作內容：根據分析結果自動生成報告，避免手動撰寫

➤ 步驟四：報告自動撰寫與格式化

工具：ChatGPT API、LaTeX、Markdown、Python（Jinja2）

操作：

利用 ChatGPT API 根據數據自動撰寫報告摘要

使用 Jinja2 將圖表和數據嵌入模板

生成 PDF 或 Markdown 格式報告

範例：

報告摘要：「本研究分析了不同年齡層收入分佈，結果顯示收入與年齡呈正相關…」

生成報告：

```python
from jinja2 import Template
template = Template("本研究結果顯示：{{ result }}")
print(template.render(result="收入隨年齡增長"))
```

優勢：

自動生成報告節省時間

格式統一，減少人工修改

場景 5：結果分享與發佈

工作內容：報告分享至研究團隊、學術平台

➤ 步驟五：發佈與共享自動化

工具：Google Drive API、Dropbox API、Zapier

操作：

自動將報告上傳至共享雲端資料夾

發送通知郵件，附上下載連結

自動歸檔至專案資料夾

範例：

自動上傳：

```python
import dropbox
dbx = dropbox.Dropbox('ACCESS_TOKEN')
with open("report.pdf", "rb") as f:
    dbx.files_upload(f.read(), "/Reports/report.pdf")
```

優勢：

資料發佈自動化，減少手動操作

確保報告即時更新與共享

三、效能提升實例：

案例：學術研究員 Emily

問題：資料分析與報告撰寫耗時冗長

解決方案：

數據處理：使用 OpenRefine 自動清理原始數據

報告生成：使用 Jinja2 和 ChatGPT API 自動化報告撰寫

報告發佈：利用 Zapier 自動同步至研究團隊雲端資料夾

成效：

數據整理時間減少 50%

報告撰寫效率提升 70%

團隊合作效率增加 30%

9 職場實務應用篇　用 AI Agent 視野帶隊工作

📁 學習筆記

當你還在苦撐加班、反覆修改簡報、追著進度跑時，有些人，已經學會讓 AI 成為他們的「數位特戰隊」。他們不再孤軍奮戰，而是帶著一群 AI Agent 並肩作戰，短短一個下午就完成過去三天的任務——而這，絕不是魔法，而是方法。

這篇文章不是教你點哪個按鈕、輸入什麼提示詞，而是更關鍵的：教你如何成為 AI 團隊的指揮官。你將學會如何拆解任務、規劃流程，讓不同 AI 各就各位、火力全開，組成一支高效協同的數位工作編隊。

在這個篇章中，我們用九種職業情境為你揭開未來職場的新規則——那些能真正「帶著 AI 做事」的人，才是未來最被需要的人才。別再只做工具的使用者，開始成為它們的領導者。

因為真正的效率革命，不是你多快學會一套 AI 操作，而是你能不能用它們完成別人做不到的事。

這一刻起，你不是一個人工作了——你有一整隊 AI 等著聽你發號施令。

未來的職場不會只問你「會不會用 AI」，而是會問你：「你帶著 AI，能完成多少價值？」現在，就從打造你的數位工作隊開始，讓 AI 成為你智慧決策的延伸，而不是只是一個工具。

10

附錄一：虛擬機器環境（Virtual Machine）的建置與安裝指南

AI 時代來臨，請以以下提示詞發送給 ChatGPT，以利提供安裝方式：

> 「請提供 VMware Workstation Pro 和 Ubuntu 安裝步驟的詳細指南，包括官方或可靠的參考連結。」

> 進階版：「請提供 VMware Workstation Pro 和 Ubuntu 安裝的完整步驟，包括：
> 1. VMware Workstation Pro 的下載與安裝（官方網站連結、系統需求、安裝過程）
> 2. Ubuntu 虛擬機的建立與安裝（ISO 下載、虛擬機設定、安裝步驟）
> 3. 常見問題與解決方案
> 4. 官方或可靠的參考文件與影片」

這樣的 prompt 會確保 ChatGPT 提供完整、詳細且實用的資訊。

10 附錄一： 虛擬機器環境（Virtual Machine）的建置與安裝指南
探索 AI 科技如何重新定義生命延續與知識傳承的新範式

📂 靈感與筆記

不想靠肝升職？不想成為鍵盤奴？那就讓 AI 當你的數位助理、報告廠工、文書小秘書。Z 世代聰明工作 49 天，用 AI 打造個人工作流，讓你人還在吃早餐，任務已經完成一半。這不是斜槓，是多開分身當老闆。從此你靠腦不靠肝，升職像掛機練功，自動進階滿血。

不想加班又想升職？Z 世代早就偷偷開外掛──用 AI 當數位分身，把瑣事外包給機器，自己專心當主角。49 天打造你的 AI 工作流，就像練滿技能樹，讓 AI 自動寫報告、排行程、做整理，效率爆表還能準時下班。這不是懶惰，是高效；不是偷懶，是升級。會用 AI 的你，才是真正的職場超人，不加班也能當主管！

職場如戰場，有人硬拼加班，有人優雅用 AI。49 天打造 AI 工作流，就是給你一張「不用加班還能升職」的免死金牌。Z 世代早就用 AI 分身去應付開會、整理報表，自己在旁邊喝拿鐵。別再傻傻一人扛全場，現在流行的是「我人雖在，工作 AI 做」，升職快狠準！

Note

Note